U0897214

规划武汉——文集

武汉市国土资源和规划局　主编

中国建筑工业出版社

图书在版编目(CIP)数据

规划武汉——文集/武汉市国土资源和规划局主编.
北京：中国建筑工业出版社，2010
ISBN 978-7-112-11259-3

Ⅰ. 规… Ⅱ. 武… Ⅲ. 城市规划-武汉市-文集
Ⅳ. TU984.631-53

中国版本图书馆 CIP 数据核字(2009)第 154296 号

为了展示改革开放以来武汉规划的辉煌成就，武汉市国土资源和规划局主编了一套纪念文集，该纪念文集的大部分文章为已发表过的文章，少部分为新增文章，全面系统地反映了新时期武汉的规划研究成果。

* * *

责任编辑：陆新之 李迪悃 孙兴文
责任校对：刘 钰 陈晶晶

规划武汉——文集
武汉市国土资源和规划局 主编
*
中国建筑工业出版社出版、发行(北京西郊百万庄)
各地新华书店、建筑书店经销
北京天成排版公司制版
北京盛通印刷股份有限公司印刷
*
开本：880×1230 毫米 1/16 印张：18¾ 字数：750 千字
2010 年 10 月第一版 2010 年 10 月第一次印刷
定价：**100.00** 元
ISBN 978-7-112-11259-3
(18533)

编辑委员会

编　辑　部

序　　言

在现代物质文明和经济活动快速发展的今天，面对地球资源日渐枯竭、环境污染日益严重、地球温室效应加剧、城乡人口密度剧增等危机，人们逐步意识到人类社会必须走可持续发展之路，以实现人类社会和自然的和谐共生。如何实现有效节能、减少环境污染、使人类重新回归自然、亲和自然，实现城乡的可持续发展成为规划行业的永恒主题。

城乡规划是一个需要充满理想但又必须面对现实的职业。规划师都希望通过为城乡描绘美好蓝图，为人民群众创建安居乐业的温馨家园，引导城乡走上可持续发展的良性循环之路；同时也必须深刻的理解，任何美好的规划蓝图，若不能与实际情况相契合、不能为人民群众所接纳，最终只能是规划师“理想的规划构思”。规划工作者应该对现实有充分的了解与全面的认识，并在此基础上不断调整、完善和创新，才能为城乡建设提供一份切实可行、高瞻远瞩的科学规划方案。

武汉规划30多年的实践较好地印证了这一点。武汉市规划局成立以来的30多年，正值我国改革开放。30多年来，中国和世界都发生了翻天覆地的变化，武汉市更是出现了前所未有的变化。面对巨变，武汉市规划局的广大规划工作者没有墨守成规，他们勤于思索、敏于发掘、锐意进取、不断创新，在完成大量繁杂日常任务的同时，不忘理论探讨与研究，正是他们不倦的探索和辛勤的付出，才有了这本论文集的问世。

这本论文集较完整地收录了武汉规划局30多年来所撰写、发表的精华论文，其中既有工作实践经验和教训的归纳与总结，也有规划基础理论和知识的研究与探索，还有城乡规划高新技术与手段的介绍与应用，更有不少结合武汉具体情况、探索历史发展文脉、寻求自然生态环境发展规律的地方性特色研究文章，无疑是一本不可多得的研究武汉规划历史、认识武汉规划现状、了解武汉规划未来的资料。也是一份不多见的当代中国城乡规划实证研究文选。

我为这本论文集的出版感到欣慰，希望这些研究成果能给广大的城乡规划管理者、研究者、关心者和支持者提供参考，同时也衷心地希望在不久的将来能涌现出更多、更好的城乡规划研究成果，不断推动我市城乡规划和建设事业迈上新的台阶。

武汉市人民政府副市长：

2010年5月3日

目　　录

一、总体规划篇

二、分区规划与控制性详细规划篇

三、城市设计篇

四、历史文化名城保护与旧城更新篇

五、交通与市政规划篇

六、基础研究篇

七、城市勘测与规划信息化篇

八、数字武汉与城乡规划信息化篇

一、总体规划篇

改革开放30年武汉城市空间格局演变研究

张文彤　刘奇志　殷毅

（武汉市规划局）

1　城市空间结构研究概述

城市空间结构是城市社会、经济在城市空间的投影，不同时期城市的生活方式和生产方式决定了城市空间结构的不同形态。城市空间布局和功能结构的形成是城市社会、经济、文化、政治、环境等要素综合作用的结果，并反过来影响各要素的发展。一个良好的空间布局结构能提高城市运行的效率、增强城市魅力、提升城市竞争力，促进社会经济的进步。

城市空间结构总体而言可分为圈层式和轴向式两大类。圈层式空间结构是最基本的城市形态，城市用地按照功能的分异一层层向外圈状布局，通常会形成由核心区向外的“三、二、一”型产业布局形态。这种空间结构的优点是各方向发展较为均衡，体现了一定的社会公平性。新拓展地区紧密围绕已经发展成熟的地区，可以充分利用其公共服务和市政基础设施，投资省，可以很快形成规模效应。但是当城市达到一定规模后，城市内部交通日益拥堵，自然环境与城市越来越远，城内环境逐渐恶化，继续圈层状摊大饼发展将使城市不堪重负而逐步衰落。

针对城市圈层式外摊的种种弊端，又出现了“主城＋卫星城”的改良型空间结构模式。以霍华德“田园城市”思想为源头，世界许多城市提出了建设卫星城(新城)的概念，即在规模巨大的主城外围较远的地区，新建若干功能相对独立的新城市，形成反磁力点，从而抑制主城规模继续扩大，同时卫星城与主城间以生态绿地相隔离。然而，卫星城并没有起到反磁力中心的作用，主城仍然不可抑制地突破环城绿带的控制，规模不断扩大。

另一种空间结构形态是依托由快速交通干道、市政设施管道集合成的综合交通走廊向外轴状拓展。丹麦哥本哈根的“指状规划”是最具代表性的实例。轴向拓展通常采用“TOD”模式，即以轨道交通站点为依托布局功能组团，与主城有快速便捷的交通联系。这种布局结构的优点是城市沿交通走廊指状延伸，而各发展“指”间则保留有大量自然生态空间，保证了城市建设区与生态环境之间的平衡。同时城市拓展体现了循序渐进的原则，从主城开始，逐步向外推进，新开发组团均可利用前一开发组团的基础设施，降低了建设难度，易于形成规模，比较适用于发展到一定阶段，但尚未具备大跨越发展实力的城市。但是这种模式的缺点在于，发展指间的空间容易被侵蚀，尤其是缺乏明显环境制约条件的城市，需要有较强的控制和引导措施。

武汉是个具有3500年历史的文化名城，城市规模经历了从诞生之初方圆数里的军事城垣，到今天横跨两江、坐拥三镇的特大城市的过程，其空间结构形态变化按照一定的规律、伴随着深刻而特有的时代背景逐步变迁，并将继续不断演变发展。

1978年，中共十一届三中全会作出改革开放的重大决策，由此开启了中国改革开放历史新时期，同时，也开启了中国城市城乡建设的新纪元。2008年，我们迎来了改革开放30周年。回顾这30年的发展历程，武汉市城市面貌发生了翻天覆地的变化。研究这段时期城市空间结构形态，探索城市空间格局的演变规律以及历次城市总体规划对其演变所产生的影响，对城市未来的发展具有重要的意义。

2 改革开放前武汉城市空间格局

武汉市的城市骨架虽在1954年、1959年的总体规划中基本已经得到确定，但在随后的几十年政治动乱中，由于城市建设资金缺乏，城市建设基本处于停滞状态。

1960年市区人口258.46万，比新中国成立前增加一倍半，是武汉历史上人口增加最快的时期；但与此相反的是，住宅建设几乎停滞，在“先生产，后生活”的方针指导下，导致全市居住水平大幅度下降，人均居住面积由建国初的4.06m^{2}下降到1962年的3.14m^2。60年代余家头、武东、关山、葛店、唐家墩、鹦鹉洲等工业区基本建成，使城市建设有一定发展，但城市功能畸形，社会效益与经济效益无从发挥。

1974年兴建江汉二桥，空间上带动了以江汉二桥桥头小区为始的内城居住区的发展；建成武钢轧机工程、武昌焦化厂等进一步完善了工业新区的空间发展；长江下游葛店化工工业区的建设，促进了武汉市城市空间进一步沿长江向下游拓展。

在1962～1978年的26年间，伴随着城市经济发展的基本停滞，除了外围工业区外，武汉市主城区空间基本没有大规模的发展(图1)。

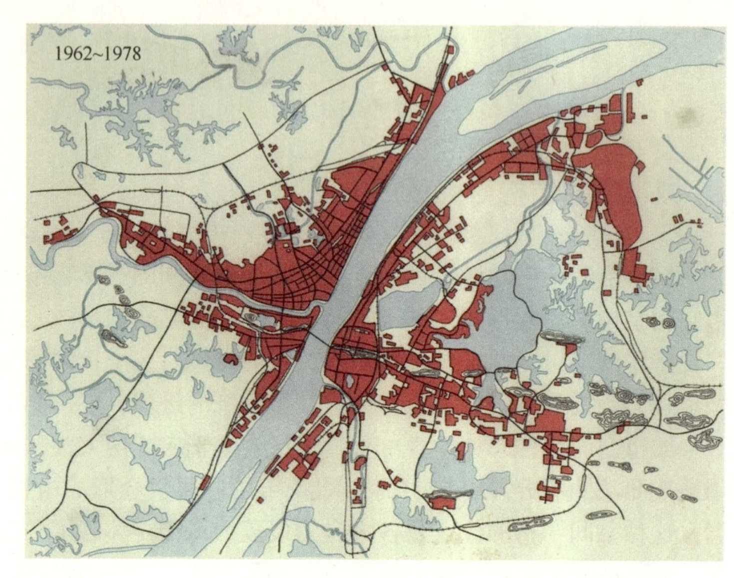

图1 1962～1978年城市建设现状图

3 改革开放以来武汉城市空间格局的演变

在经历了20世纪60～70年代中国特有的“文化大革命”后，武汉市的城市建设和中国绝大多数城市一样陷入了几乎停滞和基本无序混乱的困境中。当时国家的工作以政治为中心；城市的土地管理机构逐渐消失，从而城市失去了对土地的有效管理，规划思想更是无处体现。“一五”期间打下的城市框架中填入了太多的非理性、“见缝插针”式的无序蔓延元素，这为后来的城市改造和布局留下了沉重的包袱和限制。

3.1 改革开放初期城市空间处于轴状发展阶段

3.1.1 政治经济背景

随着1978年的十一届三中全会的召开，国家经济建设的发展，城市在国家经济建设中的地位日益突出。城市作为区域多功能的社会经济活动的中心，得到了新的建设和发展，城市聚集效应大幅度增长。

武汉市经济的增长加快也加速了城市总体规模和用地规模的扩展，随着国家对城市土地政策从无偿逐渐尝试收费，城市从单纯的生产生活向综合性转变，城市功能逐步完善。

但由于担心出现西方建设史上的大城市病，这个时期中国的城市建设指导思想是限制大城市发展，所以武汉城市规模的发展被严格控制。这就使大量居住用地被削减下来，各种服务设施、交通无法配套。

3.1.2 总体规划情况

根据当时的政治经济背景，1982年的《武汉市城市总体规划》充分利用三镇的自然地形特点，规划达到三镇均衡发展、各成体系的局面，规划明显向武昌重点倾斜，试图在城市中形成多中心局面。规划提出加强运输设施和商业网点建设，使城市形成分区分片各项设施自行配套解决的格局，要加强江南地区运输设施和商业服务网点的建设，使长江南北地区相对独立。规划兴建长江二桥、汉口火车站、武汉客运港、天河机场，以及大批货运站场。将葛店、蔡甸、纸坊、金口、新沟发展为武汉的工业卫星城镇(图2)。

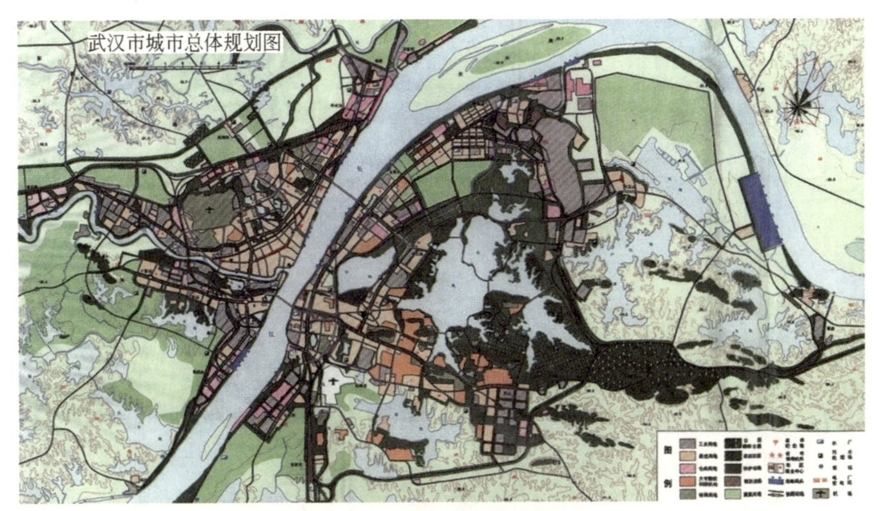

图2 1982年城市总体规划

3.1.3 实际空间发展情况

由于工业的持续发展和城市道路的修建，当时的城市形态变化更多的是以轴状发展为主导。武汉一方面继续以旧城为核心沿城市主干道向外轴状延伸，一方面以各工业组团为核心逐渐生长，两者渐渐联结成片。

汉口地区由于地势和防洪的要求，城区的建设无法突破堤防，因此主要以旧城、堤角工业区和易家墩工业区为基础，在解放大道沿线向两侧填充扩张和向两端轴向延伸，总体上形成从解放大道到长江、汉水之间狭长的沿江轴状空间形态；汉阳地区由于水系纵横、“墨水湖”、“龙阳湖”、“太子湖”限制了汉阳用地的南扩，同时沿长江狭长带状的基础服务设施配套困难，所以选择沿汉江的十里铺西延，利用水运发展工业和居住，因此主要以旧城、七里庙工业区为基础，沿鹦鹉大道向南、汉阳大道向西，呈现出“L”形的沿江轴状形态。

武昌地区由于受众多湖泊的挤迫，因此主要以旧城、青山工业区、白沙洲工业区、关山工业区、石牌岭工业区等为基础，向东沿武珞路—珞瑜路大幅度推进发展，向南沿武咸、武金公路发展，向北沿和平大道形成余家头工业区，总体上形成“E”字形轴状发展态势。

整体来看，城市的发展处于无序蔓延的过程中，三镇在自然地形地貌的影响下，沿着可利用的建设用地逐步向外拓展，城市总体规划在这一阶段主要是对城市商业配套设施和基础配套设施布局作出安排，对城市空间格局演变影响不大。

3.2 20世纪80年代中后期城市空间处于轴间填充阶段

3.2.1 政治经济背景

这个时期随着市场经济发展，国家开始注重企业改革，加大企业的自主权。同时我国开始对城镇住房制度进行改革。从而企业和居民经济主体地位逐渐确定起来，为城市聚集效应、市场调节机制的恢复提供了动力基础。

1984年武汉成为经济体制综合改革试点城市之一，计划单列，为武汉的城市发展留下了巨大的弹性和资助空间。随着武汉市的“两通起飞”等思想的提出，武汉市行政区划有所调整：洪山区由郊区调整为市区，此外加入了汉南郊区和武昌、新洲、黄陂、汉阳四个郊县，规划区域大大增加。

3.2.2 总体规划情况

1988年的《武汉市城市总体规划》继续强化了1982年总体规划中提出的三镇鼎立的特点，强化和明确三镇各片的主要功能，提出了中心城、卫星城、县城关镇、县辖镇、集镇五个层次的城镇网络。整个城镇网络布局以长江和京广铁路呈十字轴线展开，以中心城为轴心，汉丹、武黄铁路、国道、汉水为放射线，在轴线上和放射线上分布不同功能、不同层次和规模的城镇群；同时，在延续1982年总体规划空间格局的基础上，按照新的形势进行了局部调整，规划新建长江二桥，形成城市内环；建设沌口的武汉经济技术开发区和关山的东湖高新技术开发区，使其发展成为城市重要的发展极；同时，规划还确定了武汉新的机场选址，城市空间格局骨架基本确立(图3)。

图3　1988年城市总体规划

3.2.3　实际空间发展情况

随着改革开放后第三产业的迅速发展，城市内部形成多处商业中心和大型居住组团，一批大型交通、市政基础设施相继投入使用，为城市内部的大规模建设提供了动力，武汉空间形态变化整体上呈现轴向变粗、轴间填充的趋势(图4)。

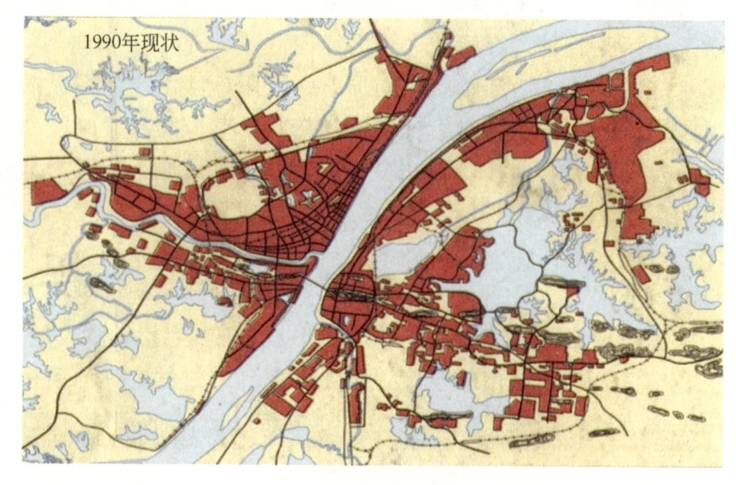

图4　1990年城市建设现状图

汉口地区旧京汉铁路外移为城市外拓提供了新空间。建设大道、发展大道、青年大道相继建成，使城市得以大规模沿路向纵深腹地发展。形成了鄂城墩、北湖、花桥等规模巨大的居住组团，站北、常青、古田等地区建设起来，汉口沿江两轴之间的空旷地带被逐步填充饱满；汉阳地区用地依然沿汉江拓展，向墨水湖以北、琴断口、升官渡地区发展，形成了大规模的江汉二桥居住组团，钟家村、墨水湖以北等地区建设密度变大，汉阳沿江两轴变粗；同时由于沌口优越的地理和交通区位，再加上汉阳的建设用地受限，城市必须选择这里作为城市发展新的突破点，武汉经济技术开发区开始建设。

武昌地区结合青山工业区修建了钢花居住组团，结合中北路工业区修建了东亭居住组团，另外中北路、徐东、杨园、关山、火车站、晒湖等地区建设规模不断扩大，原来的发展轴逐渐连接起来；同时，由于关山的用地发展仍有余地，南湖机场的逐渐转移，建设用地向白沙洲、关山、南湖地区发展，武昌东湖、南湖地区开始发展科技密集区(东湖新技术开发区)。

整体来看，随着三镇空间骨架的基本形成，城市的发展逐渐由无序蔓延转变为有序扩张，依托城市内部已建成的基础配套设施，城市空间发展轴逐渐变粗变密。城市总体规划在这一阶段确定了建设武汉经济技术开发区和东湖高新技术开发区，对城市空间在汉阳西南方向和武昌东南方向的拓展起到了决定性的作用。

3.3 20世纪90年代中期城市空间处于圈层布局和多方向蔓延拓展阶段

3.3.1 政治经济背景

进入20世纪90年代，国际国内经济形势发生了深刻的变化。首先，世界范围内知识经济开始兴起。其次，社会主义市场经济体制初步建立，土地有偿使用制度开始全面实施。武汉相继被批准为对外开放城市、开放港口，标志着武汉进入了新的重要发展阶段。

3.3.2 总体规划情况

1996年《武汉市城市总体规划》确定的主城空间结构为："两个核心区、10个中心片区、10个综合组团"的"多中心组团式"结构。意义在于充分发挥武汉滨水城市特色，考虑长江、汉水的分隔，主城已形成汉口、汉阳、武昌相对独立的城市格局，利用江、河、湖、山等自然条件分隔，规划江北、江南两个核心区，在核心区周围布局10个中心区片，在主城边缘布局10个综合组团，核心区、中心区片、综合组团之间以轨道交通线、快速路及主次干道相联系，形成"多中心组团式"的布局结构。同时，延续在城市外部开辟卫星城镇的思想，在武汉市外部重点建设阳逻、北湖、纸坊、金口、蔡甸、宋家岗、常福七个卫星镇，并提出了各卫星城具体的建设方向(图5、图6)。

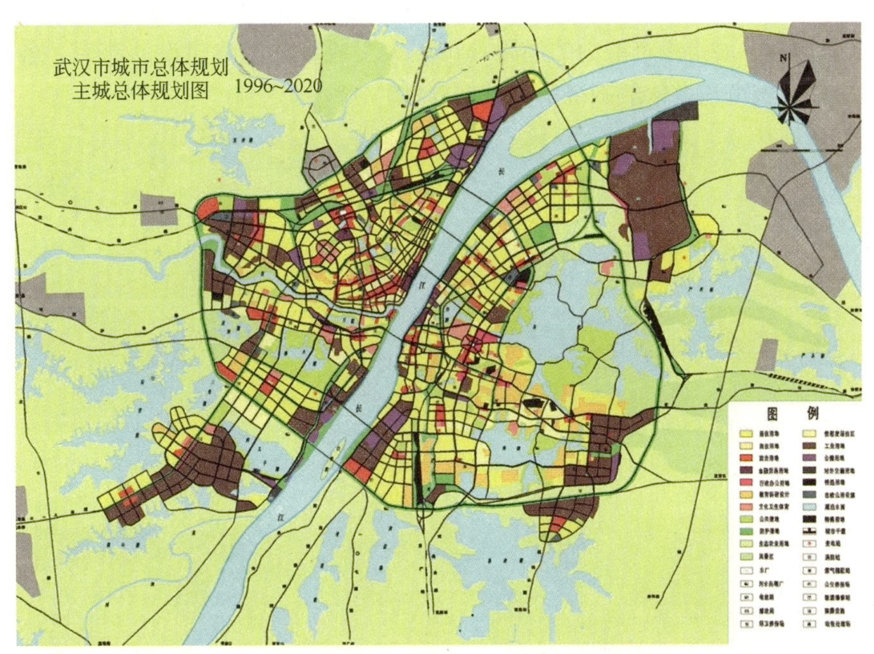

图5 1996～2020年城市总体规划

3.3.3 实际空间发展情况

这一时期，空前活跃的经济刺激了城市规模迅速扩大，但规划确定的主城和卫星城的空间发展模式，在实际发展中并没有能完全实现规划目标。

一是主城继续填充发展并向外蔓延。汉口地区，沿发展大道两侧发展，并跨越张公堤形成规模巨大的常青组团；汉阳地区，以汉阳大道和318国道为轴继续向西、向南发展，武汉经济技术开发区形成规模巨大的组团；武昌地区，东湖高新技术开发区及其周边成为建设的热点，并带动城市向东拓展，形成了南湖居住区。青山组团与武昌旧城联为一体。

二是我市区域化趋势十分明显，主城周边地区发展迅速。主城周边地区迅速发展起来。吴家山金银湖地区、汤逊湖周边地区、黄家湖、谌家矶等临近主城的地区，依托交通干道，通过采取优惠政策招商引资推动了城镇建设。外框式扩展明显，组团跳跃式扩展趋势不十分明显，造成大多数新城发展滞后。

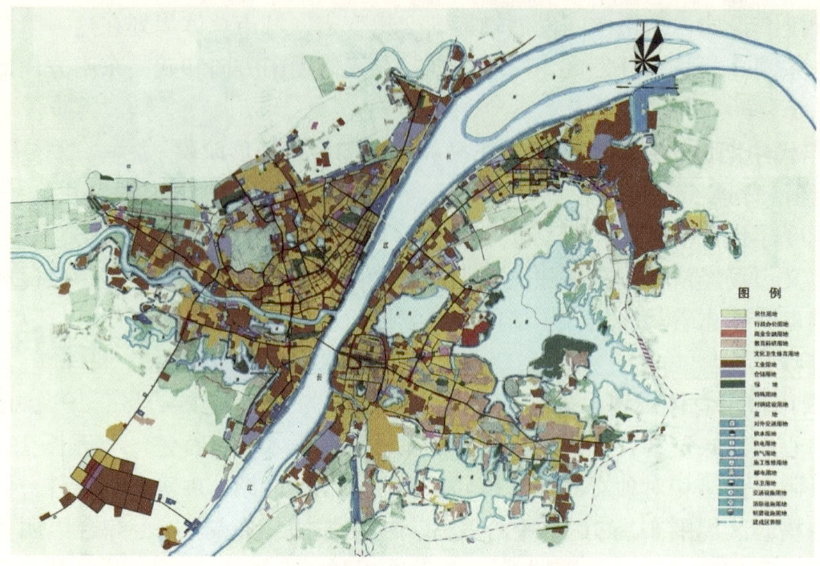

图 6 1996 年城市建设现状图

整体来看，随着三镇空间格局的不断完善，城市的发展逐渐由全面扩张转变为重点拓展，主城周边局部地区发展迅速。城市总体规划在这一阶段强调从区域范围内重新组织城市空间结构，提出了“1＋7”城镇发展体系，但由于城市投资能力的局限和市域大交通基础设施建设的滞后，各城镇发展始终远远未能达到预期目标，城市建设依然围绕中心城展开(图 7)。

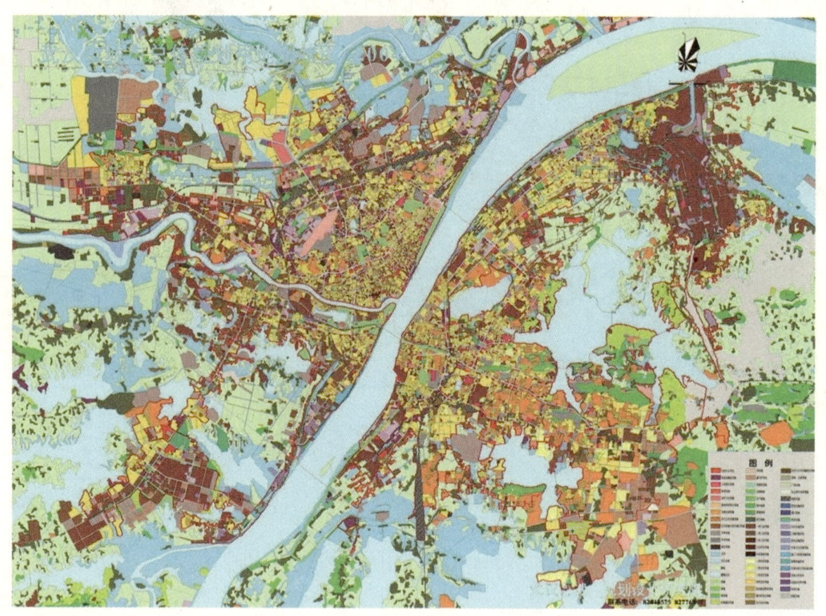

图 7 2002 年城市建设现状图

4 新时期武汉城市空间格局

4.1 新时期宏观社会经济背景

在全面实施经济全球化、国家“中部崛起”战略、武汉城市圈区域一体化宏观环境下，武汉作为中部地区最大的中心城市，在“中部崛起”中承担着辐射和带动作用。武汉要适应区域经济发展的要求，构筑开放式的空间布局，发挥承东启西的作用，形成合理的区域发展格局。

2007 年国家批准武汉城市圈作为资源节约型和环境保护型社会的试点城市，一大批国家型和区域型的基础设施将落户武汉。新时期的武汉面对着巨大的历史机遇。

4.2 城市空间结构选择

通过分析改革开放30年武汉城市空间拓展的脉络，结合实际情况，我们认为武汉应采取轴向拓展、组团推进的空间发展模式，构筑形成若干条以复合公共交通走廊为依托的“TOD”发展轴，有机整合发展现势，引导新增居住、就业的统筹安排和布局，构建城市空间拓展的科学秩序，为各行各业提供资源环境允许的发展空间，促进经济社会可持续发展。主要原因有以下三点：

一是武汉主城的规模已经相当庞大，长期摊大饼式的发展已经在城市的交通、环境、人居、经济等各方面产生了较大的负面影响，继续圈层扩张对城市的可持续发展极其不利。而另一方面，从经济增长机制来看，城市规模还会随着经济增长而进一步扩大，采取强行抑制城市规模的措施不符合经济发展的客观要求，难以起到有效作用，采取轴状拓展是符合城市发展状况、具有可操作性的唯一选择。

二是武汉的自然条件适合武汉采取这一发展模式。武汉河流纵横、湖泊星罗棋布，生态环境敏感区域较多，对城市有很强的分割限制作用，这一点从主城外围较为破碎的城市形态即可反映出来。如果继续强行圈层状摊大饼发展，不可避免地会将山体、湖泊等生态要素完全包围，对城市整体生态环境造成极大破坏。而只有根据武汉的自然特点，采取轴向拓展、组团推进的模式才能最大限度地保护生态空间的连续性和完整性，实现城市与自然的和谐共生。

三是依托复合交通走廊组团式发展，有利于节约用地，符合集约发展的战略。必须重视的是，在采取这一发展模式时，一方面要切实制定生态保护措施和制度，防止生态环境被城市建设不断蚕食。另一方面还要采取积极的保护态度，对生态绿楔区域要规划赋予一定的社会、经济功能，妥善兼顾保护与利用的关系，才能更好地调动各方面积极性，更有利于生态绿楔的维护。

4.3 总体规划情况

2006年的《武汉市城市总体规划》将全市域划分为都市发展区和农业生态发展区两个功能发展区，对其发展政策进行分类指导，建立集约型城市空间框架，引导城市空间有序扩展。采用“TOD”模式，构筑以大运量快速交通设施为主的复合公共交通走廊，引导城市多轴向组群式拓展，轴间布局形成以水环境为基础的大型生态绿楔。总体形成“两江三镇、多轴多心”的都市发展区空间结构，力争打造有机生长、集约高效、协调有序的城市空间发展的新局面。

总体规划在复合交通轴上布局一系列功能完善、人口在20万左右、规模适中的城市组团。同时将空间关系紧密、产业协作密切、交通便捷的若干组团以产业为纽带、相对聚集形成新城组群。包括东部、东南、南部、西南、西部、北部等6大新城组群，每个新城组群包括4～5个城市组团，新城组群之间控制大型生态绿楔，总体形成有机生长的轴向组群结构。

5 结语

改革开放以来，武汉城市化进入了快速发展时期，城市的发展模式和发展速度发生了显著的变化。一方面，工业和科学技术高速发展，使人口、资金和技术以更快的速度向城市及其周围地区聚集；另一方面，城乡之间交通高度发达，城市逐渐向相对分散的郊区化发展。这种双向运动推动城市地域迅速扩张，城市功能空间不断分化和重组。

武汉市分别于1982年、1988年、1996年和2006年先后4次修编了城市总体规划，对城市重要基础设施配置、功能空间布局和城乡统筹发展等重要问题予以分析和确定，这对城市空间结构优化、城市经济发展都起到了至关重要的作用，但我们也应该看到，城市空间格局的演变还有诸多的不确定性，它受到了政治、经济、文化等多方面的影响，探索城市空间演变的规律，找出城市总体规划引导城市空间拓展的方法，实现城市空间优化升级，促进城市的快速发展，是我们规划工作者不懈追求的目标。

注：原文刊载于《北京规划建设》2009年第1期。

城市区域化初探——兼论武汉城市区域化进程

盛洪涛　殷毅

（武汉市规划局）

提　要： 本文分两个部分，第一部分论述城市区域化是目前中国经济发达地区大城市发展出现的特有现象，它有别于传统的城市——区域生成关系，也有别于传统的城市郊区化现象，它是中国特定工业化和城市化背景下，应对资源短缺压力而产生的城市功能、人口、空间扩散方式，其经济、社会、空间特征决定了城市区域化是中国“大城市化”进程中特有的现象。第二部分结合武汉城市空间布局的研究课题，运用城市区域化相关理念，指导新时期武汉市城市区域化进程中城市空间结构的创新，提出了武汉城市发展区概念，并在此基础上选择了中心城区—组群—组团的多中心网络化空间结构模式。

关键词： 城市区域化；大城市空间扩展；武汉；城市空间布局

城市区域化是近十多年来伴随着我国工业化和城市化高速发展而产生的城市产业、人口和空间的扩散现象，它不同于以往中外城市发展史上任何一次扩散现象，而是产生于中国特定背景下特有的城市空间扩散规律，今后相当长一段时期内，这一规律将伴随中国大城市的空间发展，对这一现象的研究将极大地丰富有关城市空间布局的理论和实践，同时也将为我国大城市的空间布局提供积极的指导。笔者结合近期对武汉市城市空间布局的研究，初步归纳了对这一规律的认识。

开始于19世纪末的大规模城市化，就其空间来说，不断地处于集聚——扩散的互动变化中，其变化规律受到经济、社会、政策、技术的综合作用，综观100多年来城市空间的扩散规律，总体上都是基于这一现象和制约因素之下。产生于20世纪末中国的城市空间集聚——扩散现象产生于什么样的发展背景？有什么特点？今后又可能会出现怎样的趋势？这些问题的有关研究调控对我国大城市空间变化将有积极的指导意义。

1　城市区域化的背景

1.1　独特的工业化和城市化

独特的工业化反映在两个方面：一是中国的工业化是特定的世界经济格局下的工业化，制造业大国的定位既有无奈的被动定位，同时，也提供了解决中国发展问题，参与世界经济，促进产业结构调整的条件，它决定了在今后相当长一段时期内，制造业是我国大城市产业发展的主要方向，这也决定了产业发展压力是城市区域化的主要动力；二是中国的工业化是建立在区域发展不平衡基础上的，一方面是东中西部发展不平衡，另一方面是大中小城市发展不平衡，尤其是制造业向大城市集聚的现象较明显，同时也符合有限资源合理利用的市场化和生态化原则。

独特的城市化也反映在两个方面：一是当今的区域经济发展要求以城市——区域一体化参与不同区域层次的竞争，强化了“大城市化”在城市化战略中的地位，这一现象从根本上改变了城市的空间尺度；二是今后20年左右时间内，中国在相对稳定的城市化之前，将有约4亿左右人口进入城市，从新的区域经济发展趋势来看，其中相当比例的人口将进入大城市，其人口压力也是城市区域化的主要动力。从表1不仅可看出近几年北京、杭州两市城市人口的增长情况，同时也可看出新增人口的分布情况，这是近几年中国特大城市普遍的人口变化趋势。

北京、杭州两市不同地域圈层的人口变化情况(1996—2000年) 表1

城市	增长率	市域	中心区	近郊区	远郊区
北京	增长率%	25.42	−9.5	60.15	12.73
	平均增长率%	2.29	−0.99	4.82	1.21
杭州	增长率%	17.93	−16.17	70.13	5.79
	平均增长率%	1.66	−1.75	5.46	0.56

1.2 资源短缺

资源短缺是中国特有的国情，这一压力将始终伴随着中国城市化进程，尤其是土地、能源、水资源和生态平衡的压力是城市空间布局的根本制约因素，决定了不同层次空间城市集聚—扩散的结构。区域层次上由于产业和人口的发展，城市空间的大规模扩散不可避免，而在城市发展空间层次上，资源的压力又决定了城市空间的集聚是必由之路。近几年上海、广州、南京等城市的空间发展中，对生态资源和土地资源的关注均是空间研究的重点。

1.3 多元利益格局

相对的分散化和地方化是中国政体现代化的重要组成部分。都市区范围内，地方经济利益是促进区域整体发展的首要动力，分治——管治的方式是今后中国必然面对的政府管理机制。这也是城市经济多元化、空间多元化的主要动力。上海的“173计划”、武汉的“区级经济板块”、广州的“东部产业带”，这些概念的形成既有制造业发展的要求，更重要的是依赖于区域经济发展的自主意识。

2 城市区域化的概念和主要特征

城市区域化是中国较发达地区大城市随着产业发展、功能提升、规模扩张而产生的城市空间大规模扩散的过程，这一过程产生了新的城市——区域空间形态，其功能表现为产业、人口、设施在区域空间层次大规模的扩散，空间表现形式已不同于原先的“点”，而是覆盖了相当范围的多层次的“面”，表现为特定空间层次的城市——区域一体化发展。

2.1 城市区域化地域的功能特征

该地域的功能特征首先表现为城乡融合，以城为主的经济空间。其产业构成主要是二、三产业，尤其是依托各类开发区形成的制造业是中国近期及今后相当长时期内的主体功能，这类制造业主要是全球化和快速工业化时期城市新增的制造业；其次还有少量是主城外迁的制造业。目前来看，城市区域化地域内生活服务业发展相对缓慢，但随着城市区域化地域内人口的增加，主城和外围地区交通条件的相对变化，生活服务业的发展将加快。对于生产服务业，由于中国在可见的时期内仍将保护强大的主城地位，形成像欧美郊区化中的办公园区的可能性不大。此外依托城市区域化地域内自然条件发展的旅游休闲业也将是该区域主要的产业构成。同时，该区域也存在少量的第一产业，从产值构成上，该类产业的比例很低，但从用地构成上，该类产业将占有一定比例，主要是结合基本农田、各类生态保护区、山林等形成的现代都市农业、各类生态廊道和森林公园、风景度假区等。

其次，该地域具有高度开放的一体化经济环境，是高度城市化地域，应具有相似的经济发展水平、社会价值观念，相同的发展政策，一致的基础设施标准和社会设施标准等。

再次，城市区域化地区内城市功能分布将表现为三种形式：一是依托各类开发区形成各类产业集群，空间表现为突出各自重点的产业园区和相配套的居住功能区；二是结合现有的乡镇基础和原有产业形成的综合功能组团；三是为安置外迁居民和新增居民而形成的单纯居住功能区。

2.2 城市区域化地域的社会特征

首先，该地域社会特征表现为居民类型的多样化，其居民来源主要有四类：一是原住民，包括乡镇居民和农民；二是主城改造而产生的外迁户；三是依托制造业形成的产业工人和白领阶层；四是为追求更高居住质量而购房的高收入居民。其中一、二类和第三类的一部分为中低收入阶层，而第三类一部分和第四部分是中高收入阶层，目前城市区域化地域社会分层现象已经出现，并且有强化的趋势。

其次，该地域居民具有较一致的地域认同感，该地域不是由不同城镇组成的地域，而是由众多功能区或组群组成的地域，同时各组群并不刻意追求独立性和自我平衡。根据相关国际经验，该地域内的通勤人口比例一般不小于15%。

2.3 城市区域化地域空间特征

本文所指城市区域化地域特指主城以外城市地区。从空间范围界定，主城包括中心区和传统的城乡结合部以内的城市地区，城市区域化地域包括城乡结合部和外围扩展地区；从形成的时间限定，主城可指1980年以前，城市化工业化快速发展期之前，交通等技术手段欠发达时期形成的密集度相对较高的城区，而城市区域化地区是指1990年以后随着快速工业化和城市化发展、全球化进程、城市交通、通信等技术进步而形成的城市扩展区域，这类区域的城市空间相对松散，密集度相对较低。

城市区域化的空间布局表现为大分散、小集中的布局方式。大分散表现为在较大的区域范围布局城市空间，如上海在6340km^{2}范围整体安排城市空间，而广州、武汉、杭州、南京等市也在2000～4000km^{2}以上范围内安排城市空间。“大分散”的城市区域化空间范围一般由城市规模和出行时间界定，从出行圈的角度，该地域空间尺度一般控制在1小时出行圈的范围内。小集中表现为在城市区域化范围内城市建设以相对集中的方式使用空间。

从城市空间的分布特征，近几年城市区域化地区也逐渐脱离了外溢式的蔓延发展，而显现出依托交通线、开发区、原有乡镇节点而形成的轴向+组群布局结构，相对集中的城市建设区域之间是大片的水体、山林、基本农田，较好地体现了人工与自然相协调的科学发展。近几年，上海、广州、武汉、南京等城市已明显地表现出这一趋势，并且在广州、南京、昆明等城市的总体规划修编中也体现了这一思路。

与都市圈和都市区的层次比较，城市区域化地域首先属于都市区内城市发展空间，它是某一城市行政区域内依托中心城区向外扩展的城市发展区域。其次，对应于都市圈层次，如长三角和珠三角城镇密集区内，又将有若干个城市区域化地域集结成更大的城市区域化地域。本文重点探讨的是前者。而对应于都市圈的城市区域化又有其不同的规律性，限于篇幅，本文不作探讨。

3 城市区域化与郊区化的差异

城市区域化与郊区化都是城市集聚——扩散动态过程中的产物，两者在城市空间扩散的内容、方式、空间范围等方面有许多相似之处，但从根本来说，两者体现了不同的城市发展规律，是不同社会经济背景下的产物，在动力因素、空间特征等方面表现了较大的差异，也可将城市区域化理解为新型郊区化。

3.1 背景的差异

从产生背景来看，城市区域化与郊区化最大的差异表现在三个方面：首先，两者处在不同的城市化发展阶段。欧美郊区化虽然起步于20世纪20年代，但真正大规模的发展是在20世纪50～70年代，当时欧美的城市化水平普遍都在70%左右，城市人口规模已处在稳定期的微增阶段，而开始于20世纪末的中国城市区域化，全国平均城市化水平仅为30%左右，发达地区也仅为35%～40%，处于城市化急剧发展期，城市规模也处在急剧扩张期，即城市区域化和快速城市化处于同一个发展时期。这是城市区域化与传统的郊区化最大的区别。

其次，表现在人口、资源压力的差异，尤其是与美国的差异更大。在未来20年左右时期内，我国将有4亿左右的人口进入城市，由此带来的土地、水资源、生态平衡的压力是空前的。与蔓延式郊区化的美国的资源条件相比，中国首先失去了蔓延式郊区化发展的资源基础。

第三，城市区域化和郊区化的背景差异还表现在城市发展政策、财政政策、居民文化心理等方面，如美国的“罗斯福新政”、住宅信贷政策是促进郊区化的主要政策因素，而中国的土地制度、农田保护政策则体现了综合制约作用。

3.2 动力因素的差异

动力因素的差异表现在三个方面：首先，推动欧美郊区化的主力是城市稳定、庞大的中产阶级群，郊区化是在城市人口规模相对稳定的情况下，由市中心外迁人口和产业实现的，如纽约都市区1960～1985年间人口仅增长8%，而郊区化区域扩大65%。而对中国来说，推动城市区域化的核心动力是城市新增的制造业和新增的人口，从20世纪末开始的20多年时间内，中国处在快速工业化时期，中国大城市的年均人口综合增长率将达到1%～3%，其新增的产业和人口将需要大量的城市发展空间。

其次，欧美的郊区化是建立在老城环境恶化、人口外迁基础上的，由此引发了美国的“城市更新运动”、“社区开发计划”和欧洲的“内城振兴运动”。而中国的城市区域化的主要动力之一是中心城区产业结构调整和环境改造，在人口和产业外迁的同时，中心区的环境和产业总体上处于进步过程中，如武汉市汉口三个中心城区江汉、江岸、桥口1996年后户籍人口增长率逐年下降，2002年后人口增长率趋近零增长。但同时GDP和税收仍然处于稳定增长期。

第三，欧美郊区化是人口外迁带动产业外迁，进而引发生活服务业外迁，而中国城市区域化主要是产业发展引发人口增长，开始于1990年代大规模的各类开发区建设是引发城市区域化的主要动力。目前及今后相当长一段时间，制造业仍然是城市区域化的主要动力。

3.3 空间特征的差异

空间特征的差异表现在两个方面：一是城市发展空间的布局。欧美郊区化的城市空间布局较多地表现为均衡式的扩展，尤其是依托主要交通线蔓延；而中国城市区域化的空间表现为轴向或组群式扩展，更多地依托产业发展和地方政府的经济发展计划，如各类开发区和地方政府的土地经营策略等。二是城市空间的景观特征。欧美郊区化，尤其是美国郊区化区域是典型的低密度，大量的住宅是2～3层，少量的办公园区形成高层建筑群，人口密度相当低，如纽约都市区每平方英里人口4400人，这在美国已算是高密度了，达拉斯每平方英里人口仅1153人；而中国的城市区域化区域仍是一个中高密度区，大量的住宅仍是以多层为主，人口密度相对较高。如武汉市现状城市区域化面积约800km^2，人口约500万人(其中主城区面积约300km^2，人口约350万人)，平均人口密度约为6200人/km^2，相当于每平方英里16000人。

4 武汉城市区域化之前的空间演进

4.1 近60年武汉城市空间形态演进

新中国成立以后，武汉市城市空间大体上经过了四个时期：①“一五”时期，由于国民经济的快速发展，以工业化发展为动力和基础设施为支撑，武汉市城市空间布局由沿江、沿路点、线状向纵深扩张。②上世纪六、七十年代基本处于停滞状态。③上世纪八九十年代随着改革开放进程加快及社会经济的全面发展，武汉城市功能逐步完善，城市规模持续增长，空间布局紧凑、均衡地以轴向＋圈层形式向外扩张。④20世纪90年代末至今，武汉市处于城市区域化的初期阶段。

4.2 上世纪八九十年代武汉城市空间布局演进

20世纪80年代武汉经历了从初、中期的轴向延伸为主到后期的轴向延伸和轴间填充的发展，但其轴向延伸和轴间填充仍是低层次的发展，轴状发展的动力主要是城市主干道、工业区布局和用地建设条件决定的，并不是有目的的主要导向，轴间填充也基本是无序的集中连片发展。

20世纪90年代的发展主要是轴向＋圈层向外扩展。随着改革开放后第二产业的迅速发展，城市内部形成多处商业中心和大型居住组团，一批大型交通、市政基础设施相继投入使用，为城市内部的大规模建设提供了动力，武汉空间形态变化整体上呈现轴向变粗、轴间填充的趋势。

5 武汉城市空间布局的基本思路

5.1 武汉城市区域化进程的基本判断

武汉市2007年市域面积8494km^2，住地总人口900万左右，城市化水平70%左右，全市包括6个中心城区和7个远城区。

5.1.1 城市区域化进程开始起步

随着近十年武汉城市社会经济的快速发展，城市区域化的进程开始起步，表现为城市各要素在市域范围内的主动扩散，尤其是制造业和人口的扩散加快了城市空间在市域内的扩散。比如从1996年至2003年期间是武汉市制造业大发展时期，其间新增的汽车及配套工业、食品工业、生物制药工业、电子及通信工业等几乎全部分布在远城区和洪山区。同时人口扩散速度也逐步加快，中心区(洪山区除外)近十年人口增长率逐步下降，而洪山区及远城区的内圈住地人口增长率逐步上升，至2002年后者的增长率升为1.8%，高于全市平均增长0.3个百分点，前者降为1.3%，低于平均增长率0.2个百分点。

5.1.2 多元利益格局对空间发展作用明显

多元利益格局主要表现为在新的财政税收条件下各级地方政府追求本地利益，从而促进各地方的经济发展的现象。武汉市的各区、镇通过发展制造业和房地产业来增加税收、土地收益、扩大就业、提升城市竞争力，从而带动了城市空间的扩散。近5年武汉市经济发展最快和土地扩展方向最明显的三个区域都是由于各区自主发展的结果。

5.1.3 在城市空间扩散过程中，相对集中的趋势较明显

武汉市在城市空间大规模向外扩散过程中，表现为较明显的大扩散、小集中现象，大扩散表现为近5年中武汉市以平均每年新增20～25km^{2}的速度向外扩张，小集中反映在两个方面：一是扩张用地主要围绕各个工业开发园区相对紧凑布局；二是扩张用地主要围绕江湖水系等自然条件较好的用地布局。致使新增建设用地主要集中在城市的西北向(东西湖区)、西南向(武汉经济技术开发区)、南向(东湖高新技术开发区)、北向(盘龙湖)等四个方向。相对集约发展的趋势较明显。

5.1.4 城市区域化范围内区域一体化趋势明显

除了发展政策和经济发展水平相似以外，武汉城市区域化范围内区域一体化主要表现为：①以交通为代表的基础设施标准一体化，如各新发展区的高速公路、区域性主干道的标准相似，使城市在各方向的交通出行效率(中心区以外地区)达到了60km/小时左右，由市中心的1小时出行圈达到了近40km；②市域内远城区居民观念中已将各区与武汉市视为整体。比如去武汉市中南路，以前说“去武汉”，现在说“去中南路”；③就业一体化。武汉市各新发展区的工作居住仅是相对平衡，城市的就业和居住表现为在全市范围内的平衡，各发展区的相对独立性已大大弱化。

5.2 武汉城市空间布局的基本思路

5.2.1 区域化观念

从武汉都市圈和武汉都市区两个层次研究城市空间布局，以城市——区域概念代替传统的市区概念，明确城市区域化的空间范围、发展职能、设施标准等。同时远期在都市圈范围内建立发展廊道的概念。

5.2.2 相对集中的观念

相对集中发展是在城市空间大规模扩散中，城市各发展空间相对集中地发展，这是武汉城市区域化过程中的主要空间特征，集中发展的内在动力主要表现为：①人的“面对面”情感和建设经济性从精神、物质两方面要求城市空间集中发展；②为避免出现欧美郊区化无序蔓延而采取的主动控制措施；③基于中国资源紧缺的城市发展战略。

5.2.3 生态优先的观念

生态优先观念表现在以下几个方面：①建立明确的农业及生态保护区，以区别城市发展空间；②充分反映武汉市自然山水特征，武汉市域范围内湖泊、江河水体占全市域面积的24%，是全国甚至世界范围内水系最发达的城市之一，城市空间布局应充分体现“水城”、“水都”的环境特色；③从节约用地和人工、自然有机协调的角度考虑城市空间布局结构。

6 武汉城市区域化空间界定及空间布局构想

武汉城市空间布局主要从三个区域层面考虑，一是从远期武汉都市圈层面选择以城市发展廊道作为都市圈空间结构的主体；二是界定城市区域化空间作为武汉城市发展区；三是在城市发展区内选择中心城区＋组群＋组团的结构模式，其中组团是组群构成的基础，组群即组团集群。

6.1 建构都市圈城市发展廊道

武汉都市圈范围内，从城市发展基础、文化资源条件、自然资源条件等综合分析，将形成沿长江的东西发展主轴和沿京广线的南北发展次轴，这决定了未来都市圈城市集聚发展较完善的区域将围绕这两个轴线形成，同时也是未来城市区域化的主要地域。并将在远期形成东西和南北两条城市发展廊道。也形成远期武汉都市圈空间结构的基础。

6.2 城市区域化空间界定

城市区域化空间在本次研究中称为城市发展区，以区别非城市发展区，其目的是设立两大政策区，以区别不同的发展规律并加以引导。

6.2.1 城市发展区

城市发展区是武汉市区域化进程中，城市空间集中发展的区域，也是武汉市未来至稳定发展期城市空间的主要发展区域。该区域的确定主要依据以下因素：①城市产业及城市规模扩大所需的空间，按相关分析，2020年武汉市域住地人口规模将达1200万左右，其中城市发展区内住地人口将达800～1000万人；②现状城市发育较完善的区域，这些区域大部分处于远城区的内圈，城市发育指标远远高于远城区平均水平，如城市化水平＞35％，人口密度＞800人/km^2，GDP密度＞200万元/km^2等；③交通出行时间控制在0.5～1小时，保证城市发展区内任何两点的出行时间绝大部分控制在1小时之内；④从生态保护的角度限定城市发展区用地，在城市发展区内城市各组群间结合有大量的山、水和基本农田保护区设置生态廊道和开敞空间。

综合以上分析，武汉市城市发展区的面积确定为4100km^2，占全市域的48％，这与相关城市的标准基本一致。

部分城市发展区规模比较　　表2

城市	上海	南京	杭州	武汉
城市发展区人口(万人)	1600	740	500	800～900
城市发展区面积(km^2)	6340	2940	3068	3600

6.2.2 农业及生态发展区

武汉市农业及生态发展区面积占全市域面积的近58％，住地人口占市域的15％左右，主要分布在远城区的外圈，该区域内城市发展主要集中在11个中心镇及附近的工业园区，区域内的一般乡镇和农村居民点逐步采取归并措施，以保证区域内的农业及生态发展空间完整性和稳定性。

6.3 城市发展区空间结构选择

从20世纪80年代初至今的20多年时间中，武汉城市空间布局逐渐由单中心集中、单中心轴向扩散发展至目前初步的多中心组群结构。通过对武汉市社会经济发展阶段和趋势的判断，城市发展规模和速度的判断，城市空间演变规律的分析，本研究选择的城市发展区的空间布局结构为：中心城区—组群—组团的多中心网络式结构。

中心城区是武汉市的核心区，基本位于武汉市中环线围合的部分，住地总人口约550万人左右，占全市人口的46％。组群是依据经济和自然条件，依托带状分布的大容量基础设施构成的，城市区域化进程主要围绕六个轴向发展的组群展开，各个组群发展的人口规模在50～70万人，职能各有特色。各组群间相隔2～4km，隔离廊道由水系、山体和基本农田组成的楔形生态空间构成。中心城区—组群—组团构成的城市发展“节点”，城市各类活动构成的“流”，城市基础设施构成的“线”，组群、组团之间分布的各类生态廊道，所有这些构成了武汉城市区域化空间的多中心网络组团结构。

纵观十年来武汉市城市区域化进程，可以看出：一是武汉城市区域化是伴随着工业化和城镇化而发展的，是一个长期的过程，需要我们在知识和行动上做好长期的准备；二是近十年来武汉处于城市区域化进程的初期阶段，需要我们在理论准备、基础研究、规划对策、规划实施、配套政策等多方面付出艰苦努力，以有序引导武汉市城市区域化进程，在城市规划理论和实践发展上做出武汉的新贡献。

参考文献

[1] 邹军，张京祥．城镇体系规划．南京：东南大学出版社，2002.
[2] 刘荣增．城镇密集区发展演化机制与整合．北京：经济科学出版社，2003.
[3] 仇保兴．国外城市化的主要教训．城市规划，2004(5)：8～19.
[4] 周一星，孟延春．中国大城市郊区化趋势．城市规划汇刊，1998(3)：22～27.
[5] 张京祥，邹军，吴启焰．论都市圈地域空间的组成．城市规划，2001(5)：19～23.
[6] 崔功豪．当前城市及区域规划问题的几点思考．城市规划，2002(2)：40～42.
[7] 高文杰．城市圈层论．城市规划汇刊，2002(3)：61～65.
[8] 章光日．从大城市到都市区．城市规划，2003(5)：33～37.
[9] 冯健．转型期中国城市内部空间重构．北京：科学出版社，2004.
[10] 盛洪涛，殷毅等．武汉市城市土地利用总体规划——城镇空间布局研究．武汉，2003.

注：原文刊载于《武汉城乡规划》2009 年第 2 期。

武汉城市总体规划前期研究的实践与思考

刘奇志[1]　陈玮[2]　汪云[2]

（1. 武汉市城市规划管理局；2. 武汉市城市规划设计研究院）

提　要：新一轮的城市总体规划在时代背景、编制条件和规划统筹等方面发生了深刻变化，坚持科学发展观，提倡政府组织、专家领衔的研究过程，既是对总规技术统筹工作的考验，又是对总规修编组织运作的挑战。本文结合武汉新一轮城市总体规划的编制实践，介绍了前期研究的组织过程和得失经验，期望能够为大家提供一些有价值的参考。

关键词：总体规划；武汉；前期研究；系统观

新一轮的城市总体规划修编正在全国各大城市如火如荼地展开，围绕新时期总体规划技术的前沿性和政策性问题，尤其是城市总体规划如何顺应国家宏观调控、实现城市规划由技术属性向公共政策属性转变，维护城市总体规划的科学性和严肃性，各地纷纷做出了不懈努力。新的《城市规划编制办法》则正式将“对城市的定位、发展目标、城市功能和空间布局等战略问题进行前瞻性研究”① 作为了城市总体规划编制的工作基础。如何组织好总体规划前期研究工作已成为一项值得关注的内容。

武汉市在上一轮修编城市总体规划之初，曾结合自身队伍条件及工作需要，围绕当时城市总体规划修编最为核心的规划理念和方法论，开展了空间形态、城市规模和建设标准 3 项基础性研究，为后来城市总体规划各项技术内容的全面开展起到了有力支撑作用。②在此新一轮城市总体规划修编过程中，武汉继承以往的组织经验，在已初步建立的专家咨询、论证研究的参与机制基础上，更加系统性地探索了城市总体规划前期研究的组织和科学论证过程，通过广泛吸收各方的研究成果，转变了以往由规划部门单一编制的工作方式，拓宽了修编工作的视野，充分衔接了城市规划各专业部门的技术要求，为高质量地完成新时期武汉城市总体规划的编制任务夯实了基础。

1　前期研究的工作背景

新一轮城市总体规划最大的特点就是要求城市规划必须由专业性走向社会性，采取政府组织、专家领衔、部门合作、公众参与、科学决策的方式。城市总体规划广泛涉及城市发展目标、战略定位、政策导向、空间效率、产业格局、生态环境、历史文化、基础设施、管理运作等多方面的内容，而长期从事物质空间规划的规划部门显然没有能力做到面面俱到。面对城市总体规划系统的复杂性和新形势下城市规划的多层次性工作需要，在规划之初、进行充分的规划前期研究，无疑将有助于形成有效指导和统领未来总体规划修编的理论基石和规划脉络，支撑后续的总体规划修编。

武汉市在新一轮城市总体规划修编之前，为做到自上而下的战略统筹与自下而上的发展展望相结合，平行委托中国城市规划设计研究院、北京大学、同济大学和武汉市城市规划设计研究院（简称市规划院）编制了武汉城市发展战略规划，并由市规划院对 4 家机构的战略规划成果进行了包括城市定位、产业、空间、规模、中心区、交通、特色等 7 个专项的技术总结③。通过总结，我们发现：战略规划的宏观性、规划专业的局限性与研究时间的紧迫性决定了战略规划成果难免存在着重成果的逻辑性而轻城市的整体性、对城市总体规划的关键性问题把握深度不够、一些城市发展悬而未决的重大规划问题论证不够充分等缺陷，需要再进一步展开必要的专项研究，全面深入地探讨城市发展系统，才足以支撑新一轮总体规划的全面展开。

武汉拥有市规划院这样一支高素质的规划技术力量，武汉的日常规划技术研究工作主要是依靠这批专职规划技术人员开展，并采用专家咨询的形式进行验证和评价来完成的。面对城市总体规划这样复杂的规划技术研究，这一工作模式则难以胜任：一方面，规划专业技术人员毕竟知识面有限；另一方面，专家若只处于咨询会的临时关注和点评状态，缺乏对城市总体规划深思熟虑的过程介入，也是难以对城市总体规划提出真知灼见的。为此，如何理顺和强化专业队伍与专家领衔参与相结合的工作机制，保障规划研究的切实进展则成为值得研究的问题。

此外，城市总体规划修编涉及城市的方方面面，一方面编制规划需要不少技术部门提供大量资料、有赖于这些相关专业部门长期的业务积累；另一方面在当今城市经济社会全面转型的阶段，各专业部门的宏观、微观的信息只有经过梳理和甄别后才能用于多方位地剖析城市发展的规律。更何况有许多涉及国家、区域、城市宏观发展政策的研究属于权威机构的研究范畴，尚在一些研究机构的酝酿之中。也有许多城市规划的宏观布局设想需要一些非规划研究机构去转化为城市发展政策、方针。若能在规划研究之初，争取这些权威机构、专业部门的参与和认同，有效地集聚和整合社会各界的规划研究技术资源，破除目前总体规划被普遍当作规划部门“私事”的不利环境，则不仅有利于解决规划修编时间紧迫、专业技术人员知识面有限的问题，还有助于利用规划研究吸收更多机构的研究成果来研究、体会、理解城市规划，从而在未来的规划研究、编制、执行过程中成为规划的支撑力量。

综合上述考虑，为充实理论基础、完善技术手段、改进编制和管理体系、顺应时代发展脉络、理清和再认识城市的发展规律，我们决定变革城市总体规划的组织和协调方法，先采取“开门做规划”的形式，多学科、多领域地进行城市总体规划前期研究，再以此成果为基础来展开全面规划工作。根据这一总体构想，结合新一轮城市总体规划的关键性内容，我们突出前期研究的针对性和实效性，确立了以设定研究框架、明确研究命题、社会化运作的方式来展开总体规划前期研究的工作模式。

2 研究框架的设立

城市发展是一项长期系统的综合性工程，涵盖经济、社会、环境等各个方面，涉及规划、建设、管理、运营等系列环节，城市总体规划作为对城市空间这一社会经济发展载体的统筹部署，其前期研究和论证必须建立一套能够承前启后的研究系统。我们在梳理武汉城市发展面临的难点和热点问题基础上，紧密结合规划纲要的编制要求，制定了目标统筹、导向明确的前期研究框架，主要包括产业经济、和谐社会、人居环境、城市支撑和规划实施等5项前期研究子系统。(图1)

产业经济系统：产业经济是城市发展的根本动力，决定着城市发展阶段的素质。作为总体规划“定框架、定方向、定目标原则”的关键内容，该系统课题着重从城市宏观发展机遇和条件入手，突出武汉城市发展在现阶段的历史使命，针对国家实施中部崛起战略和湖北省建设武汉城市经济圈的要求，研究和洞悉城市经济转型期城市产业发展的比较优势和客观规律性，并从微观发展要素策动方向，研究城市积极的就业环境、各行政区发展空间资源的协调统筹。

和谐社会系统：作为新时期城市规划建设的核心任务之一，该系统课题需要坚持以人为本，研究在当前体制转轨、社会转型的特殊时期里，如何通过有效配置公共资源，达到控制人口规模、提高人口素质的社会目标，削减由于城市快速增长和市场经济带来的负面效应。

城市支撑系统：该系统课题主要探讨如何合理控制环境容量，保障土地、水、能源和环境等城市可持续发展资源，论证城市交通、市政、防灾等基础性问题，为建立资源节约型、环境友好型社会提供理论研究基础。

人居环境系统：该系统课题以现代生活方式演变与需求为出发点，从创建人与自然相融的宜居环境为目的，需要客观评估武汉城市发展的生态条件、气候环境、文化和特色魅力等优势和问题所在，寻求改善优化人居环境质量的有效途径等，促使城市规划建设与城市环境禀赋的有机结合。

规划实施系统：为确立未来集约有序的城市空间管治和规划实施系统，提高城市规划的宏观调控能

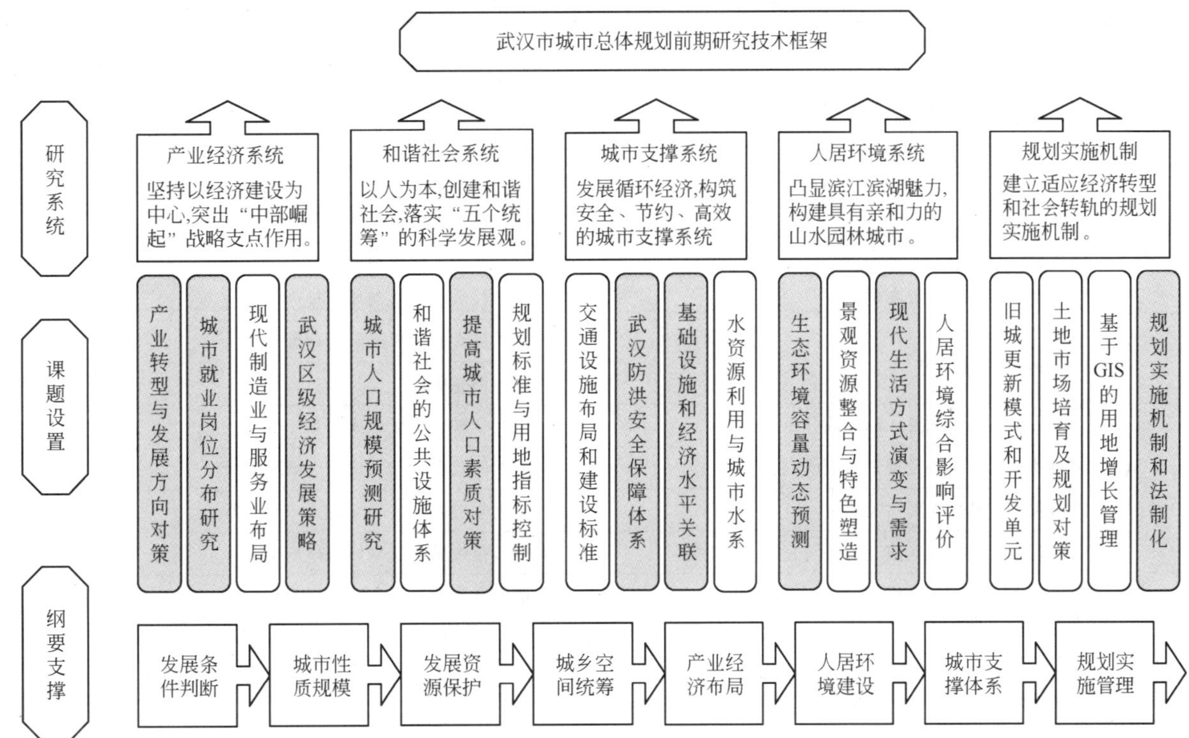

图 1 总体规划前期研究框架

（注：表中灰色边框的为拟对外协作的支撑研究课题）

力，该系统课题需要研究和论证能够适应经济转型和社会转轨的规划实施机制，在广度上涵盖到规划实施单元、用地增长管理、土地市场培育和规划实施机制等规划公共政策职能如何有效发挥的内容。

在这样的前期研究系统的构架下，我们又主要将研究命题和要点聚焦在武汉城市发展所面临的关键问题上，如“武汉市在中部崛起中的机遇与策略研究”是顺应国家宏观经济调控，研究武汉在中部崛起中的机遇和策略，将该命题的核心内容确定为如何发挥中部经济发展核心顶托作用、城市建设水平应提升到怎样的高度。而“武汉市农村城镇化发展对策研究”则是针对武汉总体规划城乡统筹的规划目标，围绕武汉实施的“家园建设行动计划”，研究武汉社会主义新农村的实施步骤和建设标准问题等。

3 前期研究的组织与实施

城市总体规划所涉及的内容十分宽泛，只有面向社会、搭建好工作平台，才能使专家领衔的研究队伍真正介入到总体规划的前期研究过程中来，这是总规前期研究组织与实施的关键。结合武汉实际，我们采取了公开招标、专班跟进、中间交流、专家评审、成果验收等措施来开展总规的前期研究。

公开招标：2005 年 4 月，我们根据武汉城市总体规划前期研究框架设计及工作需要，拿出了 21 项研究课题面向全国进行研究课题招标。[④] 我们在标书中明确倡导专家领衔组建研究队伍来参与竞争，并主动向一些知名专家和权威机构发出了邀请，且特地成立了招标专家顾问组与工作小组，在规定时间内，收到了全国一百多家应征研究机构提交的投标申请表。经过对这些材料的认真评审，综合比较研究了成果内容、技术路线、资源占有、时间安排和经费报价等信息之后，我们最终“优中选优”地选择了国家发改委经济研究所、北京大学、中国人民大学、长江委研究院、同济大学、武汉大学、华中科技大学、华中师范大学、江汉大学、市委宣传部、市委政研室、市政府研究室等 28 家机构来承担这 21 项研究课题研究工作(表 1)。

招标课题与承担研究机构 表 1

类别	研 究 题 目	承担研究机构
产业经济系统	武汉市在中部崛起中的机遇与策略研究	国家发改委经济体制与管理研究所
		武汉市人民政府政策研究室
	武汉市城市经济转型与空间策略研究	华中师范大学城市与环境科学学院
	武汉市工业化发展和制造业空间布局研究	国家发改委经济体制与管理研究所
		中共武汉市委政策研究室
	武汉市现代服务业发展布局研究	华中科技大学建筑与城市规划学院
	武汉市就业岗位预测研究	中国人民大学国民经济管理系
		武汉市信息中心
和谐社会系统	武汉市人口规模预测及人口构成分析研究	北京大学城市与区域规划系
	武汉市外来人口调查及规划对策研究	中南财经政法大学人口与区域研究所
	武汉市农村城镇化发展对策研究	武汉大学战略管理研究院人口研究所
	和谐社会现代生活方式演变趋势研究及规划对策	华中科技大学建筑与城市规划学院
人居环境系统	武汉市生态环境容量研究	北京大学深圳研究生院
		武汉市环境保护科学研究院
	武汉城市气候改善与宜居环境优化研究	武汉市环境保护科学研究院
		华中科技大学建筑与城市规划学院
	武汉城市文化特色营造研究	江汉大学
		中共武汉市委宣传部政策研究室
		武汉市社会文化研究院
	武汉滨水城市景观特色塑造研究	雅克(厦门)城市规划研究所
城市支撑系统	武汉市居民出行方式研究	武汉市城市综合交通规划设计研究院
	武汉市物流业发展研究	中国国际经济咨询公司
	武汉市分蓄洪区安全体系规划研究	长江水利委员会长江勘测规划设计研究院
	武汉市能源安全保障体系及综合利用研究	中国地质大学
规划实施系统	武汉市社区发展与规划实施单元研究	华中师范大学
	武汉市土地市场培育及规划对策研究	北京大学
	武汉市城市规划实施机制和法制化研究	同济大学
	基于GIS的武汉市城市用地增长趋势研究	武汉市规划土地管理信息中心

专班跟进：我们通过整合内部规划技术力量，结合总规专班技术人员特长和兴趣，将课题研究跟进的任务与总体规划编制的任务捆绑起来，落实到人具体负责课题跟进，并专门制作了包括 21 项课题的研究机构、领衔专家、负责人、双方联系人和电话等的联系手册便于课题研究期间的相互沟通。在总体规划编制期间，通过建立这种衔接机制，达到了及时掌握研究方向、控制研究进展、反馈研究意图和在规划中落实研究内容的作用，即使在现在总体规划修编工作告一段落后，还有不少专业机构与我们保持联系，对我们的日常规划工作提出合理化建议。

中间交流：我们在课题研究中期，以研究的子系统为单元将相关课题的研究机构召集在一起，采取中间成果交流会的形式，会同邀请的咨询专家和内部技术人员就有关课题的技术路线、调查口径、研究深度和关键内容进行共同研讨，这一方面可使研究机构之间相互启发、相互促进，另一方面则可及时将课题研究进展与专家建议进行汇总、反映到总体规划阶段成果中来。如我们通过城市支撑子系统 4 项课题的中间交流，及时掌握了关于武汉分蓄洪区建设、城市交通战略规划以及武汉市能源设施——电网、燃气建设的政策和建设动向，顺利实现了对纲要中城市交通和市政章节的修改和完善。

专家评审：2005 年 9～10 月，我们按课题揭题的时间顺序，组织了由规划部门、各专业行政部门和大专院校专家所组成的专家组，分批次地对各课题研究机构提交的成果进行了评审，专家们严格依照定标时所确定的研究技术路线和成果深度等的要求，给出了评审意见。达到要求的成果予以认可，尚有一定距离的成果给出了深化完善的具体意见，有些属探索性、暂时没有明确结论的课题，也提出继续探索的方向，而对那些明显达不到要求的研究成果则予以否决、给予相应经济惩罚。

成果验收：专业技术人员通过细致的工作，将课题研究的全过程资料进行了收集整理和核对，包括课题要点、投标文件、中间和最终成果、专家评审纪要、汇报演示等等，汇总起来形成了完整的总体规划招标项目成果库，并组织编辑了每项课题研究的摘要以便随时调用。实践证明，这批课题研究成果及专家的评审意见最终成为此轮总体规划编制的重要支撑，直接为后继的纲要编制工作提供了理论依据与工作基础。

4 前期研究的实效

此次系统性的规划前期研究，为我们清晰地论证了城市发展的背景、条件和重大规划问题，提出了突出区域统筹、功能区划和分区引导的规划原则，并在总结武汉百年发展历史、展望城市发展远景的基础上，提出了城市性质、规模和城市发展战略建议，保证了总体规划的延续性和城市建设的连续性。同时，也加强了与《武汉城市圈规划》、《"十一五"规划》、《土地利用总体规划》以及《长江流域防洪规划》等各相关规划的衔接，落实了城市空间结构、用地布局、综合交通、生态环境和历史文化保护以及水资源和能源利用等的具体设想，并提出了近期规划和法制化的实施策略，有助于增强规划的政策性和可操作性，收到了明显实效：

(1) 形成坚实的规划技术支撑，强化了总规的综合性与协调性。前期研究针对武汉的城市问题和出现的新情况，以城市总体规划系统为平台，多学科参与、相互验证，把握了城市产业、社会、环境、规划实施等各方面的政策方向，强化了总体规划纲要编制内容的综合性与协调性(图 2)。

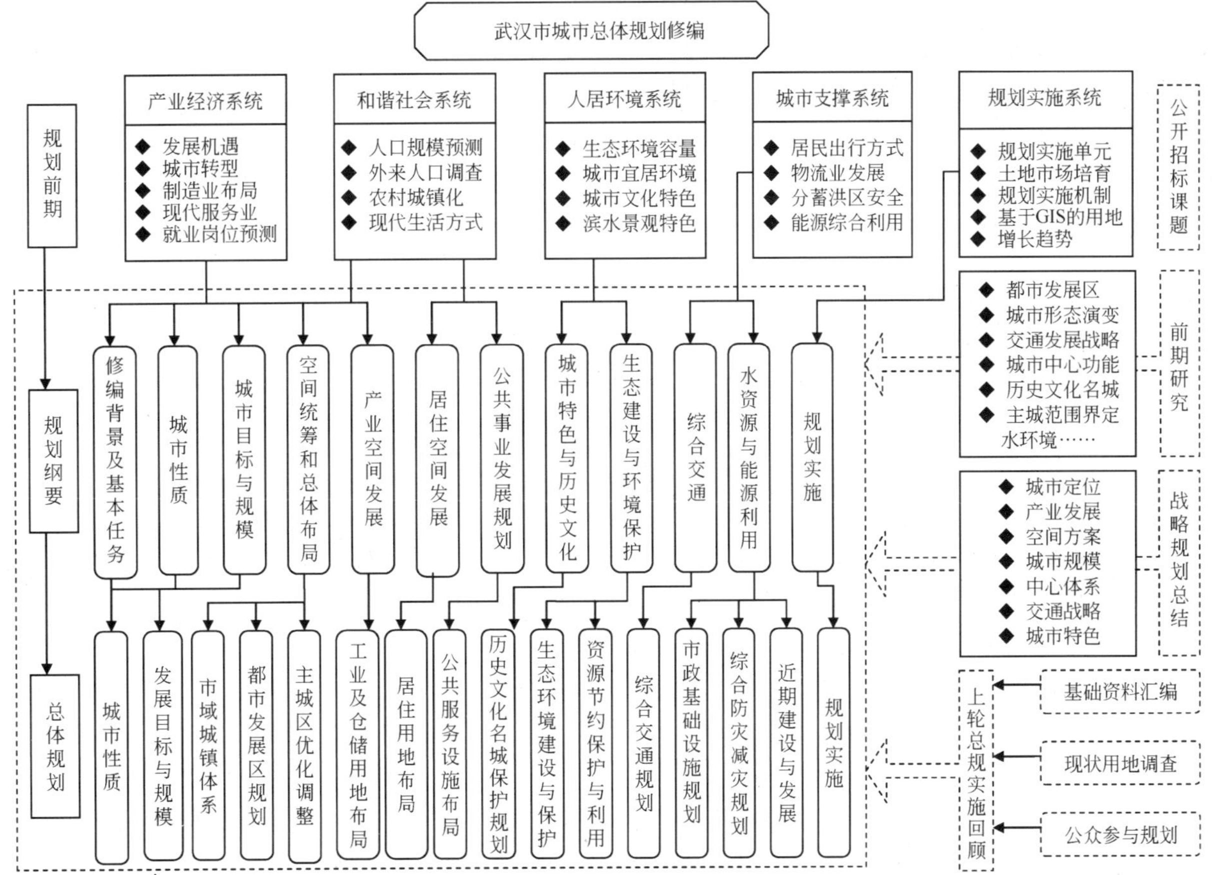

图 2 武汉市城市总体规划修编

(2) 充实总体规划的调查论证，体现了总规的现实性和科学性。前期研究机构运用科学的实证研究手段、进行了大量前瞻性的研究论证。如北京大学承担的《人口规模预测》研究，收集整理了武汉55年来城市人口增长的阶段性特征，并辅以《外来人口调查报告》、《武汉市就业岗位预测研究》和《生态环境容量研究》等内容，为我们确定总体规划人口规模提供了科学和翔实的论证依据。《武汉中部崛起中的机遇与策略》课题由中央和地方两家研究机构共同完成，国家发改委经济研究所从国家宏观政策角度，比较分析武汉城市的各种经济优势、面临的问题与挑战，论证了武汉市在中部地区率先崛起的机遇和发展定位，并就武汉城市功能定位和中部崛起战略实施对策提出了合理建议；武汉市政府政策研究室则从武汉城市本身发展情况出发，研究如何发挥武汉在我国东、中、西协调发展中的节点和传导作用，提出了实施中部地区崛起战略的9项加快发展策略，两个研究机构的成果相互补充，直接为产业、交通、生态等专项规划提供了前提论证。另外《城市经济转型》、《制造业和服务业空间布局》等课题，围绕武汉发展如何定位和空间如何优化等问题多方位地展开，为论证城市发展背景条件和明确规划编制任务给予了科学指导。

(3) 探索规划新技术运用途径，丰富了总规的研究手段和技术方法。如《生态环境容量研究》通过生态足迹模型，计量了武汉环境资源优势，推导出城市人口容量和生态承载力；《城市气候改善与宜居环境优化研究》通过计算流体力学软件(CFD)，模拟了城市在各种气候环境下的热岛效应，验证了城市布局与气候环境的相互作用机理，提出了建设城市绿楔和生态廊道、优化城市布局的建议；还有《基于GIS的武汉市城市用地增长趋势研究》采用GIS、RS技术和先进定量数学研究方法，以十余年的武汉城市用地数据库和遥感影像为基础，从市域、都市区(外环)、主城3个层次对武汉市建设用地的现状、演变、趋势进行了分析、评价和预测，支持了总规纲要的深化工作。另外，还有《城市文化特色营造研究》中的城市形象因子评价、《武汉市居民出行方式研究》中的建立的居民出行方式结构与武汉交通流量预测模型、《武汉市就业岗位预测研究》中的武汉各行业岗位需求预测模型等内容，也极大地丰富了规划的内涵。

(4) 延展规划研究的视野和领域，提出了需要继续求索的研究命题。前期研究，既充实了规划成果，也对我们的规划提出了需要不断追踪和深化研究的命题，特别是社会领域和规划实施领域的课题所提出的经济社会转型、现代生活方式、土地市场培育、规划实施法制化等内容，均是我们必须面对而在现有规划中暂时还没有明确结论的命题，这使我们此轮的城市总体规划视野更广、更贴近现实、更有助于达到可实施性。

5 前期研究的几点体会

组织与实施此轮总体规划前期研究工作，我们获益匪浅。城市总体规划的前期研究不仅充分论证了武汉未来规划建设方针，有助于进一步统一思想、科学编制城市总体规划，同时围绕前期研究所展开的系列宣传和公众参与，还直接增强了总体规划的知名度与凝聚力，保障了城市总体规划后续工作的顺利开展，使总体规划工作更加深入人心。总结此项工作，我们认为有以下几点值得关注：

(1) 开展前期研究，促进公众参与。城市总体规划工作要顺应当前城市规划兼容并蓄、多元创新的局面，就必须进行不断地突破和创新、开展广泛而深入的规划研究。此次工作我们是在上轮规划研究的基础上，积极倡导和实践了“开门做规划”的前期研究形式，它不仅使专家学者的兴趣和专业特长与城市总体规划目标有机结合起来，直接支撑了城市总体规划修编工作，更是通过社会的广泛参与、解决了城市总体规划中涉及跨学科、理论性强的国家宏观政策、区域发展平衡等问题。

(2) 坚持以我为主，充分利用内外两种资源。我们以城市总体规划技术框架为主干，强调专班和专家两条轨迹并行、内外两种资源并用、指令和招标两种机制共存的研究机制，充分发挥前期研究先导和支撑作用，增强自主创新能力。一方面利用武汉市规划院的优势，研究了城市用地增长趋势、建设标准、生态环境和交通等关键规划内容，另一方面则充分利用外部研究资源，解决了总体规划中如城市发展定位、产业转型方向、就业岗位预测、城市用地GIS分析、城市气候适宜性评价等难点和敏感性问题。

(3) 注重运行机制，统筹规划研究进程。有别于以往规划研究注重结果的做法，本轮的规划前期研究更加注重研究过程。我们在研究的组织方式与方法上突出了研究机制的转换，以系统观统筹战略类、政策解读类、理论运用类、广泛参与类、公众调查和新技术运用类等课题的研究目标，以过程控制论强化研究的技术路线，把握住前期研究的命题、资源、市场、进展、结论等工作环节，确保了前期研究朝着清晰、干练、及时的方向发展。

(4) 统筹技术创新，夯实总体规划基础。为突出研究成果质量，使规划具有更加广阔的视野，我们以专家顾问组和项目工作组为依托，反复验证招标命题中的规划技术要点，汇集并发布了各项命题招标的信息，使相互关联的前期研究及时互动，虽然使组织和联系工作变得繁琐，但是确确实实降低了各项研究的成本和风险，提高了各方面规划研究工作的成效。

6 结语

在全社会高度关注城市规划的今天，原有的物质空间规划、自编自导的规划工作模式已难以适应社会发展要求，城市总体规划修编的前期研究工作实质上是城市规划应对社会发展的一种自我调整。它不仅将规划的工作领域由描绘蓝图拓展到了研究发展，而且通过“开门做规划”的形式，吸纳了一大批全国各地的专家参与到总体规划的课题研究中来，他们的研究成果有助于确立城市重大规划问题的主攻方向，可直接为新时期总体规划工作夯实基础，他们的参与更是为城市未来规划工作的展开争取了强有力的同盟军与研究同行，同时这还是一场公众参与城市规划的研究实践，使许多以前规划的评论员成为规划的参与者，规划融入了他们的智慧与思考，这不仅有利于规划研究，更有利于未来的规划实施与管理。

注释

①《城市规划编制办法》(建设部令第146号) 第十二条提出：城市人民政府提出编制城市总体规划前，应当对现行城市总体规划以及各专项规划的实施情况进行总结，……，着眼区域统筹和城乡统筹，对城市的定位、发展目标、城市功能和空间布局等战略问题进行前瞻性研究，作为城市总体规划编制的工作基础。

② 1999年国务院批复的《武汉市城市总体规划(1996～2020年)》，确立的研究框架是空间形态、城市规模和建设标准为三项前期基础性研究，城市性质、发展目标、城市规模、空间拓展为四项规划要素，以及若干规划专项为主要内容。

③ 2004年11月，武汉市邀请了11位国内外知名专家对中国城市规划设计研究院、北京大学、同济大学和武汉市城市规划设计研究院等四家设计机构提交的战略规划研究最终成果进行研讨，武汉城市总体规划修编中心在整理专家发言和主要研究成果的基础上，以“方案集萃”、“战略展望”等专题报道形式，在11月09日和12月21～29日之间的《长江日报》的第8版(经济新闻)整版，向社会公众公开了战略规划技术总结的主要内容。

④ 2005年4月1日，武汉市在中国建设报、长江日报头版和相关媒体网站上公布了《课题研究招标启示》，包括课题类型、名称、研究要点、投标要求、联系方式和评选方式等必要的招标信息，引起了国内外许多研究机构的关注和来电咨询。

参考文献

[1] 新版《城市规划编制办法》解读——建设部城乡规划司孙安军副司长专访 [J]. 城市规划，2006，5：9.
[2] 吴良镛. 以城市研究与时间推动规划发展——在2004年城市规划年会上的发言 [J]. 城市规划，2005，4.
[3] 刘奇志. 借助公众参与，完善城市规划 [J]. 城市规划汇刊，1991，3.
[4] 刘奇志. 在公众参与下进行动态规划 [J]. 城市规划汇刊，1992，5.
[5] 陈玮，穆霖等. 武汉：若干规划公众参与的实践 [J]. 北京规划建设，2005，6.
[6] [法] 让·保罗，拉卡兹. 城市规划方法 [M]. 北京：商务印书馆，1996.
[7] 武汉市人民政府. 武汉城市总体规划1996～2020年. 2000.

注：原文刊载于《城市规划学刊》2007年第1期。

当前总体规划工作面临的困境与出路
——以武汉市为例

吴之凌

（武汉市城市规划设计研究院）

提　要：对进入21世纪之后总体规划的地位和作用所面临的挑战进行了分析。对于总体规划面临的矛盾必须从规划管理体制、财政体制和政治体制上加以研究。城市总体规划对于综合发展战略的研究能力应该全面加强，同时应该建立起一种根据城市社会经济发展情况而不断调整、自我完善的总体规划工作体系。

关键词：城市总体规划；修编；武汉市

1　引言

长期以来，城市总体规划作为指导城市建设与发展的蓝图，在协调城市发展过程中方方面面的利益和关系上起着至关重要的综合调控作用，其地位和意义是毋庸置疑的。每一轮的城市总体规划修编都是城市政府的重要事件，得到社会各界的广泛关注和支持。但是在进入21世纪之后，总体规划的地位和作用面临着前所未有的挑战。

一个最具有说明意义的事实是，在上一轮总体规划编制审批完成不足5年(有的城市甚至更短)的情况下，有相当一批大中城市不得不采取各种手段开始对总体规划进行调整。广州、深圳、杭州、厦门、长沙等城市先后组织编制了“概念规划”，合肥、沈阳、西安等城市组织编制的是“发展战略规划”，北京、上海、南京、成都、青岛、海口等直接提出进行“总体规划修编”。总体规划调整的速度之快、面积之广，在历史上都是极为罕见的。

事实上，由于这样一种自下而上的总体规划调整缺乏法律依据和理论支撑，为了不与刚刚审批出炉的总体规划相冲突，也为了能够勉强地“自圆其说”，各地都不得不采取了一系列模糊暧昧的字眼来加以表述，即所谓的概念规划、发展战略规划、新区拓展规划等等“题目”，有的城市则采用了取消规划期限，淡化或者回避城市规模问题等等“说法”，但其本质都是一样的，新一轮总体规划的调整正在如火如荼地进行之中。

20世纪90年代初全国大中城市进行的上一轮总体规划修编工作是按照《城市规划编制办法》，根据当时的全国城市改革开放形势和城市化需要而布置开展的，各地均为此投入了大量的人力物力，进行了充分的研究论证后上报国家主管部门审批，其程序是合法的，其内容也应该是具有一定的科学性和指导意义的。

而就是这样一批凝聚了全国城市规划工作者的智慧和心血的成果，如今在短短几年时间里在某些人的眼里成为难以评说的“鸡肋”(有个别城市甚至在总体规划尚未得到审批时就已经开始着手开展新一轮的修编)，不能不使我们感到困惑：城市总体规划怎么了？

所谓城市总体规划，在《城市规划法》中并未给出专门的定义，但是在该法所确定的规划体系中。总体规划显然是最基本的前提和框架，对于下一阶段详细规划的制订和具体的建设行为具有决定作用。过快过多地对总体规划进行调整，显然意味着总体规划的外延和内涵需要重新认识和研究。

值得庆幸的是，尽管总体规划工作正在被方方面面所质疑，但是目前在城市发展到底需不需要总体规划这个问题上，来自社会各界的答案还是一致的，那就是我们仍然需要一个对于城市总体布局的全面、合理、前瞻性安排，我们仍然离不开，也不应该离开总体规划。

于是，问题就演变为：我们应该如何去重新定位认识总体规划？如何使城市总体规划与城市建设发展的实际需要相适应？在当前的调整总体规划的浪潮中间我们可以总结出哪些经验和教训？

我们可以结合武汉市来对这个问题进行一下探讨。

2 回顾：上一轮总体规划的基本框架

武汉市行政区域面积8467km^2，下辖13个行政区。新中国成立以来，武汉市先后编制和修订了6轮城市总体规划。目前实施的《武汉市城市总体规划(1996～2020年)》是于1993～1995年编制完成的。1999年2月5日，国务院正式批复了《武汉市城市总体规划(1996～2020年)》。

规划确定的城市性质为：湖北省省会，我国中部重要的中心城市，全国重要的工业基地和交通、通讯枢纽。规划至2020年全市常住人口970万人，其中城市实际居住人口505万人，主城建成区面积427.5km^2。规划至2005年，主城常住人口390万人，实际居住人口426万人，主城建成区面积311km^2，人均73m^2(按实际居住人口计算)。

总体规划中，市域规划框架是以主城为核心，沿长江、汉水、京广铁路等主要发展轴建设7个新城。主城布局则是利用江、河、湖、山等自然条件分隔，规划江南、江北两个核心区，在其周围布局10个中心区片，在主城边缘布局10个综合组团，以轨道交通线、快速路及主次干道相联系，形成“多中心组团式”的布局结构。

规划的道路系统骨架是形成以主城为中心的3条环路、10条快速放射线和绕城公路的环形放射状快速路系统。

规划从核心区向外依次划定了工业的严格限制区、限制区、控制发展区和重点发展区，要求在二环、三环之间重点建设一批大型居住新区。同时，主城以长江、汉水和东西山系的生态轴、4个由湖泊群构成的生态绿心、二环及三环附近的内、外生态环、5条楔形生态走廊以及连通主城和市域的大型生态用地构成“环状—放射”型生态结构。

武汉市总体规划的结构可以说是代表了1990年代中国大城市规划的基本模式，也就是中心城区以若干环路加放射线为骨架、由内向外进行三、二、一产业布局，外围布置若干卫星城，生态绿地穿插其间。这样一种布局中可以清晰地看见“花园城市”理想和芝加哥学派“同心圆”模式的影响，南京、成都等相当一批城市也都采取了与武汉类似的规划布局方式。武汉市城市总体规划当时得到了专家评审会的充分肯定，并获得了建设部2000年优秀城市规划设计一等奖。

3 现状：总体规划实施情况及面临的主要问题

总体规划实施以来，武汉市的城市经济保持了快速发展的势头，总体规划对于城市建设起到了重要的指导和促进作用。

3.1 总体规划对武汉城市发展的积极作用

(1) 全市GDP由1995年的606亿元增加到2000年的1206亿元，人均GDP达到16238元。三次产业结构比由1995年的10.0∶48.6∶41.4转变为2000年的6.7∶44.3∶49.0，即由“2-3-1”型产业结构转变为“3-2-1”型产业结构，实现了由传统的工业基地向综合性中心城市的转变。

(2) 城市化进程加速。第五次人口普查结果表明，2000年武汉市总人口达到了831.26万人，人口城市化水平从1993年的67.2%增加到81.6%。其中，新增人口主要集中在主城，约占84%。2000年主城户籍人口数为369万人，与规划预测的365万人基本一致，但居住半年以上的暂住人口达到了88万人，使主城实际居住人口达到了457万人，接近规划2010年的458万人的实际居住人口规模。

(3) 建设用地趋于集约化。目前，核心区内的工业用地已经搬迁、置换约90%以上。主城规划的三大工业组团规模效应显现，建设速度明显快于预期，成为新增工业项目和主城外迁工业的集中地。而规划的中、小型工业区建设速度较缓。

(4) 城市功能逐步提升。汉口武汉商场地区、汉阳钟家村地区及武昌中南路地区等3个市级商业中心得到进一步完善，使城市商业中心活力显著增强。规划的武汉国际会展中心、新江汉大学、武汉图书馆、武汉博物馆等一大批重要文化体育设施也如期完成，进一步提升了城市文化、商贸、会展功能。

(5) 城市环境面貌有了明显改观。为充分展示武汉滨江滨湖城市特色，沿内环线新建、改建了一批城市广场和公园，对东湖环湖地带景观进行了整治、美化、改造、新建了一批城市绿化广场，重点对“两江四岸”进行了亮化美化绿化。目前，主城建成区绿地率、绿化覆盖率和人均公共绿地面积分别达到29 2%、33.7%和8.1m^2。

(6) 加强了城市保障系统。武汉市域的长江大桥由1座增加到4座，汉江公路桥由2座增加到6座，过江交通能力加强。贯通了中环线西南段，190km的外环线已动工兴建，京珠、沪蓉高速公路武汉段全面建成，对外交通条件大为改善。

以上种种都表明，武汉市总体规划确定的发展目标、规划原则和“多中心组团”式布局结构是符合武汉市经济社会发展要求的，对城市发展发挥了积极的指导作用。

3.2 总体规划实施面临的问题

3.2.1 人口增长超过了规划预期

从人口规模看，2000年底，武汉市实际居住人口已达804.8万人(校核规模831万人)，远远超出了总规的预测，目前甚至已经突破了预测2010年845万人的规模。实际居住人口的增加使得人均建设用地指标降低，加重了中心区的生态环境和城市基础设施负荷。

根据我们对于第五次人口普查人口统计的分析，总体规划对于全市人口自然增长和主城人口自然增长的预测都是相当精确的，实际情况与规划指标基本一致。问题主要出在城市人口的分布、机械增长数量和流动人口数量上。

(1) 城市人口空间流动严重不均衡，呈现突出的中心集聚化趋势。主城区人口持续快速增加，旧城人口总体上仍在低速集聚，而外围郊区就业人口和经济增长都相对缓慢。换言之，卫星城和外围中心镇没有如规划期望的那样充分发挥吸纳和截流人口的作用，主城人口增长的压力仍然很大。

(2) 区域范围城市化的速度仍在加快，中心城市不可避免地要承担更多的人口压力。关于这个问题已有多项专门研究。实际上要搞清楚流动人口的具体数量是很困难的。但我们可以从铁道部门一而再、再而三地进行提速却仍旧无法满足客运需求上，真实地感受到这一现象的存在。

3.2.2 对于城市用地的需求难以遏制

从用地规模看，近3年，武汉市城建用地每年的实际需求量为25～30km^2，其中主城需求量在15～20km^2，短期内将突破总体规划确定的2010年311km^2的城市规模。换言之，如果这一速度持续保持10年的话，城市建设用地的规模将可能较目前翻一番。

由于城市经济的增长与城市用地的增长之间是正相关的，要保持经济的快速发展而不提供必要的用地从经济学角度是不合理的。而且，越来越多的研究表明，大城市的用地经济性要远高于小城镇，大城市发展总体上对于节约用地是有积极作用的。问题的关键在于城市用地增长的科学性和合理性。

目前，导致城市用地快速增长的压力主要来自于两个方面，即外围开发区和房地产项目的圈地运动。

(1) 由于具有特定的税收和审批优势，全国各地各种名目的开发区竞相争地，规模也越来越大。尽管很多研究都对开发区的适宜规模进行过探讨，但实际上在全国范围内，开发区规模已由1990年代初的20～30km^2迅速成倍扩张，有的规划范围超过100km^2，相当于特大城市的建设规模，更有甚者达到了数百km^2，不仅是在中国，即使在世界城市发展史上也是独一无二的。

开发区现象在中国改革开放初期是有其合理性的，可以在有限的范围内作为经济发展的试验田，并且对于中国经济由计划体制向市场体制转轨发挥了关键性作用。但在中国已经基本建立了市场经济体制、加入了WTO的今天，开发区的存在就已经逐步失去了其合理性，表现出了越来越多的不适应性。

一方面，在同一个城市中的某些特定区域的建设项目实行税收等优惠政策本身是有违市场经济自由竞争法则的。另一方面，开发区的无限扩张衍生出一系列的城市问题，比如开发区当初的选址多数是基于一个功能组团或者卫星城的，目前就地扩展成为一个大城市甚或一个特大城市的规模时其基础设施骨架、发展空间等都往往不具备一些基本的必要条件，同时由于开发区在城市功能上先天性的缺陷，自身的完善十分困难，开发区与中心城区之间的依赖关系不可避免地会加大城区间通勤交通的压力。开发区已经成为了城市规模和形态发展中最难以控制的因素。

(2) 发端于华南的房地产项目圈地运动正在席卷全国，1000 亩以上的项目用地大多集中在大城市的主城区边缘地带。这些项目往往追求自成体系，营造成为某种特定人群的小社会，而忽视了区域性公共服务设施的建设和共享，甚至规划道路、市政设施都无法整合，恰恰这些都是最难妥善处理的问题。所谓房地产商的“造城运动”对于城乡结合部的规划带来了新的挑战。

3.2.3 外围卫星城发展贴近主城，与主城有联为一体的趋势，生态隔离带保留越来越困难

过去 10 年中，武汉市致力于解决汉口、汉阳、武昌三镇的过江交通问题，投巨资在长江大桥和汉江大桥的建设上，努力实现主城 3 个环线的形成。与此同时，规划中的快速放射线建设相对滞后，特别是由市中心到外围卫星城的快速联系通道，例如全封闭的快速道路、郊区铁路系统尚未形成，因而卫星城与主城之间的联系仍然依靠普通道路解决。缺乏必要的快速捷运系统，卫星城的发展就不得不依托主城开展。这也是中国城市建设中一个非常典型的问题。在部分地段，主城有突破三环线逐步向外蔓延的趋势，外围生态环境和城市地区规划框架有被破坏的威胁。

3.2.4 道路交通系统建设跟不上机动车辆增长的速度

在新建和扩建完成了一批城区重要干道后，城市交通问题并未得到全面缓解。目前，主城宽度在 5m 以上道路总长 1613km，人均道路面积 7.76m^2，较 1993 年增长了 2.15 倍。而机动车数量则由 1993 年 13.8 万辆增长到 55 万辆，增长了近 3 倍。三镇间的过江交通仍是市内交通的“瓶颈”，城市桥梁超负荷运行，长江一桥长年超饱和运转，长江二桥的交通流量已经接近设计标准，长江三桥的流量在迅速增加中。综合国内外城市的经验看，尽管我们可以制订一些限制性措施，但要全面遏制轿车进入家庭几乎是不可能做到的，因而我们不得不准备面对一个道路系统的建设速度不能满足实际发展需要的时代。

此外，还有城市景观的引导仍然缺乏有效手段，高层建筑布局分散，城市绿化系统建设迟缓等问题。

在这些问题面前，我们不能不承认，传统的规划理论和规划体系对于当前中国正在进行的史无前例的高速城市化时代并不完全适用，城市规划所赖以支撑的城市人口和用地规模预测模型基本失效，我们据此对于城市布局和交通网络的安排一次又一次地被突破，一次又一次地加以修补，变成了水多了加面、面多了再加水的过程。而就在这个过程中间，政府对于经济发展、扩大规模、提高城市竞争力的意志占据了主流，市场对于城市土地的胃口得到了满足，城市规划作为一门学科所必需的科学性体系却被动摇，内涵被淡化。大批以道路网络和地块安排为主的所谓“规划”在大干快上的潮流中拼凑出炉，规划设计单位和规划院校陷入了一场长期、持续地大范围编制规划、调整规划的鏖战中。

面对着来自市场和政府的力量的双重夹击，规划局左右为难，规划院疲于奔命。城市规划得到空前重视的同时，也面临着空前的危机和挑战。

4 反思：总体规划面对的主要矛盾

总体规划在本质上是对于公共利益的协调与平衡。在目前中国的政治体制下，当部门利益、近期利益与公共利益、长远利益相冲突时，公共利益和长远利益缺乏足够强有力的代言主体，发生的往往会是一场只有原告、没有被告的不对称官司。规划局作为政府的一个组成部分，同时也是总体规划的组织制定者，因而在冲突中既是裁判，又是选手，角色十分尴尬。对于总体规划面临的矛盾仅仅归咎于规划局显然是错误的，必须从规划管理体制、财政体制和政治体制上加以研究。

4.1 终极标靶与边际效应

源自于前苏联的计划经济体制下的总体规划，所追求的理想是描绘一幅美好的终极发展蓝图，城市人

口是有序增长的，城市与乡村之间有着明确而显著的差异，城市管理体制依靠的是一个大一统的强力政府。我们应该注意的是，总体规划所划定的各类用地范围，实质上意味着对于不同区域发展机会的限制，这种限制对于公共利益的总体可能是适宜的，但是对于各个局部而言是极为不均衡的。如果这种发展机会的不均衡无法通过有效途径得到补偿，总体规划将必然成为开发商和地方政府攻击的“终极标靶”。

在市场经济条件下，特别是在一个全国范围内城市体系尚未完全定型、大范围的人口流动不可遏制的情况下，对于一批经济增长快、就业机会多、吸引力较强的中心城市而言，控制流动人口增长几乎是不可能的，人口的超速增长又必然造就城市土地供应的相对短缺。在城乡二元差异悬殊的区域中，总体规划的终极蓝图实质上提供了众多的寻租空间。在边际效应的作用下，永远会有一些强力集团寻求突破总体规划框框、获得更加廉价土地的可能性。我们在实践中可以看到，城市发展往往不会是匀速地扩展，而是扩展伴随着跳跃式的布点。这种跳跃式的布点又往往会得到当地政府的配合，毕竟工业和第三产业带来的税收比目前低迷的农产品市场具有更强的吸引力。缺口一旦打开，城市规模的控制将难以按照预定的轨道实现。

4.2 税费改革与城市经营

城市政府担负着维护城市运转、促进城市发展的重任，而其运作的基本条件是需要一个稳定、有效的政府财政。随着经济和社会的发展、政府为居民生活提供的社会基础条件、安全条件、卫生条件、稳定条件和发展条件的标准也越来越高，必然导致公共支出需求的不断增长。公共支出的不断增长，相应地需要政府扩大筹资规模，增加财政收入。城市政府扩大筹资规模的主要手段就是加强城市经营，增加税费收入。

我国的地方财政收入主要由工商税、企业所得税、契税和农业税构成，其中最为关键的是所得税。1994 年以来，按照建立社会主义市场经济体制的要求，我国在财政收入管理方面推出了一系列改革，主要有四项：财税体制改革；所得税收入分享改革；税费改革；深化“收支两条线”管理改革。其中，所得税改革对于城市政府的财政影响非常大。从 2002 年 1 月 1 日起，打破了过去按隶属关系和税目划分所得税收入的办法，实施所得税收入分享改革。所得税改革的主要内容是，除少数特殊行业或企业外，绝大部分企业所得税和全部个人所得税(包括对个人储蓄存款利息征收的所得税)实行中央与地方按比例分享。在核定基数的基础上，中央和地方分享比例 2002 年为 5∶5，2003 年为 6∶4，往后根据实际收入情况另行确定。

分税制极大地刺激了地方政府增加税收的积极性，其结果有效地增加了财源，但也为总体规划带来了负面作用。由于分税制中税收的基数是确定的，谁能够吸引更多的企业到本地区投资，谁就能从分税制中获得更多的利益，对于一些发展不足的地区尤为突出。因此，一些地方政府对于招商引资几乎达到了饥不择食的程度，争相要求增加本地区的发展用地规模，调减农业用地(所得税率大约为 33%，而农业税率大约为 3%～5%，二者的差距显而易见)。

一旦依法负责制定总体规划的地方政府也开始加入到要求调整规划的行列中，总体规划就更加岌岌可危了。

4.3 经济周期与规划衔接

从广义上说，规划工作也是一种经济活动。因而规划必须适应经济周期性运作的规律。根据我国现行的制度，地方政府指导经济建设的主要抓手是制订国民经济与社会发展计划，长期以来保持每 5 年编制一次。

1989 年颁布的《城市规划法》第六条明确规定：“城市规划的编制应当依据国民经济和社会发展规划以及当地的自然环境、资源条件、历史情况、现状特点、统筹兼顾、综合部署。城市规划确定的城市基础设施建设项目，应当按照国家基本建设程序的规定纳入国民经济和社会发展计划，按计划分步实施。”而 1991 年颁布的《城市规划编制办法》第十五条规定：“城市总体规划的期限一般为二十年，同时应当对城市远景发展作出轮廓性的规划安排。近期建设规划是总体规划的一个组成部分，应当对城市近期的发展布局和主要建设项目作出安排。近期建设规划期限一般为五年。”

这两个规定的矛盾显而易见，既然作为总体规划编制依据的国民经济和社会发展规划是每 5 年制订一次，总体规划理所当然应该相应修订，而不是强求 20 年不变。

根据我国的政治制度，地方政府的换届也是每 5 年一次。对于每一届政府而言，非常需要一个恰当的舞台表达他们对于城市建设规划的意图，如果对于这样的要求不能因势利导的话，政府只有一个选择，那就是调整总体规划。事实上，这也就是为什么每届市政府上台都去努力修编总体规划，而下一届政府又不断重复劳动的内在原因。

5 出路：总体规划工作的变革

5.1 调整对总体规划的基本认识，改革规划修编工作体制

过去认为总体规划修编应该面面俱到、20 年不变的观点，以及修编工作持续 2～3 年，审批程序复杂繁琐的做法，与当前城市快速发展的形势显然存在极大的不适应，必然导致规划工作的全面滞后。同样的，在实践中部分地方出现的弱化总体规划的观点也是极为危险的，将可能对城市的人居环境，功能优化和资源保护带来不可估量的损失。我们需要全面研究新时期总体规划工作的特性和需要，并相应调整有关编制和审批管理规定，使之与实践的需要相协调。

5.2 定期对城市总体规划实施情况予以检讨，建立城市发展战略研究体制

城市规划是城市政府的重要工作，市政府领导不抓城市规划也是有悖于常理的。既然如此，就应该把城市治理与城市规划更好地结合起来，城市规划应该成为城市政府施政纲领的重要组成部分。作为施政纲领的城市规划就不能仅仅满足规划技术人员的需要、而应该适应社会经济发展的需要。

因此，应该全面加强城市总体规划对于综合发展战略的研究能力。根据城市发展的不同阶段和主要矛盾，相应组织研究城市的交通、环境、就业、居住、功能调整等方面的重大问题，制订一段时期内的发展战略，并据此引导城市用地的布局与调整。

5.3 强化近期建设规划，建立一种弹性的建设规划机制

总体规划主要突出的是对空间结构和功能结构的宏观引导，但对于具体的规划管理而言仍显得过于模糊，其中所确定的基本原则也需要在实践中不断贯彻落实和补充完善。近期建设规划是对于总体规划的具体落实，也是与土地利用总体规划相衔接的重要法定依据，事实上也给城市政府提供了一次定期对城市总体规划进行检讨，微调和补充完善的机会。近期建设规划的强化对于重新建立起总体规划的权威地位，有着十分积极的意义。也只有当总体规划在近期建设规划中被适当地具体化了后，总体规划的实施性和可操作性才能得以充分体现。

6 结语

在未来很长一段时间内，至少是在中国高速城市化发展的阶段、总体规划将不再是作为一种静止的，20 年不变的终极发展蓝图，总体规划将会建立起一种根据城市社会经济发展情况而不断调整，自我完善的机制。或者说，总体规划修编(或者修订)将是一个动态的，长期维护性的工作。

参考文献

[1] 吴良镛. 面对城市规划“第三个春天”的冷静思考 [J]. 城市规划，2002(2).

[2] 王章辉，黄柯可. 欧美农村劳动力的转移与城市化 [M]. 北京：社会科学文献出版社，1997.

[3] 武汉市城市规划设计研究院，武汉市城市总体规划(1996～2020 年) [Z].

[4] 韦亚平，赵民. 关于城市规划的理想主义与理性主义理念 [J]. 城市规划，2003(8).

[5] 沈迟. 先有鸡还是先有蛋——对目前我国城市规划编制审批中某些做法的疑惑 [J]. 城市规划，2003(9).

注：原文刊载于《城市规划》2004 年第 6 期。

“两规”关系探讨

萧昌东

（武汉市城市规划设计研究院）

提　要：城市总体规划和土地利用总体规划如何相协调、相衔接，以指导城市的合理化建设和土地资源的优化利用与配置，是摆在当今我们每个人面前的一个重要课题。本文通过对城市总体规划和土地利用总体规划的规划内容、用地分类等主要差异的分析，对如何实现两者的相互协调和衔接进行了探讨，并提出了合理化建议。

关键词：城市总体规划；土地利用总体规划；差异；协调

城市总体规划与土地利用总体规划(简称“两规”)是宏观指导一个地区城镇建设和优化土地利用结构的两个十分重要的规划，两者既相联系，又有许多不同。在当今“十分珍惜和合理利用每寸土地，切实保护耕地”的基本国策指导下，“两规”必须相互协调和衔接。因此，弄清“两规”的关系，对于正确认识和理解“建设”和“吃饭”这对矛盾以及实现“两规”相互协调和衔接，具有十分重要的现实意义。

1　“两规”存在的主要差异分析

1.1　从规划内容上看

1.1.1　城市总体规划的主要任务与内容

城市总体规划的任务是根据城市规划纲要，综合研究和确定城市性质、规模、容量和发展形态，统筹安排城乡各项建设用地，合理配置城市各项基础工程设施，并保证城市每个阶段发展目标、发展途径、发展程序的优化和布局结构的科学性，引导城市合理发展。

城市总体规划的期限一般为20年，近期规划期限一般为5年。规划的主要内容为：①对市和县辖行政区范围内的城镇体系、交通系统、基础设施、生态环境、风景旅游资源开发进行合理布置和综合安排；②确定规划期内城市人口及用地规模，划定城市规划区范围；③确定城市用地发展方向和布局结构，确定市、区中心区位置；④确定城市对外交通系统的结构和布局，编制城市效能运输和道路系统规划，确定城市道路等级和干道系统、主要广场、停车场及主要交叉口形式；⑤确定城市供水、排水、防洪、供电、通信、燃气、供热、消防、环保、环卫等设施的发展目标和总体布局，并进行综合协调；⑥确定城市河湖水系和绿化系统的治理、发展目标和总体布局；⑦根据城市防灾要求，作出人防建设、抗震防灾规划；⑧确定需要保护的自然地带、风景名胜、文物古迹、传统街区、划定保护和控制范围，提出保护措施；⑨各级历史文化名城要编制专门保护规划；⑩确定旧城改造、用地调整的原则、方法和步骤，提出控制旧城人口密度的要求和措施；⑪对规划区内农村居民点、乡镇企业等建设用地和蔬菜、牧场、林木花果、副食品基地作出统筹安排，划出保留的绿化地带和隔离地带；⑫进行综合技术论证，提出规划实施步骤和方法的建议；⑬编制近期建设规划，确定近期建设目标、内容和实施部署。

1.1.2　土地利用总体规划的目的与主要内容

编制土地利用总体规划的目的，是合理利用有限的土地资源，为国民经济和社会发展提供土地保障，对土地利用实行规划管理，以强化土地利用宏观调控和微观管理机制，协调部门与产业间用地矛盾，优化土地利用结构和布局。

土地利用总体规划的规划期限一般在10年以上，规划年限分为规划基期年、规划阶段年和规划目标年。规划的主要内容有：①根据社会经济发展的需要和土地资源条件，确定规划期内土地利用的目标和任务。②根据规划目标，对各类用地需求量进行预测和综合平衡，调整土地利用结构和布局。规划的首要任务是确定各类用地面积和配置，确定和配置基本农田保护区、重点建设项目用地、各类开发区(包括城、镇发展区，工业小区)的规模和范围，做到定性、定量、定位。③按照土地主要用途对"②点"以外的其他用地，通过进行土地利用分区规划，确定各区的范围、土地利用结构、布局、要求和开发、利用、保护和整治措施。④结合基本农田保护区、建设用地及其他土地利用分区的划分，将规划行政辖区内的各类用地的面积分解并配置到下一级行政单位。⑤制定实施规划的措施，保证规划的实施。

1.1.3 "两规"的关系分析

"两规"都是在对现状进行充分的分析和研究的基础上，以国民经济和社会发展计划为基础，以各部门发展规划为依据安排各类用地，并通过制定一系列的实施措施，合理配置城市土地资源，调整用地布局，优化用地结构，以期城市的持续和健康发展。

城市总体规划主要是确定城市的性质和城市建设用地规模，合理进行城市规划区内的用地布局和资源配置。它是从城市建设的角度对城市建设用地提出合理的布局和综合安排，是城市发展的蓝图和各项建设工程设计和管理的依据，是城市建设总体规划。而土地利用总体规划是对整个规划辖区内的全部土地的利用结构及其空间布局作出长期的合理安排。它是在综合分析行政辖区内土地供给情况的基础上，不仅要对城市建设用地规模作出切合实际的预测，还要对辖区内的其他类用地(除建设用地外，还有基本农田、林地、园地、牧草地等)的需求量作出全面预测，并进行综合平衡，以合理调整用地结构和布局，并把各类用地指标分解配置到下一级行政单位，其用地指标，特别是基本农田保护区控制指标最终要落实到地块上。

城市规划区并非整个行政辖区范围，只是其中的一部分，称为中心城区或城市中心区；而土地利用总体规划的规划范围是整个行政辖区内的全部土地，其规划范围比城市规划范围大。从"两规"的空间范围来看，城市总体规划是土地利用总体规划的一个专项规划，两者是点和面的关系，是局部与整体的关系；从规划的内容、手法和成果看，两者各成体系，只是土地利用总体规划在内容上更全面、更具体地体现了一个地区土地资源的合理利用与配置、土地利用结构的综合调整与优化、土地利用的宏观调控与微观管理机制，但两者在城镇和村镇发展用地的规模、方向和范围等方面又必须进行充分协调。

1.2 从用地分类上看

1.2.1 城市总体规划中的城市用地分类

城市总体规划中城市用地分类(简称"城市用地分类")采用大类、中类、小类三个层次的分类体系，共分10大类、46中类、73小类，用字母数字混合型代号，大类用英文字母表示，中类和小类各用一位阿拉伯数字表示。城市用地分类和代号详见表1(仅详列出"两规"中有分歧的类别)。

1.2.2 土地利用总体规划中的土地利用分类

土地利用总体规划中的土地利用分类(简称"土地利用分类")采用一级、二级两个层次型的分类体系，共分8个一级类和47个二级类，分别采用一位阿拉伯数字表示。土地利用分类详见表2。

1.2.3 "两规"用地分类关系分析

从表1、表2用地分类的内容来看，土地利用分类似乎是城市总体规划用地分类中的第十大类扩充而成的。实际上，土地利用分类中包含了城市用地分类的全部内容，两者既相互包容，又各有侧重，特别是用地分类的名称相同，而内涵相异的现象较多。因此，弄清"两规"用地分类的关系，对于正确理解"两规"中相关指标的差异现象，很有裨益。

1. 同一用地分类名称，含义相异

在"两规"用地分类中，都涉及的用地分类名称主要有城市用地、特殊用地、水域、耕地、林地、牧草地。在这几种用地分类中，除牧草地和耕地在"两规"用地分类含义中基本一致外，其余均存在着较大异义。

在城市总体规划中，城市用地(即"城市建设用地")是指用于城市建设和满足城市机能运转所需要的土地，它既是指已经建成利用的土地(可称为"建成区")，也包括已列入城市建设规划区范围或现状

城市用地分类及代号 表1

类别代号			类别名称
大类	中类	小类	
R			居住用地
	略	略	
C			公共设施用地
	C_1		行政办公用地
	C_7		文物古迹用地
	C_9		其他公共设施用地
M			工业用地
	略		
W			仓储用地
	略		
T			对外交通用地
	T_1		铁路用地
	T_2		公路用地
		略	
	T_3		管道运输用地
	T_4		港口用地
		略	
	T_5		机场用地
S			道路广场用地
	略	略	
U			市政公用设施用地
	略	略	
G			绿地
	G_1		公共绿地
		略	
	G_2		生产防护绿地
		G_{21}	园林生产绿地
		G_{22}	防护绿地
D			特殊用地
	D_1		军事用地
	D_2		外事用地
	D_3		保安用地
E			水域和其他用地
	E_1		水域
	E_2		耕地
		E_{21}	菜地
		E_{22}	灌溉水田
		E_{29}	其他耕地
	E_3		园地
	E_4		林地
	E_5		牧草地
	E_6		村镇建设用地
		E_{61}	村镇居住用地
		E_{62}	村镇企业用地
		E_{63}	村镇公路用地
		E_{69}	村镇其他用地
	E_7		弃置地
	E_8		露天矿用地

土地利用分类及编号 表2

一级类别		二级类别	
编号	名称	编号	名称
1	耕地	11	灌溉水田
		12	望天田
		13	水浇地
		14	旱地
		15	菜地
2	园地	21	果园
		22	桑园
		23	茶园
		24	橡胶园
		25	其他园地
3	林地	31	有林地
		32	灌木林
		33	疏林地
		34	未成林造林地
		35	迹地
		36	苗圃
4	牧草地	41	天然草地
		42	改良草地
		43	人工草地
5	城镇村庄工矿用地	51	城市用地
		52	建制镇用地
		53	村庄用地
		54	独立工矿用地
		55	盐田
		56	特殊用地
6	交通用地	61	铁路用地
		62	公路用地
		63	农村道路用地
		64	民用机场用地
		65	港口码头用地
7	水域	71	河流水面
		72	湖泊水面
		73	水库水面
		74	坑塘水面
		75	苇地
		76	滩涂
		77	沟渠用地
		78	水工建筑物用地
		79	冰川及永久积雪地
8	未利用土地	81	荒草地
		82	盐碱地
		83	沼泽地
		84	沙地
		85	裸土地
		86	裸岩石砾地
		87	梯田坎
		88	其他未利用地

已被征用而尚待开发利用的土地。也就是说，城市用地是指城市市区(或城区)范围内实际建设发展起来的非农业生产建设地段，以及设置在近邻地段与城市的各项设施有密切联系的其他城市建设用地(如机场、铁路、编组站、污水处理厂、通信电台等)。因此，建成区并非为一个封闭区域内的整块用地，而是由若干个完整的(整个地块)和非完整的(一个大地块中还需扣除若干小地块，如其中的农、林、牧、渔业等农用地)地块组成的。因此，要确定一个建成区的范围是相当困难的，它更易量化，而不易准确地在图纸上直观表达，常常在图纸所示的建成区只是一个不很准确的示意而已。而在土地利用分类中，城市用地是指经国务院批准，有市建制的居民点，其范围为建成区的面积。显然，土地利用总体规划中的城市用地面积要小于城市总体规划中的城市用地面积，两者为包含关系。

城市用地分类中的特殊用地是指城市建设用地中的军事、外事、保安等用地的总称，而土地利用分类中的特殊用地是指居民点以外的国防、名胜古迹、墓地、陵园等建设用地。城市名胜古迹、陵园用地在城市用地分类中属绿化用地，城市墓地在城市用地中属市政用地，“两规”中的特殊用地含义相差甚远。

城市建设用地中的固定林木育苗地(即苗圃)，在土地利用分类中属林地，而在城市用地分类中属绿化用地中的园林生产绿地。

土地利用分类中的水域泛指陆地水域和水利设施用地。而城市用地分类中的水域只是指城市用地以外的水面，在城市用地中含有部分水面和水利设施用地。土地利用总体规划中的水域范畴大于城市总体规划中的水域范畴，两者为包含关系。

2. 建设用地的不同分类

在土地利用分类中，建设用地分为了城市用地、建制镇用地、独立工矿用地、盐田、特殊用地、交通用地及水工建筑物用地等七类，除次一级建制镇用地外，都与城市总体规划中的城市用地分类相关联。具体而言，城市总体规划中的现状城市建设用地包含了土地利用现状分类中的城市用地、独立工矿用地中的仓库用地及部分工矿企业单位用地、盐田建筑物用地、特殊用地中的城市墓地及名胜古迹用地、交通用地中除农村道路以外的其他用地(即对外交通用地)、水工建筑物用地中的城市堤防和水电厂房用地等多项用地。同样，城市总体规划中的建制镇用地也与土地利用总体规划中的若干类用地相关联。

从以上的比较分析可以得知，“两规”用地分类体系各自一套，虽然有一定联系，但又不尽相同，歧义太多(同名称不同内涵、同一类用地分类方法不一致、用地分类彼此包含或交叉等)，给城市用地规划和土地利用规划的编制和管理工作都带来许多不必要的困扰，不利于“两规”的正常交流、协调和衔接。“两规”用地分类体系的调整、衔接和完善，势在必行。

2 “两规”如何进行协调和衔接

在中共中央文件中发［1997］11号、国务院文件国发［1996］18号、国家土地管理局文件［1997］国土［规］字第100号等文件中，都一再强调了城市(建设)总体规划要与土地利用总体规划相衔接、相协调，用地规模不得突破土地利用总体规划所确定的规模。然而，现行的“两规”用地分类的标准不一致，现状数据的统计口径不一致，规划内容的侧重点不一致，要达到“两规”的协调和衔接，要进行“两规”用地规模的比较是很难做到的。要使“两规”在城镇和村镇体系布局、人均用地指标、用地发展规模和布局、城市郊区蔬菜基地安排等方面真正能够协调和衔接，必须在对规划的认识上、规划的内容上、用地分类上以及规划的统计口径等方面彼此进行协调、衔接和完善。

2.1 在规划的指导性上，要树立正确的认识

土地利用总体规划的规划范围为整个行政辖区内的全部土地，城市(建设)总体规划的规划范围为规划目标年规划确定为城市建设用地的区域。从规划范围上讲，前者大于后者，城市总体规划的规划范围只是土地利用总体规划的规划范围的一部分。

根据我国土地利用现状的特点和土地资源的实际情况，城市规划必须正确对待和解决土地的供给与需求的关系——供给引导和制约需求。土地利用总体规划较城市总体规划更全面、更具体地对行政区域内的全部土地进行分析、研究而编制规划，因此，土地利用总体规划应对城市总体规划起指导作用，决定城市总体规划的城市用地规模；另一方面，城市总体规划对土地利用总体规划所确定的规模起到验核和反馈作用，补充和完善土地利用总体规划的有关控制指标。只有这样，两者才能相互衔接、相互协调完整，才能真正发挥规划的指导作用。

2.2 在规划内容上，要相互衔接、彼此渗透

城镇体系规划是城市总体规划的一个重要内容，土地利用总体规划也必须编制城镇体系规划，使“两规”在宏观指导下有共同的衔接点，以保证土地利用总体规划分解下达的有关控制指标的科学性和可操作性，并在“两规”的规划内容中，都必须有彼此相互协调和衔接的有关材料和批文。

2.3 在用地的统计口径上，必须保持一致

现行的土地利用总体规划的用地数据是以行政区划(如区、县)为范围进行统计的，而城市总体规划以规划区作为统计各类用地的范围。用地统计的范围不一致，造成“两规”中同类用地量的不同和不可比性。因此，“两规”必须以统一的口径统计各类用地。建议以行政区划作为统计各类用地的范围。统计各类用地的范围保持一致了，要统计某类用地量时，只需将各个行政区划内的同类用地进行累加即得。这样，“两规”的城市用地规模才能真正具有可比性，才能真正实现“两规”用地规模控制和反馈。

2.4 在用地分类上，要协调、补充和完善

“两规”用地分类的口径不一致，土地利用分类主要从土地利用的主要用途、经营特点、利用方式和区域特性来进行划分，而城市用地分类主要是按照土地在建设中的功能特点和使用特性来进行划分和归类的。“两规”要真正能相互协调和衔接，必须在用地分类上动大手笔，从笔者在实际工作中的体验，认为“两规”的用地分类主要从以下几个方面进行调整和完善。

2.4.1 土地利用分类的调整

(1) 土地利用分类的级别分类体系及其表示方法应与城市用地分类一致，采用大、中、小三个类别层次的分类体系和字母数字混合型代号表示法，或用三位阿拉伯数字表示大、中、小三个类别层次的用地。

(2) 林地类中的苗圃类用地应分为国家属、省属、地(市)属、县(市)属、乡镇属、农村属等若干小类苗圃用地。

(3) 土地利用分类中的“城镇村庄工矿用地”类用地应增改为“居民点用地”、“仓储用地”、“工矿特殊水利设施用地”三个大类。

居民点用地又可分为“城镇居民点用地”、“乡镇居民点用地”、“农村居民点用地”三个中类，根据需要可再细分为若干小类。

仓储用地可分为国家属、省属、地(市)属、县(市)属、乡镇属、农村属若干个中类仓储用地。

工矿特殊水利设施用地可分为“工矿用地”、“特殊用地”、“农田水利设施用地”三个中类。其中，工矿用地又可分为国家属、省属、地(市)属、县(市)属、乡镇属、农村属采石场、砖瓦窑、露天矿等若干小类用地；特殊用地又可分为国家属、省属、地(市)属、县(市)属、乡镇属、农村属军事、外事、保安、国防、名胜古迹、墓地、陵园等若干小类建设用地；农田水利设施用地即是水工建筑物用地，水域类中的此类用地应取消。

(4) 交通用地类中的铁路、公路、机场、港口等中类用地应分别再分为国家属、省属、地(市)属、县(市)属、乡镇属、农村属若干用地中类，并增加管道运输用地这一中类。

(5) 水域用地类也必须分为国家属、省属、地(市)属、县(市)属、乡镇属、农村属若干个中类，中类再细分为若干小类。

综上，土地利用分类则划分为耕地、林地、园地、牧草地、居民点用地、交通用地、仓储用地、工矿特殊水利设施用地、水域、未利用土地10个大类、若干个中类和小类。

2.4.2 城市用地分类的调整

(1) 公共设施用地类中的文物古迹用地应划归为特殊用地。

(2) 水域和其他用地类应与土地利用分类相一致，可分为耕地、园地、林地、牧草地、居民点用地、交通用地、仓储用地、工矿特殊水利设施用地、水域、未利用土地等中类用地，并相应划分为若干小类用地。

2.4.3 “两规”用地分类调整后关系

“两规”用地分类作相应的调整、补充和完善后，其用地分类便具有可比性和可参照性，具体体现在“两规”中几类用地的关系上。

城市用地(即城市建设用地)，是指城市用地分类中的前九类用地之和，也就是土地利用分类中属城市建设用地类(非市属用地类)的各类用地之和。具体而言，城市用地即是土地利用分类中的城市居民点用地和属城市仓储、独立工矿、特殊、交通等用地之和；城市居民点用地就是城市用地中除仓储、独立工矿、特殊、交通用地外的与城市居民生活紧密相关的其他用地；城市总体规划用地是指城市总体规划规划用地范围内的所有土地，是城市土地的一部分，是城市用地与城市用地分类中第 10 大类用地之和；城市土地是指城市行政辖区内所有土地的总和，它不仅包括城市用地(含城市居民点用地)，还包括乡镇用地及农村用地，即：土地利用分类中 10 大类用地之和等于城市用地分类中 10 大类用地之和。

3 结语

城市总体规划与土地利用总体规划虽然各成体系，是点与面、局部与整体的关系，但两者又相互渗透和关联，彼此制衡。通过对“两规”关系的探讨和总结，目的是为了消除部分人对“两规”的一些模糊认识和误解，从根本上解决“两规”相衔接、相协调的关系问题，使中共中央、国务院及地方关于“两规”相互协调和衔接的精神落实到实处，把“一要吃饭，二要建设，三要保护环境”的关系处理好，实现整个社会的可持续发展。同时也是抛砖引玉，以引起整个社会对“两规”问题的普遍关注。

参考文献

[1] 同济大学主编. 城市规划原理. 北京：中国建筑工业出版社，1991.
[2] 何芳. 土地利用规划. 上海：百家出版社，1994.
[3] 国家土地管理局规划司. 县级土地利用总体规划. 北京：中国财政经济出版社，1992.
[4] 国家标准城市用地分类与规划建设用地标准(GBJ 137—90). 北京：中国计划出版社，1991.
[5] 徐玉红，白明华. 我国现行城市规划定额指标评析. 城市规划汇刊，1997(5).

注：原文刊载于《城市规划汇刊》1998 年第 2 期。

确立更为实用的建设用地分类标准——对现行《全国土地分类》体系涉及建设用地部分的建议

吕维娟

（武汉市城市规划设计研究院）

提　要：对《全国土地分类》和《城市用地分类》中对建设用地分类进行了对比分析，指出了前者建设用地分类中所存在的主要问题，并提出了有关完善建议。

关键词：全国土地分类；城市用地分类；建设用地分类

目前武汉市正在开展土地利用总体规划修编试点工作。在中心城区和建制镇的土地利用总体规划过程中，涉及需同时使用《全国土地分类》和《城市用地分类与规划建设用地标准》（以下简称为《城市用地分类》）。后者适用于设市城市的用地统计工作，在实际城市规划工作中，该用地分类标准也运用于建制镇、开发区的用地统计工作。经过十多年的实践，证明在城市规划工作中有较强的实用性。前者适用于全国城乡地政管理和土地规划中的用地统计工作，涵盖了城镇和乡村以及未开发地区的土地统计，尚处于试行阶段，宜采取后者之长，使其具有更强的可操作性。本文拟从两个分类标准的对比中，谈谈对《全国土地分类》体系中涉及建设用地部分的看法。

1　《全国土地分类》中建设用地分类的主要特点

我国在1984年发布的《土地利用现状调查技术规程》中制订了《土地利用现状分类及含义》，1989年9月发布的《城镇地籍调查规程》中制订了《城镇土地分类及含义》。《全国土地分类》（试行稿）是在这两个土地分类的基础上，依据法律规定，结合市场经济的发展和土地使用制度的改革，按城乡土地统一分类的要求，参照其他部门的相关规定后修改归并而成。其中建设用地的分类与《城市用地分类》中的建设用地分类具有很强的可比性。对同一城市的用地而言，既可以采用土地分类标准进行用地统计，又可以采用城市用地的分类标准进行用地统计，因此有必要将这两个用地分类标准中的建设用地分类进行详细比较。

在《全国土地分类》中，建设用地指建造建筑物、构筑物的土地，包括商业、工矿、仓储、公用设施、公共建筑、住宅、交通、水利设施、特殊用地等。它被划分为8个二级类，32个三级类。在《城市用地分类》中，建设用地指居住用地、公共设施用地、工业用地、仓储用地、道路广场用地、市政公用设施用地、绿地和特殊用地9大类用地，不包括村镇建设用地。它被进一步划分为38个二级类，66个三级类。

《全国土地分类》中建设用地分类依据自身行业管理的需要，对城市用地分类进行了拆分、补充、归并和完善。下面以《全国土地分类》中建设用地分类为基准，找出其在《城市用地分类》中的相对应地类，并对这种整合情况进行归纳和分析。相互对应情况详见表1。

两个用地分类标准中对建设用地分类的对应表 **表 1**

<table>
<tr><th colspan="2">《全国土地分类》
中建设用地分类</th><th colspan="2">对应《城市用地分类》
中建设用地分类</th><th>对不具备完全对应关系的说明</th></tr>
<tr><td rowspan="5">商服
用地</td><td rowspan="2">商业用地</td><td>商业用地</td><td rowspan="12">公共设施
用地</td><td rowspan="3"></td></tr>
<tr><td>市场用地</td></tr>
<tr><td>金融保险用地</td><td>金融保险用地</td></tr>
<tr><td>餐饮旅游业用地</td><td>旅馆用地</td><td></td></tr>
<tr><td>其他商服用地</td><td>服务业用地</td><td>1. 服务业用地中照相、理发、洗浴、维修网点
2. 行政办公中的商业性办公楼
3. 游乐用地中的游乐场、舞厅、俱乐部
4. 交通设施用地中的加油站</td></tr>
<tr><td rowspan="7">公共建筑
用地</td><td>机关团体用地</td><td>行政办公</td><td>还包括新闻出版用地、广播电视用地</td></tr>
<tr><td>教育用地</td><td rowspan="2">教育科研设计</td><td>还包括居住用地中的中小学、幼托用地</td></tr>
<tr><td>科研设计用地</td><td rowspan="5"></td></tr>
<tr><td rowspan="2">文体用地</td><td>文化娱乐用地</td></tr>
<tr><td>体育用地</td></tr>
<tr><td>医疗卫生用地</td><td>医疗卫生用地</td></tr>
<tr><td>慈善用地</td><td>其他公共设施用地</td></tr>
<tr><td rowspan="2">公用设施
用地</td><td>公共基础设施用地</td><td></td><td>市政用地</td><td></td></tr>
<tr><td>瞻仰景观休闲用地</td><td></td><td>绿地</td><td>还包括《城市用地分类》中纳入公共设施用地统计的名胜古迹和革命遗址</td></tr>
<tr><td colspan="2">住宅用地</td><td>住宅用地</td><td rowspan="4">居住用地</td><td></td></tr>
<tr><td colspan="2" rowspan="3"></td><td>公共服务设施用地</td><td>公共服务设施用地归入土地分类中的教育或其他地类</td></tr>
<tr><td>道路用地</td><td>归入土地分类中的街巷</td></tr>
<tr><td>绿地</td><td>归入土地分类中的瞻仰休闲用地</td></tr>
<tr><td rowspan="6">交通运输
用地</td><td>铁路用地</td><td>铁路用地</td><td rowspan="5">对外交通
用地</td><td rowspan="5"></td></tr>
<tr><td>公路用地</td><td>公路用地</td></tr>
<tr><td>民用机场</td><td>机场用地</td></tr>
<tr><td>港口码头用地</td><td>港口用地</td></tr>
<tr><td>管道运输用地</td><td>管道用地</td></tr>
<tr><td>街巷</td><td></td><td>道路广场</td><td></td></tr>
<tr><td rowspan="3">工矿仓储
用地</td><td>工业用地</td><td></td><td>工业用地</td><td></td></tr>
<tr><td>仓储用地</td><td></td><td>仓储用地</td><td></td></tr>
<tr><td>采矿地</td><td></td><td></td><td>无对应地类</td></tr>
<tr><td>水利设施用地</td><td></td><td></td><td></td><td>无对应地类</td></tr>
<tr><td rowspan="5">特殊用地</td><td>军事设施用地</td><td>军事用地</td><td rowspan="3">特殊用地</td><td rowspan="3"></td></tr>
<tr><td>使领馆用地</td><td>外事用地</td></tr>
<tr><td>监教所用地</td><td>保安用地</td></tr>
<tr><td>宗教用地</td><td></td><td></td><td>《城市用地分类》中归入其他公共设施用地</td></tr>
<tr><td>墓葬地</td><td></td><td></td><td>《城市用地分类》中归入市政设施用地</td></tr>
</table>

从上表可以看出，与《城市用地分类》相比，《全国土地分类》中建设用地分类有以下特点：

(1) 对《城市用地分类》中公共设施用地进行了拆分和整合。

将《城市用地分类》中的公共设施用地按经营性与非经营性分为商服用地和公共建筑用地。这种拆分充分体现了适应目前经营性土地有偿使用的思想，从使用用途上讲，商服用地应是经营性的公共设施用地，而公共建筑用地则是非经营性的公共设施用地。

进行拆分后，商服用地与公共建筑用地下的三级地类大致可以在《城市用地分类》中的公共设施用地的三级地类中找到相互对应的地类，但并不是一种完全对应的关系，土地分类对公共设施用地下的三级地类还进行了整合。如土地分类中商业用地包括了《城市用地分类》中的商业用地和市场用地，餐饮旅游业用地则包括了《城市用地分类》的旅馆用地和服务业用地中的餐饮用地，其他商服用地包含的意义则更广泛，不仅包括了《城市用地分类》中的部分服务业用地，还包括了行政办公用地中商业性办公楼、文化娱乐用地中的游乐用地以及交通设施用地中的加油站，另外还包括了《城市用地分类》中未予以明确的高尔夫球场、废旧物资回收站。

公共建筑用地中的机关团体用地不仅包括了《城市用地分类》中的行政办公用地，还包括《城市用地分类》中属于文化娱乐用地类的新闻出版和广播电视单位的办公用地。公共建筑用地中还将《城市用地分类》中的教育科研设计用地拆分成教育用地和科研设计用地，值得注意的是教育用地包括了《城市用地分类》纳入居住用地中统计的中小学和幼托用地，这样划分明显是一种改进。

(2) 对《城市用地分类》中居住用地进行了拆分。

土地分类提取了《城市用地分类》居住用地中的住宅用地作为二级地类，纳入居住用地统计的小区级以及小区级以下的公共服务设施用地，道路和绿地则相应归入土地分类中的教育(或其他地类)、街巷和瞻仰景观休闲用地。[①]

(3) 对《城市用地分类》中特殊用地的含义进行了扩充。

土地分类中的特殊用地不仅包含了《城市用地分类》中的特殊用地下的所有地类，即军事、外事和保安用地，还包括了宗教用地和墓葬地。

(4) 对《城市用地分类》中绿地地类进行了扩展。

土地分类中出现了瞻仰景观休闲用地地类，不仅包括了《城市用地分类》中的绿地，还包括《城市用地分类》中纳入公共设施用地统计的名胜古迹和革命遗址等用地。

(5) 对《城市用地分类》中部分地类进行了归并。

将《城市用地分类》中工业用地和仓储用地归并为工矿仓储用地，对外交通用地与道路广场用地归并为交通运输用地。

(6) 对《城市用地分类》又有所增设。

如在建设用地下增加了水利设施用地这一二级地类，在工矿仓储用地中增加了采矿地这一三级地类，以上两个地类在《城市用地分类》中均无对应地类。

2 《全国土地分类》中建设用地分类中所存在的问题

2.1 建设用地分类体系中所存在的问题

(1) 商服用地和公共建筑用地分得过于细致。

商服用地进一步细分为商业用地、金融保险用地、餐饮旅游业用地和其他商服用地等5个三级地类。公共建筑用地进一步细分为机关团体、教育、科研设计等6个三级地类，这种细分方法接近于城市建设用地分类中三级地类的深度，对于仅需对土地进行宏观规划的土地规划来说，未免过于繁琐，而且分类越细致，越不利于操作。

(2) 瞻仰景观休闲用地不宜与公共基础设施用地归并为公用设施用地

瞻仰景观休闲用地指名胜古迹、革命遗址、景点、公园、广场和公用绿地等，这部分地类严格来说是属于对建设量进行严格控制的开敞空间和居民游憩空间，不宜与公共基础设施用地归并为二级类，而应直接提升为建设用地下的二级地类。

2.2 商服用地和公共建筑用地的定义宜更为严谨

商服用地和公共建筑用地的定义大体上是针对建设用地的使用用途进行归类的，但又混杂了经营性与否的标准，这种双重归类标准值得进一步斟酌。

在《全国土地分类》中，商服用地是指商业、金融业、餐饮旅游业及其他经营性服务业建筑及其相应附属设施用地。公共建筑用地是指国家机关、社会团体、群众自治组织、广播电台、电视台、报社、杂志社、通信站、出版社等的办公用地。商服用地的定义中将服务业建筑及其相应附属设施用地的“经营性”作为一个划类的标准，充分体现了“经营性”的指导思想。公共建筑用地中排除了“经营性”的公共设施用地，如机关团体用地的定义中排除了写字楼、商业性办公楼用地(这类用地被归入了商服用地)；文体用地中排除了歌舞厅和俱乐部(这类用地被归入商服用地)。因此相应地在公共建筑用地的定义中应突出“非经营性”的特点，以体现土地分类的严谨性和对地类划分的完整性。

更进一步说，虽然从土地的使用用途上大致可以判断经营性与非经营性，但同一种使用用途如办公用地、文体用地、设计用地等明显既可以是经营性，也可以是非经营性，因此从分类严谨性的角度出发，应采用同一口径进行归类，要么按经营性与否进行归类，要么按地块的使用用途进行归类。

2.3 部分建设用地地类未提出分级的概念来

由于土地分类中的住宅用地扣除了为居住区服务的小区级的公共服务设施用地、道路用地和绿地等，相应的土地分类中的商服用地、公用设施用地(公共基础设施用地和瞻仰景观休闲用地)、公共建筑和街巷则应包含小区和小区级以下的公共服务设施、绿地和道路。也就是说，商服用地、公用设施用地、公共建筑和街巷等4个地类中均未提出明确的分级概念来，那么在实际归类时，无论多低级别的商服用地、公用设施用地、公共建筑和街巷用地均应归到相应的地类中去，这在操作上是有难度的。

2.4 城乡一体化的建设用地分类不能满足目前实际工作需要

目前对建设用地划分抛弃了《土地利用现状分类及含义》中区分城市、建制镇和农村居民点的划分办法，将建设用地不再区分城市、建制镇和乡村，统一计算商服用地、工矿仓储用地、公用设施、公共建筑等用地。充分反映了城乡一体的思想，具有一定的前瞻性。但目前实情是城乡二元化，《土地利用现状分类及含义》中的土地分类可直接得出城市建设用地面积，但目前土地分类中仅可得出城市居民住宅用地。属于城市建设用地面积一部分的工业、商服、公用设施、公共建筑和交通运输用地则与乡镇和农村用地中同类型用地混合统计。

由于城市、建制镇和农村在用地标准、建设要求、地位和作用方面存在着非常大的差异，而且在相当长的时期内这种差异都很难消除，因此近阶段在土地分类上就将城、镇、村3者的建设用地分类混合统计不太妥当，实际上具体规划工作中必然会将3者的建设用地区分统计，而相应的土地分类标准中却模糊这三者建设用地之间的界线，明显会给规划工作带来额外的工作量。

2.5 有些建设用地地类未能穷尽，存在盲区

(1) 部分交通用地未涉及到。如《城市用地分类》中的交通指挥中心、交通队、教练场和汽车维修站等其他交通设施用地、轻轨和地铁的地面停车场、保养场、车辆段和首末站等公共交通用地和货运交通用地，既未归入《全国土地分类》中的公用设施用地，又未归入交通运输用地。

(2)《城市用地分类》中的贸易公司、商社和咨询机构等贸易咨询用地在土地分类中未涉及到。

3 对目前建设用地分类的建议

3.1 建议对建设用地的二级分类进行调整

按社会经济活动赋予人们的生产、生活、服务、交通、游憩、安全等需要，将建设用地划分为工矿仓储用地、水利设施用地、住宅用地、公共服务设施用地、交通运输用地、瞻仰景观休闲用地和特殊用地等共7个地类。

具体而言，将商服用地、公共建筑用地和公用设施用地下的公共基础设施用地归并为1个地类，统称为公共服务设施用地。而上述3个地类则作为公共服务设施用地下的3级地类进行处理。这样简单明了，易于操作。

对应人们的游憩需要，将公用设施用地下的瞻仰景观休闲用地提升为建设用地下的1个二级地类。

3.2 建议在商服用地和公共建筑用地的定义中进一步明确以经营性和非经营性进行划分的思想

从原则上讲，商服用地就是按国家有关规定必须纳入土地有偿使用的公共服务设施用地，公共建筑用地就是按国家有关规定可以以划拨形式取得使用权的公共服务设施用地。

3.3 建议解决商服用地、公用设施用地、公共建筑和街巷等四个地类未提出分级的问题

从土地规划最低层次的乡级土地规划是在1∶1万图上编制的情况来看，商服用地、公用设施用地和公共建筑用地中很难区分出小区级和小区级以下的相应用地，其小规模用地最终还是要归并到住宅用地中去，因此有必要提出一个分级的概念来或提出一个达到多大面积就以图斑表示的概念来。

关于街巷未提出道路分级的问题，建议在街巷用地的定义中提出一个宽度下限值指标，城市居民点和农村居民点中的道路应区分对待，分别提出不同的下限值指标，或者明确居民点中道路达到次干道或次干道以上级别就归入街巷用地。

3.4 有必要正视城乡二元的现实，解决土地分类中城乡建设用地混合统计的问题

由于现有的建设用地地类中唯有住宅用地区分了城、镇、乡，其他如公共服务设施、工业仓储用地、瞻仰景观休闲用地、交通运输用地、水利设施用地和特殊用地等用地则未区分城、镇、乡，而如果将这6个建设用地地类按城、镇、乡属性进行三级地类划分又明显不合理，所以有必要制定土地分类使用说明，在保持建设用地分类不区分城、镇、乡的前提下，在图纸上标注图斑地类编号时，在地类编号的右上角标注a、b、c(或其他符号)，以区分建设用地的城、镇、乡属性。如211^a代表中心城区中的商业用地，211^b代表建制镇中的商业用地，211^c代表乡村中的商业用地，同时，在土地利用现状信息系统中必须输入图斑的城、镇、乡属性。

3.5 建议制订土地分类使用说明

建议制订土地分类使用说明，详细说明土地分类的使用方法，特别是在全国、省、地、县、乡5个层次的土地规划工作中，使用本土地分类标准时，地类划分的深度要求应是不一样的。由于数据是自下而上统计的，因此不同级别土地规划数据统计均可以达到三级地类深度，但在图面表达上，不同级别的土地规划图的地类细分程度应是不一样的。地和县级土地分类建议达到二级地类即可，部分建设用地要求达到三级地类；乡级土地规划则要求达到三级地类。

注释

① 居住用地中的公共服务设施用地包含的含义很广，因此与土地分类的对应关系也比较复杂。如小学和幼托归于教育用地，储蓄所则归入金融保险用地，邮政所归于公共基础设施用地，粮店、菜店、副食店等则归入商业用地等。

注：原文刊载于《中国土地》2003年第10期。

中国空间战略性规划的未来发展方向
——从一个中外比较研究的视角

姜涛

（武汉市城市规划设计研究院）

提　要：本文从中西对比的视角，对中国当前空间战略性规划(SSP)的存在状况进行了全面剖析，并立足于中国现实，从西欧1990年代SSP复兴中借鉴主要经验与教训，为中国SSP的未来发展方向提出相应的建议。

关键词：空间战略性规划；中国；西欧；对比

中国的空间战略规划(以下简称SSP)实践始于1990年代中后期，呈现风起云涌之势则是在2000年之后，以广州总体发展概念规划研究为标志，短短几年内，几乎所有副省级以上城市和大半省会城市都相继完成了其SSP的研究和制定。在规划的编制与实施过程中，许多新的组织方式、新的分析工具、新的空间概念和新的表达手段等，都得到部分尝试与认同，并取得一定意义上的成功。今天，回顾当时SSP实践的一片热情高涨，到目前一轮SSP编制的热潮暂息，有许多现象和问题留待我们进一步去思考、分析和研究。

目前国际上，空间规划学科中对于SSP——特别是1990年代以来以西欧为代表的SSP复兴的研究，尚属前沿课题，而在国内的相关研究更呈现大范围空白❶。通过研究笔者发现：当代的中西SSP发展进程，并无明显的相互参照，基本可视为两支相对独立的平行的发展脉络；同时，就西方SSP而言，它集中体现了空间规划学科在最近几十年是如何对西方经济、社会和政治背景的各种变化进行回应的，SSP几乎浓缩了西方空间规划乃至哲学、社会学、公共行政与管理、经济等学科理论中最主要的、最新的发展，其本身已构成一个复杂、丰富、极具魅力的知识与行动体系。那么西欧SSP究竟是怎样的一副面貌？它们对当前国内SSP的反思又将能产生怎样的作用？这将是一个有趣同时有价值的研究视角。

1　国内SSP的现状分析

1.1　国内SSP产生背景

中国SSP实践貌似“空降”而现，实际上是一种日积月累的、对总体规划在主动性、灵活性与实质整合性上强烈不满的集中反弹，并非偶然。在新中国成立以来长期高度集权的体制下，地方政府没有独立的财政预算，国有企业也是统收统支。1978年改革开放以后，一些财政分权的措施就以渐进、增量的方式在不同范围内先后得到尝试，1994年开始的分税制改革，重新界定了中央与地方之间的财权和

---

❶ 国内方面，对于西欧1990年代SSP的研究，目前基本处于空白，仅限于少量对西方文献的翻译工作上，包括：同济大学吴志强教授曾组织翻译前面提到的Salet与Faludi(2000)论文集，其中的6篇文章已发表于《国外城市规划》2004年第2期专辑上；《国外城市规划》2003年第6期中，还有侯丽对Albretchs(2004)《战略性(空间)规划的重新审视》(Strategic(spatial)planning reexamined)文章的选译。此外，对于那些西方文献中涉及的、已被认同为“SSP”的案例，目前国内仅有ESDP的相关研究，包括：中规院与同济大学联合完成了对其英文文本的翻译工作，以及唐子来、张雯(2001)的《欧盟及其成员国的空间发展规划：现状和未来》，李艳、陈雯（2004）的《欧洲空间展望的简介与借鉴》，谷海洪、诸大建(2006)的《公共政策视角的欧洲空间一体化规划及其借鉴》三篇文章(但这些文献中并未将具体案例同SSP研究挂钩)。特别值得注意的是，目前国内已出版的与SSP相关的专著有两本，一本是南京大学顾朝林主编的《概念规划——理论·方法·实例》(第二版)(2005)，另一本是中规院编著的《战略规划》(中国城市规划设计研究院作品系列①)(2006)，书中虽然介绍国内SSP实践比较充分，但几乎只字未提1990年代以来西欧如火如荼的SSP复兴运动。

事权关系，地方政府在利益独立核算的驱动下，开始成为推动市场化的主体，不断为企业在地方上的集聚和发展创造条件。1990年代全球化扩展与加剧，更是以其流动资本的压力，迫使地方政府相互竞争，抢夺外资落户，房地产及其相关产业日益成为地方经济的一大重要来源，城市化速度开始空前提高，规划也开始得到空前重视，几乎所有的国内SSP都是基于经济竞争、城市营销等类似的原因而出现的。

源自前苏联的中国规划体系，普遍存在以下几个问题：(1)总体规划的统筹作用尚未充分发挥：一方面，规划与计划是相分离的，战略性的国民经济与社会发展规划由发改委制定，规划部门的空间规划仅作其一个延续；另一方面，总体规划与各专项规划之间也不够衔接，分税制改革在强化中央财权的同时，也因其“财权部门化”的本质而令规划中的部门分割十分明显；(2)规划委员会职能不完善，无论是在政府部门间协调，还是在社会公众参与上，都没能很有效地发挥出一个规划沟通协作的组织平台作用；(3)区域规划层次的长期缺失：市域城镇体系规划作为总体规划的一部分，与总体规划同时编制，起不到应有的指导作用，而远景规划更像是随总体规划搭售的产品；(4)规划技术向政府政策法规的转化对接方面还很不足，导致规划要素的推进难以落实。

这些中国传统规划体系中存在着的问题，随着整个规划内部和外部认识及需求的提高，目前的城市总体规划日益因被动、僵化、狭隘等突出问题，成为各种经济、社会和环境矛盾焦点所向，陷于一种“巨不及战略研究、细不及专项规划，上不能预测长远、下不能指导近期的尴尬境地”（黄明华等，2007.72)。因此，需要有一种新的规划范式或层次，能满足当前发展中更统筹、更协作，同时更能有效形成政策合力从而强化规划行动力和改革力的需求。

1.2 国内SSP实践特征

正是针对这样一个背景，通过对国内SSP实践的研究，我们会发现以下突出特征：

首先，不少SSP都开始注重规划的愿景塑造，特别是放置于一个更广阔的区域视角中，在与其他地域相互关系中重新定位，而不再是之前总体规划中那种不带动员色彩的“城市性质”，因此可以说，国内SSP正在逐渐体会到间接推动的独特方式与优势，如沈阳城市发展战略规划研究的成功，从某种程度上推动了中央对振兴东北老工业基地战略的启动。

其次，相当一批SSP都意识到了有针对性地选择战略议题的必要，它们或针对产业结构，或针对核心空间，或针对基础设施提升等，通常是最迫切、也最易产生推动效应的关键议题，在很大程度上已摆脱之前总体规划那种耗时且不切实际的全覆盖、模式化。

第三，许多SSP都熟练运用着各种企业战略方法和工具，如SWOT分析、场景分析、竞争力分析等，以提高规划在复杂多变环境中的应对能力。

第四，几乎所有的SSP都不同程度地强化了空间概念和意象的表达，来帮助形塑注意力以及信息更好地传递与沟通，如沈阳战略中的“金廊”意象、武汉战略中的“都市核”意象。

最后，一些SSP在制度创新上走在了前面，如中山城市发展战略规划中，在对中山、珠海两个城市历史脉络、国民待遇、现状联系和空间拓扑的慎重分析基础上，大胆提出“中珠整合(联盟)”的新思维尺度。

还有一些SSP尝试增添后续行动甚至若干具体项目计划，作为一种对战略可行性的示证与说服手段，亦同时突显SSP针对之前总体规划所缺乏的行动导向上的特质强化，如武汉战略中的“战略链”部分。

2 中西SSP实践的比较

2.1 西欧SSP复兴背景

早在20世纪20～30年代，SSP就有在西北欧萌芽，1960年代以英国“结构规划”为代表，SSP首次得到空间规划学科的广泛、系统关注、讨论与实践，以其较为灵活和弹性的特征开始逐步引导西方传统土地利用规划走出狭隘的蓝图控制思维。1970年代中后期，在新自由主义意识形态及其指导下的新公共管理运动的巨大冲击下，SSP也随之逐渐萎缩和荒弃。进入1990年代，由于全球化和国际竞争的进一步加剧、公民社会的复兴、政府管治的出现与成熟，以及新区域主义与新环境主义的兴起，在西欧广大范围内，出现了SSP复兴。目前已经有较多证据显示，当代SSP在对当今社会经济动态的回应上，以及在政策与行动的联接上，都比传统综合理性规划或早期SSP，更为有效。

2.2 西欧当代SSP范式特征

笔者通过大量西欧SSP案例的文献研究，特别是通过对“欧洲空间发展展望”(ESDP)、“荷兰国家空间战略”(DNSS)、“佛兰德斯空间结构规划”(FSSP)、“北爱尔兰区域发展战略”(NIRDS)、“米兰框架文件”(MFD)这五个典型SSP案例的纵横剖析与比较❶，对西欧当代SSP的形成机制与范式特征进行了较为系统的梳理。它们中，有被认为相当成功的，既具创新力又具转型力，并得到地方上的有效回应，担当重要的发展决策参考框架的作用，同时成为其他国家/地区学习的样板，并获得若干奖项；也有被认为不那么成功的，仍混同于各种根深蒂固的传统规划思想方法中，面目暧昧，潜力有限。尽管如此，它们也都或多或少的实现了既定目标，在经济竞争、生态维护和社会公正等方面起到了积极促进作用。如表1所示(横向、纵向上分别反映出时间前后、空间尺度上的变化对照)。

五个案例中SSP出现前后的所在国家/地区规划状况比较 **表1**

案例	制定SSP之前	制定SSP之后
欧洲空间发展展望(ESDP)	欧盟15个成员国并存多元空间规划传统及体系，因EC不具正式权力，故不存在一个欧盟范围的整体空间规划，但有一些具空间影响的部门政策，以及《欧洲2000》、《欧洲2000+》等这样的空间研究，此外，经1980年代各国空间规划形象普遍黯淡	产生第一个泛欧空间规划与发展的文件，它不是一个欧洲总体规划，而是一个府际间的非正式的参考框架，规划权力仍在各成员国手中，规划通过长期沟通协商达成，为各成员国的规划以及跨国跨边界的规划等添加一种有关平衡竞争与可持续发展的共同价值
荷兰国家空间战略(DNSS)	拥有良好的规划传统，典型的“全面整合方法”，三级的规划体系庞大、复杂且极具消耗性的规划体系，主要关注空间协调而非经济开发，规划约束力不强，政策与实施间连贯性无有效保障。第4次NPD未能很好处理品质和竞争中的合作问题，空间概念显示落后，第5次NPD夭折	三规合一，四部合作，仍保持规划的指示性质，但引入新的管治哲学，对国家、地方政府间责任重新明确划分，同时强化地方和中央，规划为发展创造空间，同时强调品质、安全维护，建立一个更外视、更清晰的空间愿景，特别关注规划实施的衔接，还采用了新的分析方法和空间概念
佛兰德斯空间结构规划(FSSP)	传统土地利用规划中个体主义、依持主义严重，两级规划体系中次区域规划逐渐取代地方规划，日益具体、僵化、耗时、实施性差。长期以来土地利用得不到有效的规划控制，空间意象与功能也为自由放任的经济发展所主导	联邦化后规划权力由中央转移到区，产生一个由“信息”、“指示”和“法定”三部分组成的、更可持续更开放的全新战略性框架，取代之前的土地利用规划，不仅确立了新的愿景、空间结构和中心意象，强化区域竞争力，更通过动员和参与，对传统规划观念及相应制度加以转型
北爱尔兰区域发展战略(NIRDS)	典型的“土地利用管理”规划传统，关注点仅在狭隘的土地利用变化控制上，管制是其主要手段，中央集权下的地方多元或碎片化是其突出特征，区域规划不成熟，也缺乏丰富的空间概念与表达传统	区域化改革后规划权力由中央下放到区的权力共享政府手中，产生一个界定愿景及其实现议程的全新战略框架，它不局限于土地利用，也不是一个静态的蓝图或总体规划，而是为了促进和引导其他部门政策中的空间发展视角元素。它成形于地区经济恢复与高速增长的背景，特别关注公众参与和规划的实施，并提供了一个令人惊讶的欧洲、国家与地方三方话语互动的成功范例
米兰框架文件(MFD)	典型的“城市主义”规划传统，深受建筑学影响而主要关注城市设计、城镇景观以及建设控制，通过严格区划和法定蓝图来进行管制，众多的法律，封闭的模式，缺乏一个整体框架，规划对快速变化的现实捉襟见肘	原法定的管制规划只作为常规发展和相关保护之用，在其基础上新引入一种非正式的框架文件，它界定了一种城市规划管理的新程序，并提供了一个城市空间战略性发展的参考描述，作为处理城市转型与快速变化的主要手段。它是一种关于城市的“看法”，一种“关系的战略”，采用全新的视角和空间组织模式，强调城市区域市场的拓展，空间品质，并关注规划动员与实施

当然，空间规划作为国家或地区政治、社会和法律系统的一部分，其面貌必不能脱离相应背景，尤其像“规划是集权式还是分权式的?”(主要由一个国家的宪法决定)、“规划是政府主导的还是市场主导

---

❶ 关于这5个SSP案例的具体介绍、分析与评价(如背景和主要驱动力、参与主体、主要过程和内容，以及主要成果和影响等)，可参见《西欧1990年代空间战略性规划(SSP)研究——案例、形成机制与范式特征》(博士论文)P33～89或《西欧1990年代空间战略性规划(SSP)案例的比较研究》一文。

的?”（主要由规划体系本身的情况和具体需要决定）以及“规划是法定的还是非法定的?”（主要由规划体系本身的情况和具体需要决定）这几个基本因素，很大程度上决定了我们如何看待规划、如何制定规划以及规划如何发挥其作用。而SSP作为空间规划的一种，在这些基本背景影响因素上应是相通的。不仅如此，正因为从一开始当代SSP就肩负着远比传统规划更重大的责任，要求它必须更复杂，更成熟，不但要身姿灵活，以回应现实的种种变化和问题，还要从根本上捍卫住理性规划的最核心价值。因此，通过对早期SSP批判地继承，当代SSP在更广阔的理论视野中寻求学习与内化，从而实现空间规划学科的突破、自救，以达到自我更新与完善。西欧当代SSP的主要创新性范式特征总结如下❶，如图1所示：

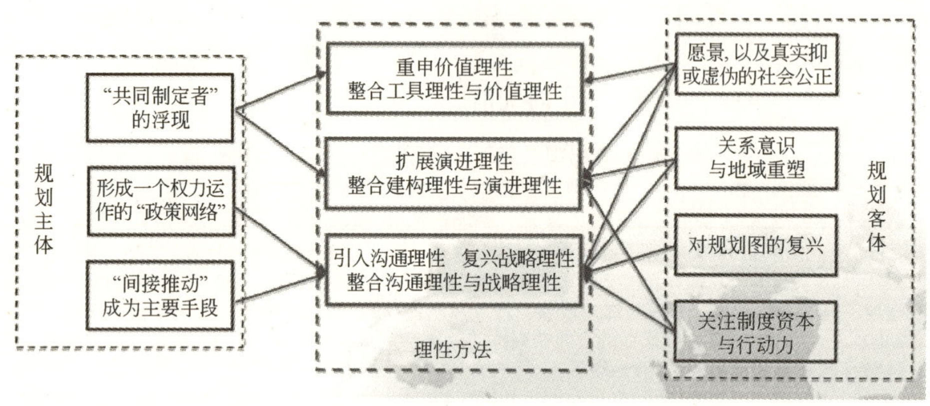

图1 西欧当代SSP的主要创新性范式特征

（1）在规划主体上

重视来自公部门、私部门和第三部门的广泛利益相关者（stakeholder），他们成为规划的共同制定者，并在结构及形态上形成一种多中心的权力运作网络，它通常没有一个清晰的边界，却存在着一个核心，而对于那些“地域共同体”（territory community）的SSP，这一网络则更接近于一种所谓的“政策网络”（policy network）；规划主体间竞争关系与互惠合作关系共存，规划师通常扮演协调者角色；规划主体对规划客体关系由直接推动为主转变为间接推动为主。

（2）在规划客体上

强调社会公正与环境品质的规划目标，与经济竞争目标并重甚至更重，并以愿景的方式加以表达；出现明显的“空间转向”，尤其表现在积极回应当代关系地理学对空间和场所的重新认识上，以及大力倡导以规划图为核心表达手段的复兴上；出现明显的“制度转向”，认为SSP作为一种强化制度资本和行动力的社会过程，其无形成果的意义和影响甚至超过有形成果。

（3）在理性方法上

通过重申价值理性，整合工具理性与价值理性；扩展演进理性，整合建构理性与演进理性；以及引入沟通理性，复兴战略理性，整合沟通理性与战略理性，构建了一个权变的、不同理性类型的整合框架，它们根据特定背景环境要求被选择、排序和混合，从而使SSP能更灵活更有效地维护现代主义规划的理性“硬核”。

通过研究发现，西欧当代SSP本质上是一种反思性的、涉入性的规划，它呈现出一种复杂的“混种规划”特质，以一种独特的坚持与迂回，显示强烈的务实态度，来帮助规划学科处理上个世纪最后十年中所集中面临的“政府危机”和“空间危机”：它一方面维护住了现代主义规划中解放、责任以及对社会公正、公共利益的坚定扶持的精神特质，同时，又从后现代主义思想中学会了重视多元价值、鼓励包容、权力让渡等，从而形成了一种回归政府战略主导，并关注市场弹性与创新的立场与方法。

❶ 更具体论述可参见《西欧1990年代空间战略性规划（SSP）研究——案例、形成机制与范式特征》（博士论文）P162～195。

2.3 中西对比中的差距和差异

通过以上分析，我们发现中西 SSP 实践之间的许多相同和不同，如表 2 所示。这些不同有些是“差异”，有些是“差距”。比如，目前国内 SSP 实践和相关研究基本都还是在城市层次，虽然中国是一个地域广、人口多、东中西发展又很不平衡的国家，但是规划尺度仍单一，跨边界的或“地域共同体”层次的 SSP 不足；再比如，目前国内 SSP 仍偏重于技术性、经济性，而非空间管治手段，对公共政策研究较弱，对社会公众参与经验较少，SSP 多表现为一种总体规划修编或调整的前期研究，类似于总规纲要的扩展，并且，同社会公正与民众生活/环境品质的关注力度相比，其在经济竞争向度上的偏好或倾向更为明显，等等，这些差距都是我们需要改进和完善的。

中西 SSP 实践的主要不同之处 **表 2**

比较维度	西欧 SSP	国内目前 SSP
概念意涵	一种超越土地利用的、强调广泛沟通协作的空间管治手段，意味着一个跨边界的共同价值添加框架	一种超越计划部门及其项目主导的、强调规划统筹和主导的空间规划创新，但常表现为一种技术上的总体规划调整或修编的前期研究
产生背景	资本主义在经历 1980 年代刺激经济复苏这一阶段后的反思 后工业化阶段 全球化的纵深化阶段	社会主义市场经济建立阶段 高速经济增长和城市化阶段 工业化与后工业化混合阶段 全球化的纵深化阶段
主要驱动力	平衡经济的发展 内生发展、存量发展为主	引导经济发展(从增长到发展的演进) 外生发展、增量发展居多
地位	参考框架，部分为非正式，部分为法定	参考框架，基本上为非正式
制定时间	比较长，一般 3～5 年	比较短，一般 1 年内
参与主体	广泛的利益相关者，共同制定者	在公部门、专家学者指导和部分私部门等参与下，逐步走向开放
尺度	种类丰富，从地域共同体到城市	从主要集中于城市层次，到逐步突破行政区划约束
目标	多元化，社会性强 彼此差异较大	经济性与非经济性兼重，缺乏各地域的针对性
成果	无形成果与有形成果并重，甚至更重	有形成果丰富，无形成果价值通道不畅
评价方法	倾向于“执行”(performance)的观点	多倾向于“一致”(conformance)的观点

3 中国 SSP 的未来发展方向

3.1 强化各主要利益相关者对 SSP 的参与

SSP 发展初期，“战略者”常被自然认为是一个地域组织的领导者，直到现在，还有不少国内 SSP 案例中城市/区域的最高领导人仍是最易于辨认出同时也被认为是最重要的战略者，常见到“市长规划”的称呼就是一个最佳明证。不少的利益相关者被挡在 SSP 制定的大门外，无疑窄化了 SSP 真正的目的和作用：一方面无法培育地域的内生发展，另一方面，难以实现对经济系统的有效管制。

随着规划背景的复杂、碎片化，战略问题由单一到关联，战略资源由狭隘到宽泛，战略思维也由正式、理性的分析结构到重视非正式化的经验、情感、价值与文化上等的操作，一种完全不同的“浮现的”(emergent)❶模式正在赢得广泛认可。战略越来越不依赖于个人或少数人的眼光与信仰，而是群体网络动态的结果。未来的核心问题也许不再是“哪个派方或哪个理论是正确的?”，而是“如何将它们联合、互补，以丰富我们对战略的理解并更有效地为实现一个所希望的空间结构和制度架构服务”。而且，在

❶ “蓄意的(deliberate)战略”和“浮现的(emergent)战略”来自于 Mintzberg & Waters(1985)，为了说明从“希望的战略”到“实现的战略”之间的过程时所提出的。

SSP的战略形成中，由于存在着多种选择和不确定，而并非从某个目标就必然推演出某个战略和行动，因此就更需要一个成熟的公共协商和达成一致的过程，来保证SSP不致被一些主导性意识形态所左右。

从另一方面看，自由与平等是民主社会的第一需求，每一个团体和个人都有权发出自己的声音，并应得到充分的理解与重视，同时每个团体或个人又都不可能成为绝对的声音，他们要先学会倾听别人的声音。各种不同的观点、利益和价值彼此冲突和妥协，最后就会指向一种最大限度的全面客观。在这个过程中，社会逐渐积累了其创造、沟通、信任和整合等各方面的能力，一种必要的社会自治基础也得以形成和发展。最明显的莫过于ESDP和北爱尔兰RDS，一开始很多基本而重要的问题并不清楚，它们都是在众多参与者之间的反复沟通和遴选中逐步确定下来的，随着参与的深入，规划议题在不断推进，规划共同体也在逐步建立，最后，只有那些具真正广泛参与基础的SSP，才能更有效地产生适合的创新，也才能更合法地将这些创新内化到制度文化之中。SSP所涉及的，往往是一个反映在空间管治上的规划话语与文化转变，无论是空间、场所的重新定义与发现，还是地方协作网络、舞台、制度的构建，都决定了它必然是一个长期性的过程。而面对国内SSP制定中普遍时间过短，过于匆忙的弊端，公众参与正尤其显得重要。

3.2 以内生型发展作为SSP的主导模式

所谓“内生”(endogenous)发展，即主要依靠地方自身力量，或自下而上地进行发展。与之对应的是依靠外来力量，或自上而下的“外生”(exogenous)发展。SSP以外生型模式发展，还是以内生型模式发展，当然与地域发展的具体条件与具体阶段相关，但从长远看来，后者才是更持续的发展模式，尽管它可能需要更长的时间。因为战略自组织内部产生，才更可能产生适合于地方上的创新，并更可能培育了一个良善社会中公民的责任感以及公民之间的信任感。

SSP的内生发展模式，与公众参与的强调是密切相关的。让规划决策尽可能地由内部、由低层作出，就像是一种日常各种经验知识和选择工作的累积结果，各个方面的参与者陆续成为组织的神经末梢，使得整个组织对外界的变化变得更敏感，再配合有效传递机制，这种洞察就能迅速地被传递到组织的中枢，经其协调而实时地、主动地采取行动。一个好的战略往往是在沟通、理解和学习过程中浮现出的，而非来自上面的强加或外部的简单移植。SSP制定中草根模式与赋权思想的普及，显示了内生发展必将在地方创新愿望和协作能力的培育上，扮演越来越重要的角色。

此外，一个与内生性相关的结果，是规划目标和议题的设定上也必将多元化、务实化。作为一种量身订制的规划，SSP之间的内容必然会表现较大差异。而国内目前一些SSP脱离规划对象的特殊性，相互雷同或八股倾向，都是有违SSP初衷的。

3.3 让社会公正与环境品质成为与经济竞争同等重要的SSP目标

西欧SSP由盛而衰，再又复兴的复杂过程，充分说明SSP对全球化下新自由主义影响造成的过分强调经济发展和市场竞争的纠偏作用，而公民社会或第三部门的成熟与壮大，也为其提供了最重要的支撑条件。在西欧当代SSP的目标中，最强调的是一种平衡的发展，一种真正可持续的发展，为了与单纯经济竞争驱动构成一种牵制或对抗结构，社会公正、生活与环境品质等目标被提到了同样的高度。而国内某些SSP，往往经济一马当先，甚至以土地扩张为真实目的，社会与生态沦为点缀，这就与SSP的本质相去甚远了。事实上，作为重要政府职能与社会过程的空间规划，其最重要的一些问题，是不能通过经济手段得到解决的；当公部门规划沦为与私部门管理无甚区别之日，亦就是它丧失合法存在理由之时。

当前中国社会发展实际上是处于两个“巨变”或“大转型”的交互点上，一个是西方大约在19世纪已基本完成的市场化，另一个就是与西方目前一同卷入的全球化，而在这两个转型中的规划目标本应是不同甚至矛盾的，由此也给国内SSP的理论和实践预制了一个两难的窘境。在我们分析研究了西欧SSP的发展历程后，可以发现：作为一种空间管治手段的西欧当代SSP，正是通过有明确坚持但更具包容性、平衡性的目标，以及更丰富、务实的实现手段，来帮助空间规划学科重新合法、有效地回应“国家—市场—公民社会”这一动态结构中浮现的各种危机与挑战，为实现一个现代民主社会的长远公共利益，一个国家和地方在可持续性竞争发展中始终占据主动，以及公民日常生活环境品质的提升，作出关键性贡献。因此，对于经济、社会与环境目标的设定，仍有期望跳出传统的"圆三角"矛盾逻辑，实现多赢，SSP应如何因具体地区、具体发展阶段而作具体处理，就成为关键。同时我们也应获得这样警示：当过分强调全球化竞争时，实际上是在以社会、环境的发展为代价，即便要刺激经济发展，也要从现在就开始进行度上的控制，以避免那些西方曾经出现过的经济"脱域"所带来的严重后果再次在中国社会上演。

3.4 关注SSP的制度能力与行动导向

当今SSP，构建战略的方式以及处理和解决问题的方式，其所依赖的更多是对各种愿景、框架和新身份创造的能力，选择关键的工作议题的能力，动员公众来获得接受和赢得支持的能力，以及创造各种工具和手段来让战略付诸于实施的能力。其最终落脚，往往是在各种制度资本积累上，构建或转变合适的制度结构，来对高速复杂和不稳定的地域变化过程进行引导，并对一种基于多样化空间尺度上的互动关系网的制度能力进行培育。Healey(1997)就认为"战略性规划制定对过程、制度设计和动员的关注，就如同它对物质环境和实体政策的关注一样多"，而Faludi(2001)甚至认为SSP"更多的是形塑那些参与到空间发展中的人们的头脑，而非空间发展的物质环境"。目前国内SSP在有形成果上做得较好，而无形成果上，特别是有意识地去强化上，仍存在一个较大的提升空间。这其中主要包括三个方面：一是跨边界的、区域性的SSP制定还不多，二是相关制度论坛与舞台的提供不足，三是确保SSP行动力的组织、激励和约束措施不完善。

从西欧SSP案例中可以看到，"边界"（border），以前在国家层次上，是空间发展意义上不重要的边缘，而现在欧洲乃至全球层次上，它正越来越成为新的空间发展焦点。而国内如长三角、京津冀、珠三角等重要都市圈的区域规划(实际上也应属于SSP范畴，但目前尚未被学术界作为SSP进行研究)却差不多刚刚起步，但因为制度安排上的一些问题，已有一些学者表示出其对"空头规划"可能的担忧。其实，ESDP这个案例中的许多做法就可提供一个很好的借鉴，比如成立具合法权利的区域协调委员会，设立专门的区域共享基金，制定多种形式的研讨和学习计划，以及相关的立法约束、评估奖励等等。此外，国内规划体系如何能借助SSP的创新力量，打破政府管理体制中"条"所造成的分割，完善水平方向和垂直方向的协调关系，也是一个重要任务。最近出台的新《城乡规划法》、新《城市规划编制办法》，以及近期建设规划的试行，都预示着一些令人鼓舞的制度信息，很大程度上，是国内SSP的兴起促成人们对现有总体规划乃至整个规划体系的反思与改革。

4 结语：建设有中国特色的SSP理论和实践

本文中西SSP比较的缘起，一方面是西方在空间规划及其他相关学科领域发展中具有相对领先性与代表性，而一个较完整的SSP由兴至衰而后又复兴的"U"型脉络也已发生于以西欧为代表的发达资本主义国家背景环境下；另一方面，毕竟发展中与发达市场经济国家所卷入的全球环境变化是相似的，面对的问题具有共性，期望的目标具有共性，那么他们的思考对策与解决问题的手段也必定存在可借鉴的经验与可汲取的教训。在经济发展、社会公正与自然环境间寻找一个较佳选择与均衡战略的道路上，他们(特别是与中国有较高相似度的欧陆规划体系)比我们经历过更多，也相对更为成熟。如果能对其SSP所经历过的成败尝试总结剖析一二，或许能够为下一阶段国内SSP实践的完善乃至理论的构建提供殷鉴。

但是，这决不意味着西方当代SSP是一种完美、最终形态或放之四海而皆准的公理，它们只是近20年来特定社会背景下的特定产物。我们研究西方SSP不是为了照抄照搬，灵活性或弹性是SSP的最大特点之一，也是它出现和起作用的重要原因。事实上，西方规划理论和实践，基于西方哲学思想，因其过于强调理性逻辑、科学技术和物质因素，天生具有这样或那样难以逾越和克服的不足，与之相比，中国传统哲学中的许多思想和智慧则值得我们规划理论和实践汲取。

比如，相对于西方哲学长于纯粹理性，工具理性长期凌驾于价值理性之上，中国思想历来重视实践理性，以人生的安顿、社会的治理为主要目标，重视人的因素，强调物为人所用；中国思想崇尚“天人合一”与“中庸”理念，强调人与环境的相亲相感、共存共荣的和谐均衡发展，这些思想与SSP的诸多精神都是不谋而合的。而相对于西方当代SSP诞生于对资本主义市场过度化的反思，以及对政府及其规划合法性的重新确认与强化之背景，中国作为一个以公有制为主体的国家，政府形象与职能有较西方更强有力的基础，也更有可能在组织与执行SSP上有更好的政策网络以及行动决断力，从而更好地履行SSP倡导社会公正，关注民众日常生活与环境品质提升的责任。因此，只有在批判地认识和分析西方SSP的基础上，发挥中国传统思想的智慧，立足中国现实，才能形成具中国特色的SSP实践及理论，这才是我们作为中国当代规划职业人员的根本目标和责任。

参考文献

[1] Faludi A. The application of the European Spatial Development Perspective: Evidence from the northwest metropolitan area [J]. European Planning Studies, 2001(5): 663～675.

[2] Healey P, Khakee A, Motte A, et al. Making Strategic Spatial Plans: Innovation in Europe [M]. London: UCL Press, 1997.

[3] Mintzberg H & Waters J. Of Strategies, Deliberate and Emergent [J]. Strategic Management Journal, 1985(6): 257～272.

[4] Salet W and Faludi A, (eds). The Revival of Strategic Spatial Planning [M]. Amsterdam: Royal Netherlands Academy of Arts and Sciences, 2000.

[5] 黄明华，王林申等. 继承与创新：中国城市规划编制体系之管见 [J]. 规划师，2007(12)：71～75.

[6] 姜涛，吴志强. 西欧1990年代空间战略性规划(SSP)案例的比较研究 [J]. 城市规划学刊，2007(5)：53～64.

[7] 姜涛. 西欧1990年代空间战略性规划(SSP)研究——案例、形成机制与范式特征(博士论文) [D]. 同济大学，2007.

[8] 姜涛. 关于当前规划理论中“范式转变”的争论与共识 [J]. 国际城市规划，2008(2)：88～99.

[9] 李晓江，杨保军等. 战略规划 [J]. 城市规划，2007(1)：44～56.

[10] 同济大学城市发展战略与管理研究院. 沈阳城市发展战略规划 [R]，2002.

[11] 同济大学城市发展战略与管理研究院. 武汉城市发展战略规划 [R]，2004.

[12] 同济大学城市发展战略与管理研究院. 中山城市发展战略规划 [R]，2003

[13] 吴志强，姜涛. 关于武汉市都市核的初步战略研究 [J]. 规划师，2006(1)：66～72.

[14] 中国城市规划设计研究院等编. 战略规划(中国城市规划设计研究院作品系列①) [M]. 北京：中国建筑工业出版社，2006.

注：原文刊载于《城市规划》2009年第8期。

二、分区规划与控制性详细规划篇

城乡规划法下的武汉控制性详细规划探索与实践

刘奇志[1]　宋中英[2]　商渝[2]

(1. 武汉市规划局；2. 武汉市城市规划设计研究院)

提　要：本文结合城乡规划法实施后武汉在控制性详细规划的探索和规划管理实践，回顾我国控制性详细规划的发展历程，分析当前所面临的主要问题和矛盾，探索了规划分层编制和管理的创新模式，并就控制性详细规划未覆盖前该如何应对提出了阶段性过渡措施。

关键词：城乡规划法；控制性详细规划

控制性详细规划(以下简称：控规)历经二十余年的磨炼终成正果，2008年1月1日正式实施的《中华人民共和国城乡规划法》(以下简称：城乡规划法)赋予了控规前所未有的法律地位，其不再只是规划管理的技术手段而成为规划管理必须严格执行的法律依据，这无疑是对控规的编制与管理提出了更快、更高要求：控规成果不仅要快速、全面覆盖，适应我国当前城市快速发展的要求，而且还必须布局合理、控制适当、审批合法，经得起历史的考验。

为适应这一新的变化与更高的要求，全国各地城市都在城乡规划法颁布实施之后进行了积极、努力探索，武汉结合自身的实际也摸索了一条自己的路。在此，我们结合武汉在控规编制和规划管理中的探索与实践，回顾我国控制性详细规划的发展历程，分析当前所面临的主要问题和矛盾，总结武汉在控规分层编制和管理的模式创新、政策保障、技术支撑和控制方式、成果内容及审批、调整程序的探索以及控规暂未覆盖前应对的阶段性过渡措施，并提出下阶段有待深化研究的一些问题，以与全国共行交流和探讨。

1　控规发展历程回顾

控制性详细规划是一件“洋为中用”的规划内容，源于上世纪80年代中期我国城市土地使用制度的改革，由于其能成为政府控制和引导城市土地开发最直接的工具，为推进我国城市规划建设的规范化管理起到一定的作用，于是自1991年建设部颁布《城市规划编制办法》，明确了控规在城市规划编制体系中的作用之后，控规在全国范围内迅速普及，发展至今，基本经历了三个发展阶段。

1.1　技术拓展阶段

20世纪80年代中期，随着我国逐步由长期所实行的单一计划经济管理模式向计划经济与市场经济管理方式并行的管理模式的转化，城市土地的社会价值逐渐为国人所认识，为适应城市土地有偿使用制度的试行，规划学术界及管理部门不约而同地开始了控规的尝试，在早期简单学习、借鉴美国“区划法”中容积率等概念的基础上，规划控制内容不断拓展、丰富和完善，直至形成了包括确定用地性质、居住人口、容积率和高度控制、配套设施、绿地率、建筑限高、建筑退线、禁止开口路段、配建车位、建筑形式、体量、风格要求等众多规划控制要素，形成真正具有中国特色的控制性详细规划的编制框架。这一探索及时弥补了过去在计划经济时代只有总体规划宏观控制和修建性详细规划微观控制中的不足，将过去或以城市总体规划宏观指导管理建设用地性质或以修建性详细规划为核心直接设计和管理城市空间具体形象的两种极端式规划管理方式，转向以控制性详细规划为核心对建设用地实施综合性控制管理，从而使控制性详细规划逐步成为了城市规划管理中有效的技术调控手段。

1.2 法定图则阶段

进入上世纪90年代中后期，随着我国法制化建设的不断深入，人们逐渐认识到，尽管控制性详细规划为规划管理提供了行之有效的技术调控手段，但却缺乏强有力的法律支撑，难以适应日益复杂、规范化和法制化的社会发展需要。于是，以深圳为代表的不少城市在借鉴香港“法定图则”体系的基础上，先后对我国控制性详细规划的编制和管理开始进行变革和创新，一方面出台地方性控规编制、审批、调整的程序和管理办法，从规定和程序上维护控规的法律地位和效力；另一方面为能既满足控规的程序法制化又确保市场调控的灵活性，控规在控制指标上形成了刚性指标和弹性指标两级控制体系，以“法定图则”为核心的控制性详细规划成为这一时期的代表作。控规的这些变革与创新对促进我国城市规划与管理的法制化建设确实在一定时期起到了十分积极的推进作用，但却难以应对我国当前高速发展所带来的城市建设与投资的不确定性，从而使得大量的控规成果或长期难以审批或刚审批即修改，控规的综合调控能力无法发挥，更难以达到规划控制管理的预期效果。

1.3 面向管理阶段

进入本世纪以后，控制性详细规划的编制技术日趋成熟、控制的内容更加全面甚至是过度，使得人们开展从控规的编制转向了控规的应用、规划的管理，重新认识控规的目的与作用，规划界在早期片面重视控规技术性完善的基础上，更加关注和强调控规的法制性和公共性。为此，各地开始尝试将控规核心控制要素从全方位控制向控制公共资源转变，尝试核心控制与公众利益有关的“五线”和公服设施，如南京的“6211”①；控制深度也由微观的地块控制转向强调区域性和通则性的规划控制，如北京新城街区控规和广州的规划管理单元控制等；规划成果逐渐由技术文件向管理文件转化，以面向管理、服务建设、适应城市快速发展需要。

2 城乡规划法就控规所提出的新要求

从1990年实施《城市规划法》到2008年实施《城乡规划法》的近20年时间的规划实践中里，控规在城市建设和规划管理中的地位和作用越来越显著。为此，《城乡规划法》将控规内容正式写入，其主要涉及控规的制定、实施、修改、监督检查以及法律责任等方面的9项具体规定，充分反映控规在市场经济体制下对城市土地资产宏观调控作用，也赋予控规前所未有的法律地位，对控规编制、审批、修改和执行提出了更高、更明确的要求。归纳起来主要有三个方面：

2.1 明确了控规是总体规划和修建性详细规划之间的重要中间环节

《城乡规划法》改变了《城市规划法》中“编制城市规划一般分总体规划和详细规划两个阶段进行”的规定，规定“城市人民政府城乡规划主管部门根据城市总体规划的要求，组织编制城市的控制性详细规划”，而且“修建性详细规划应当符合控制性详细规划”（详见《城乡规划法》第十九条、第二十一条）。这样，控规不再是可有可无的规划技术手段，而是我国城乡规划编制法定体系中的一个重要环节，更是城市人民政府的一项法定职责，从而正式明确了控规的法律地位。

2.2 提出了控规应“上位审核、公众监督、严控修改”的高标准要求

《城乡规划法》中明确规定城市及县人民政府所在地的控规“经本级人民政府批准后，报本级人民代表大会常务委员会和上一级人民政府备案”，而“镇人民政府……组织编制镇的控制性详细规划，报上一级人民政府审批”（详见《城乡规划法》第十九条、第二十条）。也就是说不仅本级人民政府要负责编制控规，上级人民政府还应对其所属下级人民政府所编制的控规予以审核把关。

《城乡规划法》也提出了明确要求，规定“组织编制机关应当依法将城乡规划草案予以公告，并采取论证会、听证会或者其他方式征求专家和公众的意见。公告的时间不得少于三十日”，“并在报送审批的材料中附具意见采纳情况及理由”（详见《城乡规划法》第二十六条），对控规成果的公开性提出明确要求，确保控规成果征求社会意见、接受公众监督。

《城乡规划法》还总结多年来控规频繁被修改、调整，从而失去其应有规划控制作用的经验与教训，

对控规修改提出了更严密的程序要求，规定修改控规的“组织编制机关应当对修改的必要性进行论证，征求规划地段内利害关系人的意见，并向原审批机关提出专题报告，经原审批机关同意后，方可编制修改方案”，而且，若“控制性详细规划修改涉及城市总体规划……的强制性内容的，应当先修改总体规划”（详见《城乡规划法》第四十八条）。

2.3 强调了控规是土地使用和城乡建设的基本依据

《城乡规划法》结合我国城乡规划及土地利用的管理实际，对控规的作用也予以了明确，规定“以划拨方式提供国有土地使用权的建设项目……由城市、县人民政府城乡规划主管部门依据控制性详细规划……核发建设用地规划许可证……经县级以上人民政府审批后，由土地主管部门划拨土地。”（详见《城乡规划法》第三十七条）

对“以出让方式提供国有土地使用权的”建设项目更是明确规定：“在国有土地使用权出让前，……城乡规划主管部门应当依据控制性详细规划，提出出让地块的位置、使用性质、开发强度等规划条件，作为国有土地使用权出让合同的组成部分。未确定规划条件的地块，不得出让国有土地使用权”，而且“在签订国有土地使用权出让合同后”，城乡规划主管部门也“不得在建设用地规划许可证中，擅自改变作为国有土地使用权出让合同组成部分的规划条件。”（详见《城乡规划法》第三十八条）

2.4 确定了对控规操作失误及失职的处分标准

为杜绝一些变相忽视控规的行为，如对“规划条件未纳入国有土地使用权出让合同的”或“未取得建设用地规划许可证的建设单位批准用地的”行为，《城乡规划法》明确规定“该国有土地使用权出让合同无效”或“由县级以上人民政府撤销有关批准文件”；“占用土地的，应当及时退回；给当事人造成损失的，应当依法给予赔偿”，从而确保城市土地供应及建设活动必须以控规为依据。（详见《城乡规划法》第三十九条）

对“未依法组织编制城市的控制性详细规划、县人民政府所在地镇的控制性详细规划的”各级政府或城乡规划主管部门，则明确应“由本级人民政府、上级人民政府城乡规划主管部门或者监察机关依据职权责令改正，通报批评；对直接负责的主管人员和其他直接责任人员依法给予处分”（详见《城乡规划法》第六十条）

3 《城乡规划法》下控规面临的主要挑战

《城乡规划法》对确保控规的作用发挥无疑是奠定了良好基础，但同时也给控规的编制、审批和使用提出了更高要求，控规面临了前所未有的挑战。

3.1 如何解决整体和局部的关系

控规作为总体规划和修建性详细规划的中间环节，如何能有效落实总体规划战略性、全局性设想，确保城市重要公共设施，优化局部控制，是控规编制工作需要解决的核心问题之一。对于一些中小城市（50km^2 以下），在总规的指导下可以直接编制控规，但对于大城市因规划范围落差较大，难以操作。

如武汉市在1999年国务院正式批复《武汉市城市总体规划(1996—2020)》后，就按照总规所确定的“核心区—中心区片—综合组团”结构，组织了以7个中心城区②为主的控规编制工作，将243km^{2}划分为90个控规单元，按照“控规片—街坊—地块”三级模式控制，每个控规片规模约3km^2。此轮控规采用“总体＋专项”的编制模式，历时3年编制完成，为规范建设项目审批手续及时提供了强有力的技术支撑。但因控规与总规之间的规模落差太大，编制过程中缺少中观层次的规划过渡及指导，同时按照当时控规编制要求和深度，控规单片的规模过大，无法同步编制完成，存在公共设施控制缺失或失衡、建设指标分配不尽合理等地方。

因此，要解决这个问题，仅依靠增加中观层次的规划编制，很难根本解决，而需要从规划体系构建上，依靠地域划分体系，将各类控制要素在空间上集合和分解，层层落实。为达到此项目标，一方面需要构建总体规划—分区规划—控规，明确各级规划对下层级规划基本单元核心管控要求，如人口、公共服务、绿化、综合交通和市政等；另一方面需要相关专项跟踪配合，统一协调，才能保证各项指标确保落实，解决好整体和局部关系。

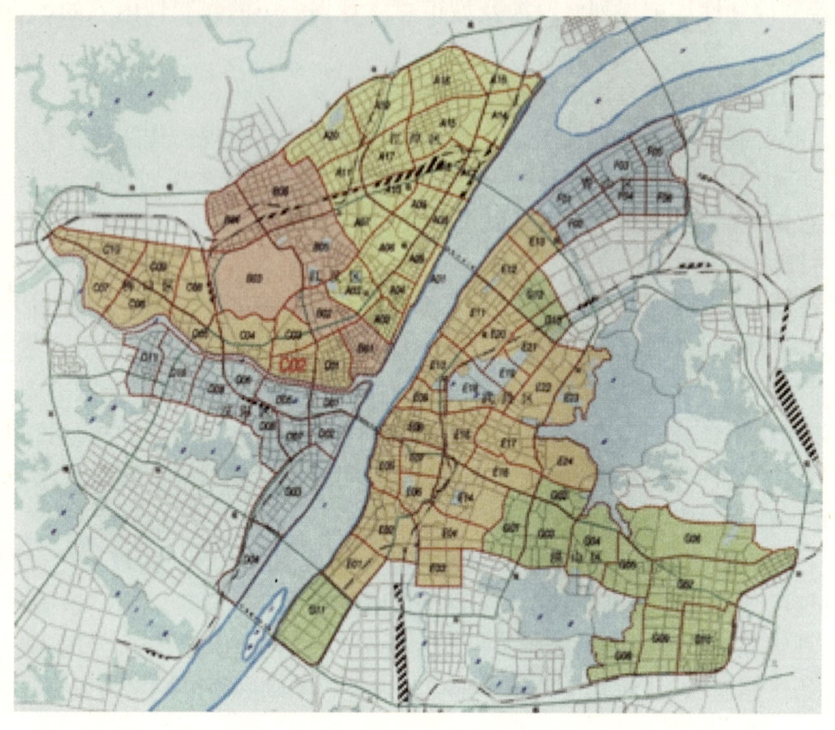

图 1 武汉市 99 版控规分区划片图

3.2 如何迅速实现控规全覆盖

《城乡规划法》确定了控规是土地使用的直接依据，就必须在短时间内实现规划区内控规的全覆盖，但是控规内容繁杂：一是需全面落实对上位规划及相应专项规划等控制要素；二是需详尽的现状调查，兼顾了公众、土地权属单位等各方利益，体现规划方案的公平性；三是控制指标的准确性和合理性。

这些问题都需要在短时间内完成，我们认为无论对大城市还是中小城市，都需要在控规中设置了两个规划层次，不仅可以从编制范围上能有效衔接，而且将控规“从上而下”和“从下而上”的两个层次分开，有利于“从上而下”编制时，一定范围内同步开展控规编制，能更好协调上位规划的相关管控要求和解决城市的系统问题，易于牢牢控制住城市的核心公共资源，并迅速实现控规的全覆盖。同时，在编制规程中全面梳理现状地籍、批租划拨，以及经法定程序批复规划，建立规划管理“一张图”系统，也是提高控规编制工作效率的有效辅助手段。

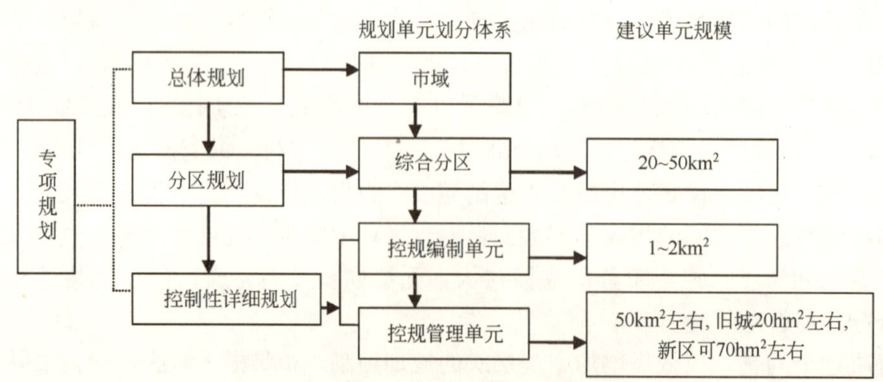

图 2 武汉市控规编制规划体系关系图

3.3 如何处理刚性和弹性的关系

"高位审批"、"严控修改"，使控规的编制和调整周期变长，为减少行政审批成本，已有较多城市不约而同尝试，对控规控制内容分成强制性或指导性两部分，采用不同的成果形式，赋予不同的管理审批程序；或者采用"单元"控制替代地块控制等。

在控规的实际调整中，"调整用地性质"和"提高容积率"是最常见也是最核心的问题，解决好刚性和弹性关系，就需要从用地性质(定性)和开发强度(定量)角度，控制城市公共利益，即保障城市公共资源的刚性控制，又确保规划管理的适度弹性。

关于用地性质的控制，在控规众多的控制要素中，城市公共资源公益性公共服务设施和城市的红、黄、蓝、绿、紫等五线是核心控制内容，是城市公共安全和基础，我们必须确保的，用地性质控制深度应到小类。其他的用地性质应分两个层次控制，以编制"单元"为单位，其主导性质纳入强制性控制内容，每个地块的用地性质控制纳入指导性控制内容，并采用用地非兼容性给予适度空间。

关于开发强度的控制，开发强度的核心指标是容积率。一直以来，只要不突破周边公共服务设施及基础设施的负荷，地块的容积率高一点或低一点，似乎很难从技术上进行准确认定。但是就城市而言，其一定时期的人口规模和对应的建设总量是需要引导和控制的，那么按照人口合理分布要求，对用地建设强度实行分区管理，控制各分区内各类用地的建筑容量和容积率，是保障城市良性运行的根本，保证编制"单元"内各类用地总建筑量，就成为强制性的控制内容；单个地块的容积率，可以在保障"单元"建筑总量的基础上，按程序进行适当转移，可纳入指导性控制内容。

此外，在控规的规划管理实践中，实际用地出让的地块往往对原规划方案有一定的突破，如用地边界，用地在适度范围内平移等，这需要从控制方式上如实现、虚线、指标等方面进行尝试。

3.4 在控规没有迅速覆盖的过渡时期，如何应对规划的审批

无论控规采用何种方式编制实现全覆盖，都会或长或短地有一定的控规空白时期，在这个空白期，为应对项目的审批必须有相应过渡措施，如适时启动局部控规的编制，这些局部控规适宜编制多大范围，采用什么样的技术标准，如何与在编的控规衔接，都是实际操作中需要面临和解决的问题。

3.5 如何将技术文件转化为法制文件和公示文件

法制文件具有目标性、确定性和通则性，而控规目前的许多的控制内容带有过程性，这需要我们对刚性和弹性的控制内容适度区分成具有法定约束力和技术性指导性的不同文件。对具有法定约束力的文件应制定严格调整程序，控制内容让社会监督，技术性文件可作为内部图则进行约束，但也应有相应管理规定。

4 武汉的实践

4.1 走过的控规历程

武汉在控规的编制阶段也先后经历了四个时期，一是在20世纪90年代初期前后，以开发区为主的控规，在农用地变为城市建设用地，在分地块出让中发挥重要作用；二是1999年前后2～3年的时间实现主城控规的全覆盖，直观上为规划管理找到依据，但控制内容频繁突破，以致该控规始终未正式审批；三是2002年开始依据近期发展计划、土地供应计划和城市重要地段发展要求，编制了法定图则，以水果湖控规为代表；四是2008年前后，结合新法要求，尝试地提出了"以控规导则和控规细则为主导、局部控规相补充"的控规编制体系，并将成果内容纳入规划管理"一张图"，目前已经实现主城678km^{2}控规导则的全覆盖和局部地区控规细则覆盖。

4.2 新法下的控规具体实践

4.2.1 技术支撑和政策保障

为确保控规编制的时效性、系统性、法制性和可操作性，按照"程序规范、规程指导、试点先行、

确保质量、开门规划”的工作思路，加强编制单位与各相关单位全过程合作；在编制前期我们一方面开展前期研究和技术编制，制定了6项技术规范和标准，编制了6项专项规划；另一方面在武汉主城范围678km²内，按照总体规划的结构有19个综合分区，在分区规划编制前，完成19个综合分区的分区规划指引，随后各个综合分区的分区规划编制过程中，将相关管控要求分解到88个控规编制单元。同时在同步推进的强度、高度、绿地、中小学等专项规划也在互动编制过程中，将相关管控要求，分解到88个控规编制单元。

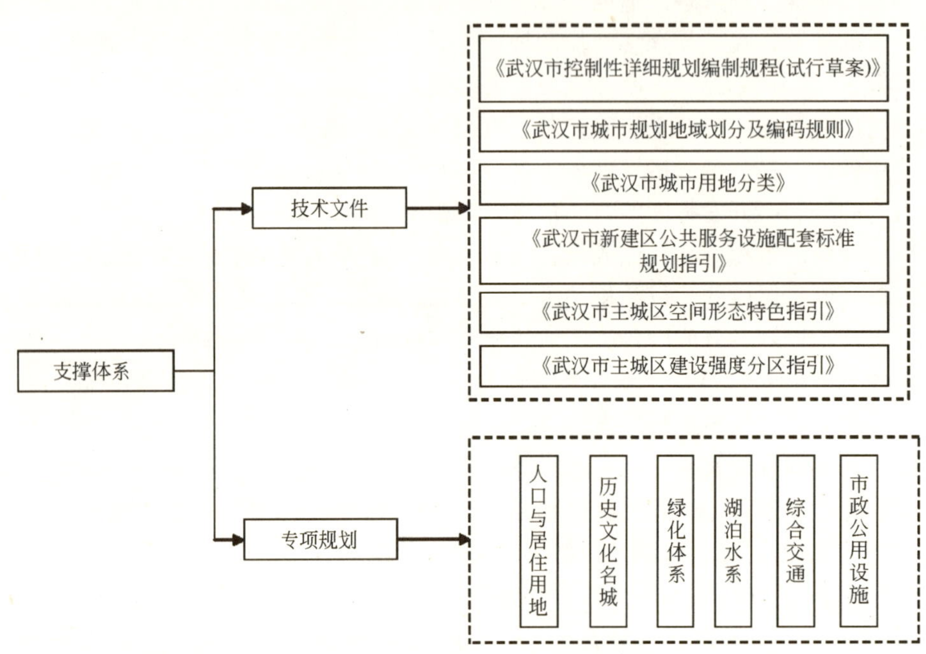

图3 武汉市控规前期研究体系关系图

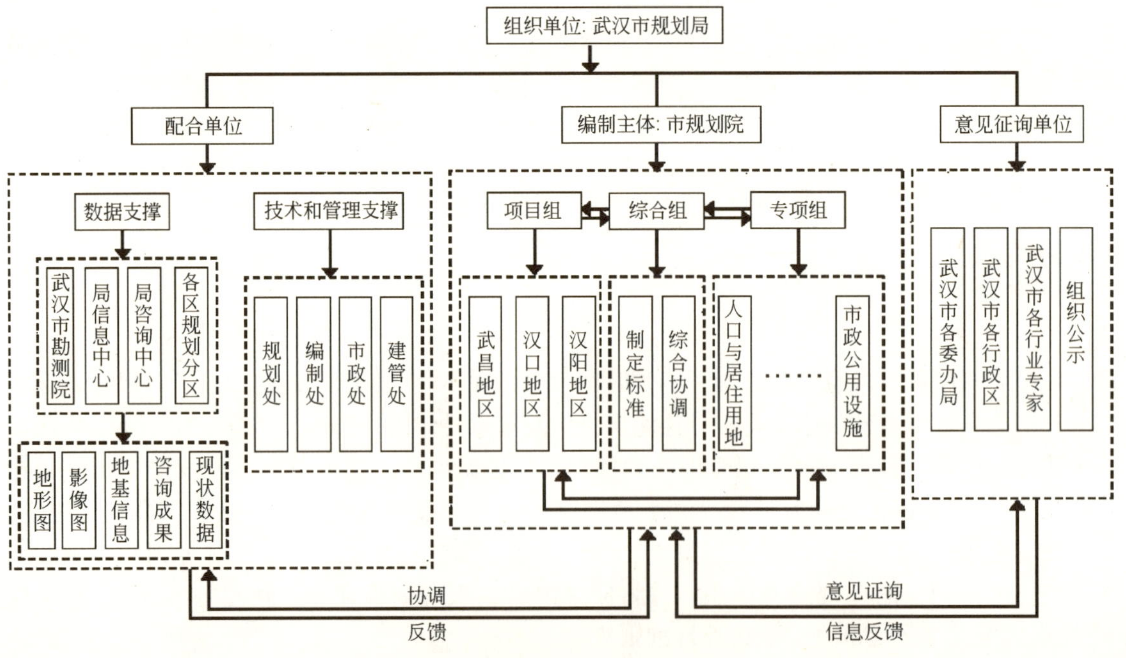

图4 武汉市控规工作框架关系图

图 5　武汉市控规分区划片图

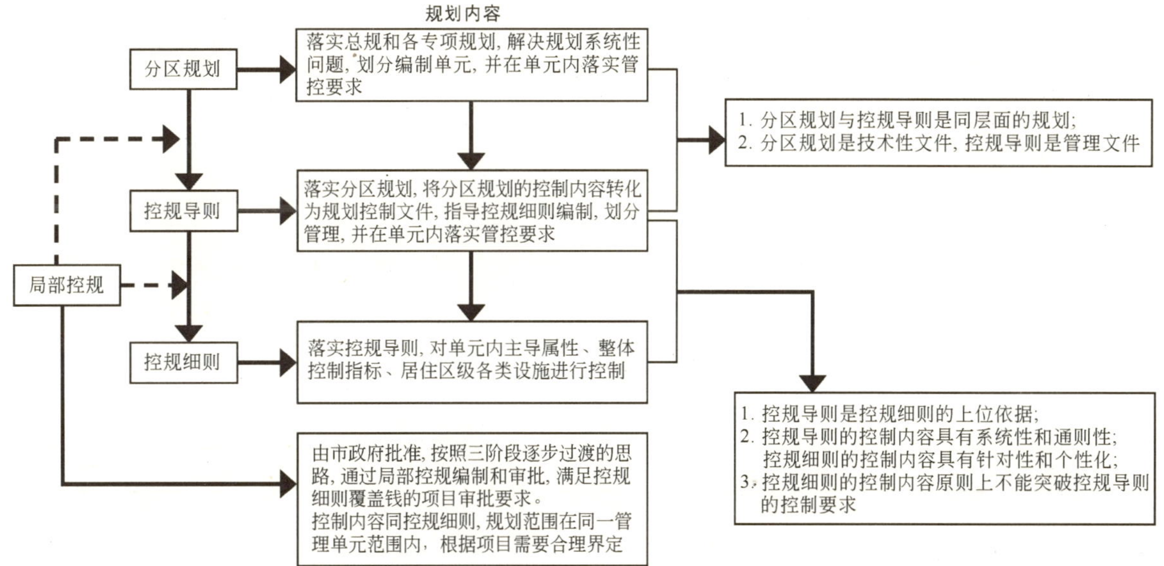

图 6　武汉市控规控制体系和控制内容

4.2.2　各阶段控制关系、控制目标和控制内容

武汉市控规按照“分层、分级控制”的方式，形成以控规导则和控规细则控制体系。控规未完全覆盖前，根据项目需求，提出适时编制了局部控规为补充的过渡方案，局部控规按照程序审批后，纳入规划管理“一张图”（控制内容详见表 1）。

4.2.3　控制方式

为满足规划管理的弹性需求，提出了实线控制、虚线控制、指标控制和点位控制的等四种控制方式。其中实线控制的用地地块的位置、边界形状、建设规模、设施要求均不得作出更改；虚线控制的用地，对地块的位置、规模及设施要求不得作出更改，但其边界形状可根据具体方案略作调整；点位控制制的用地，在确保设施规模的前提下，可结合相邻地块开发与其他项目进行联合建设；指标控制主要是指标控制的设施，其控制形式以指标的予以确定，是下位规划编制的重要依据。

图 7 武汉市主城区 A0202 编制单元控制性详细规划导则(指导文件)

控规导则和控规细则的控制内容和深度 **表 1**

	控制项目		控规导则	控规细则
法定文件	定性控制		功能定位	管理单元划分(落实和校准各管理单元范围线)
				用地性质控制(主导用地性质和用地非兼容性控制)
				净用地面积和平均净容积率
	道路红线		快速路、主干道、次干道、主要城市支路;轨道交通;支路网密度	城市支路(旧城≥7m,新区≥15m)控制红线
	绿地绿线	公共绿地	市级、区级公园绿地	居住区级公园绿地规模和控制范围线
		防护绿地	居住区级公园绿地和其他公共绿地的人均控制指标	街头绿地确定规模和点位
		生产绿地	重要的城市防护绿地(包括三环线;江、河、湖的防护绿地界线;重要生态廊道和绿化隔离带;重要市政基础设施的防护绿地)	其他各级道路和市政设施的防护绿地
			确定需占城市建成区面积2%以上的生产绿地	
	历史文化街区和历史建筑		国家、省、市级历史文化街区和历史建筑	市级、区级优秀历史建筑的保护范围及建设控制地带界线

续表

	控制项目		控规导则	控规细则
法定文件	水体保护蓝线		确定江、河(包括长江、汉江)、湖等城市地表水体；主要干渠和排水廊道线	
	城市基础设施黄线	廊道控制		其他专用管廊控制范围线
		市政公用设施	23类城市重要的供水设施、供电设施、环境卫生设施、供气、供热设施、通信设施、消防设施；防洪设施；其他市基础设施	共4类，污水泵站、储气站、天然气接收站、热力中继泵站确定规模和控制范围线
				共3类，通信机楼、邮政局、加油加气站规模和点位
		综合交通设施	交通综合换乘枢纽、机场、城市水运码头、铁路线、轨道交通维修基地、城市交通广场、公交场站	公共停车场规模和点位
	公共设施	经营性	组团级及以上级别经营性公共设施	
		公益性	组团级及以上级别公益性公共配套设施控制	
			居住区级公共设施控制控制指标	居住区级公益性公共设施确定规模和点位
			武汉市中小学教育设施	
				居住区级以下级别公益性公共设施确定规模和点位
指导文件	规模控制	人口控制	编制单元人口规模	管理单元人口规模
		用地控制	编制单元各中类用地规划规模	地块用地性质和规模
		经营性公共设施	控制市级、区级(组团级) 办公和商业设施	
	指标控制	建设强度	编制单元基准容积率	地块容积率
		建筑密度		地块建筑密度
		建筑高度	编制单元高度分区	地块建筑高度
		绿地率		地块绿地率
		建筑退界		地块建筑退界
		出入口控制		地块出入口控制
		配套设施		地块开闭所、公共厕所、托儿所、邮电所、街道办事处
		停车泊位		地块停车泊位
	特殊控制控制		对分区城市特色进一步研究，提出城市景观等特殊控制要求	确定特色控制要素，包括高度、风貌、色彩、体量等

4.2.4 成果形式

控规成果包括法定文件和指导文件。法定文件是刚性内容，是对城市规划实施进行监督检查的基本依据，必须予以公示，并报市政府批准。主要包括“五线”和公共服务设施的控制，并且各项设施分解都控规管理单元；指导文件是弹性内容，是下位规划编制或规划管理指导依据，必须报城市规划主管部门批准。主要包括对各类用地的控制，以及强度和高度的控制内容。

4.2.5 审批和调整

为保障控规实施，制定了《武汉市控制性详细规划编制审批调整管理规定(试行)》，主要包括控规的编制、审批、修编、调整和更正等程序内容。(1)中心城区、开发区的控规，由市城乡行政主管部门组织编制或由市城乡规划主管部门会同开发区管委会组织编制；区人民政府所在地镇(街)，都市发展区其他地区和都市发展区以外重点地区的控规，由区政府组织编制；都市发展区范围以外的其他地区的控规，由镇(街)人民政府组织编制；(2)控规的成果文件均由市政府审批，其中法定文件对社会公布，接受公众监督；(3)控规的修编，应当由原组织编制机关提出申请，经原批准机关同意，方可组织修编；(4)建立分类分级调整制度，对法定文件的调整，报原审批部门批准实施；对指导文件的调整，经规划咨询的研究论证后，由规划行政主管部门技术委员会集体审议批准；因基础数据(包括地形图、地籍图、土地使用证、红线图等)不准确、缺失或笔误等原因需要控规调整的，由规划行政主管部门技术委员会同意后调整。这样，既保证了城市核心要素的强制性控制，又适应了快速城市进程中规划的弹性需求。

4.3 有待深化研究的问题

由于规划管理的复杂性，目前工作仅是初步探索，编制中的存在的问题是：(1)城市非建区和风景区的控制内容和控制体系；(2)控规导则和控规细则的强制性内容，仍存在近远期的时效性等问题；例如对控制的道路绿化带内的单位，需要近期局部该扩建，但因强制内容的控制，无法报批，控规细则在保障强制性内容前提下，如何保留一定的空间弹性等；(3)在一定单元内容积率的转移，除保障总量的开发的基础上，如何规避先开发利益最大化，确保公益设施能实施等。还有审批管理中如何对待公示意见等，仍需进一步地深入探讨。

本文结合武汉的实际，对控规面向管理的法制化和民主化的一些编制方法和控制内容的尝试，目的是期待与同行交流探讨，共同推进规划的改革创新。

注释

① 南京市规划局提出的以“6211”为核心的控制内容，“6”即是道路红线、绿化绿线、文物紫线、河道蓝线、高压黑线和轨道橙线；“2”即是对公益性公共设施和市政设施两种用地；“1”即高度分区及控制；“1”即特色意图区划定和主要控制要素。

② 武汉7个中心城区主要包括江岸区、江汉区、硚口区、汉阳区、武昌区、洪山区和青山区。

参考文献

[1] 中华人民共和国城乡规划法［Z］，2007.

[2] 夏南凯，田宝江，王耀武. 控制性详细规划［M］. 上海：同济大学出版社，2005.

[3] 武汉市规划局. 武汉市控制性详细规划技术规程［Z］. 2008.

[4] 周岚，叶斌，徐明尧. 探索面向管理的控制性详细规划制度架构［J］. 城市规划，2007(3).

注：原文刊载于《城市规划》2009年第8期。

控制性详细规划控制方法与指标体系研究

于一丁　胡跃平

（武汉市城市规划设计研究院）

提　要：为解决现行控制性详细规划缺乏灵活性的问题，变被动控制为主动引导，本文提出了用地适建分级要求和分区平衡控制方法，引入了得地率、集中绿地率、建筑限低等指标，并对其指标体系进行了梳理完善。

关键词：控制性详细规划；控制方法；指标体系

在社会主义市场经济条件下，随着城市土地有偿使用的深入推进，建设方式与投资渠道的多样化，以及城市规划管理的改革，为控制性详细规划（以下简称"控规"）提供了广阔的发展舞台。城市政府为实现建设目标，在很大程度上要依靠有效的规划。近年来，通过不断地探索和实践，各地各城市对控规的编制已经总结出了不少成功、有效的经验，并在城市建设与规划管理中发挥着重要的作用。在当前城市快速发展时期，在全面建设小康社会的背景下，城市的空间扩展和更新改造力度还在不断地加大，并会持续相当长的时间。这期间控规将会发挥更大的作用，同时对控规编制方法和控制手段的研究也需要不断地深入和加强。本文结合近年来的工作实践，对控规的控制方法和指标体系进行了较为深入的研究和探讨。

1　问题的提出

1.1　现行控规缺乏灵活性

《城市规划基本术语标准》指出，控规"以城市总体规划或分区规划为依据，确定建设地区的土地使用性质和使用强度的控制指标、道路和工程管线控制性位置以及空间环境控制的规划要求"。《城市规划编制办法》第二十二条规定："根据城市规划的深化和管理需要，一般应当编制控制性详细规划，以控制建设用地性质、使用强度和空间环境，作为城市规划管理的依据，并指导修建性详细规划的编制。"可以看出，控规的主要作用是对包括用地在内的多项建设内容实施控制。

但如何实现控制，既实现政府的城市建设目标，引导城市建设发展，又不至于成为被动控制和消极控制，已经成为当前控规的一大难题。从目前的实际情况看，控规仅仅是规划管理的一个参考，未能起到应有的控制与引导作用，大部分内容在管理审批实践中均有所调整。在工作中，甚至出现规划刚刚编制完成，有关指标就面临的强烈更改要求。而且，当前控规编制中的突出矛盾是控制有余，引导不足。过分强调控制作用，忽视了市场经济条件下投资主体多样化、市场和形势瞬息万变的实际，显得缺乏灵活性。

1.2　控规应是控制与引导的统一

一般意义上，城市规划重在实现城市的整体利益、长远利益，与城市建设的政府任期阶段性和地方利益主体寻求利益的局部性是有直接矛盾的。控规作为城市近期发展地区和重点地区发展建设规划的深化，是以实现近期利益为支撑点的。控规的作用，应是在控制城市发展命脉相关要素建设的同时，引导地方利益主体的建设行为为城市整体利益和长远利益服务。因此，要更好地发挥规划的指导作用，就必须解决控规中的灵活性问题，应从方法上和指标构成上进行必要的调整与完善。

2　变被动控制为主动引导的控制方法

在《城市规划编制办法实施细则》中，是以土地使用与建筑规划管理通则为基础，结合各地块控制性详细规划图(通常称为图则)的控制方法，实现规划原则的普遍性与具体、局部建设的差异性的统一。事实上也是各地控规编制中的共同做法。在工作中，特别是在城市新区建设的控规编制中，明显感觉到这种控制方法的缺陷。因此，重点提出用地适建分级要求和分区平衡控制方法两个改进措施。

2.1 完善用地适建的分级要求

原规划办法中对用地性质兼容性的适建要求，主要是针对地块建设的复合性提出的，最常见的做法是提出兼容性质的具体要求和兼容建筑量的一般比例。而实际中，更多的是用地性质本身的变更要求，控规中并没有提出相应的应对办法。

为适应开发建设的不确定性，提出规划用地性质的4个适建级别。即规划建议用地性质、替代用地性质、待批用地性质与禁止用地性质。同时在规划管理中，通过审批办法的易繁区分来实现。

一是规划建议用地性质，指规划对地块规定的用地使用性质。土地使用单位在合法获得土地使用权后可以直接利用的性质。在审批程序中，可以通过“绿色通道”的形式直接进入下一步开发建设程序。

二是替代用地性质，指有条件允许建设的用地使用性质。在规划建议用地性质不能满足使用者要求的情况下，要求土地使用单位必须提出更改用地性质的申请，经规划管理部门进行综合平衡、并满足控规提出的替代条件后，可以批准替代的用地使用性质。规划管理部门在研究替代时，应严格保证某一特定地区内主要用地、配套服务设施用地、绿地等总量平衡，原则上不得随意减少(即分区平衡方法，后面将介绍)。

三是待批用地性质，指替代性质之外的用地使用性质变更。土地使用单位申请更改原规划建议用地性质，须提出项目可行性分析、环境影响评估等必备报告，并报经控规原审批机关组织论证后批准、落实补偿措施、接受对申请人进行的惩罚性规定后，方可变更。

四是禁止用地性质，指任何单位或个人不得进行建设的用地使用性质。被列入禁止用地性质的项目，主要包括两方面的内容，一是对特定地区主要发展性质有破坏性影响的用地性质，二是用以保证特定地区内强制性保护设施用地的控制和落实的用地性质。如在某一居住小区内进行有污染的工业项目建设，即属于第一种禁止类型；各级规划确定的重大公益设施、市政基础设施用地，属于第二类禁止类型，其禁止的用地性质会相当多。

2.2 引入分区平衡控制方法

城市的组织运作是以街坊为基本单元的，而控规是以地块为基本单元的。某一特定地区内，在用地主导性质、建设总量确定的情况下，是不必要强行固定具体地块的建设性质与建设强度的(有特殊功能和景观要求的除外)。因此，以具体的特定地区为一个分区，引入分区平衡方法，通过分析论证，将某一控规区域划分为若干分区，进行主导性质用地总量、辅助性质用地总量以及相应建筑量的规定。

在规划图则制订中，也相应进行分解，即以一个分区为基本图则单元。针对每个分区，提出建议用地性质布局，以及一系列的指标规定与建议。规定某一个或几个主导性质用地总量不得低于建议值，以保证本分区建设目标的实现。我们在工作中，提出了2～4个街坊，15～40hm^{2}面积的分区单元划分标准，基本相当于一个城市居住小区和工业小区的规模。

这样的规定，结合前述用地性质的4个适建级别，既能有效地满足规划目标的实现，又能满足实际建设中的灵活性要求。对有特殊功能和景观要求的地块，通过禁止用地性质的设定，可以保证其建设的唯一性。

3 几个重要指标的引入

3.1 两个用地范围与得地率

为便于操作与比较，应提出征地范围、权属范围、得地率等新的控制概念。征地范围由地块形成所需要的道路、公共开敞空间、公共绿地、某一特定的共同使用设施用地等组成，其面积为征地面积。权属范围是地块内可以由建设主体进行独立开发的用地范围，其面积为权属面积。权属面积与征地面积的比值就是得地率，以百分比表示。得地率的大小既反映了某一具体地块在征用土地中实际得到的土地量，也反映了该地块周边交通、环境条件的好坏。得地率指标的深层意义，再作专文讨论。

3.2 集中绿地率与开敞度

当前规划编制中，绿地率的提法是一种泛绿色用地概念。只要是建筑基底规定距离以外、除去道路、停车用地的绿色空间，均算作绿地面积纳入绿地率的计算。它与建筑密度成了直接对应的数据，在指标规定中并没有较大控制意义。因此本文提出集中绿地率与开敞度两个指标控制，集中绿地率是指地块内集中建设的绿地面积与地块用地面积的比值，开敞度是指地块内不允许进行建筑覆盖的开敞用地与地块用地面积的比值，二者均可用百分比表示。两个指标的引入，是对原绿地率指标的完善，特别是集中绿地率更有建设指导意义。在工作中，我们只对某些有特殊要求的地块规定集中绿地率，没有对所有地块规定集中绿地率。

3.3 建筑限高与限低

建筑限高的规定，除满足一些技术上(如净空、微波通道等)的高度控制要求外，最主要的是要满足城市建筑空间轮廓和景观塑造的需要。目前控规工作中提出的建筑限高，虽然在一定程度上能反映规划的空间意图，但由于只有最大高度的限制，没有最小高度建设要求，实际建设效果往往与规划意图有较大差距。因此建议在控制指标中，引入建筑限低指标，规定地块建筑的最低高度，用限高与限低相结合的方法，完善城市空间的三维指标体系。当然，建筑限低指标可以选择性地规定，不必对每个地块作规定。

4 积极控制与主动引导的指标构成

在控规编制办法中，一般按照控制强度分为规定性和指导性两类指标，并没有明确从建设内容上进行指标划分。也有文章提出了土地使用性质控制和综合环境质量控制两方面的内容体系。我们在工作中，对城市建设的指标进行了归纳、整合，形成4大指标内容体系，并相应形成控制性指标(包括控制性辅助指标)和引导性指标两个控制类别，尽量避免指标内容与指标控制类别间的穿插(表1)。

控制指标构成与表达体系表 **表1**

控制类别 指标内容	控制性指标			引导性指标	
	控制性指标	控制性辅助指标			
土地利用与使用属性	用地性质	地块划分 用地规模	征地线与征地面积 权属线与权属面积得地率 用地适建要求		
环境容量与土地使用强度	建筑密度 容积率 绿地率与集中绿地率	建筑面积 人口容量 分区主要用地规模控制			
建筑形态与城市设计	建筑限高与限低 机动车禁止出口地段	退道路红线 交通出入口方位		建筑体型，体量 建筑风格，形式，色彩 建筑间距 广告，标识 公共空间要求	
设施配置		停车位数量			产业服务设施 生活服务设施 交通设施 市政基础设施
	控制性指标图则		引导性指标图则		设施配置图则

4.1 指标内容体系的构成

对控规指标按照建设内容分成 4 大类，分别是土地利用与使用属性指标、环境容量与土地使用强度指标、建筑形态与城市设计指标、设施配置要求指标(本文不讨论道路红线与市政管线控制等)。

土地利用与使用属性指标，主要包括地块划分、地块界线与规模、建议用地性质等 3 个适建性质，征地范围、权属范围两个土地范围与得地率等。环境容量与土地使用强度指标，主要包括容积率、建筑密度、绿地率与集中绿地率、人口容量等。建筑形态与城市设计指标，主要包括对路、对边线退界，建筑限高与限低，建筑间距，交通出入口，建筑体型、体量、风格、形式、色彩，广告、标识，公共空间要求等。设施配置要求指标，主要包括产业服务设施，生活服务设施，交通设施(包括停车位数量)，市政基础设施等。

4.2 控制性指标与引导性指标的选择

从以上指标内容的分类，重点形成控制性和引导性两大类指标控制类别。其中控制性指标主要从土地利用与使用属性指标，以及环境容量与土地使用强度指标中选取，采用 6 项规划控制指标，分别是：用地性质、建筑密度、建筑限高与限低、容积率、绿地率与集中绿地率、机动车禁止出口地段。其他指标列为控制性辅助指标。

引导性指标主要从建筑形态与城市设计指标，设施配置要求指标中选取。

4.3 控规图则的表达方式

结合指标构成的调整，形成控制性指标图则、指导性指标图则、配套设施指标图则等 3 张分图则。

控制性指标图则，采取图文表结合方式。图上除道路指标、地块性质、地块编号等正常标注以外，标注建筑后退道路红线、机动车禁止出口地段、机动车出入口建议方位。表中除反映前述控制性指标的数据外，补充地块面积、建筑面积、人口容量、停车位等辅助指标。文字表述提出分区主要用地规模总量控制要求。其他控制性辅助指标，放入指导性指标图则中(图 1)。

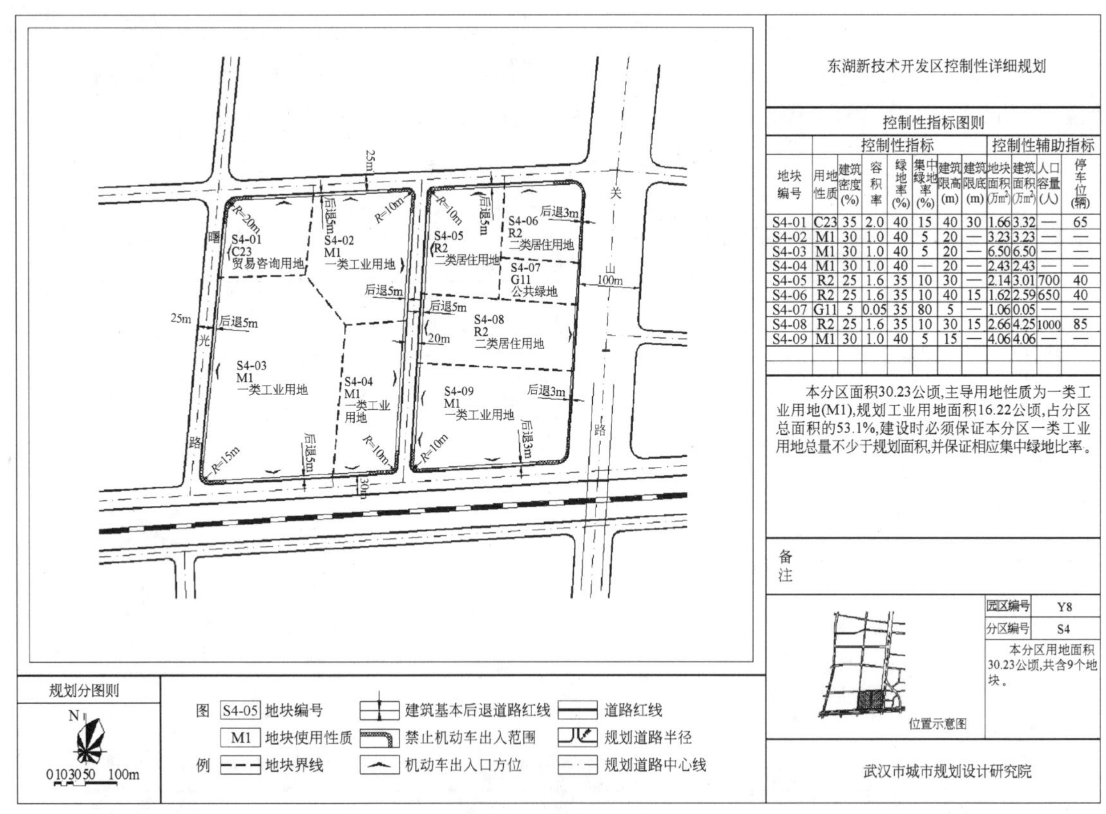

图 1 控制性指标图则

指导性指标图则，采用图文表结合方式。图上需标注征地范围线和权属范围线。表格主要列明前述控制性辅助指标和建筑间距与色彩要求。文字表述解释代征用地的分配方法、建筑形态与城市设计引导、建设管理建议等(图 2)。

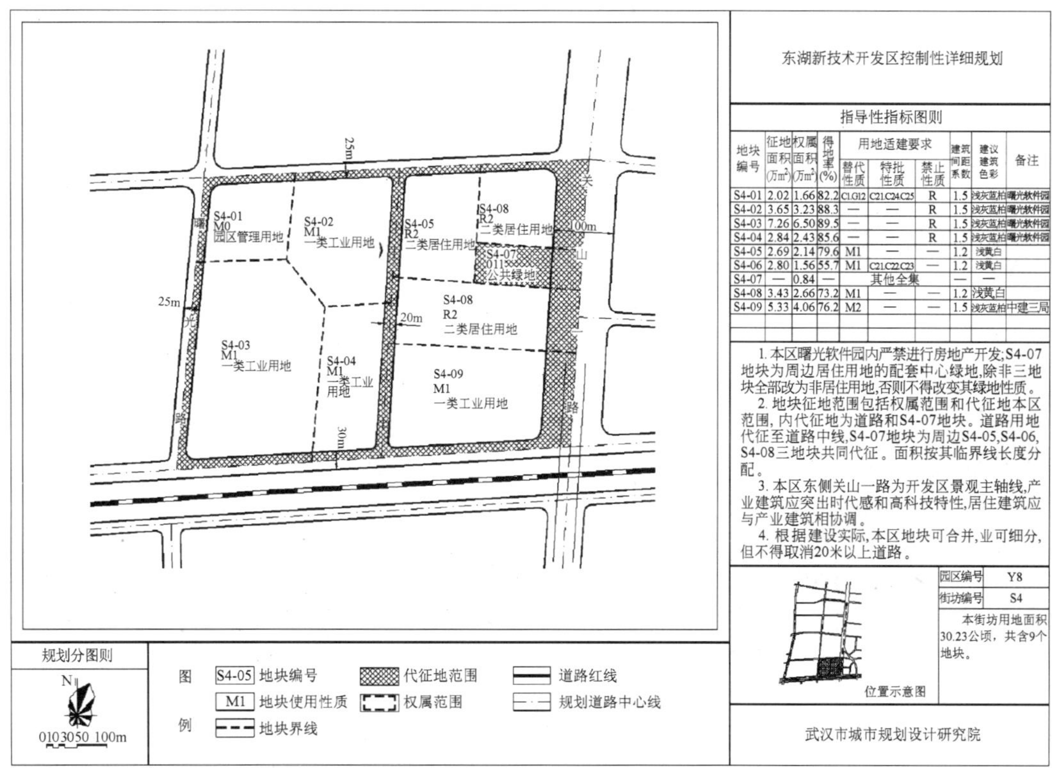

地块编号	征地面积(万m²)	权属面积(万m²)	得地率(%)	用地适建要求			建筑间距系数	建议建筑色彩	备注
				替代性质	特批性质	禁止性质			
S4-01	2.02	1.66	82.2	C1.G12	C21.C24.C25	R	1.5	浅灰蓝,柏	曙光软件园
S4-02	3.65	3.23	88.3	—	—	R	1.5	浅灰蓝,柏	曙光软件园
S4-03	7.26	6.50	89.5	—	—	R	1.5	浅灰蓝,柏	曙光软件园
S4-04	2.84	2.43	85.6	—	—	R	1.5	浅灰蓝,柏	曙光软件园
S4-05	2.69	2.14	79.6	M1	—	—	1.2	浅黄白	
S4-06	2.80	1.56	55.7	M1	C21.C22.C23	—	1.2	浅黄白	
S4-07	—	0.84	—	其他全集			—	—	
S4-08	3.43	2.66	73.2	M1	—	—	1.2	浅黄白	
S4-09	5.33	4.06	76.2	M2	—	—	1.5	浅灰蓝,柏	中建三局

图 2　指导性指标图则

配套设施图则，采用图表对照方式。主要是对前述四类配套设施中，不单独占地建设、在地块建筑中配套设置的设施，列出具体项目名称，提出配置位置和数量建议。其具体设施名称，在某一控规项目中，应力求一致，但在特定地段可以增设个别设施。如在某开发区中提出了双语学校、会所等设施内容（图 3）。

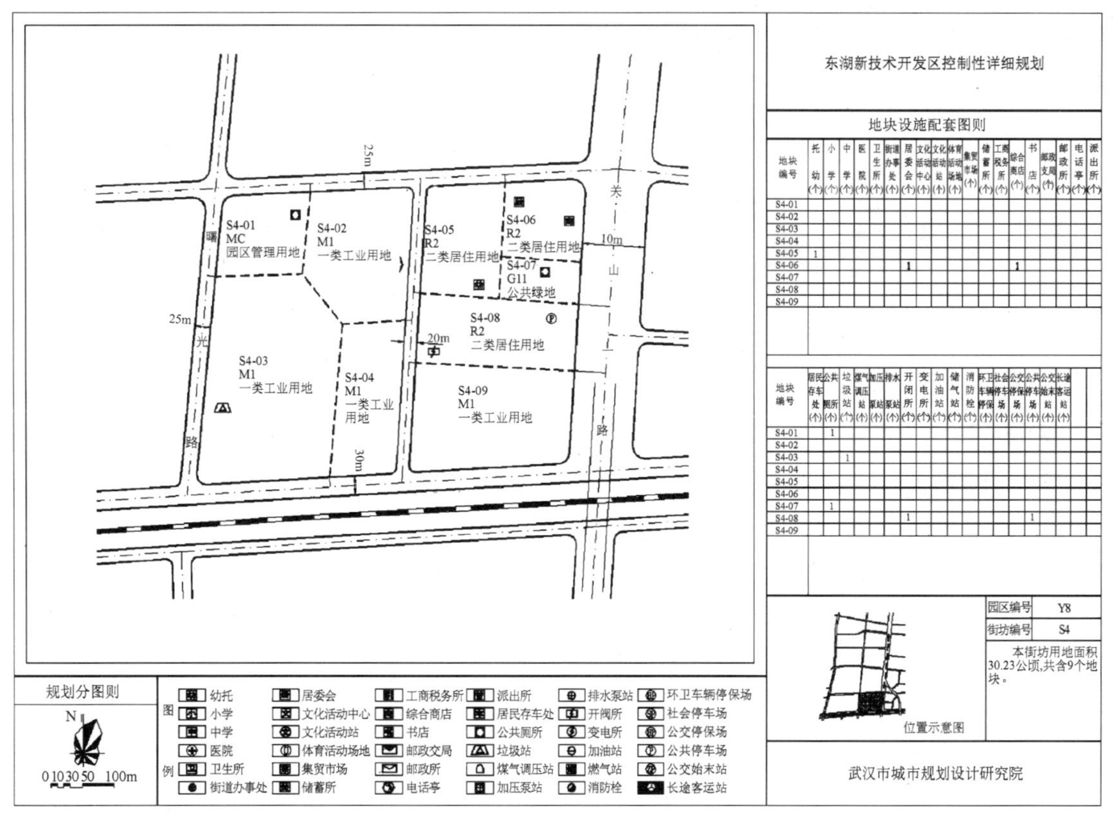

图 3　配套设施图则

5 结束语

本文所作的研究探讨，主要是从应对千变万化的市场形势的工作中得到经验，在原控规编制方法基础上进行的改善，并重点应用在开发区、新区的控规编制中。不一定完全适合旧城区、保护区等区域的控规编制工作。在当前推行法定图则的形势下，控规的编制方法与指标体系，也有待进一步地研究和探讨。

参考文献

[1] 建设部．城市规划编制办法．1991.
[2] 建设部．城市规划编制办法实施细则．1995.
[3] 湖北省建设厅．湖北省控制性详细规划编制技术规定(试行)．1998.
[4] 王玮华．控制性详细规划讲座．1997.
[5] 刘敏．关于我国控规法律地位的思考．规划师，2002(6)：67-69.
[6] 周进．控制性详细规划的控制功能探析．规划师，2002(1)：45-47.
[7] 周进．控制性详细规划的控制功能探析．规划师，2002(2)：41-44.
[8] 武汉市城市规划设计研究院．东湖新技术开发区控制性详细规划．2002.

注：原文刊载于《城市规划》2006 年第 5 期。

两型社会背景下城郊分区规划编制模式探析
——以武汉市新城组群分区规划为例

何梅　汪云

（武汉市城市规划设计研究院）

提　要：以武汉市城郊结合地区发展现势分析为基础，剖析“两型社会”背景下，处于转型期的特大城市城郊结合地区规划面临的挑战，回顾并分析了传统分区规划对该类区域规划的不适应性。以武汉市新城组群分区规划的工作实践为例，从工作目标、模式与路径选择、规划主要内容等方面探讨了武汉市在大尺度城郊结合地区分区规划中的变革思路。

关键词：城郊结合地区；分区规划；模式；探析

武汉市作为中国中部地区的特大城市，正经历着快速城市化的深刻变革期，在这一时期，城市社会经济快速发展，城郊结合地区空间迅速增长，城和乡之间的多元利益冲突及空间发展矛盾日益凸显，对城市规划与管理的挑战也日渐突出。与此同时，国家明确提出了“建设资源节约型和环境友好型社会”的战略目标，2007年武汉城市圈获批国家“两型社会”建设综合配套改革试验区[①]，目标是探索在快速城市化进程中，城市经济、社会发展、环境保护等各方面节约、集约、可持续的发展路径，尤其是在空间发展方面，更需要探索出一条土地资源节约利用、集约发展的健康途径。从全球范围看，应对第三次城市化浪潮，一些发达国家从城市空间发展策略上率先提出集约发展思路，如“大芝加哥都市区2040框架规划”构建了一个以多交通模式走廊引导城镇轴向发展，同时有效保护和保存绿色公共空间的可持续发展模式。而武汉城市圈作为全国“两型社会”改革试验区，其城市空间的发展模式也必然应指向资源节约与集约化的发展目标。

1　困惑与挑战——发展现实的认知

1.1　武汉市城郊结合地区的发展现势解读

武汉市城郊结合地区在行政范畴上涵盖六个远城区与两个国家级开发区的主要建设区，可谓武汉市城市化进程最快，矛盾和问题表露最为突出的区域。这一地区无论在其社会经济发展还是空间拓展、城镇建设等各个方面均体现出城与乡并存的，突出的“二元”特征。

1.1.1　空间区位特征

武汉市城郊结合地区的空间区位特征表现为典型的“城域”与“乡域”共存的特征，城与乡的边界在这一区域日趋交融，一方面城市功能不断扩展，空间不断向郊区延伸，形成了典型的城镇化地区；另一方面，城市周边仍存有大量的乡村地区，近城的便利性使乡村地区的功能发展愈来愈活跃，乡、镇、场的发展建设十分迫切，发展方向和发展策略也亟待明确。

同时，这一地区也是武汉水资源禀赋优势突出的地区，区内较为均匀地分布着4个大的水系约50余个湖泊，形成了城郊结合地区相对均衡的自然空间格局。

1.1.2　社会经济发展特征

2007年，武汉城市圈整体城镇化率为56.6%，处于城镇化的快速发展阶段。作为城市圈的核心，武汉市GDP首入3000亿元大关，人均GDP4700美元，处于工业化中期发展阶段，加之面临中部崛起和沿海地区产业转移的机遇，武汉市各远城区经济发展正处于快速增长期，对土地空间资源的需求急剧增长，城镇空间不断向外扩张(图 1)。

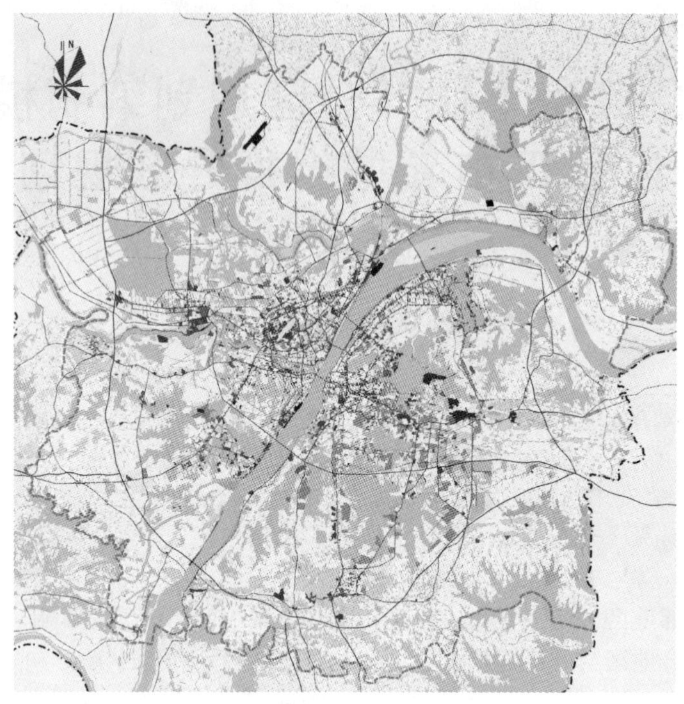

图 1 武汉建设用地现状示意图

1.1.3 空间发展特征

武汉市城郊结合地区的空间增长体现出较为明显的“多点蔓延”特征。依托国家经济技术开发区、高新技术开发区等重要发展极的地区，经济发展迅速、空间拓展较快；同时，具有深水良港、国际枢纽机场、国家高速铁路等重大基础设施条件，以及优美的自然山水资源条件的地区，空间发展的动力亦十分强劲。而由于各类资源条件在武汉城郊结合地区分布相对均衡，且因受制于各远城区较低的经济发展水平，以交通和基础设施为引导的发展秩序难以在短期内形成，加之各远城区政府在区域经济投资、政策导向、土地分配、甚至规划审批等方面都具有相当的主动权[②]，市区两级管理机制的不协调，导致空间发展的矛盾愈发突出，不可避免地呈现出较为分散的空间发展格局。

1.1.4 城镇建设特征

武汉市城郊结合地区的城镇建设体现出明显的“二元”特征。已经作为城镇建设用地的区域因为有相对明确的投资建设主体，表面上具备了“城”的建设水平，但其整体配套建设仍十分滞后，呈现出十分明显的“城”、“乡”差异。如，城郊新建住区即便有优越的景观环境与低价位的吸引，但由于公共服务设施、公共交通体系建设的严重滞后，人居环境品质难以在短期内得到有效提升，楼盘入住率始终处于低位徘徊状态。

更为突出的是，由于建设和管理机制的不协调，在交通和道路系统、基础设施建设以及生态框架体系保护等方面，城郊结合地区与主城在系统上往往不衔接，呈现出体系上的二元格局。尤其是生态框架体系的保护，由于区级经济发展对自然空间资源的依赖性较强，湖泊和山体周边等环境优美地区出现不同程度的挤占亲水空间，围湖环山发展的态势，给生态环境和生态空间的保护带来极大的压力。

1.2 转型时期面临的规划挑战

武汉市城郊结合地区的规划编制在转型期面临三方面的挑战。

其一，城市发展模式面临从粗放的快速发展到“两型社会”集约节约发展的转型。尤其是武汉城市圈获批“两型社会”建设综合配套改革试验区后，武汉作为城市圈的核心，城郊结合地区作为城镇空间拓展的主导方向，如何实现集约有序的空间拓展秩序，作出资源节约、环境友好的典范，是规划首先面临的挑战。

其二，规划范畴面临从城市规划向城乡规划的转型。城乡规划法的正式颁布实施，正是这一转型的重要标志。在新一轮武汉城市总体规划的战略指引下，规划空间由城市拓展至城乡，关注对象由建设区为主转向建设区与非建区的并重，正是贯彻落实城乡统筹发展战略思想的重要举措，也对规划技术工作提出了新的要求。

其三，行业发展从技术引导向依法规划管理的法制时代转型。按照城乡规划法和城市规划编制办法，武汉市结合发展实际，确定了总规—分规—控规三层次的法定规划主干体系，从原先“按需编制规划方案”到“系统编制法定规划”转型。总体规划对武汉市市域空间进行发展引导和控制，重在城市空间宏观发展战略、模式、体系、标准的论证和确定，而控规在 1∶2000 的尺度上展开，在建设规模高达 400 余平方公里的城郊结合地区内，由总规直接过渡到控规显然是非理性的，城郊结合地区亟待中观层次的全覆盖的法定规划，即分区规划对其规划管理和规划编制作出具体指导。

在这样一系列的认知背后，我们的困惑在于：分区规划如何应对区级经济为主导的利益诉求的矛盾？分区规划如何维系面临强大发展压力的脆弱山水资源？分区规划如何适应城乡统筹的发展要求，实现城乡一体化的发展目标？分区规划的调控引导作用如何真正成为规划管理的有效支撑？

2 反思与缺憾——传统分区规划的不适应性

一直以来，分区规划在城市规划编制体系中的地位比较模糊。城乡规划法以“总体规划——详细规划”为轴心的两阶段规划体系中，分区规划为“可编制”，而不是“必编制”的内容。

从传统分区规划的对象看，分规的整体定位设定为一个既定的城镇建设区范围内的规划布局，对于城郊结合地区既有“城”又有“乡”的规划区则未提出更加明确的应对要求。

从传统分区规划的内容深度看，比较多地注重用地布局和功能安排，而在应对多元利益主体诉求的矛盾时，缺乏针对规划管理的诸多空间管控引导的内容。道路和市政方面的局部内容又较深较细，不利于分区规划从中观层面整体协调与解决大尺度地域空间规划的系统性问题。

传统分区规划编制模式的不适应性在城郊结合地区显得尤为突出，那么，如何应对这些缺憾，以技术手段完成有效的分区规划，无疑是我们在城郊结合地区分区规划模式的变革中需要解决的重点。

3 组织与愿景——武汉市新城组群分区规划的目标和模式

新一轮武汉城市总体规划修编较之上版总规的一个重大调整即在于对新城组群概念的界定。总规提出，新城组群是武汉市未来城镇空间的重点拓展区(图 2)，空间结构上，契合武汉市独有的江河湖泊等自然生态条件和产业空间发展现实，确定了“以主城为核，轴楔相间”的开放型空间发展战略。城镇的拓展区集中到主城区之外的六个主要轴向上，依托大运量轨道交通和区域性主干道组成的复合交通走廊，集聚若干新城和新城组团，集中高标准配置交通、市政及公共服务设施体系，建设 6 个新型的新城组团集群，实现城镇空间的集约发展(图 3)。

图 2　武汉新城组群区位示意图

武汉市新城组群分区规划，即是以新一轮城市总体规划所确定的六大新城组群为对象，以深化完善城市总体规划为原则，结合各区发展现实而编制的中观层次的分区规划，这一规划如何有效协调城郊结合地区的发展意愿，达成集约化的空间发展目标，同时面向并支撑城市规划管理，是在编制过程中始终坚持解决的难点和重点。

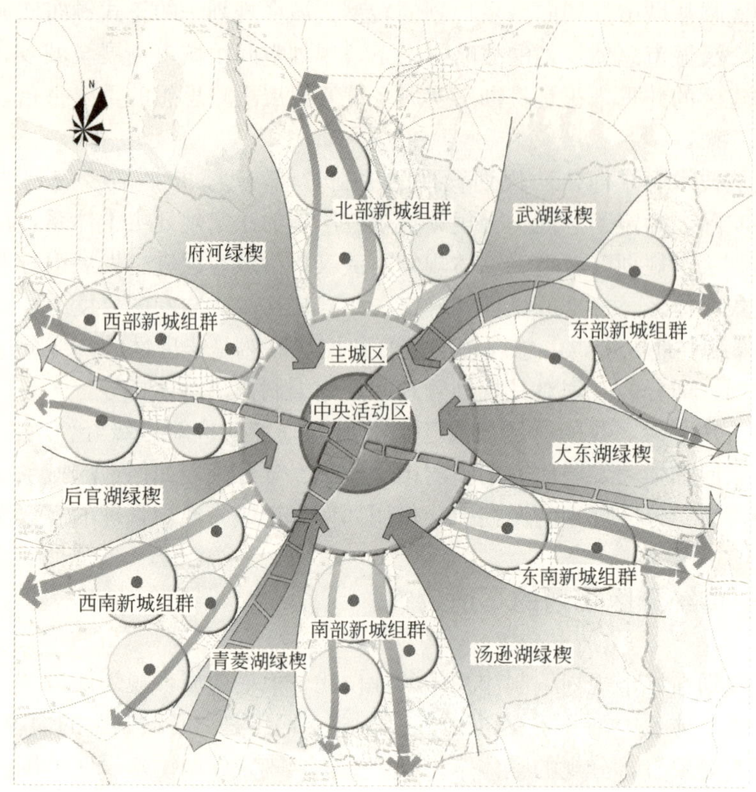

图 3 武汉城市空间结构示意图

3.1 面向“两型社会”建设的工作目标

新城组群分区规划的工作目标在于：

城乡空间统筹，形成全市一盘棋的空间格局。六大新城组群在内部空间统筹上打破行政区划的界限，按城镇功能结构进行分区和规划布局；区域空间统筹上向“内”重点研究新城组群与主城的一体化布局，向“外”亦充分考虑与武汉城市圈空间发展的对接和协调。

两型发展示范，形成空间资源保护和有序利用的集约发展秩序。新城组群分区规划既要满足各区的地方发展意愿，又要有序引导空间集约发展，确保城市生态格局的完整性，促进武汉成为两型社会城市空间发展模式的典范。

依法履行规划程序，形成控制性详细规划编制审批的法定依据。按照法定程序，新城组群分区规划采取统一的技术原则和规范标准，确保规划的权威性和严肃性，规划成果纳入全市规划管理“一张图”，成为武汉市法定规划主干体系中上承下启的规划编制管理技术平台。

3.2 市、区两级同步的工作模式

为确保规划编制的法定性和严肃性，同时有效解决以往规划自上而下地“指挥”基层，基层又往往缺乏对宏观目标的呼应而导致的规划与实际脱节的问题，新城组群分区规划在编制路线和方法上，认真履行法定规划编制程序，采用了“市—区”两级工作专班联合编制的组织模式，在这一过程中，市、区两级建立了良好的互动和沟通机制，针对新城组群现状问题的复杂性与动态性，通过各区提交修编建议书、现场调研会、方案论证会、征求意见会等多种形式，既将上位规划的宏观战略目标及原则及时有效地贯彻到各区，各区的发展意愿和需求又得到了充分的体现(图 4)。

3.3 “底、图”同步的工作方法

在新城组群分区规划的编制过程中，将生态框架保护规划作为一项完整的专项规划同步展开。生态框架保护规划通过生态容量、生态用地总量的预测、生态框架结构模式的论证、生态空间布局等方面的系统性研究确立了武汉市以六片生态绿楔为核心的“两环六楔”的生态框架体系，并通过禁限建分区的划定明确了新城组群的建设用地边界。这一“底”、“图”同步展开研究，“底”、“图”关系在一既定的

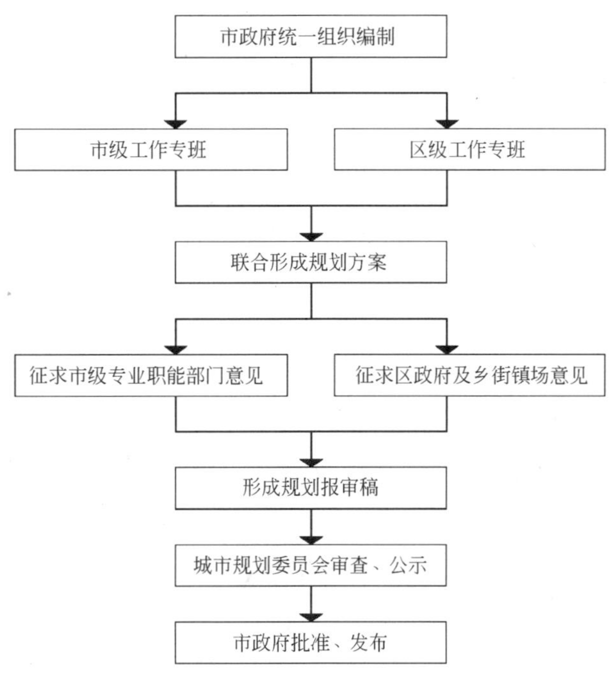

图 4 规划编制工作流程示意图

时间段内经过多次反馈协调而达成一致的编制方法，相对高效地实现了分区规划既保障城市生态框架体系，又充分促进经济社会又好又快发展的目标，也为有效协调城郊结合地区空间保护和利用的矛盾探索了一条行之有效的新路。

3.4 空间布局和发展政策的同步制定

为促进分区规划的实施，引导城郊结合地区城镇空间的有序发展和聚集，在空间布局协调的过程中，针对市、区两级发展和保护的矛盾冲突，同步展开了禁、限建区的发展模式、规划管理策略和管控政策研究，还探索了该类地区实施生态补偿机制、变革行政考核体制等措施的可行性。

4 探索与变革——武汉市新城组群分区规划内容的侧重与创新

新城组群分区规划编制的首要意义不仅在于弥补从总规到详规之间的断档，而更在于通过一个深度适宜的规划层次，切实有效地达到指导城市建设的目的，使之真正成为管理依据。针对传统分区规划的不适应性和武汉市新城组群地区的发展特殊性，本次分区规划在传统分规的基础上突出了六项工作任务。

4.1 发展定位上侧重总体功能格局和地方经济发展的协调和校准

在新城组群的发展定位和产业空间布局上，分区规划的任务主要是落实和调校。以总体规划确定的空间功能格局为原则，进一步深入研究地方产业发展的实际需求，在技术允许的范畴内，对各新城组群的性质、规模、发展目标和建设标准进行校准和修正，而不再展开完整的专项研究和预测。

4.2 空间策略上明确建设区与非建区的界限，深化禁限建空间管制内容，实现规划向空间发展引导和管控的转变

在用地布局规划的基础上，分区规划进一步建立明确的空间引导控制体系，合理划定了禁限建分区，明确了城镇扩展的刚性边界和弹性边界，制定了相应的空间发展政策，提出了分类管制措施，制定了具体的针对城市建设的限制性导则，明确了禁、限建区内准入项目的类型、程序和条件。规划保障了城市总体规划确定的生态框架，尤其对维系城市生态安全的六大生态绿楔范围进行了优先确保(图 5)。

图 5 武汉新城组群空间导控结构示意图

4.3 空间布局上侧重城、乡和区域之间空间格局的一体化布局

分区规划在产业布局、人居环境、生态框架保护、综合交通体系和市政设施系统规划的一体化方面，主要是两个重点：一是新城组群的发展既要与主城区现有的规划体系和空间格局相衔接，又要和武汉城市圈其他 8 个城市的空间体系充分协调，以形成区域一体化的空间功能格局；二是对乡、村的空间发展进行重点统筹安排，对于农村居民点的迁、建、合并作出空间发展指引，并充分考虑乡、村交通和基础设施配给的需求，预留了相应的供给总量，并明确了设施建设和配置的标准。

4.4 交通规划上侧重构建大运量公共交通引导的空间拓展模式

分区规划在交通系统规划方面的重点是在推进区域交通网络系统一体化的基础上，构建起由轨道交通引领的，高、快速路和区域性主干路组成的大运量复合交通走廊，新城组群的城镇建设用地紧紧围绕复合交通走廊布局，尤其注重轨道交通站点周边的设施安排，形成交通和基础设施优先的城镇空间发展模式。

4.5 市政基础设施系统重在区域资源的共享和设施共建，发挥集约效应

市政基础设施规划的目标是实现大、中型设施的统筹布局和在各行政区间的共建和共享，特别是对于给水厂、污水厂、岸线码头等设施布局的上下游关系进行协调，解决了以往以不同的行政主体为出发点形成的若干重复布局、重复建设的矛盾，构建起集约有序的格局。

4.6 增加控规编制单元指引，实现规划面向管理的转变

为切实有效地指导下层次控规编制，分区规划增加了“控规编制单元”的规划指引，即控规编制单元导则的编制内容，这也是突破传统分区规划的一大探索。规划以 3～5km^2 为基本单元，将新城组群划分为 240 余个控规编制单元，并对每一单元分别从用地、建设和专项三个方面形成规划指引。用地控制指引重在用地性质及用地兼容性控制；建设控制重在建设强度、建筑密度控制指引；专项控制重在红、绿、蓝、紫、黄等“五线”对市、区级重大设施的控制。

我们认为，这样一种深度适宜又具有针对性的分区规划，较总规具有更加明确的规定性，较详规又具有更加灵活的应变能力，将刚性部分明确界定的同时，也为规划管理增加了适当的弹性。

5 结语

武汉市新城组群分区规划是武汉市首次大规模编制分区规划，特别是规划对象为矛盾焦点最为突出的城郊结合地区，其过程的难度是可想而知的。在这一过程中，我们根据发展现势，对该类地区的分区规划从模式、内容和深度上作了一些积极的探索和尝试。从增设的空间管制与控规编制单元导则两部分内容看，我们认为，当前的城市规划行业正经历着“从设计到科学”，从“技术到法规”的转变，城市规划编制的技术范式也正经历着“从技术引导向依法导控”的转变，惟有不断地探索和创新，才能从容面对发展诉求与规划管理间的博弈。

注释

① 武汉城市圈，又称“1＋8”，即以武汉为中心，以 100km 为半径的城市群，包括了武汉及黄石、鄂州、孝感、黄冈、咸宁、仙桃、潜江、天门等 8 个周边城市。

② 武汉市周边 6 个远城区为“县改区”，目前远城区仍具县的管理模式和职能，具有县的规划审批权。

参考文献

[1] [英] 尼格尔・泰勒. 1945 年后西方城市规划理论的流变. 北京：中国建筑工业出版社，2006.
[2] 顾朝林. 城镇体系规划——理论・方法・实例. 北京：中国建筑工业出版社，2005.
[3] 何强为，苏则民，周岚. 关于我国城市规划编制体系的思考与建议. 城市规划学刊，2005(4).
[4] 赵宏宇，金广君. 转型时期我国城市分区规划存在价值与定位初探，华中建筑，2007(5).
[5] 武汉城市总体规划(2006～2020 年)(报审稿)，武汉市人民政府，2006.

注：原文刊载于《城市规划》2009 年第 7 期。

三、城 市 设 计 篇

城市景观体系规划探讨

刘奇志　肖志中　胡跃平

（武汉市城市规划设计研究院）

提　要：城市景观应当具有完整、统一、有序的体系。本文作者结合工作实践，探讨了城市景观体系规划的基本思路、工作要点和表现形式。

关键词：城市景观；体系；规划

随着社会的发展，城市经济水平的提高，人们已不满足于对城市单纯的功能性、物质性要求，进而对美观、气氛、空间等精神性的要求逐渐变得迫切起来。原有以功能布局为主的平面型城市规划已难以满足城市发展的需要，城市景观日益受到公众的关注。如何构筑良好的城市景观，亟待从城市规划层次来进行系统的探索和研究。

城市景观内涵丰富、形态多样，有非物质性的景观，如节庆、商业等；也有物质性的景观，即人们普遍认识的景观。本文所探讨的城市景观重在物质性景观，它既是城市形体环境的核心，更是城市规划设计领域内日益受到重视的新课题。建立良好的城市景观体系，是构筑城市新形象、满足城市新发展的重要基础。

本文着重根据工作实践，探讨如何开展总体规划阶段的城市景观体系规划。

1　城市景观体系规划的基本思路

城市景观体系规划必须坚持以人为本的指导思想，满足人们对外部环境的活动要求。其目的在于创造富有特色的城市环境景观，提供市民及外来人员舒适、宜人的生活和工作空间。

1.1　规划原则

城市景观体系规划应体现城市的区域特征、民族风情和文化，并具有时代精神。尽管这是城市规划工作的普遍要求，但这些要求在城市景观体系规划中的表现比城市布局规划中能更直观便利。因此，坚持地域性、民族性和现代性是城市景观体系规划的基本原则。

地域性是构筑城市景观的前提，沿海与内地、边疆与后方、南方与北方，各自具有明显的景观特色；民族性在我国这样幅员辽阔的多民族国家更具现实意义，各民族的宗教信仰、性格喜好、生活方式等早已融入当地的城市景观之中；现代性是城市景观体系规划的生命力，唯有体现时代精神，运用当代科学技术，并唤起人们对更新生活的向往，才具有活力和前途。

1.2　规划步骤

城市景观体系规划的工作过程总体上可分为要素分析、体系规划、设计指导三大步骤。要素分析包括城市景观体系的构成要素和影响因素两方面的分析，它是塑造城市特色和形成体系框架的前提。体系规划是在要素分析的基础上，通过科学的手段，对城市景观要素进行合理的布置和安排。设计指导是对主要景观要素的设计进行控制和引导，以保证城市景观体系规划实施。

2　城市景观体系的构成要素

城市景观体系的构成因素从总体上可以分为自然和人工两大要素。

2.1 自然要素

自然要素是指城市中一些特殊的自然条件，如山川丘陵、河湖水域等，它是构成城市特色的基本因素，也是城市景观体系规划的基础。只有尽可能顺应和利用这些城市自然环境要素，才能创造富有特色的城市景观。具体有：

（1）山体：是城市景观的组成部分和构筑城市景观的重要载体。位置适中的突出山体往往成为城市景观的焦点和核心，如武汉市以龟、蛇二山为核心的东西向山脉，横贯城区，成为城市标志性景观区；广西来宾的环城山脉，在广西岩溶峰丛地区，成为难得的特色景观。

（2）水系：河湖水域既是城市的命脉，也是城市景观的焦点，同时又是城市环境的“净化器”。“两江交汇、三镇鼎立”的武汉，“群山环抱、流水（红水河）穿城”的南国小城来宾，各具特色，水体在其中起了重要作用。

（3）植被：形态各异的树木、四季交替更迭的花开叶落；保护良好的植被、别具情态的绿化，美化了城市环境，给城市带来了生气，也为城市增添了优美景观。

（4）田野：现代城市快速的节奏、封闭的环境，使人们更加渴望接近自然。城市周边甚至契入城市内部的田野，使城市景观生动宜人，富有田园风光，也净化了城市环境。

2.2 人工要素

城市是人类创造世界和改造自然最集中的地方。因山就水的城市道路、独具特色的地方建筑，以及大量的人工设施形成了城市景观的主体。

（1）建筑物：是城市的细胞，是城市文化和历史最集中的体现。具有时代性、民族性和地方性的建筑物，是城市特色的重要组成。在城市不同地段所布置的标志性建筑、对景建筑、窗口建筑等，突出了城市空间特色，强化了城市指向性和标示性。如北京的天安门、武汉的黄鹤楼等。

（2）构筑物：是城市景观的重要因素，有的甚至成为城市景观体系的核心，如巴黎的埃菲尔铁塔、上海的东方明珠电视塔、武汉的“一桥飞架南北”等，各具情态，成为城市历史的记载，也是城市景观的重要内容。

（3）街道广场：不仅具有交通的功能，也是形成城市景观特色的文化空间。经过精心设计、富有地方风格的绿化景观路、建筑景观路、商业景观路等特色街道和反映城市面貌的主题广场、特色广场，代表着城市的经济繁华度和文化水准。如上海的外滩，武汉的中山大道、江汉路等。

（4）园林：不仅可以为城市带来生气，净化环境，强化特色，更是城市重要的开敞空间。它融入了众多的自然植被、自然山水，是与自然最为接近的人工景观。世界各城市普遍重视城市园林建设，有的更将城市近郊山林引入城市，构筑更为原始、自然的园林，成为城市景观的一大特色。

（5）环境小品：是城市景观的点缀构件，包括雕塑、碑塔、花坛、水池、栏杆、灯柱、广告、岗亭等。具有时代精神和地方特色、布置得当的环境小品，对美化城市、展示文化、陶冶情操，具有重要作用。

3 城市景观体系的影响因素

建立城市景观体系并不能随心所欲，它既有许多推动因素，也有不少限制因素，这些因素影响城市景观体系的总体框架，更影响其风格特色的确立。

3.1 城市性质

城市性质是由城市形成和发展的主导因素所决定的，不同的城市性质决定了城市景观体系不同的特点。如工业城市和交通口岸城市，其构筑景观体系的出发点是不一样的。工业城市以工业为主导，工业用地和工业设施比重大，其景观体系以展示城市粗犷壮观、欣欣向荣的工业形象为主，工业园区景观建设尤为重要。交通口岸城市则重点突出其公路纵横交错、港口设施完善、对外交通发达，其景观体系以展示城市繁忙的交通、美丽的口岸面貌和窗口地区景观建设为重点。

各种特殊职能的城市，如风景旅游城市桂林、经济特区城市深圳，各自城市景观体系的特点也一目了然。桂林山水相映，以自然山水为主体构筑城市景观；深圳经济发达，城市建设日新月异，是以现代化人工景观为主构筑城市景观体系的。

3.2 城市结构

不同的城市功能结构和形态结构，也影响了城市景观体系的结构布局。城市功能结构左右了景观轴线、景观分区等主体景观布局。如单中心城市，景观布局紧凑，便于构筑良好的景观轴线，形成视觉焦点；多中心组团式城市，分区明显，便于构筑各具特色的景观区。

城市景观必须以城市中的物质形态为载体，因此城市形态结构对城市景观体系的总体布局形态影响极大。城市形态多是在地形、交通线路等影响下发展的结果。带状城市、团状城市、不规则形状城市等不同的形态结构，必然形成相应的景观布局形态。

3.3 其他因素

城市发展历史、气候特征、城市所在区域景观格局等，也对城市景观体系的规划布局产生影响。

4 城市景观体系规划要点

城市景观体系规划的主要工作应是通过对城市景观构成要素的归纳分析，考虑各种影响因素，构筑城市景观的总体格局，建设结构合理、特色浓郁、环境优美、自然景观和人文景观交融的城市景观体系。一般来说，城市景观体系的规划应重点构筑如下景观序列。

4.1 景观点

景观点是布置在城市特殊地段，具有指向、标志等意义的主要景观节点。它包括城市标志、城市广场、公园绿地、对景建筑等。一般可以形成以下几类景观点：

(1) 标志性景观点：在城市中心地段，以地位特殊的建(构)筑物表现，既作为城市象征，也是城市景观体系的标志性景观点。如武汉的黄鹤楼，桂林的象鼻山，作者在来宾城市景观规划中设计的城市标志——麒麟碑。每个城市这类景观不宜过多，一般为一至两个。

(2) 入口景观点：位于城市对外交通出入口及火车站、长途汽车站、机场、港口等窗口地段，可以广场、建筑物、构筑物如碑塔雕塑等形式表现。

(3) 特色景观点：反映城市经济、文化、历史的特色景观。可以广场、历史风貌建筑、环境小品等来表现。一个城市由于其发展历史的阶段性、文化特征的多元性，可能形成多个特色景观点。

4.2 景观带

可以铁路、高速路、城市环线、主要出入道路、商业街及江河等自然分割线为基础形成城市景观带，通过对景观带内绿化、路面、道路设施、道路两侧建筑的重点整治或控制设计，并考虑与周边山体的对景呼应，形成良好的城市环境。

(1) 环城景观带：指城市外围地区高速公路或铁路等沿线，建设线路两边防护绿地，与防护绿带结合起来，形成城区周边环形绿带，既形成良好的防护屏障，又构造优美的外向型景观。

(2) 道路景观带：包括入口景观路、商业景观路、绿化景观路等。入口景观路是城市的出入道路，通过良好的绿化和富有特色的建筑界面，形成城市的良好形象，给旅客游人留下耳目一新的第一印象。商业景观路以城市商业步行街为主，通过建设宜人的街道设施、绿化、灯光等形成良好的商业氛围。绿化景观路一般为城市主干道，规划加强道路绿化、街道设施、临街建筑的控制、改造，形成以绿化为主的景观路。

(3) 休闲景观带：可结合江、河、沟、渠等，精心设计建筑、小品、娱乐和休憩等设施，并进行绿化景点的布置，使之成为市民休憩的特色场所。

4.3 景观区

结合城市功能结构划分，分析城市发展历史和现状功能布局，对城市进行总体景观分区。各景观区规定总体艺术风格、规划控制要求，通过建筑、广场、道路等方面的建设、改造、整理、控制，反映出城市发展过程中形成的区域性城市特色。可以形成不同序列的景观分区，如：

(1) 历史性景观区：突出历史景观，保持旧城格局，结合其一般私房较多的特点，充分体现其独特的街道景观和宁静氛围，保护良好的邻里关系，保持小尺度的宜人环境。

(2) 功能性景观区：以展示现代化景观为主，以城市工业区、商业区、综合居住区等功能区为核心，集中体现现代城市不同功能区的特色景观。

(3) 发展性景观区：以体现城市未来发展为主，布局城市中心区，以三产业为主，寓多种城市功能于一体，并同时强调整体风貌及生态环境，融人工建设于自然生态环境之中。

4.4 景观轴

景观轴线是通过景观的系统布局，形成统一的、连续的景观系统。一般通过自然景观建设和人文景观建设，形成自然景观轴线和人文景观轴线。

(1) 自然景观轴：应充分利用城市的自然山水条件，以自然山水为主体，以绿化建设为核心，布局广场、游园、绿化、雕塑、亭台、游览景点、运动设施等，融入自然风情，建设成为横贯城市的综合性景观走廊。并与外部生态环境紧密联系，成为城区良好的生态环境走廊。

(2) 人工景观轴：结合城市功能设施布局，挖掘地方民族特色，通过整体规划，协调布置，将城市中心的行政、体育、商业、文教、展览、娱乐、公园、广场等设施联系起来，形成城市集中的公共建筑景观轴线，代表城市的崭新面貌。

4.5 城市空间景观

城市景观体系是立体的、全方位的。以上"点、带、区、轴"仅是景观的平面布局，其空间的景观规划可通过轮廓线、高度控制分区等来表现。

(1) 轮廓线：考虑人们感知轮廓线的场所不同，设计多个视角的城市轮廓线，并重点对景观轴线的城市轮廓线进行规划设计。

(2) 高度控制分区：结合城市功能分区，以城市景观的整体艺术格局为中心，对城市进行高度控制分区，并可细化到各街坊的高度控制，以构筑整体空间景观。

5 城市景观的设计导则

城市景观体系规划的目标还在于引导建设和实施，为此，在规划的指导下，还必须做好城市景观设计。景观设计应致力于创造充满活力和吸引力的城市景观；形成安全优雅而又有秩序的城市空间环境；体现历史与现代交相辉映、民族性和现代化共存的城市特色。它一般以设计导则的形式表现出来，包括人工要素的设计和自然要素的保护与改造两方面。

5.1 人工要素的设计

(1) 建筑设计：从建筑的尺度、形式、材料、色彩等诸设计要素入手，规定共同遵守的准则，以保证建筑的彼此协调，强化城市总体特征。

(2) 街道景观设计：从街道作为重要的公共活动空间的观点出发，通过规定断面、地面铺设、沿街建筑、交叉口等街道空间构成要素的设计，创造舒适宜人的街道景观。

(3) 开放空间设计：规定城市中点、线、面相结合的开放空间系统中各不同性质开放空间的设计导则，以形成丰富多彩、民族文化气息浓郁的空间环境。

(4) 绿化系统设计：城市绿化系统由公园、街头绿地、基地绿化、道路绿化及隔离带绿化组成，是城市景观体系中最活泼的景观组成要素。规定各自的植被类型、配置要求、设施内容、景点主题等，以创造系统的绿化环境。

(5) 环境小品设计：环境小品与市民生活息息相关。通过对环境小品提出的布置地点、形式、尺度、色彩等要求，创造宜人的生活氛围，丰富城市景观，美化城市环境。

(6) 其他景观设计：城市夜景灯光设计桥梁、涵洞等构筑物的设计，也应结合城市景观体系的布局要求，进行设计引导和指标控制。

5.2 自然要素的保护与改造

在城市景观体系总体框架的指导下，对自然要素按规划需要进行不同的处理。对良好的植被、独特的山体等，要进行形象和质量方面的保护，提出保护措施。对有些自然要素，应结合其在景观体系中的地位，进行适当的改造，规定改造要求，以适应总体景观格局。

6 结语

编制城市景观规划是一个全新的课题，有着广阔的发展前景，它为城市规划管理带来了新的手段，为城市建设提供了新的思路。限于时间，作者仅结合工作实践作了初步的探讨，许多方面有待进一步完善。

参考文献

[1] 赵秀恒. 城市景观的控制要素//城市设计论文集，1999.
[2] 赵士修. 城市特色与城市设计. 城市规划，1998(4).
[3] 武汉市城市规划设计院. 武汉市创建山水园林城市综合规划，1998.
[4] 武汉市城市规划设计院. 广西来宾城区空间景观规划，1999.

注：原文刊载于《城市规划》2000 年第 5 期。

城市滨水空间规划模式探析

吴俊勤　何梅

（武汉市城市规划设计研究院）

提　要：本文通过分析城市滨水空间所面临的挑战，总结国内外城市滨水区的特点和建设经验，提出了城市滨水空间规划和设计的模式。并以武汉市规划布局，进行了武汉城市滨水区的规划设计尝试，旨在寻求一条建设有特色的城市滨水空间的规划之路。

关键词：城市；滨水空间；规划模式

1　城市滨水区发展所面临的新挑战

二战后随着城市航空、铁路和公路运输业的发展，原来繁荣的水运事业逐步衰退，但许多河、海沿岸昔日的港口、码头等各种作业性构筑物仍长期占据着滨水空间，与此同时城市湖滨地带也随着城市人口的膨胀逐渐被填没或包围，由此带来的一些显性的和潜在的危机反作用于城市，使城市生态环境逐渐恶化，城市的生存和发展面临着重重困难。要改变滨水区这种被动状况就必须认真面对这些挑战：

（1）如何保护好滨水区的各种生态资源？

（2）如何充分发挥滨水区在城市中的职能作用？

（3）如何提供足够的公共活动设施？

（4）如何保留一定规模的绿色开敞空间和视线走廊，保持开阔的空间和视野？

（5）如何保持滨水区固有的或塑造新的滨水城市轮廓线，最充分地展示城市的形象和轮廓？

（6）如何保证滨水区与城市间具备良好的交通联系及内部多样化的步行通廊？

这些挑战预示了未来的滨水区将是一个多功能平衡发展的、自然环境和人文环境得以保护的、绿色空间和走廊不断延伸的滨水区。

2　国外滨水区的特点和建设经验

比较纽约 BATTERY 花园城、悉尼海湾、日本横滨 MM21、多伦多港区等多个城市的滨水区，它们之所以成为城市的象征，吸引着成千上万的游人，不仅仅因为它们拥有像纽约商务中心、悉尼歌剧等著名的建筑，更重要的在于从空间环境上具有以下几方面的共同特点：

（1）适用性：功能上能满足城市和公众的多种需求，形式和功能上与环境相互协调，且对公众全年开放。

（2）多样性：在保证环境健康发展的前提下，有限的滨水区内有多样化的自然环境、开放空间和各种功能设施为公众提供多种体验和选择性。

（3）开敞性：水边的空间是向公众开放的界面，临界面建筑的密度和形式不损坏城市景观轮廓并保证视觉上的通透性。

（4）可接近性：所有的人包括行动不便者均可步行或通过各种交通工具安全抵达滨水区和水体边缘，而不为道路或构筑物所阻隔。

（5）延续性：林荫的步行道和自行车道将滨水区连贯起来，且在建设中保持与自然环境和城市文脉的延续性。

20世纪60年代以来西方国家在滨水区重建过程中，非常注重滨水空间的综合开发利用，使很多滨水区由原来码头、工业区逐渐转变为公共繁忙、环境良好、地价不断上升的综合功能区。他们在实现这种转变的过程中非常重视以下四个方面：

一是尽量避免滨水区不适当的开发建设对滨水资源造成的破坏和对城市环境造成的不良影响，为此采取各种手段对这些地区的开发利用进行严格监控和引导，使滨水区保持可持续发展的状态。

二是保障滨水区长远的可持续发展，树立发展战略目标，使滨水区建设朝着有利于市民日常生活、有利于环境良性循环，并适应城市结构优化的方向发展。

三是充分挖掘和利用各种类型滨水区的资源潜力，结合城市功能结构特点，从整体出发，建立结合城市特点的滨水功能区体系，使得不同功能性质的滨水区特色得以最充分、最适宜地体现。

四是精心设计滨水区空间，使其具有快速便捷的交通条件、舒适优美的环境和选择性强的多种功能区，在建设形式、环境设计上各具特点，具有极强的可识别性。

3 城市滨水空间的规划模式探析

3.1 城市滨水空间规划的基本模式应该是：确立核心思想——提出战略目标——拟定总体框架——进行空间设计

3.1.1 核心思想

围绕如何保持并增强滨水区的经济活动和社会职能作用而展开。

3.1.2 战略目标

(1) 保护滨水区的自然生态环境，维持滨水区的生态平衡，从而保护人类聚居和生物栖息环境；

(2) 满足多元化的城市职能需求，维持滨水区的活力；

(3) 保护滨水区现有的文化遗迹，塑造有特色的城市生活空间和城市形象；

(4) 再现滨水区的发展潜力，吸引公众和社会各界的关注、合作和投资。

3.1.3 总体框架

(1) 滨水空间在城市分布的网络形特征；

(2) 滨水区各职能分区分段特性；

(3) 标志性的核心区域；

(4) 辐射影响范围。

3.1.4 空间设计

(1) 活动空间即活动的城市功能区带来的城市活动；

(2) 自然空间、绿化空间及生物自然生长栖息地，无人工修饰的开敞区域；

(3) 交通空间通往并连接各滨水区的必要的动静态交通空间；

(4) 亲水空间滨水界面空间(包括滨水步行空间)。

3.2 滨水空间形态的类型

滨水空间形态设计，在很大程度上，决定于是否能处理好滨水空间要素之间的关系，就一般意义而言，滨水区主要包含以下几个组成要素：

水体边缘：水体及亲水空间；

滨水步行活动场所：游憩空间；

滨水城市活动场所：滨水区的职能空间；

滨水绿化：自然空间。

各要素之间的组合形式可分为以下三种类型：

(1) 紧凑型：各滨水空间要素以简练、紧凑的形成组合，通常其组成要素会简略到只有城市活动场所和滨水步行场所两个。然而其往往以最经济的用地和空间，求得最大限度的环境效益。例如澳大利亚悉尼展览中心以一条较宽的滨水步行道作为滨水空间的主体而获得了很好的空间效果。

以紧凑型形式出现的滨水区，一般有两种情况，一种是因为水体位于城市中心，地价高昂，用地紧张，使得其不得不局限在有限的空间范围内。另一种情况是水体属于流动水体，河流的运动要求稳定的岸线。紧凑型滨水空间最大的特点是将四要素以最简练的形式结合，尤其是绿化空间往往被微缩到仅仅成为一种点缀。这种紧凑显现出城市活动区的活力和繁荣。

(2) 集约型：对于代表一个城市景观风貌的滨水区，往往因其标志性的建筑群体和较大规模的滨水开敞空间而引人注目，此时各要素得以充分地展现，相互映衬，并以其高度的集约而形成非常具有凝聚力的开敞空间。它不仅使这个空间充满活力，也使其成为城市的象征。

集约型的特点是滨水区的职能成为主导因素，绿化空间以城市中心绿化面积的职能而成为其最为显著的特点。

(3) 松散型：各滨水空间要素以相对活泼、自由的方式组合，滨水空间融入自然之中，风景名胜和湖光山色成为滨水空间的主体。

松散型的滨水空间多出现于以游憩功能为主的滨水区。例如大型的城市公园，风景旅游区等。其主要特点是四要素的关系由于其地域的广阔而得以充分延展，体现出宁静、开阔的空间特点。

4 武汉城市滨水空间的规划探析

武汉地处长江冲积平原，城区内长江、汉江交汇，东湖、南湖等16个大小湖泊星罗分布，形成了千姿百态的城市滨水景观。

4.1 城市滨水区的主要特色

(1) 在城市的中部，形成了以长江、汉水等流动水体为主体的标志性的滨水城市景观风貌。即“长江、汉江两江交汇，龟、蛇两山锁大江，一桥飞架南北”的壮阔景观。随着黄鹤楼、龟山电视塔等标志性建筑物的建成，两江交汇的景观格局作为武汉市的象征已为广大市民所认同。

(2) 在城市东南部形成了以大型湖泊(东湖、南湖)为主体的风景旅游区。随着东湖四周磨山楚天台、梅园等质量较高的旅游设施的兴建，东湖及其滨水区已形成具有传统风格的优美的风景名胜区的形象。

(3) 在城市的北部，是以汉口五湖等微型湖泊为主体的城市湖泊群，是城市建设的热点，已在一定程度上被围垦。

4.2 武汉市滨水区存在的主要问题

(1) 沿流动水体的滨水区，多以码头、仓储等作业区为主，但由于其良好的区位条件，在城市建设的发展及房地产热的驱动下，随着城市职能退二进三的演变，沿江滨水区的职能也在出现自发的置换。这种置换的速度仍在加快，若不及时加以引导，将会造成令人遗憾的破坏建设。

(2) 沿东湖等大型湖泊的滨水区，只重视了其作为风景旅游区的建设，而对于其周边滨水区大量的科研、文化机构及生活区的重视和利用较少，缺乏相应的文化设施及亲水设施。

(3) 位于城市内部的小型湖泊，由于其规模较小，水质下降，生态环境难以保持。成为被围垦、建设的热点。

4.3 武汉市城市滨水区的规划设想

结合武汉特点，分析存在问题，我们认为武汉城市滨水区的规划在注意城市水体整体性和连贯性的同时，可以轴线串联的方式建设一体化的城市滨水带，同时还应以武汉三镇各有侧重的城市职能、自身特点和周边环境特点为背景，对武汉市滨水区做好以下规划：

(1) 战略目标：建设富有滨水特色的生态城市。

保护城市江河湖泊的生态环境，划定滨水区的职能分区，在相对集中的滨水区创造有活力的、满足多元化的、城市职能需求的历史文化遗产，使滨水区再现城市特有的历史文脉和风貌。

(2) 在城市绿化框架基础上建立滨水空间框架体系。

城市绿化框架是以长江为纵轴，以东西山系和汉江为横轴，以联系主城4个生态绿心的低密度区为生态内环，以环绕主城的绿色生态环为外环，以5个延伸郊区伸入主城的生态廊为放射型走廊的“环状—放射”型框架结构。

滨水空间框架体系是在城市绿化框架基础上，以长江和汉江为主轴，以江河湖泊的多元化的滨水区为主体，通过绿化走廊相联结的网络状滨水空间框架体系。

(3) 武汉滨水区的空间规划。

结合区位特点，将滨水活跃区集中在长江一、二桥之间，汉口江滩一带，形成以汉口商业城为依托的江滩商贸活动中心及市政文化中心。采用标志型的滨水区空间模式，以市政府市政广场为中心滨水空间，两侧建设新兴的商贸办公活动区，结合造型现代的长江二桥，塑造武汉市新兴的标志性景观。

作为有着极高的防水墙的水体边缘空间，其空间处理方式会很有特色，平台作为观江场所，而水位较低时，滩地可作为绿化和亲水的自然场所。

结合南岸咀、两江交汇一带代表城市景观风貌的特点，将其规划为以绿化为主体的滨水区，采用松散型的滨水区规划模式，辅以低层传统风格的建筑，作为传统标志性景观区良好的背景区。

结合武昌东湖、南湖规模较大，拥有优美的自然景观的特点，形成旅游度假、文化，娱乐的滨水区，利用其广阔的湖光山色及历史文化内涵，创造优美怡人的公共开敞空间。东湖风景区目前的发展比较理想，下一步应结合东湖滨水区的高校科研单位，设置相关的各种文化设施，如自然博物馆、天文馆、地质博物馆等，以增强滨水区的文化氛围。

同时，对东湖的环湖公路进行改造，在东湖一侧增设一个滨水步行空间系统供人行及自行车使用。适当增加小型绿化广场以供休憩及亲水活动。

结合汉阳为数众多的古典园林，形成以月湖、莲花湖、墨水湖为典型的东方园林滨水公园群，充分利用其历史文化内涵，保持其特有的古典园林特点，同时增强与城市滨水区的联系，并加强其旅游服务功能。

结合汉口主城的居住区，采用紧凑型的滨水区空间的滨水区空间模式形成以汉口五湖为主体的内城开敞性居住及滨水休憩空间。

在居住的滨水空间设计时应充分发挥居住区内湖泊的作用，形成一系列的公共和半公共滨水交往空间。开辟各有特色的湖上景观和活动，例如已建成的喷泉公园就是原来的微型湖面机器荡子改建而成，以喷泉水景和湖上小游船为主体娱乐活动，为城市提供了可贵的开敞空间，取得了良好的效果。五个湖泊相互紧邻，湖泊之间相距不过1km左右，通过城市道路步行系统联系起来，成网的滨水空间将给市民和游人以深刻的印象。

另外，还须结合城市气候特点和社会风俗，开发滨水区活动空间的潜能，使这些滨水区的设施能够适应公众全年冷暖季节的不同需求，才能更好地保持这些区域常年不减的活力。

参考文献

[1] 夏兰西，王乃弓. 建筑与水景. 天津：天津科学技术出版社，1986.
[2] (日)芦原义信. 外部空间设计. 北京：中国建筑工业出版社，1985.
[3] (丹麦)扬・盖尔. 交往与空间. 北京：中国建筑工业出版社，1992.
[4] (美)克里斯托弗・亚历山大. 建筑模式语言：城镇、建筑、构造. 北京：中国建筑工业出版社，1989.
[5] 武汉市志. 城市建设志. 武汉：武汉大学出版社，1996.

注：原文刊载于《城市规划》1998年第2期。

城市滨江地区景观建设探索
——武汉市汉口江滩工程规划设计

刘奇志　吴之凌　何梅　黄宁

（武汉城市规划设计研究院）

汉口江滩位于武汉两位于两江四岸的最前沿，由于近50年来长江主泓南移、北岸不断淤积，在长江防洪堤外形成了宽150～420m、长7km、面积约$2km^2$的滨江滩地，就区位而言，汉口江滩位于主城核心区，紧邻闻名全国的江汉路商业步行街，周边聚集了武汉市1/3的优秀历史建筑，拥有宽阔的滨水滩地和长达9.8km的城市滨水岸线，是汉口沿江地区现存最大的开敞空间，极有条件形成展示城市滨江特色的标志性景观区。

由于汉口江滩位于防洪堤外，不属于城市建设用地，且长江武汉段水位落差极大，枯水季节最低水位（吴淞10.08m）与最高水位（吴淞29.73m）之间的落差达19m，故一直作为滩涂未予利用。20世纪90年代，近23万m^2历史遗留的仓储、堆场、破旧建筑物和近50座大大小小的码头密布滨江岸线，严重损坏了城市形象。整治汉口江滩成为全社会的共同心愿。

武汉市自1996年起着手进行汉口江滩工程的规划和建设，历时多年，汉口江滩一期工程已于2002年10月建成，二期工程也于2003年底建成。在汉口江滩工程的规划和实施中，拆迁了20万m^2危旧临时建筑，建设了约$1km^2$的滨江公共性开敞空间，极大地弥补了汉口主城区绿化开敞空间的不足，对汉口主城区人居环境的优化、城市功能的提升、城市形象的塑造起到了画龙点睛的重要作用。

以下对该项工程的前期研究、水利论证、布局构思、设计特色等方面进行总结和回顾，以期能对城市滨江地带景观建设提供有益参考。

1　前期研究和论证

1.1　第一阶段：早期的滨江区改造利用研究

20世纪80年代，长江水利委员会、武汉市建委、武汉市规划局等有关部门就曾对汉口江滩整治进行了酝酿、研究。这一时期，主要是水利部门对长江武汉段的整治，提出了整体性的改造计划，对整个武汉长江河段47.8km流程提出了宏大的改造设想。研究成果主要是提出了河道的整体整治和改造方案，并进行了水利方面的初步论证，对未来汉口江滩的利用，在水利防汛方面奠定了深厚的理论基础，同时，汉口江滩可作为城市发展重要空间的思路在这一时期被确定下来。

1.2　第二阶段：江滩规划可行性研究

1996年，武汉市编制完成了《武汉市城市总体规划（1996～2020年）》。总体规划对长江两岸的综合开发提出了一系列的要求。同时，完成了长江两岸景观规划、汉口江滩规划可行性研究、汉口江滩规划多方案比较研究、武汉滨江城市特色研究及长江一、二桥之间码头搬迁规划等工作。重点是对汉口江滩的功能定位和建设方案进行研究论证和选择。

在此期间，曾提出了生态型江滩、协调型江滩、开发型江滩等多种方案。在房地产开发热潮的影响下，开发型江滩方案提出在汉口江滩$1km^2$滩地上布局$160m^2$的建筑，结合传统金融中心，构建汉口金融商务中心的设想。但在1998年长江流域特大洪水后，社会各界充分认识到确保长江行洪能力的重要性，开发型江滩方案即被舍弃。随着滨水地区规划研究的深入，汉口江滩的功能最终确定为公共的开放性的生态、游憩及绿色滨江长廊。

1.3 第三阶段：水利防洪科学实验研究

为进一步确保汉口江滩的行洪、过水功能，1999～2000年，武汉市与长江水利委员会进行了多次商讨，并确定由武汉市规划局、水利局与长江勘测规划设计研究院、长江科学院共同进行长江武汉河段汉口江滩防洪综合治理规划研究和水利模型试验研究工作。

联合工作组提出了5种规划吹填方案，构建了1∶400的水利的动、定床水工物理模型和计算机数据模型，按照长江历史最大洪水量进行了多次试验和数模计算，最终提出了长江武汉河段河道演变分析报告等三份试验成果报告。通过计算机模拟计算和水工模型反复实验，研究结果表明，通过拆除江滩阻水建筑、疏浚河道、吹填、整理江滩和护砌岸坡等工程措施，将增加汉口河道的行洪能力，在遭遇类似1954年大洪水时，武汉关水位可比历史同期下降1～2cm。这一结论为江滩工程的推进奠定了科学基础。

通过水利部门专家论证之后，2001年5月18日，长江水利委员会以长江务［2001］194号文对汉口江滩的综合整治工程作了正式批复。同意整治范围为：自武汉客运港下端至丹水池后湖船厂，长7007m，整治宽度平均160m，吹填高程28.80m(吴淞高程)。批复要求“对吹填实施绿化、改善环境、禁止搭建任何房屋和其他阻水构筑物”。

2 工程综合规划

2.1 功能定位

为使汉口江滩具有更加完善的空间和功能结构，规划范围不局限于汉口江滩，而是向滨江的历史街区扩展了1～2个街坊，对总面积2.4km^{2}的汉口滨江地区进行了总体的结构规划。规划中确定汉口江滩重点满足景观游憩、绿化生态和休闲娱乐功能，同时江滩作为城市核心区内的滨江休闲绿化带，还应与整治后的沿江大道、中山大道、江汉路步行商业街一道构成体现武汉滨江城市特色的重要标志性景区。为此，规划结合滨江区内的空间要素及其不同的功能和特点，在结构上形成三个层面：一是汉口江滩公共开放性的滨江绿色风景线，二是以28座优秀近现代历史建筑为核心、特征鲜明的沿江大道景观带，三是由5个旧租界所组成的租界历史风貌区。

2.2 分期实施方案

汉口江滩共有7km长的岸线将被更新为生活性岸线，针对岸线所依托的滨江区的功能特点，根据不同特征的岸线，工程共分为三期进行建设：

一期工程为江汉关至粤汉码头，长1km，面积为42hm^2，该段岸线最接近汉口繁华的商业中心——江汉路步行街，因此，该段岸线定位于重点满足市民观江游览和进行文化展示功能。

二期工程自粤汉码头至长江二桥，长2.4km，面积为78hm^2，该段岸线的滨江区为旧城居住办公区，江滩上曾作为武汉市体育局的活动基地，具有深厚的体育娱乐传统，因此，该段岸线的定位为滨江亲水和休闲健身活动的功能。

三期工程为长江二桥至后湖船厂，长3.6km，面积为104hm^2，该段岸线的滨江区现状多为铁路站场，规划为城市居住新区，因此，该段岸线定位为重点满足城市生态绿化需要的生态型滨江岸线。

2.3 沿江大道的综合整治规划

按照汉口江滩工程综合整治要求，首先对沿江大道进行较大幅度的改造，提升沿江大道的景观和休闲功能。主要的措施：

(1) 进行沿街建筑立面的更新改造，重点将沿街28座优秀历史建筑进行整旧如旧的修葺，恢复其原有的欧式建筑风貌；

(2) 进行道路断面改造，将机动车道由原先的7车道调整为6车道，增加沿历史街区一侧人行道的宽度，使之达到9m宽，形成舒适宽敞的街道空间；

(3) 开辟沿街绿化广场，拓展沿江大道沿线的用地，拆迁影响街道形象的临时建筑1.5万m^2，相对集中地建设沿线的开敞空间，形成了 5 处舒适宜人的开敞绿地；

(4) 展开堤防绿化改造，将原先高于路面 18m 的堤防后戗台绿化降低至 40～60cm，使原先僵硬的水泥后戗台形成利于观景的竖向绿化景观。

2.4 交通及市政基础设施布局

为进一步优化滨江地区的交通环境，提出了结合历史街区规整的网格化道路，形成单向交通系统，开辟停车站场，统筹解决堤内交通联系、闸口改造等一系列的交通问题。同时对该地区的排污系统、管线系统进行了改造，并结合堤外江滩的建设，规划了大型截污管，提出了管线入地及过堤的具体方案。

3 第一、二期工程详细规划设计

汉口江滩一、二期工程，是最贴近汉口核心区的滨江滩地，全长 3.4km，总面积为 120hm^2。作为汉口核心区最大的滨江开敞空间，其规划建设目标是：凸现汉口江滩位于长江之滨的恢弘气势，力求整体、亲水、生态，在确保防汛安全的前提下，突出江阔天高的滨江景观特色，树茂荫浓的生态绿化特色和开敞舒适的亲水休闲特色，把汉口江滩这条绿色滨江长廊建设成为具有现代文化艺术风貌，满足公共休闲活动，充满人文关怀，能全面展现 21 世纪城市形象的城市绿色客厅。为此，确定规划原则为“有利防汛，以人为本，以绿为主，突出特色”。

3.1 亲水梯级平台竖向设计

一级平台，按照吴淞 28.80m 高程进行疏浚吹填，吹填平台平均宽度为 160m，形成总面积达 1.14km^2 的滩顶一级大平台。该平台的高程相当于武汉市 20 年一遇的洪水高度，被淹没可能性极小(历史上仅有 3 次超出该高程)，同时，规划了大量绿化休闲空间，并设计了 8～15m 宽的观江步道，形成永久性的绿化活动带。

二级平台，吴淞高程 25m，相当于长江武汉段防洪设防水位，平均每年被淹没的时间约为 3 个月，该地段规划了以柳树等耐水乔木为主的亲水平台，地面以硬质铺装为主。

三级平台，吴淞高程 16m，相当于长江武汉段常年水位，每年被淹没的时间为 9 个月，在此规划了具有韵律感的流线型生态戏水梯台，在长江二桥宽阔的地段则保留了大量的原生态湿地岸线。

3.2 空间组织

汉口江滩一、二期工程在空间组织上从重点解决堤内外的空间联系以及滨江亲水性两大问题入手，沿长江横向规划了滨江亲水带，而与长江垂直方向则结合闸口每隔约 500m 纵向规划了若干纵轴，总体上纵横交错形成了“三带四区九轴”的框架格局。其中，“三带”是指沿长江横向规划的滨江特色带，绿化林荫带和堤防景观带。“四区”指滨江观景区、中心广场区、休闲活动区和欧式园艺区，“九轴”是指与长江垂直的 9 条特色纵轴。

3.3 规划布局

(1) 滨江特色带。以观江步道为主体，将二、三级平台和护坡纳入设计范围，形成集高台观景、平台观江、梯台戏水为一体，总宽度达 90m 左右的滨江特色带，满足游人观江、亲水、观景和旅游的需要。

(2) 绿化林荫带。沿长江平行规划了林荫轴线，宽 40m，纵向 4 列林荫树，形成集绿化林荫、硬质景观、市民休闲、大型集会为一体的大型轴线空间序列，重点满足市民游憩、休闲活动的需要。

(3) 堤防景观带。结合长江大堤改造，形成集高架观景廊、植被缓坡、交通市政、休憩酒廊和公共服务设施为一体的景观功能带。

(4) 滨江观景区。以一期工程为主，是充分展现城市景观、形象和文化内涵的重要区域，满足观光、观景和观江的需求。

(5) 中心广场区。正对市政府、规划一处面积为 5.6hm^2 的滨江市民广场，形成了武汉市汉口主城规模最大的市民集会活动空间。

(6) 休闲活动区。充分考虑市民中老、中、青、少等多种人群的需求，规划各类体育活动场所。

(7) 欧式园艺区。该区位于长江二桥下，具有十分开敞的观景视线，利用树阵、整形植物、花阵等元素，营造犹如城市地毯的五彩华丽的植物景观效果。

(8) 各具特色的纵轴。从江汉关至长江二桥，每相隔约400～500m，就规划一个与闸口紧密结合的直抵长江的纵向轴线，并赋予纵轴不同的功能和景观特色，一共9条。其中，凭江观景台是市民游览观江的重要场所；露天舞台是市民文化活动的主要场地；树阵跌水具有后现代风格，水、雾、花池、树阵形成了迷人的空间效果；玻璃步道，笔直的玻璃桥轻浮水面，透明、新颖、时尚；阳光步道设置了独特的光纤亮化效果。

4 汉口江滩规划的主要特色

4.1 独特的滨江高架观景廊

针对高于地面5m的长江大堤，重点对这一工程设施提出了人性化的改造建议，构建联系堤内外的空间体系，营造出汉口江滩独特的空间特色。

扩宽4个闸口至30m左右，形成大型的开敞性人行主入口。建成立体多功能的堤防景观带，结合堤防高于地面的特点，紧贴堤防建设轻质的木制架空观景廊，人行其上，一侧是堤内历史街区的幽雅景色，另一侧是宽阔壮美的绿色江滩，十分有效地构架了堤防内外的空间联系。

结合堤防景观带，底层安排了休闲服务(咖啡店、小卖部、厕所)及机动车道、公共停车场、停车泊位、地下市政管线、电力设施等一系列的市政服务设施，形成了公共服务带。

4.2 大量的生态绿化空间

在一级吹填平台上，将65%的用地作为绿化用地，形成了树茂荫浓的绿化景观。江滩种植了白玉兰、墨西哥落羽杉、香樟等100多种、8500株各类乔木，13万m^2的草坪和近7000m绿篱带。

在滨江市民广场西部规划了国宾林和友谊林，作为各国政要或国际友人来访植树纪念之用，面积约2hm^2，并规划了名树浮雕步道。

在江滩上设置了疏林草地区、密林区。仿生自然的生态坡地起伏优美，乔木、灌木、草坪搭配相宜，形成了丰富的季相变化。

此外，规划中还保留了近1km原有的生态岸线，形成了人工与自然相融合的绿化景观。

4.3 人性化的体育设施

汉口江滩有着举行体育活动的传统，规划中着重营造林中健身的活力氛围，在休闲健身区有机地布置休闲晨练等活动场所，更结合绿化在一级平台上规划了大量的体育娱乐设施，营造出活泼的滨江活动氛围，其中两个大型游泳中心(含标准游泳池和儿童游乐区)，顶上覆盖具有现代感的索膜结构；14片网球场地，配置了高等级灯光设施和停车泊位，形成了标准舒适的体育活动场所；还有塑胶跑道、滑板场、运动步道、溜冰场等少儿活动设施，以满足青少年的活动需求。

最有特色的是在林荫主轴的一侧安排了一条长1600m的全民体育健身长廊，成为最受市民欢迎的健身活动场所。同时预留了大面积的草坪，可进行各类体育活动。

4.4 具有地域特色的文化设施

为提高岸线的艺术性，将一级护坡规划为长江水生物化石浮雕的艺术护坡，向游客展示长江流域已经灭绝的古生物化石，警示人类应重视对长江生态的保护，形成了一条浮雕科普教育长廊。

滨江市民广场，西侧有1954年毛泽东同志为武汉市战胜特大洪水题词的防洪纪念碑，东侧为具有后现代园林风格的树阵跌水花坛及观演台，中心铺装为武汉市的市花重瓣梅花，成为重点体现武汉特色的空间场所。

粤汉码头规划了一座面积为2.5hm^2的码头文化广场，由浮雕园、水手广场、科普长廊和游船码头构成，重点展示近代老汉口的滨江文化。

在空间环境氛围的营造上，设置了 19 个滨水特色的趣味性雕塑小品，如虾兵蟹将、启航、游江滩、跳绳、轻舞飞扬、鱼乐、龟蛇锁大江等，形成谐趣、轻松的休闲氛围。

4.5 智能化的炫彩江滩

汉口江滩在“两江四岸亮化规划”中属重点亮化区域，规划分别以护坡、滨江特色带、绿化林荫带、堤防景观带为主体形成 4 道光彩流线及一系列的亮点：玻璃广场晶莹剔透，渐变的五彩光带与水雾形成迷人的亮化效果；造型独特的索膜构筑物不断变化着艳丽的色彩；中央广场的感应喷泉与音乐和着节拍“翩翩起舞”。

规划将亮化系统、音响系统和监控系统合而为一，构成智能化的中控系统。亮化、音响均可满足节庆日、双休日及平时三个级别的分段分时控制，充分有效地节约了能源。

注：原文刊载于《城市规划》2004 年第 3 期。

创建“多样和谐”的城市色彩环境
——武汉城市建筑色彩控制和引导技术研究

陈玮

（武汉市城市规划设计研究院）

提　要：城市建筑色彩是展现一座城市风貌特色和个性气质的重要景观，优美和谐的建筑色彩将给城市增添无穷魅力。本文是武汉市编制城市建筑色彩控制技术导则研究的实践，从总体分析的构思入手，着重论述了对城市建筑色彩进行控制和引导的理论方法，以及对其进行规范管理的具体内容。

关键词：城市建筑色彩；技术导则；多样和谐；武汉

1　引言

城市建筑色彩是展现一座城市风貌特色和个性气质的重要景观，优美和谐的建筑色彩将给城市增添无穷魅力。城市色彩研究是一项新兴的研究课题，20 世纪 50～60 年代随着城市化进程和经济高速发展，西方国家开始着手研究城市色彩，意大利的都灵和日本的大阪先后将色彩纳入到城市景观环境的治理改善的管理体系中，我国的控制性详细规划亦将色彩作为一项指导性控制指标。90 年代末，随着社会经济的发展和城市色彩理论的传入，我国的许多城市开始寻找有标志性的城市建设色彩，北京提出了复合灰、哈尔滨提出米黄色和白色等，但是如何在城市规划管理的具体环节中引导设计师的创作工作，控制好一座城市的建筑色彩，长远地培育一座城市的“色彩—形态”特色景观，无疑已是当前城市规划领域中亟待探寻的崭新课题之一。

武汉市是中部地区的特大城市之一，地处江汉平原东部和长江中游与汉水交汇处，属亚热带季风性湿润气候，具有雨量丰沛、冬冷夏热、四季分明的特点，城市建筑色彩随季节和气候的变化有着丰富的光色景观。本文结合编制武汉城市建筑色彩控制技术导则的规划实践，在调查武汉城市建筑色彩资源现状和分析城市“色彩—形态”建筑景观格局的基础上，归纳综合了武汉城市建筑色彩景观的规律性，对控制和引导武汉城市建筑色彩的技术路线和规范形式作了有益的探索。

2　分析研究的思路和理念

2.1　城市建筑色彩的主观形象性决定了色彩研究的开放性

城市建筑色彩是建筑实体通过色彩综合信息刺激视觉所形成的主观形象，受到历史、文化、氛围、情绪、审美等诸多因素的影响，有着丰富的内涵意义和外延拓展意象。武汉悠久的城市文明和历史文化传统，造就了武汉市民热情外向、耿直朴素的性格特征，钟爱大方明朗的建筑色彩效果。因此，对于武汉城市建筑色彩的研究，应发挥色彩景观主观形象性的开放特点，加强交流和公众参与的力度，不仅要为设计师们留出创意的空间，更为城市建立一套有实际意义的色彩规范打下基础。

2.2　城市建筑色彩的广泛关联性决定了色彩研究的宏观性

从季节到气候、从历史到人文、从山水到植被、从环境到氛围、从形式到材料、从艺术到审美等，城市建筑色彩有着广泛的关联性，武汉市自然条件得天独厚，河网密布，植被繁盛，水域面积占城市面积的 1/4，具有典型的滨江滨湖特色，城市建筑色彩在“十”字形城市自然山水格局中分外醒目。针对武汉城市建筑色彩这样的宏观景观特征，色彩研究需要从整体上探究城市自然环境特点、城市历史文化风貌和城市人文品质等，但研究的重点更应落实到城市色彩本身的特质，从宏观系统上着重于那些对城市景观影响较大的城市色彩底景和视线开阔的城市色彩节点路径，促成以自然山水为背景、城市片区为单元、城市核心景观和街道为重点的整体色彩景观系统。

2.3 城市建筑色彩的多样层次性决定了色彩研究的结构性

美国著名学者 J·雅格布曾经提出过多样性是大城市的天性，城市色彩客观存在的艺术审美争议，决定了城市建筑色彩不能只是“简单一统”。现代城市的复杂功能、多彩而生机勃勃的城市生活在很大程度上将催生出复杂而多样的城市建筑色彩。但是多样复杂并不等同于杂乱无序，城市建筑色彩景观是在特定空间环境的有机组成，是相对固定不变而且可以改善的有层次的场所景观，需要遵循城市发展的客观条件，有层次和有步骤地把握整体特色化的色彩基调和局部丰富的色彩风格，逐步促成多样和谐的城市“色彩—形态”景观结构。

2.4 城市建筑色彩的功能意象性决定了色彩研究的可控性

城市建筑色彩是建筑功能和形态的外在表现，色彩的功能指向决定了建筑色彩具有很强的功能意象性。武汉是一座历史悠久的特大城市，各时期的建筑功能复杂，色彩类型丰富。通过考察武汉城市建筑色彩的整体状况，按照建筑功能和色彩环境设计了调查问卷，同时进行了建筑色彩分类摄影作品的征集工作。根据调查和公众参与的情况分析，目前武汉城市建筑色彩特色资源分布主要呈现出滨江滨湖、沿城市主干道、按城市功能片区内密外疏的分布格局(图 1)。同时城市主要建筑色彩可分为居住体、交通体、办公体、产业体、商贸体、文娱体、院校体、标志体等八大类可控的建筑色彩类型。

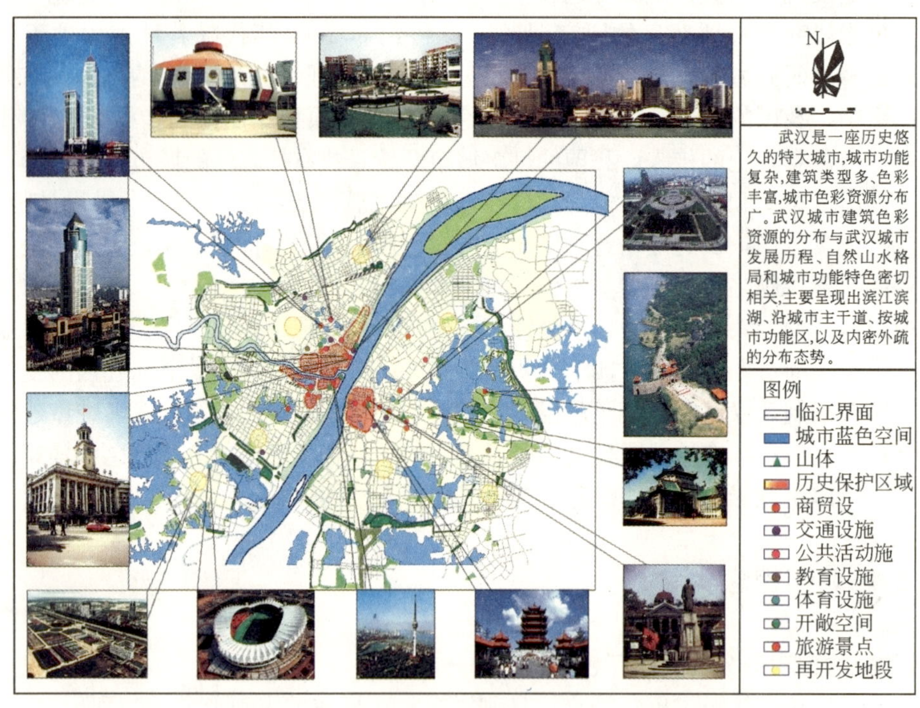

图 1 武汉城市建筑色彩现状资源分布

3 城市建筑的“色彩—形态”

为形成一套规范性的控制引导城市建筑色彩体系，实现“整体协调、多样统一”的城市景观规划目标，把握城市建筑色彩景观的开放性、宏观性、结构性和可控性的特点，综合分析城市建筑色彩的空间格局(表 1)，对于确定城市建筑色彩分片控制区和引导尤为必要。

城市建筑色彩空间布局类型比较 **表 1**

类型	环型城市建筑色彩空间布局	片区型城市建筑色彩空间布局	辐射型城市建筑色彩空间布局	氛围型城市建筑色彩空间布局
布局	环型城市色彩模式	片区型城市色彩模式	辐射型城市色彩模式	氛围型城市色彩模式
特征	遵循城市空间扩展呈现出的“年轮”特征，以武汉城市标志性景观中心“南岸嘴”为绿色核心，由内到外，递次确立城市建筑色彩的主色调	按照城市片区的色彩功能，将城市划分为多个主导色调片区，根据各片区建筑自身的功能和建设情况，确立不同的建筑色调	着重引导城市主要道路沿线的建筑色彩景观，确定沿路主色调风格，整治和改善道路界面景观，使其沿着主要景观路径过渡和变化	将重点放在当前大规模建设的城市区域中，集中于对有限的城市热点建设地区，赋予主导的建设色调，按色彩环境氛围进行有效引导
有利	利于保护旧城的历史文化风貌色调，突出城市色彩文脉景观	能够顺应当前城市快速发展建设的实际情况，把握城市色彩的景观功能	能够适应色彩规划引导的客观需要，实际操作压力较小	强化了城市新兴地区建筑色彩群落的整体感和场所识别感
不利	忽视了城市发展时常存在“飞地”和“蛙跳”等客观现象，不利于反映具有城市现代活力和新风貌的培育	忽略了武汉城市整体建筑色彩特质，整体和局部的不均衡，无法实现有效的控制和引导	这种“一层皮”式的模式缺乏对城市建筑色彩的整体把握，特别忽略了大量背景性建筑的色彩景观作用	不利于凸显武汉市的历史文化风貌，忽略了城市的标志性地区的建筑色彩景观特色

4 控制图则和推荐色谱

控制图则和推荐色谱是对分片区对建筑色彩景观进行规范性控制和引导的技术框架，是为实施武汉“整体协调、多样统一”的城市建筑色彩环境而建立的一项城市规划管理依据。具体来说控制图则是根据武汉市城市建设情况，将武汉市中心城区 485.76km^2 划分为风貌协调区、整体控制区、引导发展区、景观控制区等 50 个城市建筑色彩控制区、若干大型城市色彩景观节点和城市色彩界面控制带，并分别提出指导性的城市建筑色彩管理内容(图 2)。

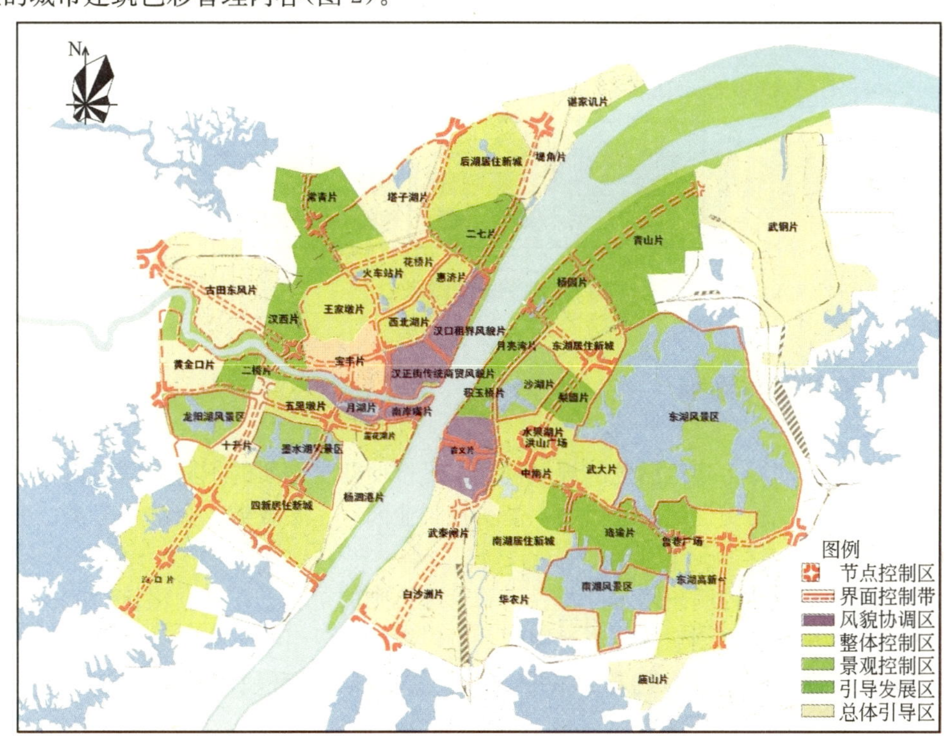

图 2 武汉城市建筑色彩控制部分图则

推荐色谱是以城市建筑色彩管理分区为基础，综合考虑城市建筑色彩与城市整体景观、建筑形态和体量，以及细部的形、材、质、肌等要素的复杂性和多样性，制定出以指导性为原则的建筑外观色彩选用色谱，武汉城市建筑色彩推荐色谱是在研究了大量的城市建筑实体用色资料的基础上，遵循“统一中求变化”的原则确定的，包括冷灰色系、暖灰色系、中灰色系、重彩色系和淡彩色系等五类用色和六类建筑色调搭配方案（图 3、图 4）。

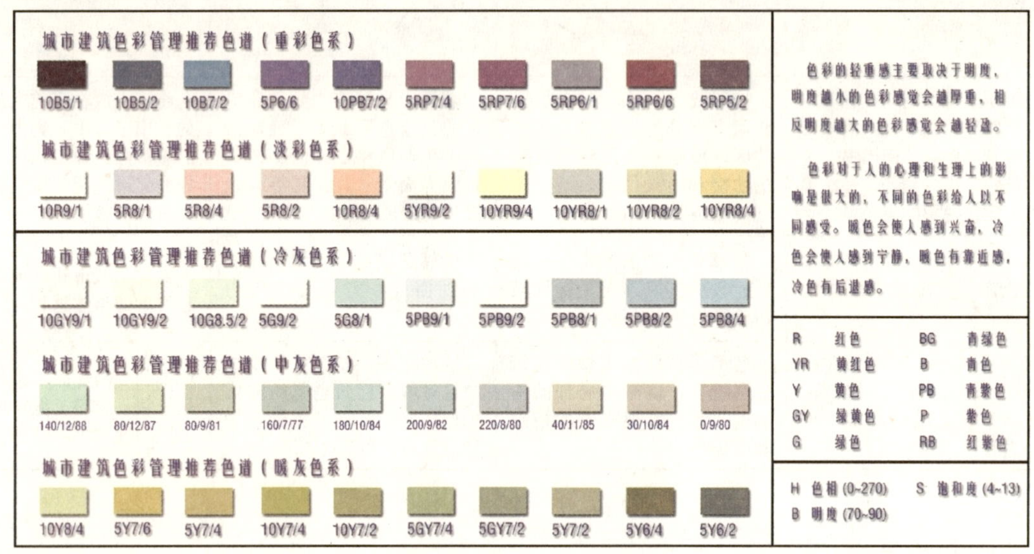

图 3 推荐色谱图例之一

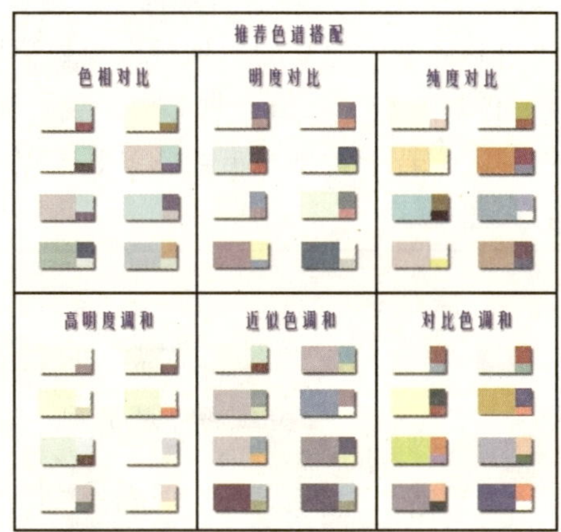

图 4 色调搭配图例之一

5 城市建筑用色控制引导细则

控制引导细则是具体的城市建筑用色的规划规定，是按照建筑性质的不同分别提出规划引导，包括生活居住类、行政办公类、历史性建筑或街区、高科技工业园区、文教类、金融商务类、商业类、交通类、滨水空间等(图 5)。

具体的城市建筑用色应在控制图则、推荐色谱和管理细则的指导下，根据建筑功能、材料和环境进行精心设计来实现。其中涉及有创意的色彩运用的，可以根据需要组织公众参与和专家咨询的形式，对建筑色彩的整体效果、色彩的面积、色彩的搭配，以及色彩对周边环境的影响等内容进行有效的控制引导。

类别	实例	实例	说明
居住建筑	 东湖林语	 南湖中央花园	生活居住建筑色彩是市民生活、休息环境的重要景观成分，对于大面积规模建设的居住区要求具有温暖、轻松、愉悦、安全的色彩环境，对于大体量的高层居住建筑要求具有稳重、和谐、明朗的色调
行政办公建筑	 武汉市政府	 科技大厦	行政办公性建筑物外部色彩应以敦实、庄重、严肃的色调，可考虑运用低彩度的灰色或是明度对比高的冷色调
历史建筑	 武昌老城区	 汉口老城区	历史性建筑或街区改造，色彩运用应以复原原貌和场景为标准，修复色彩应选择比原建筑色彩纯度高、明度低的颜色进行，建筑的配色方案应参照周边保留的标志建筑进行
高科技工业园	 东湖高新技术开发区	 可口可乐公司	高科技工业园区的色彩应体现现代化的高科技色彩景观，用色应简洁、明快，以浅色、低明度为主
文教建筑	 武汉大学	 华中科技大学	文教建筑是城市居民学习、求知的场所，应根据学校的性质、学生不同的年龄阶段进行选择。小学的颜色要鲜艳松驰；中学的色彩环境应体现温暖、安静、严肃，大学的色彩环境应该是冷静、平和、严肃
金融商务建筑	 国际金融贸易大厦	 洪山电信城	金融商务建筑要求风格严谨、用色庄严，体现理智、冷静、高效率的形象。主色调应选用稳重、大气的中性或偏冷、灰色为主的复合色
商业建筑	 新民众乐园	 鑫乐银兴电影城	商业性场所要求有醒目、悦目、舒适、明快和协调、整体、统一的视觉指向，应尽可能营造热闹、繁荣的氛围，色彩选择可以较为鲜艳、亮丽色彩丰富，尽量避免使用混饨、暧昧、纷乱、无秩序以及晦暗的低明度色彩
交通建筑	 武汉洪	 汉口火车站	大型交通性建筑的色彩要求具有明显标志性的色调，展示城市的风格和文化气质，体现武汉城市热情、亲切、时尚的特点
广场	 洪山广场	 西北湖广场	广场设施的色彩的选择，应体现场所功能特征和城市整体人文环境特色，广场地面的铺砌应体现地方特色，周围建筑与之相呼应，在绿色植物的衬托下，体现出稳重、大气、典雅的氛围
滨水空间	 东湖	 月湖	滨水空间是我市旅游者和市民喜好的休闲地域。我市“两江四岸”城市设施的主题色调应具有明显的指向性和高彩度，与天然城市滨水景观相映成辉

图 5　武汉城市建筑色彩控制引导细则图例

6 结语

现在武汉城市建筑色彩管理办法和技术导则工作以近完成，并在 www.digitalwuhan.gov.cn 上公示。城市建筑色彩作为一种有表现力的城市文化，将城市独特的自然资源禀赋、人文历史进程和城市居民的文化素养直观地呈现到世人面前，通过具体的城市建筑色彩控制引导技术规范的编制工作，塑造整体和谐的城市建筑色彩美，保持和延续城市建筑特色化风格主题，创建独特的城市“色彩—形态”建筑景观格局，将使我们的城市变得更具个性和充满魅力。

参考文献

[1] 武汉市城市规划管理局. 武汉市城市总体规划(1996—2020).
[2] 武汉市城市规划管理局. 武汉市创建山水园林城市综合规划.
[3] 焦燕. 建筑外观色彩的表现与设计. 北京：机械工业出版社，2003.
[4] 尹思谨. 城市色彩景观的规划与设计. 世界建筑，2003(9)：68-72.
[5] 阎树鑫，郑正. 城市设计中的色彩引导——以温州中心城为例. 城市规划汇刊，2003(4).

注：原文刊载于《城市规划》2004 年第 12 期。

综合交通枢纽区域的城市设计
——记武汉铁路客运枢纽汉口火车站站区综合规划的设计实践

闵雷　黄焕

（武汉市城市规划设计研究院）

提　要：本文结合武汉铁路客运枢纽汉口火车站区综合规划的设计实践，通过对城市综合交通枢纽区域建设和与之相辅相成的城市设计之作用的研究，探讨了通过综合交通枢纽区域的规划建设对于区域城市在用地功能的提升、空间环境的整治、交通系统的整合、景观环境的塑造等综合发展方面的积极意义。

关键词：综合交通枢纽；城市设计；人性化；地下空间利用

1　引言

随着经济全球化成为世界发展的主要特征，资本、劳动力等生产要素加速了跨区域的流动与配置，区域之间、国家之间的旅行变成了日常生活的一部分。作为城市对外和对内交通衔接的重要节点，以高速铁路客运站、城市轨道站点为代表的综合交通枢纽成为了城市建设的热点，其所在地区的发展也成为规划关注的焦点。

1.1　综合交通枢纽的发展趋势

综合交通枢纽作为城市综合交通体系的重要组成部分，与周边城市功能已紧密融合在一起了，交通枢纽的设计实质上已上升到城市设计的高度，不仅要提出完善的交通换乘措施，还要对其自身和周边环境进行优化和整合。以2006年建成运营的柏林中央火车站(Berlin Hauptbahnhof)为例，它集高速铁路、城铁、地铁、电车、巴士、出租车、自行车甚至旅游三轮车的集中换乘于一体。功能涵盖交通换乘集散、商业、餐饮等，建筑面积达9万m^2，使得该站成为当今欧洲乃至世界上最具典型意义的大型综合交通枢纽。因此，近年来综合交通枢纽的发展主要体现出：规模的大型化，空间的立体化，功能的多元化和以人为本的关注等趋势特征。

1.2　综合交通枢纽区域发展的相关研究

国外对于综合交通枢纽地区的发展问题，已有不少研究，如新城市主义代表人物Peter Calthorpe提出的“TOD”（Transit Oriented Development）理论，和1997年Cervero和Kockelman提出了关于“TOD”的3D“原则”即“密度(Density)”、“多样性(Diversity)”、“合理的设计(Design)”。主要倡导交通枢纽周边紧凑的用地布局和土地的混合使用，提高土地和公共服务设施的使用效率，弥补传统的功能分区带来的城市活力丧失，协调城市各系统之间以获得效益的最大化。

美国学者Wayne Attoe和Donn Logan提出的城市触媒(Urban Catalysts)理论，也强调将交通枢纽作为城市中的新元素，通过枢纽的综合开发，达到城市功能集聚效应和建立城市地上地下步行系统，引发城市地上地下空间开发等一系列经济、社会和建筑的反应。

Bertolini L在“cities of rail：the redevelopment of rail-way station areas”中通过实例比较了法国、荷兰、瑞典等欧洲国家火车站地区的再开发模式，并指出火车站地区的空间利用率、功能多样性和环境状况是火车站地区发展的关键。

总体来说，国外的研究强调把交通枢纽与城市规划结合起来考虑，重点关注交通节点和城市功能的两者之间的平衡发展关系，并在交通枢纽区域城市形态方面达成了以下共识：(1)综合交通枢纽区域是城市转型的新动力；(2)鼓励枢纽区域进行复合集约的、高强度的公共开发；(3)强调枢纽与周边城市的一体化协调设计；(4)具备完善的配套设施；(5)重视面向步行者的设计；(6)重视地上地下空间的联动开发；(7)营造良好的城市环境。

1.3 城市设计的引入

伴随着交通枢纽的新建、规模不断扩大和城市交通的迅猛增加，交通枢纽与城市功能的叠加发展存在着必须重视的矛盾。枢纽地区城市结构由于城市膨胀式发展变得零碎，地区中心环境恶化，商业与交通功能混杂，影响了商业运作和效益的发挥。传统的城市规划对社会经济发展、土地资源的利用，以及交通、生态等建设发挥了巨大的作用，但对三维形态下的城市环境优化却显得力不从心。建筑、景观、交通的工程设计受单个项目范围的局限难以对整体的城市形态、环境品质、城市活力的提升和城市城市特色的塑造进行提出整合化的解决措施，因此引入侧重对城市三维要素进行整体性考量的城市设计就显得尤为迫切。

2 城市设计内容

美国城市设计学者 Gerald Crane 在《城市设计的实践》中指出："城市设计是研究城市组织中各主要要素互相关系的那一级设计"。

Hamid Shirvani 在《都市设计程序》(The Urban Design Process)一书中对城市设计的要素的分类和界定具有典型的代表性他把城市设计的要素分为八类：(1)土地使用(land use)；(2)建筑形式与体量(building form and massing)；(3)流线与停车(circulation and parking)；(4)开放空间(open space)；(5)行人步道(pedestrian ways)；(6)标志(signage)；(7)保存维护(preservation)；(8)活动支持(activity support)。

当代理论将城市设计要素主要分为：(1)土地使用体系；(2)城市公共空间体系；(3)城市交通体系；(4)城市景观体系。

3 综合交通枢纽区域建设中引入城市设计的实践

在综合交通枢纽区域建设中，特别是省会的特大型铁路客运枢纽，因其有着相近的时代背景，面临着众多相似的实际问题，笔者以武汉铁路枢纽汉口火车站区综合规划为例，对综合交通枢纽区域的城市设计进行了实践研究

3.1 前期研究

3.1.1 背景

武汉市汉口火车站是武汉铁路枢纽一等甲级客运站，其前身是 1903 年由法国人设计建成的大智门车站，1991 年，新站由大智路外迁至金家墩。建成 15 年来，汉口火车站地区已经发展成为区域性的城市中心。按照国家"十一五"建设部署，汉口火车站配合沪汉蓉铁路建设进行改造扩容，站区周边也配套综合性的城市改造措施。

3.1.2 问题的解析

由于铁路交通枢纽的聚集效应，周边土地的快速增值引发人口和城市功能迅速集中。而城市基础设施建设的滞后性导致了交通节点与城市功能的相对失衡。汉口火车站地区呈现出以下问题：

(1) 铁路的天然割裂促使城市结构缺乏整体性。铁路两侧城市空间联系不足，道路系统不完善，局部地段发展不均。

(2) 公共空间一体化程度较低。站前区域尺度超大而设施不足，不同交通方式间的换乘不够便捷，配套功能单一缺乏复合化。

(3) 站区对周边城市缺乏系统的延伸。站前广场地下人防空间利用不足，周边建筑功能活力较低。

(4) 综合城市形象尚需提升。周边建筑的分期建设，加之形象引导不够，使得站前区域未能体现出的整体的、协调的城市风貌，建筑表皮风格各异。

(5) 整体交通组织缺少对轨道交通等新型交通方式的应对。

3.2 定位与策略

3.2.1 策略的提出

针对问题，结合综合交通枢纽发展和城市设计理论的研究，笔者提出从以下几方面的发展策略：

(1) 提升城市土地功能——优化城市结构、提升土地利用；

(2) 整合城市公共空间——枢纽地区一体化设计、建设交通综合体、复合利用；

(3) 梳理城市交通功能——换乘方式人性化、交通方式立体化、无缝化；

(4) 构筑城市景观环境——打造城市公众广场、强调城市记忆与风貌协调。

3.2.2 目标定位

根据武汉市城市总体发展和要求，笔者提出将本地区提升为“以交通换乘”(Transport)为基础，满足旅客和城市居民“多元化服务(Service)”需求，具有良好景观(Landscape)的“城市综合服务区(Multifunctional zone)”。

3.3 城市设计构思

3.3.1 提升城市土地功能

3.3.1.1 对城市功能结构的优化

通过对汉口火车站区周边 3.24km^2 的城市区域结构进行整合优化，构建“两心、两轴、六区”的新的城市结构。明确以火车站综合交通枢纽为中心，以车站南临的发展大道为载体的“商业延伸轴”和连接北部站区、居住组团、南部商务办公区的“功能辐射轴”为骨架；围绕站南、站北两个核心广场集中布置交通功能、商业服务功能和生态景观功能；同时整合周边用地功能，结合城中村改造，改变原来单一、分散的办公、住宅、商业功能，形成集商业服务、商务服务、旅馆服务、娱乐配套和居住等功能为一体的清晰的城市结构(图 1)。

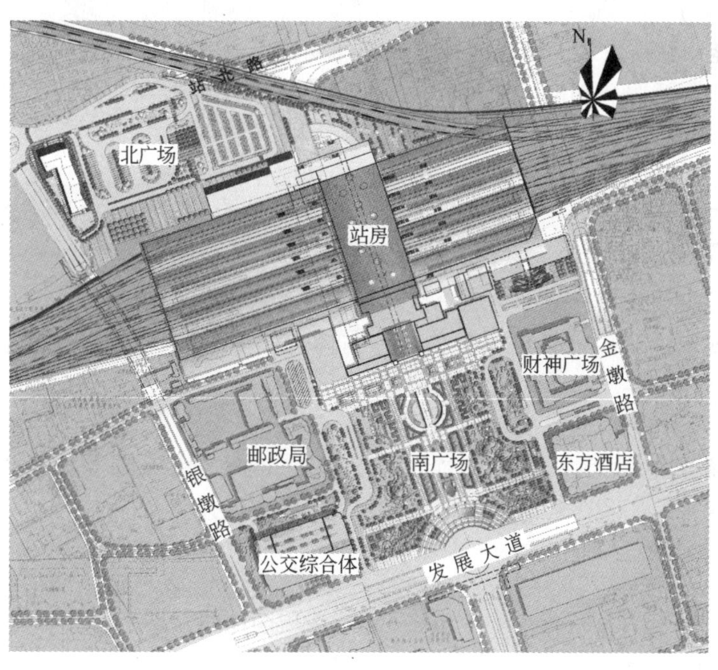

图 1

3.3.1.2 对土地利用的提升

利用汉口火车站改造建设契机，一方面完善周边道路系统，通过新增金墩路、银墩路、新华西路等

4条下穿铁路道路，可改善周边用地的可达性，提升土地附加值；另一方面集约化利用土地，完善基础设施，加强车站地区原有服务性功能土地的复合性；第三，从区域上统筹考虑，结合铁路、道路沿线的综合改造，对周边原有城中村土地、工业用地进行功能置换，大力提升商务办公、商业服务、高品质居住功能用地比例，进一步将该地区打造成为城市总体规划所确定的市级商业副中心。

3.3.2 整合城市公共空间

3.3.2.1 枢纽地区一体化设计

汉口火车站地区是铁路客运枢纽与城市商业副中心的结合点。从城市基地文脉、周边环境、生态景观、交通组织、服务配套出发，提出了“编制网络——接驳交通”、“整合区域——聚合功能”和“提升生态——传承文脉”的一体化建设思路(图2)。

图2

(1) 以交通枢纽和换乘车站为节点，将其他公共交通方式(地铁、汽车站)或私人交通方式(停车场、出租车站)相互联系及转换，形成交通网络，并将交通网络锚固在交通枢纽和城市结构中，达到减少换乘，稳定网络的目的。

(2) 整合南北功能，联动发展。整体设计交通枢纽功能与城市功能的集约化、复合化接纳，将枢纽区域空间植入相应城市生活服务功能，使汉口火车站地区成为二环线与中环线之间强有力的枢纽核心及城市门户。

(3) 传承城市文脉，整合生态绿化，通过集约利用功能空间，形成大面积站前绿化公共空间，结合区域整体形态塑造，打造独具有近代汉派性格的站前公众交流空间，营造城市生态文化T型台。

3.3.2.2 交通综合体——建筑与城市的接驳器

将汉口火车站枢纽由过去单一平面交通集散式向着集中布局、复合衔接、立体换乘等方向发展，接驳多种交通方式，形成以针对换乘提供服务功能为主体，以多种城市服务功能为外延的多功能城市综合体。

站区除了与公路客运、市区公共交通、城市轨道交通设施综合衔接外，还包含酒店、商业、办公、邮政服务、大型停车场等公共设施。旅客通过规模达9hm^{2}的地面绿化景观广场或地下空间便捷地、全天候地在各个功能间换乘，实现了建筑空间与城市空间有机的融合。

3.3.2.3 地下空间的复合利用

利用现状人防地下空间进行了全面改造与扩建。将绝大多数交通换乘功能设置在地下空间内，如出站地道、社会车辆服务区、出租车服务区、商业服务、管理用房等(图3)。

(1) 契合站房改造后的客流组织

结合站房“上进下出”的客流组织模式，既从广场地面进站，从地下一层出站，出站口位于售票厅地下一层，直接连接南广场地下空间，南广场地下空间现状为家具城，具备改造利用来满足客流疏散和换乘的条件。

图 3

(2) 实现车站立体化的综合交通换乘模式

旅客出站口设在地下一层，近期即将建设的地铁 2 号线和远期规划的地铁 7 号线在南广场地下交汇，在现有地下空间内部布置铁路与地铁、出租车、社会车辆、公交的换乘空间，大大缩短旅客换乘距离，避免人车交叉干扰，快速疏散客流，实现立体的、无缝的综合交通换乘模式。

(3) 充分利用地下空间有效提升地面景观形态

将大量交通换乘功能和配套服务设施由地面转移至地下，缩小了地面设施占地，增大绿化面积，丰富景观形态，有效地改善现有地面绿化面积偏小、景观形态单一的状况，从而在改善功能的前提下提升整体站区开敞空间的景观性、生态性，强化其城市窗口形象地位。

(4) 凸显集约化用地的整体设计原则

通过对地下空间的综合利用，整合原有用地资源，可以集约化使用土地，在提升区域功能、改善城市景观的同时，兼顾经济、社会、环境多方效益。

3.3.3 梳理城市交通功能

3.3.3.1 换乘方式人性化

以交通功能为先导，体现“快进快出”和“顺畅便捷”的换乘设计要求，力图让各种换乘流线简捷、清晰，实现人性化的换乘。一方面，通过高架候车层、地下出站地道和地铁、地面车辆下客点、地下车辆上客点、专用通道、地下过街等方式缩短流线，减少出站旅客的步行距离。分析旅客不同的进站方式，设置相应的迎接方式，使旅客以连续的节奏进站，满足旅客不同的需求，力求做到“零距离换乘”。另一方面，市域和市内的各种交通方式到达汉口火车站地区的客流，全部利用站前区域的绿化景观广场和其下方多达 2 层的地下空间进行换乘，具有生态、人文气息的城市开敞空间和地下完备的商业服务功能为旅客提供的地域性的心理体验和舒适的配套服务。

3.3.3.2 交通系统立体化、无缝化

为保证不同交通形式的独立性，减少干扰，提高运行效率，在站区外围以道路高架和下穿的方式，让城市道路与铁路各行其道，降低了铁路对于周边土地的割裂效应。在站区内部，充分利用立体空间，通过一体化的交通组织，使车站融入城市交通网络，与轨道 4、7 号线、地下步行通道、公交、出租车等形成联运体系。为车站在地下直接与地铁站相接，地下出站通道直接导引至地下出租车、停车场和地面公交换乘站点，车站成为城市步行系统的一部分。有效疏解地面和周边街道压力，克服过去站房广场与市内干道交接处的“瓶顶”现象(图 4)。

3.3.4 构筑城市景观环境

3.3.4.1 集散与公众服务——城市广场

与国内外新建的综合交通枢纽不同，原汉口火车站作为 1990 年代建成的规模、格局并不落后的车站，具备较好的改造基础，拥有超过 9hm^2 的站前广场、地下人防空间和周边较完整的广场围合界面。利用这些元素，进行一体化的城市空间设计，引入生态化的广场文化景观，设置与地下换乘设施密切衔

图 4

接的接入点，提升广场围合界面的公众服务机能，将原来仅具备平面换乘集散功能的交通型站前广场，彻底向周边城市空间外延，成为完全融入城市的，具备交通集散功能的、可供市民自由交流、休憩的开放型城市广场。

3.3.4.2 城市记忆与风貌协调

综合交通枢纽地区的文化特征源于它的城市开放空间属性和明确的地理区位归属。依据武汉铁路枢纽三大站区不同风格的定位，汉口火车站建筑造型力求传承原汉口火车站百年老站房的文脉，因而区域城市空间也与站房建筑保持协调。风貌上突出表现汉派文化内涵，以“汉口印记，都市森林，和谐景观，城市舞台”为定位，遵循“装修为主、建构为辅、集约利用、整体和谐”的原则，对整个枢纽地区的城市形态进行统一设计，使这一地区成为唤醒城市记忆，体现城市文化的城市公众开放空间（图 5）。

图 5

4 结语

通过汉口火车站地区的整体城市设计实践，笔者认为，在综合交通枢纽区域建设中引入城市设计的原则和方法，综合研究城市土地、交通系统、建筑、绿化景观等各种城市形态构成要素，有助于促进城市土地的高效利用，建立完善的城市交通体系，整合城市地面、地下空间，塑造具有地域特色的城市景观环境，增加城市空间的活力，充分发挥综合交通枢纽建设对城市发展的推动作用。

参考文献

[1] 郑德高，杜宝东. 寻求节点交通价值与城市功能价值的平衡——探讨国内外高铁车站与机场等交通枢纽地区发展的理论与实践 [J]. 国际城市规划，2007 [1]：72～76.

[2] Wayne Attoe，Donn Logan. 美国都市建筑—城市设计的触媒 [M]. 王肋方译. 台北创兴出版社，1994：82.

[3] 曹小曙，张凯，马林兵，闫小培. 火车站地区建设用地功能组合及空间结构——以广州站和广州东站为例 [J]. 地理研究，2007 [6]：1265～1273.

[4] 卢济威. 论城市设计整合机制 [J]. 建筑学报，2004 [1]：24～27.

[5] 李传成. 交通枢纽与城市一体化趋势——特大型铁路旅客站设计分析 [J]. 华中建筑，2004 [1]：32～41.

[6] 王一. 从城市要素到城市设计要素——探索一种基于系统整合的城市设计观. [J] 新建筑，2005 [1]：53～56.

[7] 武汉市城市规划设计研究院，荷兰 ARCADISG 工程咨询有限公司. 汉口火车站区交通及景观综合规划，2007.

注：原文刊载于《城市规划》2009 年第 8 期。

迈向21世纪：人居环境的未来
——浅析现代人居环境的普遍问题和应对措施

卢斌　熊向宁　张翼峰

（武汉市城市规划咨询服务中心）

提　要：通过对武汉市居住区人居环境现状的研讨，剖析在设计理念、景观创造、功能配置和市场定位以及后期管理方面存在的问题，从而提出未来人居环境的展望和创造，以体现人居环境的“人本主义”思想和可持续发展的理念。

关键词：人居环境；误区；对策

在历史的转折点比在任何其他时刻，我们会更多地看到历史被创造或者进程被压缩。

——题记

1　引言

在城市进程日益加速的今天，到处上演着城市发展的“新住宅运动”。城市的成长体现了现代社会文明的发展脉络，特别是城市住宅的建设发展经历了“温饱”向“小康”的演变，人们的居住观念发生了很大变化，追求居住生活的内在品质已成为大家关注的热点，住宅的开发建设从而进入了一个理性化的时代。

居住区的规划也从以往单纯注重住宅内部功能的设计，转移到对居住区整体功能及生态环境的可持续发展的探讨；在追求“天人合一”自然观的同时，注重居住文化本质的溯源，特别是在全球经济一体化与文化多元化的大背景下，居住区规划如何确立既复合中国特殊国情又能彰显本土文化特点的形式、风格和设计理念已经成为亟待解决的问题。行之有效的方案是吸收本土生态环境观的精髓，为当代设计所用。规划首先要考虑的是如何与城市的品位，周边的环境相协调，而不是一味地彰显个性。综观武汉市目前的居住区开发现状，风格独具、个性张扬的建筑比比皆是。但把它们置身城市和周边环境的背景之中，往往显得突兀、不协调。为了对人居环境的规划进行正确领导，需要加强对“人本主义”的认识和研究。

2　目前住宅开发中普遍存在的误区

2.1　设计风格的迷失

目前规划设计普遍存在追求完美构图和空间感觉，过分迁就开发商的要求，炒卖点，炒热点，如“围合风”、“欧陆风”，这反映了城市建设由低级到高级过程中，对外来建筑文明的一种憧憬，但急于简单地满足这种需求，就会导致各种建筑元素堆积，使城市建设充斥着某种病态的建筑环境。而且这种忽略地域文化及地理特点的开发，会造成从南到北城市小区景观雷同，毫无地方特色。

另外，照搬国外和南方一些设计手法也是目前规划设计中普遍存在的现象，这样做可能会产生轰动效应，也可能会造成水土不服。但不考虑本土化的需求特征，不考虑本土需求的文化、经济特性的规划设计，最终结果往往不佳。开发商要想成为市场的主流，必须加强对地域环境和个性需求的研究，充分考虑本土的环境、日照分析以及气候的要求，在宏扬个性的同时兼顾传统和现实。

有些开发商总在困惑这样一个问题：总是在追赶潮流却又常常陷入落伍的尴尬境地，房地产跟风的大有人在。某些产品在某一段时间可能大受欢迎，但过一两年就成为明日黄花，特别是环境景观的建设。因此，为确保项目的开发建设符合未来市场的要求，项目的前期策划对规划设计至关重要。它关系到与未来消费者需求是否基本吻合的问题。只有认真研究市场并根据市场需求与竞争的状况开发出来的产品，才有可能赢得消费者。

2.2 环境景观功能的不当

景观达到某种水准的住宅可以成为人们表达社会情感的重要形式。但目前许多小区的设计在一些设计方向上有失偏颇，往往只注重建筑摆放的图案美，而轻视居民真正感受与体验的场所设计，没有去探求如何实现空间的宜人性。如有的小区流行搞大广场、大绿化，一味引进昂贵而娇气的进口草皮，其弊有三：一是高标草地只能让人观赏，而无为人提供自由的活动空间；二是投入的商业效益失衡。据统计，乔木和草坪投资比例为 1∶10，而产生的生态效益比为 30∶1，每棵树木每年可吸收二氧化碳 16t、二氧化硫 300kg，产生氧气 12t，滞尘量可达 10.9t，蓄水 1500m^3，蒸发水分 4500～7500t。在夏季，树林比空旷地气温低 3～5℃，冬季则高 2～4℃，一棵树一昼夜调温效果相当于 10 台空调机工作 20 小时；三是从“舒适”和“亲切感”的角度看，室外空间尺度过大，会形成缺乏“人性”的、空洞的消极空间，在日常生活中的实际功能不大，使用效率偏低。

环境景观建设不应是设计理念和美学原则的苍白探讨，尤其是要杜绝形式主义和唯美主义的硬质景观堆砌，其建设内涵应是处处以人为本，注意人的尺度，营造亲切的人性空间，追求空间设计与行为需求的契合，表现出质朴、自然、清新现代人居氛围。

2.3 经济效益与环境效益的失衡

城市建设的步伐在不断加快，但总感觉开发出来的楼盘差强人意，项目品质得不到大的提升，一个重要的原因是开发商太注重经济效益。从某种程度上来说，容积率决定居住环境的品质。过分追求容积率的极大化，就不可能创造出好的居住环境。有些开发商为了多卖房子，人为地违背指标要求，可是往往事与愿违。事实上提升整体居住环境得水平，一样得可以带动房价的增值。

2.4 缺乏后期物业管理

随着一处处新小区的“闪亮登场”，业主对物业公司的投诉量也迅速增长，业主和物业公司之间的关系是“剪不断，理还乱”。物业管理中法制观念不强、管理不规范；以管理者自居，服务意识不到位；管理手段、方法落后等现象较为普遍。事实上，开发商在酝酿某一项目时，就应该清楚地认识到，早期自身的完善和提高比早期市场的扩展更重要。客户购房不仅是需求一间房子，而是今后一生的生存状态和生活方式，因此在项目规划设计阶段提前介入物业管理，提供度身定做的物业管理服务，并从用家角度提出设计合理性建议，对树立楼盘的品牌更为有利。

3 居住区开发中应采取的对策

3.1 与城市融为一体

城市规划离不开地域文化的承袭、自然环境的契合。规划设计应在兼顾地域文化、人文、历史、社会等背景的前提下，有特色、有取舍地进行；应在与原有地形、地貌、植被达到和谐、统一的前提下，将建筑设计、环境绿化和道路系统三者完美地结合在一起，把地块周边人文和城市环境景观“拉”进来，做到外景内看，资源共享，为住户营造一个自然、舒适的生活环境，使小区沿城市肌理发展，有机融入城市。

同时，城市小区的建设应注重与城市景观的对接及城市空间的递进关系，必须站在关爱城市的高度来考虑。既要考虑小区内居民的需求和环境建设，也要考虑行人的感官和对城市整体环境景观的协调与融合。正如吴良镛教授在其《人居环境科学导论》中对人居环境设所述：每一个具体地段的规划与设计，在每一个特定的规划层次，都要注意承上启下，兼顾左右，把个性的表达与整体的和谐统一起来。即只有将个体特征汇入城市整体特征中，才能营造一个有机、和谐、互动的城市整体空间景观。图 1 为武汉东湖钓鱼台，规划充分利用了东湖天然水景优势，将开发单位与城市整体有机地结合起来，创造出独特的“亲湖性”景观。

图 1

3.2 规划设计中应突出人性化

目前居住环境的景观设计已不是一度追求张扬、噱头的硬质景观和廉价做作的“艺术”氛围，而是从使用者的需求出发，融汇现代居住区的先进理念，体现环境简约、休闲、生态的设计风格。

小区的环境要为整个大社区的文化氛围服务，要更多地关注不同属性的空间层次感，重视特色场所的营造，加强多用途的绿化开敞空间的建设，充分考虑人车分流与环境安全等因素。在住区内培育关爱、交流的社区文化。通过景观尺度的小型化、近人化创造出丰富多变的景观效果，同时大量半私有和公共空间合理分布，将非常有利于住户在社区的优美环境中拉近彼此距离，进行充分的人际交流。图 2、图 3 为武汉万科四季花城，从儿童游乐地到小区的休闲坐椅，尺度的处理让人有平等交流、邻里和谐的感觉。

图 2

图 3

3.3 建筑风格应体现健康居住的理念

从生态和健康居住的理念，以及从后 SARS 时期人们价值观、审美观的变化等多种因素考虑，住宅的建设应依顺地势，力争建筑与自然有效结合的合理性会多方面给人类以保护，不是人为改造而是更多地利用自然界给予的条件，注意绿化与主导风向的组织，通过一系列“生态”技术的运用克服建筑可能对“健康”与“舒适”造成的不利因素。同时重视人在城市空间环境中活动的心理和行为，创造满足多样化需求的理想空间。

武汉“丽岛花园”位于武昌区南湖北岸，是武汉市近年来现代居住健康文明的代表之作。其成功之处在于对周边环境的充分利用和对生态居住的深刻理解，以及从提高生活质量与舒适度的角度出发去实现“健康”住宅问题。其规划理念就是追求在原生态环境中创造健康的现代都市生活(图 4、图 5 为丽岛花园照片)。

图 4

图 5

3.4 注重后期管理

物业管理市场是一个特殊的商品市场，市场竞争的焦点已经逐渐由管理、服务和价格等较为单项的竞争要素，逐步转向企业综合实力的竞争，集中反映为品牌的竞争。良好的品牌不仅有益于弥补和完善开发商的信誉和形象，而且使小区本身更具有吸引力。在美国，物业管理已成为城市建设和管理的一个重要产业。一些有着优秀管理经验的物业管理公司，他们的服务领域会根据社会化需求无限扩展，如在美国物业管理行业排名第一位的世邦魏理仕，它的管理范围延伸到医疗、IT、教育、证券以及高科技企业等各类物业。这就对物业管理公司提出了很高的技能要求，要求物业公司既要具备有效的管理手段，同时还要具备跨领域、全方位的专业服务能力。

一个小区，从设计到开发再到后期的物业管理，它们之间的联系是有机的。前期设计应为后期的管理留有足够的空间，武汉“百步亭”小区就是成功的例子。

“百步亭”小区位于武汉市总体规划中最大的后湖居住新区南端，是武汉市最大的安居示范花园社区。其成功的关键不是用了多少好的材料、做了多么精致的景观，而是其人性化的管理。仅用5年时间，依托物业管理，创新出建设、管理、服务“三位一体”的社区管理模式，使该小区成为武汉市民认可的“绿色社区、温馨家园，安全港湾”。在这种情况下，有着良好品牌和公众形象的物业管理企业，凭借其品牌的强大发散力和文化力去赢得消费者和社会公众对品牌的认同和亲和，必然会在激烈的市场竞争中占据主动，先人一步抢占市场份额(图6、图7为百步亭小区照片)。

图6

图7

因此，怎样营造新型的邻里关系，如何考虑不同年龄层次的需求活动点，建立一种亲密的具有向心力的邻里关系是值得开发商深思的问题。

4 结语

居住区建设的可持续发展是我们一直追求的目标，“人本主义”的居住区理念呼唤生态健康的住宅，因此，小区开发要树立以人为本思想，在综合经济效益、社会效益的情况下，在市场调研的基础上，将用户的需求贯穿到项目的规划设计之中，在住宅、环境、物业管理等各方面切实做到关心人、体贴人，营造“家”的氛围，培养邻里关系，让用户感觉到不仅仅是购买了住房，而是进入了一个充满爱心的社区。

（本文根据 2003 年 8 月召开的“武汉市人居环境研讨会”有关材料整理形成，在此对与会的有关专家表示衷心的感谢。）

参考文献

［1］ 吴良镛. 人居环境科学导论. 北京：中国建筑工业出版社，2001.2.

注：原文刊载于《规划师》2003 年第 11 期。

四、历史文化名城保护与旧城更新篇

旧机场用地再开发的规划前期研究探析
——以武汉王家墩机场为例

刘奇志[1]　于一丁[2]　程明华[2]

（1. 武汉市城市规划管理局；2. 武汉市城市规划设计研究院）

1　机场外迁背景及其遗留问题分析

随着航空事业的日益发展，机场已成为现代城市的重要组成部分，国外一些大城市如纽约、伦敦、巴黎、莫斯科等，民航机场已多达3～4个。我国机场建设则起步较晚、主要集中于20世纪的三个发展阶段，一是抗战时期，机场建设以军事用途为主；二是建国初期，由于国家建设的需要，各地建设了一批军用、民用及专用机场；三是改革开放后，尤其是1990年代，随着我国经济的持续稳定增长，民用航空得到了快速发展，国内建设了大量的民航机场及军民两用机场。受当时的条件限制，在前两轮机场发展阶段中所建设的许多机场都距离市区较近。近年来，随着我国城市规模的迅速扩展，这些过去原本位于市郊的机场现已逐渐为城市所包围，市区内不断增高的建筑物自然会对飞机的飞行安全带来一定的影响。为确保机场飞行安全，航空安全管理的相关规定要求，各机场必须在其用地周边划定净空限制区，严格控制建构物高度，以保证在净空限制区内没有飞行障碍物，这无疑又会对机场周边城市建成区的发展带来极大影响，如武汉王家墩机场(图1)，飞行净空对城市的影响区域达100km^{2}左右，汉口的主要城市商业区及发展区均在其控制范围之内。此外，现代飞机的巨大噪音特别是沿飞机起飞，降落方向的噪音也给城市居民的日常生活带来严重干扰；而现代日益发达的通讯网络及手段则更是严重威胁着市区机场的通讯安全。因此，搬迁位于市区的机场，尽快解决机场与城市发展之间日益严重的矛盾，已成为各有关部门的共识。据不完全统计，至2000年，全国有14个城市提出了搬迁位于市区各级机场的

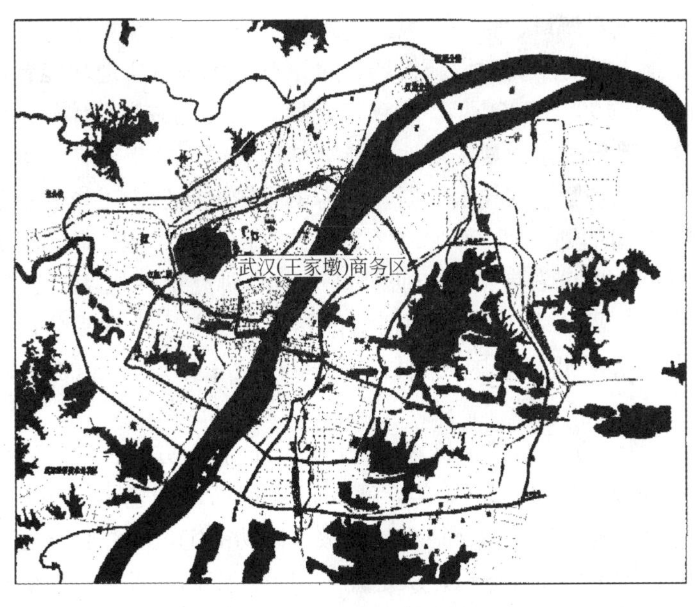

图1　武汉王家墩机场区位

设想。2004 年 6 月 28 日，广州白云机场已正式搬迁至花都，据悉南京市亦正积极准备搬迁位于市区南部的大校机场。

搬迁市区机场，确能为城市腾出较大用地，提供良好的发展空间，但是，由于机场地区长期以来独立于城市系统发展，遗留下不少问题，倘若不提前进行规划研究，盲目在旧机场内进行大规模的城市建设，则同样又会给城市带来一些新问题：

(1) 在已是建成区的旧机场内实施大规模、“突变”式的建设，势必对城市现有功能与系统造成冲击，诸如商务区、商业区、博览会展等大型城市公共中心的建设必然会打破旧的城市经济秩序，与城市原有类似功能形成过度竞争关系。

(2) 机场内大量的划拨用地迅速走向市场，对城市现有的土地市场自然会形成一定的压力，尤其会对机场周边的原有项目形成压力，处理不好则会造成建设资源的浪费。

(3) 由于机场及其周边地区长期以来为建设控制区域，因此该区域的建筑与人口密度相对其他地区是最低的，但随着旧机场的建设，则该地区有可能变成全市建设强度最高的区域，对周边地区乃至于全市的道路交通、市政基础设施及生态环境都将可能产生较大的影响。

2 王家墩机场用地规划过程的回顾

王家墩机场，原为城市边缘的旧军用机场，但历经几十年的发展，其现已成为紧邻城市二环线、南距市级商业中心仅 1km 左右、位于汉口城区的中心地带、具有重要交通区位和较高用地价值的地区。近年来，随着城市的不断发展，机场逐渐为新建成区所包围，造成出入机场的交通拥挤，飞机的飞行安全受到威胁。同时，机场飞行净空的限制，使其成为武汉市西北方向城市发展的屏障，严重制约了城市的空间拓展。自 1980 年代起，就有人大代表提案要求考虑将机场外迁，至 1990 年代，武汉市城市总体规划修编时，针对当时的城市发展与功能需求，正式提出了搬迁王家墩机场，建设面向华中地区的金融、博览中心的设想。这一设想经国家批复同意，王家墩机场的搬迁与建设被正式提上了政府的议事日程。

1997 年起，武汉市对王家墩地区的功能定位进行了多层次的研究，其主导功能由原来的博览中心延伸为服务武汉现代制造业及企业地区总部办公为主导的现代商务区，规划方案经历了前期工作、商业策划、专项研究、国际咨询与方案综合等阶段。

(1) 前期工作阶段——1997～1998 年，为了研究机场搬迁模式，稳妥有效地进行机场搬迁，武汉市积极与各有关方面沟通，通过对海口、青岛、大连、郑州、柳州等地机场搬迁与规划工作的考察，提出易地建新机场的方案，由地方政府出资建设新机场，对原有机场进行用地功能置换。

(2) 结构性规划阶段——1999～2000 年，武汉市规划院在深化城市总体规划的基础上形成王家墩地区建设的结构性规划，初步确定王家墩地区用地功能与结构布局，并提出在王家墩地区建设商务区的概念。该阶段成果作为政府对机场搬迁的技术依据，成为王家墩地区后来工作的基础。

(3) 商业及发展战略策划阶段——2000～2002 年，武汉市先后组织了政策研究、规划、房地产及市政公用设施等部门进行王家墩地区发展策划与研究，进一步研究论证机场搬迁与商务区建设的运作模式、规划策略与政策措施。2002 年 5～8 月，邀请了世界著名的美国麦肯锡公司、普华永道财务公司就机场开发进行商业策划与财务分析，从国际视野进一步讨论王家墩地区的开发建设思路和资金运作方案。

(4) 专项研究阶段——为了进一步论证机场搬迁后的土地利用方式、功能定位与结构布局，确定该区域道路交通、生态绿化等技术标准，2003 年，武汉市规划局组织邀请了中国城市规划设计研究院、英国阿特金斯、香港泛亚易道等设计机构分别对王家墩地区功能定位、综合交通、生态及空间景观等专题进行研究。三家单位通过大量的类比分析，从定性、定量、定标准等多层面确定王家墩地区建设的专项目标，并成为下一步国际咨询的基础技术支撑。

(5) 国际咨询阶段——2003年9月，武汉市邀请了美国SOM、德国OBERMEYER、澳大利亚DESIGN INC、英国阿特金斯及中国城市规划设计研究院等五家机构进行王家墩商务区规划方案的国际咨询。五家方案各具特色，在功能布局、空间形态、交通组织等方面各自提出了不同的理念，总体上综合反映了现代商务中心区的普遍理念。如阿特金斯公司提出了在商务区建立“交通输配环”的概念；SOM公司方案强调规划的平衡性，建构可生长的高效能城市空间等等，为下一步的方案综合提供了非常有益的创意。

(6) 方案综合阶段——2004年初，武汉规划院在综合王家墩地区的前期研究、国际咨询的基础上，结合评审专家意见，对五个国际咨询方案进行了深入研究，并从王家墩地区的城市发展目标、功能定位、建设规模、道路交通、市政基础设施、起步区及启动项目策划等相关层面进行分析，提出具有城市特色、可操作性强的综合规划方案。2004年12月，王家墩商务区综合方案经专家审定并报市政府批复同意，总体规划工作基本完成(图2～图4)。

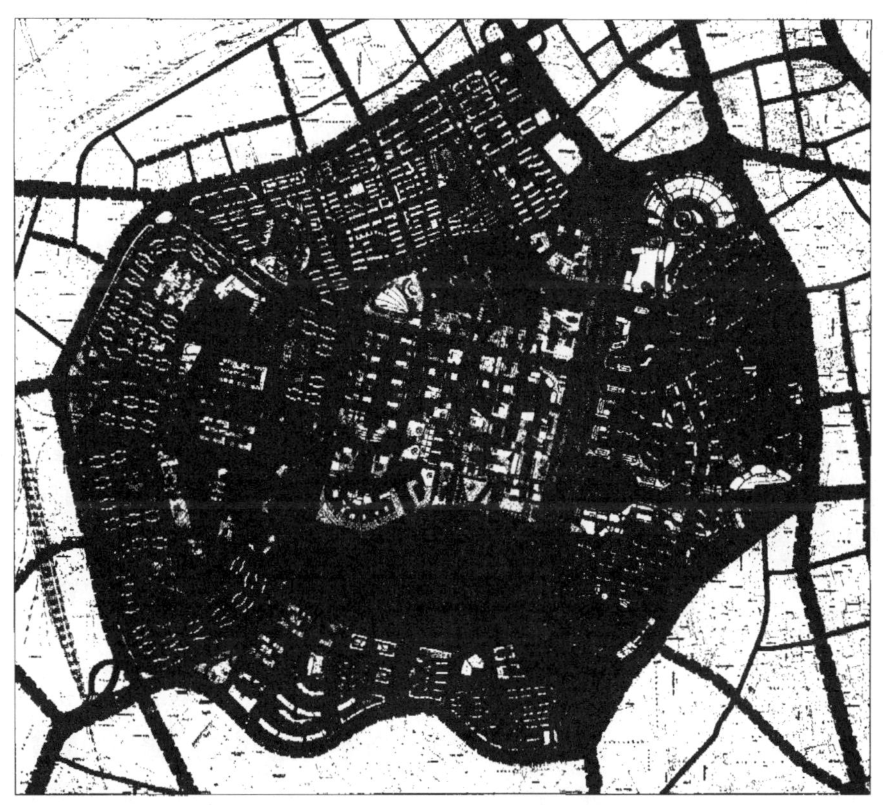

图2　总平面

图3　鸟瞰

图4　夜景效果

3 机场用地规划的主要问题剖析

3.1 明确规划用地的功能定位

旧机场用地规划的特点是用地和建设量大，建设功能集中，建设周期短，往往在5～10年内形成“突变”式发展，对原有城市类似功能造成较大冲击。因此，旧机场用地的功能定位显得尤为重要。为此，在前期规划阶段，应重点对旧机场用地功能定位、空间形态以及建设规模等方面进行研究，并根据城市发展战略，明确其发展目标，近期建设要点和远景发展轮廓。如武汉王家墩地区，总用地面积约7.4km²，规划建筑总量可达1500万m²，如果其中1/3用于商业金融及商务办公等设施(即500万m²)，其功能将与汉口江汉路、航空路、建设大道金融街，及武昌、汉阳商业中心等城市原有商业和商务功能产生较大的交叉和重叠，而且，这样大的建设量将对城市其他功能产生持续的、强烈的影响。

3.2 衔接旧机场与城市交通的相互关系

相对其他区域而言，机场用地的交通条件往往具有两面性，一方面作为城市交通枢纽，该区域外围交通具有较好的可达性；另一方面机场作为城市建设的禁区，内部道路独立发展，周边道路网为了避让机场，致使线型曲折迂回，形成制约城市交通的“瓶颈”，同样外围已趋饱和的城市干道又反过来制约了机场内部的路网及用地结构。因此，在旧机场用地规划中，不仅仅要解决好用地内部的交通功能，更重要的是研究规划用地在城市系统中的交通职能：一是要通过对交通现状的评估，提出解决旧机场地区与城市交通良好衔接的交通组织方式与发展策略；二是根据规划区域的功能定位，从大系统上研究旧机场交通的组织模式与建设标准；三是研究机场及其周边用地公共交通规划发展策略与规划要点。

3.3 加强城市生态与环境景观研究

机场作为城市建设控制区域，原本具有良好的绿化环境，成为城市生态链上不可或缺的一环。在旧机场进行大规模的城市建设，将带动其周边数十公里的建设与改造，不仅对城市未来的天际线与城市景观产生较大影响，而且其巨大的人类活动会造成城市新的生态负荷。因此，在规划前期进行该区域城市环境、城市景观以及生态发展策略等方面研究显得尤为重要。

4 对王家墩机场用地规划的研究与解读

为了准确把握王家墩旧机场地区的发展方向，武汉市做了长期的、严密的研究和论证，并多次组织国内知名的CBD建设专家与境内外知名的设计、咨询公司进行顾问咨询。最终形成具有较强可操作性的规划思路。

(1) 通过对武汉市以及王家墩地区发展条件的研究，中国城市规划设计研究院分析认为，武汉作为华中地区首屈一指的中心城市，毫无疑问应担当起带领中部城市群走向中部崛起的历史使命，应该具有发展区域性商务中心区的条件。武汉市城市规划设计研究院通过对城市整体发展趋势的研究认为，当前在我国城市特别是像武汉这样一个特大中心城市的发展中，都面临“城市中心功能空心化”的问题，即中心区住宅用地及居住人口数值不断增大。虽然近年也相应地增加了绿地、商业等公共用地的供给量，但在城市中所占比重已越来越小。武汉和国内大多数城市一样还处于城市对人口吸引态势的过程中，城市人口越来越多，从而对住宅的需求也越来越大，对城市其他功能的损害和侵蚀就越来越大。若规划不干预这种市场自发过程，则将来的城市就有可能变成一个大居住区，这就导致无法再谈一个城市在“区域”当中能扮演什么角色。毕竟城市在区域中的地位和作用是靠其各种功能和设施的强弱来决定，而不是仅仅依据城市有多少人口来衡量的。因此，武汉市应利用王家墩机场搬迁改造的契机进一步提升城市机能，建设金融、商贸、博览等功能用地，形成武汉中部崛起的经济支点。

(2) 从城市经营的方面看，不仅要发展房地产业，改善城市的居住水平，同时还要考虑到城市大量非赢利性的设施，如会展、贸易、博览中心，从经营上来看它们可能都是不赢利的，但在那里可以集中很多信息，形成信息流，从而产生资金流、人才流等，形成汇聚效应。正如在居住区域建设公园和绿地一样，这种投入不仅可以改善该地区的环境质量，还可以使周边土地升值，有利于吸引开发商对这一地区进行长期和合理的投资。王家墩商务区建设同样坚持这一城市经营理念，形成一般老城区难以比拟的以服务生产性要素市场为主的功能链。规划总体建设目标突出了商务和商贸的主导功能，在建设时序上近期立足华中地区，利用区位优势努力吸引国内的一些大中企业和高新技术企业的总部、分部加盟，并逐步形成以国内和区域商务办公为主的兼有国际商务活动的综合商务区。

(3) 武汉市城市道路系统具有鲜明的特点，受长江、汉水等自然因素的影响，城市干道主要为顺江和垂江交通走向。由于机场的存在，阻隔了原有城市系统的通畅性，阿特金斯公司在研究全球商务区交通的基础上，提出了在王家墩地区建立“交通输配环”的概念，在商务区内部形成全天候立体化的功能网络，同时也能更好地与城市系统相衔接。武汉市城市规划设计研究院研究认为，作为新的城市中心，王家墩地区的交通体系不仅要服务于商务区内部高效便捷的交通需求，同时必须能服务于城市大的系统，与城市交通肌理融为一体。因此，规划优先确定顺江交通与垂江交通相交的“十字形城市主干网系统”，其纵轴连接天河国际机场至武汉新区，以全程高架形式穿越王家墩腹地，形成城市快速干道系统和全开放式高架景观路。横轴对建设大道(青年路—汉西路)裁弯取直，西与南泥湾大道相接，形成与长江、汉水平行的顺江交通系统；该道路贯穿王家墩商务核心区，与地铁出入站、地下停车库、高层建筑的地下空间相衔接，形成地下综合空间体系(图 5)。规划依据外围城市干道系统，连接北湖西路至长丰大道、航空路至汉西火车站、双墩至常青路等干道系统，从而形成王家墩地区“两纵三横”的交通格局。该路网确保了商务区路网体系与城市系统的有机衔接，形成有机的城市肌理。规划鼓励公共交通，尤其是大运量的轨道交通穿过商务核心区，为规划新区提供高效的进出口，使得机场内部与外围交通有更便捷的衔接。

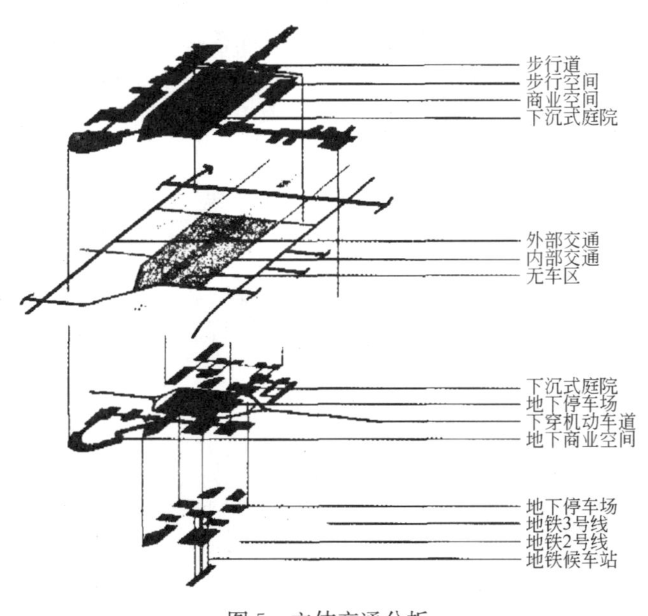

图 5　立体交通分析

(4) 武汉因水而兴，素有“百湖之市”的美誉，SOM 公司认为武汉商务区的建设应体现滨江滨湖的城市特色，综合规划从商务区建设的生态角度出发，吸收了 SOM 公司环境理念，结合城市低密度空间建设在王家墩地区南部布置集中绿化水面，水面在空间上与汉江相连接，形成具有生态效用的大型公共开敞空间；规划利用现状建筑渣土在中心区北部堆筑山丘，营造商务区“山南水北”的经典城市意向。同时，规划将王家墩地区的环境建设纳入到全市生态核心体系的打造上进行定位与建设，在王家墩地区建设一个总绿地面积达 1.5km^2 的绿色生态网络，包括建设目前武汉市中心城区最大的开放式公园群和体现地域文化特色的广场群，并通过生态绿化廊道串联汉口“五湖”地区的生态景观资源，形成汉口地区的生态核心，与武昌的东湖生态核心、汉阳的墨水湖生态核心、长江和汉水共同架构武汉的生态核心体系。

(5) 对于机场跑道能否被用作城市干道的主骨架问题，也进行了专题研究，由于机场跑道的设置主要受飞机起飞的朝向要求及当地主导风向的影响呈东北、西南向布置，与武汉城市肌理、道路系统不相符合，因此，最终确定在规划方案里没有利用机场跑道，而是结合街道及建筑物设计，在局部地段保留跑道的历史痕迹。

5　旧机场用地前期研究的启示

21 世纪，在世界经济全球化发展趋势下的大规模城市建设，应该集中全球的智慧与谋略。王家墩机场的规划研究从一开始就体现开放和务实的特点，在政府主导与市场化运作的规划工作思路指导下，采用“1+X”的规划研究模式，立足武汉，博采众长，通过聘请国内知名CBD专家为长期顾问，邀请多家国际知名设计机构开展专题研究并在此基础上展开规划国际咨询工作，吸纳世界商务区建设的最新成果和经验，形成创新，务实和具有可操作性的成果。

王家墩商务区作为国内继上海陆家嘴、深圳福田中心区、北京朝阳CBD之后的又一特大城市中心区开发项目，其建设将有一个长期的过程，如何更加理性地分析与决策建设中的每个问题，必将是一个长期的课题。

参考文献

[1] 武汉市城市规划设计研究院．武汉王家墩地区规划研究报告［Z］．2001．

[2] McKinsey & Company．为武汉中央商务区制定制胜的战略商业计划［Z］．2002．

[3] 中国城市规划设计研究院．武汉王家墩地区综合功能研究规划咨询［Z］．2002．

[4] 侯建国．中国究竟需要几个CBD——访中规院总规划师杨保军［N］．中国国土资源报，2003.04. 22．

[5] 武汉市城市规划设计研究院．武汉王家墩商务区总体规划［Z］．2004．

注：原文刊载于《城市规划》2006年第11期。

快速转型期老工业基地工业用地调整研究——以武汉为例

胡晓玲[2]　徐建刚[1]　童江华[1]　孙鸿洁[2]

（1. 南京大学城市与区域规划系；2. 武汉市城市规划设计研究院）

提　要：本文以武汉为例，通过运用GIS方法对武汉市1993、1999、2004年三个年度工业用地分布的圈层、扇形、环带、轴带特征及其调整过程、各工业片区的用地置换进行分析研究，研究表明，武汉市在快速转型期工业用地从具有江河铁路轴向依赖特征和自然生态分隔的轮辐状布局形态向圈层密集填充和块状集聚，存在近距离搬迁改造现象，原有工业片区缓冲区内工业用地大多置换为房地产用地，并分析总结了老工业基地调整改造中经济体制改革的阵痛、工业郊区化动力不足、工业搬迁的企业行为、交通方式的变革、城市经营理念的缺失等问题，探寻转型期我国老工业基地城市改造的一般规律。

关键词：老工业基地；工业用地；调整；武汉

1　引言

改革开放后，我国城市以解放生产力、复苏经济为主要目，实行城市综合体制改革，第二产业和第三产业中的商业服务业得到迅速恢复，小商品市场建设成为重点；20世纪90年代随着城市土地使用制度的改革，城市土地市场价值得到发掘，同时企业产权制度的改革，促进了企业从仅注重生产的生产型向生产经营型转变(费洪平，1996)，于是中心区用地出现“退二进三”和房地产业的兴起，中心区功能由生产型转向服务型；在国际可持续发展思潮的影响下，在改善城市生态环境和人居环境的呼声下，城市美化运动在全国展开，促成了中心城区污染企业、货运码头等生产设施外迁以及造城、造绿、造广场的热潮；在知识经济、信息社会以及经济全球化的推动下，以高新区和开发区为主要形式的新产业空间在全国普遍推广，中心区CBD等商贸服务空间成为多数城市极力营造的新型商业空间。2000年后十六大报告提出走新型工业化道路，城市制造业的发展重新成为举国上下城市区域发展所追求的目标。

在这个时期我国城市改造过程中，城市功能由生产型向服务型转变，城市产业结构由“二三一”到“三二一”以至二产业与三产业的同步增长，工业用地的规模和空间调整是其引导因素。由于计划经济因素(政府力)在改革初期仍然居主导地位(企业力、市场力薄弱)，全国普遍实行的“退二进三”政策与城市个性、地方性相违背，城市产业同构、地域空间结构趋同，产生很多共性的城市问题。对以工业用地调整为主的老工业基地城市改造的结果及其对城市发展的影响进行及时总结，有利于对未来老工业基地城市改造以及下一波(中小城市)的用地调整政策进行适当修正。

2　武汉老工业基地时空演变特征

2.1　武汉老工业基地的形成

我国老工业基地是指那些在新中国成立前及成立初期(主要是“一五”时期)所形成的对工业化起步产生过重要影响的、门类比较齐全、相对集中的工业城市(费洪平、李淑华，2000)。按照这一标准，武汉老工业基地的形成过程包含两个阶段：①1861年由于汉口的开埠以及张之洞督鄂期间开始的洋务运动使武汉初步具有钢铁、纺织、农副产品加工等近代工业基础，并在20世纪20年代逐步形成较完备的工业体系，在中国工业化和近代化进程中具有较大影响；②新中国成立以后武汉是中部地区钢铁、机械等重工业重点发展城市，全国156项重点工业项目中有7项布局武汉，带动“二五”期间地方工业的大发展，奠定了武汉成为“社会主义工业城市”的布局框架和工业体系基础。

2.2 武汉工业布局格局及时空演变特征

以江河交汇、水网密布的自然格局为基底，武汉工业布局时空演变经历了以下过程，即：

(1) 沿江河、铁路轴带。1861年汉口开埠前沿汉江手工业的发展；1861年后三镇沿长江的租界农副产品加工业(汉口)、冶金、机械(汉阳)、纺织、造纸(武昌)等工业布局；沿铁路据点式，1906年后京汉铁路通车，沿铁路形成谌家矶、硚口的工业集中据点(图1)。

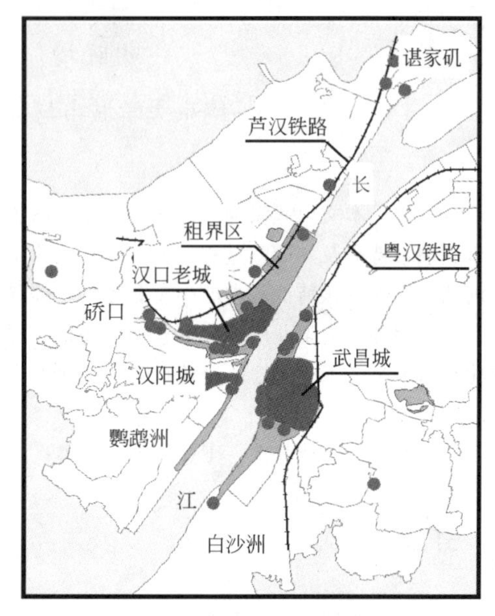

图1 沿江河、沿铁路伸展形态(1949年前)
(注：分散的点为1949年前主要企业)

(2)“江河轴带＋腹地延伸轴”构成轮辐状布局形态。“一五”期间以武汉钢铁厂、武汉锅炉厂、武汉重型机床厂、武昌造船厂、武汉肉联厂、青山热电站等重点项目为主体兴建了青山工业区、钵盂山工业区、答王庙工业区、堤角工业区、白沙洲工业区等大型工业区，“二五”期间中小型地方工业区在沿江河轴带之间形成生长轴向腹地伸展(图2)。

(3)“圈层＋触角”布局。1992年开始，两个因素改变了轮辐状的工业生长形态，一是国家级开发区的跳跃式布局，成为城市区域的生长点，二是各区的经济发展区侵占了已有生长轴带之间的生态空间使得生长过程由轮辐状变为密实填充型。在实施中心区退二进三的功能调整后，工业空间生长形态为“圈层＋外围点轴”状，生长过程成为圈层内填充型生长和触角轴带生长，圈层内呈相对集聚的星状形态，由自然生态楔相分隔(图3)。

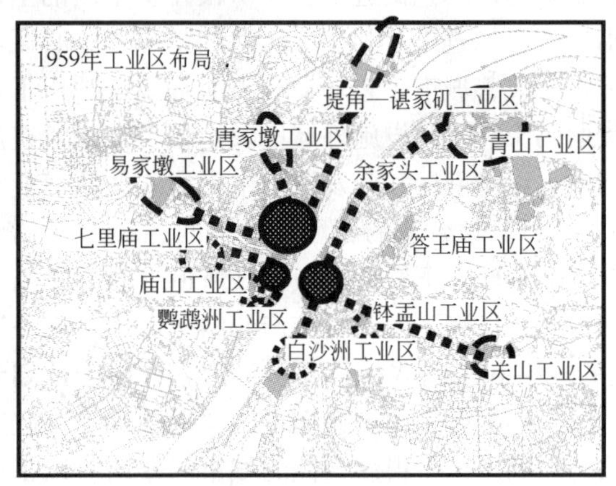

图2 20世纪50年代末轮辐状生长趋势

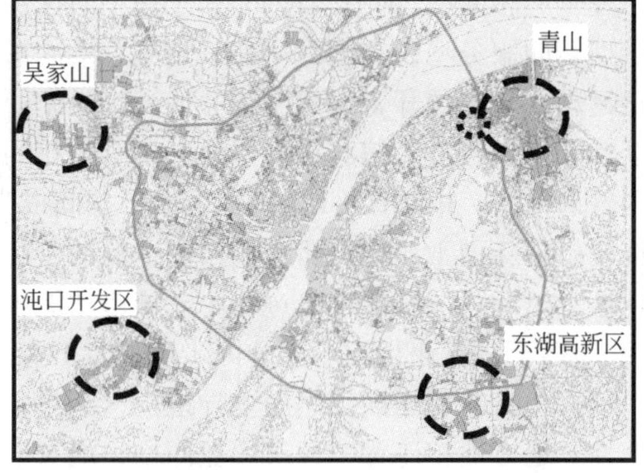

图3 2004年“圈层＋触角”式布局形态

3 快速转型期武汉工业用地调整研究

借鉴国内利用GIS技术对城市空间结构、工业环带和产业带研究的方法(徐建刚等，2006；吴兵等，2002；李晓辉，2005；王锡福，2005)，以武汉市中心城区土地利用现状图为基础，对1993、1999和2004年三个年度的工业用地调整变化的空间特征进行定量分析和研究。

3.1 对工业用地调整变化的圈层、扇区规律的研究

分别选取汉口、武昌、汉阳3个城市中心点(商业中心点)三民路铜人像、阅马场南广场中心、钟家村汉阳大道与鹦鹉大道交叉口连为三角形，找到此三角形的几何中心位于汉阳长江边晴川阁，基本位于武汉三镇的几何中心。以此点为原点作 1000m 外推的环带共 24 圈，基本覆盖武汉中心城区工业用地，并以该点为原点作 16 个均等的扇区，环带和扇区均分别与三个时相的工业用地相切割，分圈层、分扇区分别对工业用地进行统计，得到图 4。

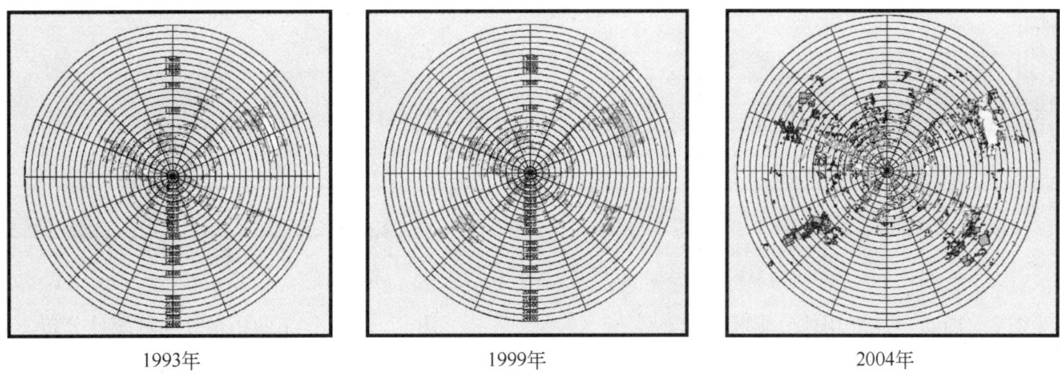

图 4　1993、1999、2004 年工业用地分圈层、扇区分布图

3.1.1　圈层分布特征(图 5～图 7)

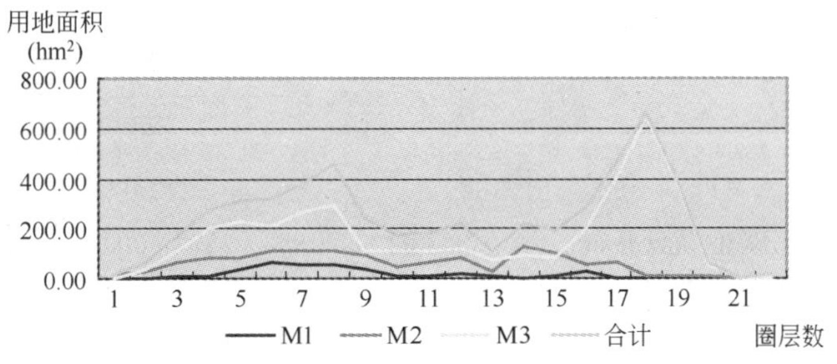

图 5　1993 年工业用地分圈层统计分布

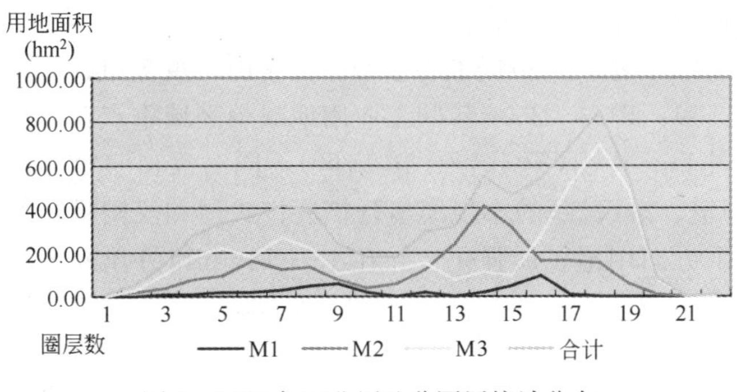

图 6　1999 年工业用地分圈层统计分布

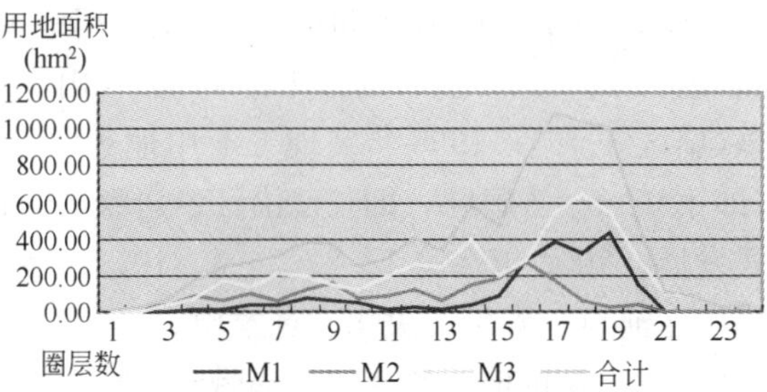

图 7　2004 年工业用地分圈层统计分布

研究表明：

(1) 武汉市 1993、1999、2004 年工业布局圈层特征明显，存在两个集中发展圈层(距中心点 6～8km、16～20km)，前者为中心城区老工业区，后者为中心城区外围大型工业发展区(距中心点 0～6km 为城市中心区，10～15km 为自然生态区，即张公堤—三角湖—南太子湖—青菱湖—黄家湖—汤逊湖—南湖—东湖—罗家港)。

(2) 1993～2004 年间，城市二环线附近的老工业区工业用地逐渐外迁，如唐家墩、中北路、石牌岭、白沙洲、鹦鹉洲、陶家岭、古田韩家墩(位于第 8 圈层)；三环线以外大型工业区包括沌口、关山、青山、东西湖、谌家矶(位于第 16～20 圈层)，是 1993～2004 年期间新增工业用地集中地区。

(3) 1993～1999 年间，老工业区二类工业有所发展，新兴工业区以三类工业的发展为主；1999～2004 年期间，新兴工业区一类工业发展幅度较大；1993～2004 年间，一类工业从老工业区逐渐转移到新兴工业区(如东湖高新技术开发区和武汉经济技术开发区)，用地面积从 $62hm^2$(1993，第 6 圈层)到 $429.44hm^2$(2004，第 19 圈层)。

3.1.2 扇区分布特征(图 8～图 11)

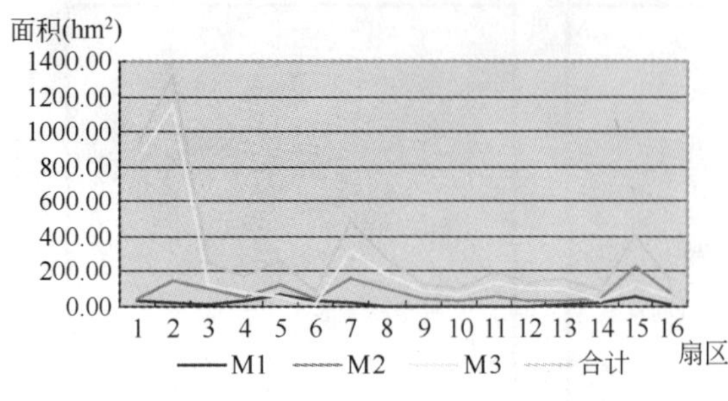

图 8 1993 年工业用地分扇区统计分布

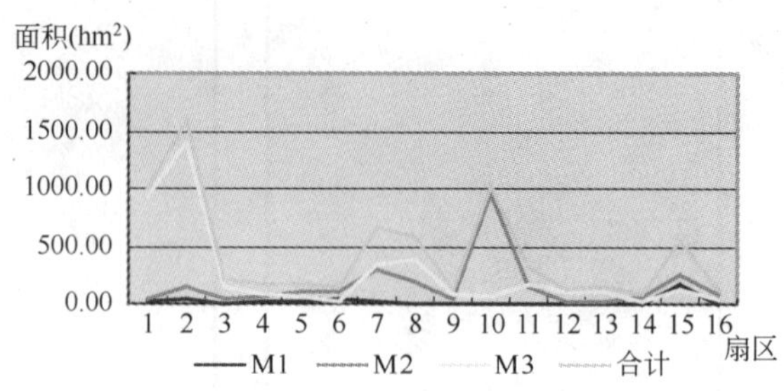

图 9 1999 年工业用地分扇区统计分布

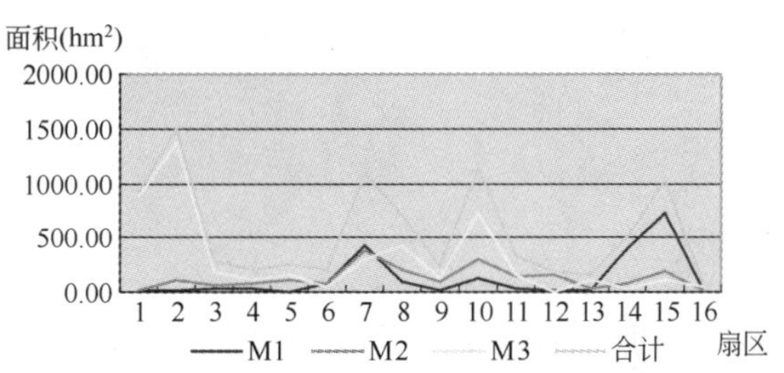

图 10 2004 年工业用地分扇区统计分布

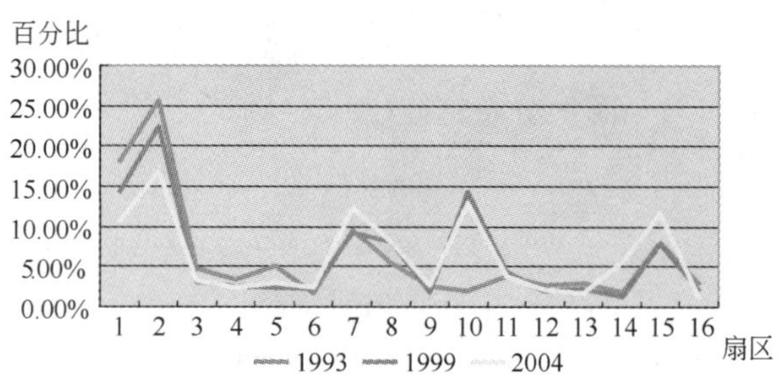

图 11 1993、1999、2004 年工业用地所占比例分扇区统计

研究表明：

(1) 武汉市工业用地扇区分布特征明显，集中在 1～2、6～8、9～11、14～15 四个扇面，5 个扇区工业布局少：扇区 3(长江)、扇区 4(后湖)、扇区 6(机场)、扇区 9(龙阳湖、后官湖)、扇区 13(南湖、汤逊湖、黄家湖)、扇区 16(东湖)，主要为生态保护用地等非生产用地。

(2) 1993～2004 年期间，新增工业用地主要集中在：沿汉江方向如易家墩、吴家山、黄金口、七里庙(扇区 7、8)，沌口(扇区 10、11)，青山(扇区 1、2)；1993～2004 年间工业用地减少区域重点在唐家墩(扇区 5、6)；1999 年突现工业用地集中发展区沌口、青山(第 1、2、10 扇区)，同时汉口三个方向(即第 3、5、7 扇区，即长江沿江、唐家墩、107 国道、沿汉江)的小规模蔓延扩展；武昌和汉阳呈跳跃式发展。2004 年在第 1～2、7～8、10、14～15 四个方向用地扩展强化，并在 13～14km 以外出现工业集中区沌口、青山、关山、吴家山。

3.2 对工业用地调整变化的环带分布特征的研究

长期以来武汉中心城区规划形成三个联系三镇为一体的交通环线：一环线——是武汉市江汉一桥、长江一、二桥以及汉口解放大道与武昌武青三干道构成的城市环线，围合武汉市商业、金融贸易等中心城市功能集中的核心地区(已有)；二环线——由长江南北隧道(规划)、武昌珞狮路、汉口发展大道、汉阳十升路构成的环线；三环线——由汉口张公堤、长江三桥、武昌青王公路、天兴洲大桥构成的环线(基本形成)。

武汉市确定一环线以内地区(Ⅰ)为工业发展严格限制区，是工业外迁的重点，一环线以外、二环线以内的地区(Ⅱ)为工业发展限制区，其他是工业重点发展区域(图 12)。以三个环线对三个时相工业用地进行切割并分别予以统计分析，得到表 1。

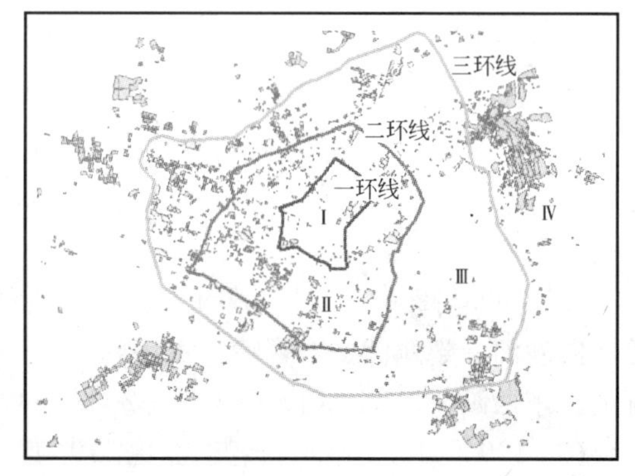

图 12 武汉市区环线示意图

1993、1999、2004年份环带工业用地面积及比例 **表1**

工业用地面积(km^2)	一环(Ⅰ)	一环—二环之间(Ⅱ)	二环—三环之间(Ⅲ)	三环线外(Ⅳ)	全市(中心城区)
1993	2.58	16.98	15.91	17.99	53.45
比例(%)	4.83	31.76	29.76	33.66	100.00
1999	2.32	15.90	18.10	34.82	71.15
比例(%)	3.26	22.35	25.44	48.95	100.00
2004	1.28	11.69	22.55	53.44	88.97
比例(%)	1.44	13.14	25.35	60.07	100.00

环带分布特征：①1993年工业用地主要集中在Ⅱ、Ⅲ环带内，达61.52%，Ⅱ、Ⅲ、Ⅳ三个环带、区域工业用地面积相当；②1999年Ⅲ、Ⅳ两个环带、区域工业用地面积达到74.39%，三环线外(Ⅳ区)用地增长幅度较大；③2004年Ⅲ、Ⅳ两个环带、区域面积达85.42%，其中三环线外达60.07%，Ⅰ环内工业用地已经少于2%。

各环带工业用地增长速度：①Ⅰ环内1993～1999年一直呈减少的趋势，1999～2004年减少速度加快；②Ⅱ环内1993～1999年约有增长，1999～2004年呈减少趋势；③Ⅲ、Ⅳ环内一直呈增长趋势，1999～2004年段加快了增长速度；④Ⅳ环内工业用地增长幅度最大；⑤全市工业用地1999～2004年增长幅度是1993～1999年增长幅度的2倍(表2)。

环带年均工业用地增长情况 **表2**

年均工业用地增长速度(km^2)	一环(Ⅰ)	一环—二环之间(Ⅱ)	二环—三环之间(Ⅲ)	三环线外(Ⅳ)	全市(中心城区)
1993～1999	−0.04	0.15	0.365	2.8	2.95
1999～2004	−0.208	−0.84	0.89	3.72	5.94

各环带平均工业地块面积：①1993～1999年Ⅳ环内平均地块为12、13hm^2，其他均为2～5hm^2；②Ⅲ、Ⅳ环带平均地块面积大于Ⅰ、Ⅱ环带，2004年Ⅳ环带内地块面积加大。③从每年的工业地块数来看，Ⅱ、Ⅲ环带均占60%～80%的地块，表明Ⅱ、Ⅲ环带内为中小企业集聚(表3、表4)。

工业地块数量环带分布 **表3**

工业用地地块数(个)	一环(Ⅰ)	一环—二环之间(Ⅱ)	二环—三环之间(Ⅲ)	三环线外(Ⅳ)	全市(中心城区)
1993	142	765	427	151	1485
比例(%)	9.56	51.52	28.75	10.17	100
1999	112	684	550	274	1620
比例(%)	6.91	42.22	33.95	16.91	100
2004	75	705	1031	978	2789
比例(%)	2.69	25.28	36.97	35.06	100

各环带平均工业地块面积 **表4**

平均地块面积(km^2)	一环(Ⅰ)	一环—二环之间(Ⅱ)	二环—三环之间(Ⅲ)	三环线外(Ⅳ)	全市(中心城区)
1993	0.02	0.02	0.04	0.12	0.04
1999	0.02	0.02	0.03	0.13	0.04
2004	0.02	0.02	0.02	0.05	0.03

环带分析结论：①分布：1993年除青山工业区外，其他大中型工业区主要集中在Ⅱ、Ⅲ环带内；1999年工业用地主要集中在Ⅲ、Ⅳ环带，工业外迁的政策开始生效；2004年工业用地绝大部分集中在Ⅲ、Ⅳ环带，犹以Ⅳ环带为集中，Ⅰ环内已经很少；②位移速度：Ⅰ、Ⅱ环带内工业用地总体呈减少趋势，Ⅲ、Ⅳ环带呈增长趋势，1999～2004年工业用地增长速度最快，Ⅳ环内增长幅度最大；③地块集中度：Ⅰ、Ⅱ、Ⅲ环内地块以中小型为主，Ⅳ环带内以大中型为主。

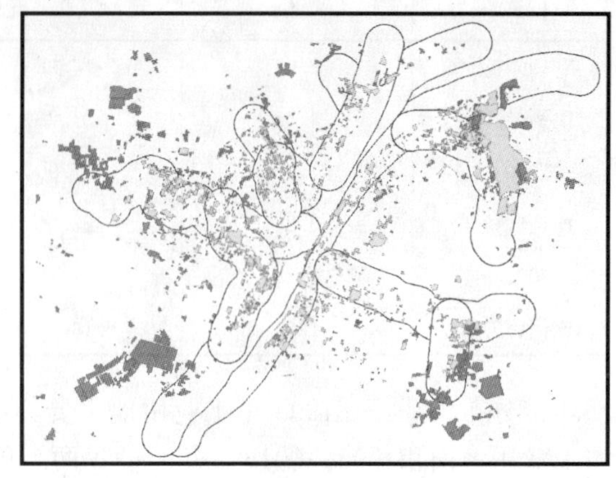

图13 轴带缓冲区分析图

3.3 对工业用地调整变化的轴带分布特征的研究

结合武汉工业分布的主要轴向，以长江、汉水、京广铁路部分区段、出口道路以及新华下路为轴进行距离为1500m的缓冲区分析，得到图13、表5，从统计数据可见，1993～2004年间，工业用地的轴带分布特征在减弱。

1993、1999、2004年主要道路、铁路、河流缓冲区内工业用地面积 **表5**

年份	主要道路、铁路、河流1500m缓冲区内工业面积(km^2)	工业用地总面积(km^2)	缓冲区内工业用地占总用地比例(%)
1993	41.58	53.45	77.79
1999	46.49	71.15	65.35
2004	42.21	88.97	47.45

3.4 对中心城区改造过程中工业、居住、公共设施用地的互动研究

对于工业城市来说，工业区作为重要功能区是城市的重要组成部分，工业区的布局带动居住、公共服务设施等生活、生产配套功能用地的布局，成为城市的组成单元，老工业城市的改造以工业区工业用地置换为非工业用地以及新工业区的工业用地规模扩大和功能完善为表现形式，因此本研究以Arcgis9.1为平台，选取中心城区17个工业片区，根据其几何中心，按照工业片区规模设置适当缓冲区半径，对其几何中心进行缓冲区分析，分别统计出缓冲区内的1993、1999和2004年内的工业、居住及公共设施用地，研究各类用地的时相变化及其相关性。

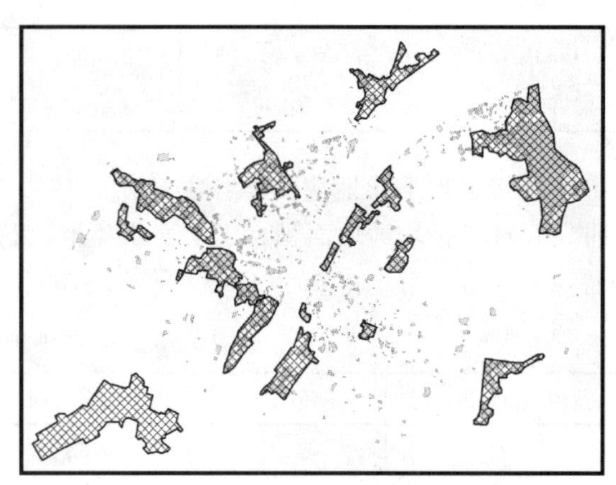

图14 以1993年为基础的工业片区分布

（注：武汉经济技术开发区以1999年为基础）

每个工业片区缓冲区范围内的各类用地的变化情况如表6、表7。

每个工业区缓冲区内的居住、工业、公共设施用地面积变化情况 **表6**

工业区名	工业区面积(m^2)	缓冲区半径(m)	居住(m^2) 1993～2004年	工业(m^2) 1993～1999年	工业(m^2) 1999～2004年	公共设施(m^2) 1993～1999年	公共设施(m^2) 1999～2004年
硚口	8896153.41	10000.00	32822969.55	2504179.26	6342039.42	－2349495.98	10364478.18
青山	26120737.64	15000.00	29178282.58	3797056.46	－2052346.25	－5426284.15	12517939.28
白沙洲	5927194.85	10000.00	20808324.56	1647032.51	－2195932.84	－7667492.71	13806033.22
关山	5150744.92	10000.00	20614721.05	1458388.98	9038035.22	－3661972.55	15216684.85
堤角	6495150.00	10000.00	19273712.29	1781259.03	602389.62	－1287137.68	4701341.68

续表

工业区名	工业区面积(m^2)	缓冲区半径(m)	居住(m^2) 1993～2004年	工业(m^2) 1993～1999年	工业(m^2) 1999～2004年	公共设施(m^2) 1993～1999年	公共设施(m^2) 1999～2004年
沌口	21194479.65	10000.00	11998935.24	10522134.57	2905878.17	−317342.63	5992035.44
唐家墩	6855632.63	5000.00	11425673.50	1381879.01	−907289.05	−1921470.30	4468063.38
钵盂山	765727.21	5000.00	9665617.68	−2482480.63	−1465321.37	−3776219.47	5134206.20
余家头	2184339.25	5000.00	9407437.43	−661440.52	−405576.72	−571909.13	3136495.07
七里庙	5498682.65	5000.00	8623267.67	993921.05	−2204523.69	−993181.73	2027242.77
中北路	2006480.90	5000.00	7630224.02	−963300.48	−1411530.02	−1610458.03	3779439.21
徐家棚	2006821.42	5000.00	7444038.38	−1311483.83	−1515764.79	−2271264.77	4539348.10
黄金口	1726241.85	5000.00	7092789.87	2984361.91	1382158.22	−131426.49	1863437.37
鲇鱼套	444830.85	5000.00	6683232.57	−1260779.00	−1756717.37	−2430971.52	3092001.18
庙山①	1720886.36	5000.00	4945640.52	−1001604.18	−1768341.66	−1606592.85	1809096.47
临江纺织工业带	710242.16	5000.00	4391199.74	−1482108.61	−2221503.58	−3195574.43	4290681.56
鹦鹉洲	5145904.43	5000.00	4310704.42	299788.77	−366225.15	−714042.34	1526135.06

工业片区缓冲区范围内三类用地的变化情况(1993～2004) **表 7**

用地类别	变化情况	工业区
工业	持续增长	沌口、关山、硚口、黄金口、堤角
	先增后减	青山、唐家墩、鹦鹉洲(负)、白沙洲(负)、七里庙(负)
	持续减少	余家头、中北路、庙山、徐家棚、鲇鱼套、临江纺织工业带、钵盂山(按减少幅度大小排列)
居住	增　　长	硚口、青山、白沙洲、关山、堤角、沌口、唐家墩、钵盂山、余家头、七里庙、中北路、徐家棚、黄金口、鲇鱼套、庙山①、临江纺织工业带、鹦鹉洲(按增长幅度大小排列)
公共设施	先减少(1993～1999)	白沙洲、青山、钵盂山、关山、临江纺织工业带、鲶鱼套、硚口、徐家棚、唐家墩、中北路、庙山、堤角、七里庙、鹦鹉洲、余家头、沌口、黄金口(按减少幅度大小排列)
	后增长(1999～2004)	关山、白沙洲、青山、硚口、沌口、钵盂山、堤角、徐家棚、唐家墩、临江纺织工业带、中北路、余家头、鲇鱼套、七里庙、黄金口、庙山、鹦鹉洲(按增长幅度大小排列)
	增长(1993～2004)	关山、硚口、青山、白沙洲、沌口、堤角、余家头、唐家墩、徐家棚、中北路、黄金口、钵盂山、临江纺织工业带、七里庙、鹦鹉洲、鲇鱼套、庙山(按增长幅度大小排列)

研究表明：①二环线以内的老工业区是城市重点改造的地区，实现了中心区的工业外迁；②外围新兴工业区是工业发展重点，同时居住与公共设施用地同步增长，向综合性新区发展；③中心区老工业区改造的主要方向是居住和公共设施(商业服务)，各工业区居住用地普遍增长；④中心城区老工业区存在近距离搬迁改造现象。

3.5 武汉市工业用地调整总体特征

从1993～1999年到1999～2004年两个阶段的变化看，布局调整的速度和幅度加快；在空间布局上，由初期以Ⅱ、Ⅲ环带分布为主转向2004年以Ⅲ、Ⅳ环带为主。在1993～1999年期间以工业外迁为手段的城市改造具有一定盲目性，搬迁改造幅度过大，新建以各区经济发展区为主，造成工业近距离搬迁、同一地区在搬迁的同时又在新建的格局；工业外迁的一刀切，使得中心区内房地产开发遍地开花，用地类型单一，就业岗位剧减，交通压力增大。在企业规模上，由内环带向外环带呈现地块规模逐渐扩大，而数量逐渐减少的特征，新型工业区向综合功能方向发展，是城市新区发展模式。

1993年前工业布局轴带特征明显，1993～1999年轴带特征逐渐弱化，环带密实填充的圈层特征明显，挤占了中心城区部分生态空间，1999～2004年加速了外围块状触角的集中布局形态，逐渐对应“环＋楔形”的自然生态格局。

4 武汉中心城区工业用地调整机制分析

4.1 老工业基地的衰退是经济体制改革的阵痛

按经济发展的阶段性，我国一五期间建立的老工业基地以重化工业为主，在国家计划经济主导下超出了实际经济发展水平和阶段，提前进入工业化中后期(重工业远超出轻工业，武汉从1970年开始霍夫曼比例小于1)，而在老工业基地工业普遍衰退的同时，沿海地区由出口导向带动的劳动密集型产业却蓬勃兴起，及至2000年后影响到内地提出制造业的复兴，因此我国老工业基地普遍衰退是经济体制转型的阵痛，与西方产业结构高级化的规律不同。

4.2 工业郊区化动力不足导致工业用地的近距离调整

西方国家老工业基地衰退的原因之一是公路等快速交通的发展以及城市内部土地、劳动力成本的上升导致原有区域优势的丧失而产生工业郊区化，但我国工业郊区化却远远不足，交通条件不足、生产、生活配套设施不完善阻碍了企业向郊区县外迁，造成企业近距离调整搬迁，不仅占用生态空间，而且在城市进一步发展后面临再次搬迁的问题。

4.3 工业搬迁的企业行为超出了工业用地调整的政府控制

城市土地使用制度的改革和企业由生产型转向生产经营型强化了企业外迁、用地置换和在外围扩大用地的意愿。

4.4 交通方式的变革成为工业用地调整的导向

交通方式的改变，如水运的衰退，对铁路运输依赖的减轻，以及公路运输的兴起，使得原有沿江河轴带布局的特征减弱，而向城市对外公路运输出入口以块状集中。

4.5 城市经营理念的缺失导致工业用地调整的盲目性和一刀切

对工业用地的调整改造是复杂的系统工程，不仅关系到就业岗位与市民收入，而且在城市空间上影响到原有工业城市的结构特征和肌理(企业与居住、城市交通与市政基础设施)，工业用地的置换影响到城市功能的再造以及城市土地供应量的调控和土地效益问题，虽然工业的衰退似乎是不以人的意志为转移的现象，但政府基于城市经营的理念和政策却有助于经济在转型期的平稳过渡。如美国芝加哥政府在积极促进产业结构升级的同时，制定TIF政策(税收增额融资制度，tax increment financing)挽留中心区制造业，提高物业价值，促进中心城经济多样化，实现经济的成功转型(Rachel Weber，et al.，2006)。

5 结语

武汉是我国六大老工业基地城市之一，目前在大力发展高新技术产业、生产服务业的同时，现代制造业仍然是城市发展的重中之重。在经历了大规模的工业外迁和大型开发区建设之后，近两年利用老工业区厂房等生产条件又因地制宜地发展了都市工业，这种务实的做法却是在大量优质的工业物业被一刀切似的改为房地产和商业用地之后的强弩之末，但这种务实的因地制宜的态度却是城市建设所必须一贯坚持的。

注释

① 本文所指“庙山”指汉阳五里墩工业区。

参考文献

[1] 费洪平，李淑华. 我国老工业基地改造的基本情况及应明确的若干问题 [J]. 宏观经济研究. 2005，(18).

［2］ 费洪平. 我国企业组织空间联系模式研究［J］. 地理科学. 1996，16(6).
［3］ 李诚固. 世界老工业基地衰退机制与改造途径研究［J］. 经济地理. 1996，16(6)：51-55.
［4］ 李晓辉. 上海中心城区居住用的空间扩展研究——基于空间数据挖掘的定量分析［D］. 南京大学硕士学位论文，2005.
［5］ Rachel Weber，et al. 著. 胡忆东，王兰译. 税收增额融资制度(TIF)是否能提高城市产业和物业价值?［J］. 国外城市规划，2006，(4).
［6］ 王锡福. 上海市近郊区快速交通对土地利用的廊道效应研究［D］. 南京大学硕士学位论文，2005.
［7］ 吴兵，王铮，邓悦. 基于GIS的上海城市中心区工业用地空间解构［J］. 东北测绘. 2002，25(1).
［8］ 徐建刚，廖邦固，沈 青等. 转型期上海中心城区空间结构演变研究［A］. 2006中日城市化国际研讨会论文集(南京)［C］.

注：原文刊载于《城市规划》2007年第5期。

从城市社会学角度重构旧城改造的和谐对策

熊向宁

（武汉市城市规划咨询服务中心）

提　要：针对近几年我国旧城改造中存在的问题，从社会学角度探寻了旧城改造的实质，以及现状改造方式产生的弊端及危害，在此基础上，通过国外旧城改造的对比研究分析，特别是从科学合理处理旧城中各种社会问题，创造和谐社会的方面，提出了旧城改造中应采取的对策。

1　旧城改造的实质及问题

随着城市建设的扩张以及城市经济的高速发展，土地资源的日益紧缺，中国的城市发展由单纯的外拓型，走向内外并举型；由已往单纯的经济增长走向经济、社会、环境三者综合、和谐的可持续发展。从社会学角度来说，则是由以往计划经济时期的均质社会走向了多元分化的市场经济社会，而城市旧城地区则是此种社会双重转型中的难点及社会矛盾集中凸现地区，拆迁的冲突、居住环境的恶劣、生活水平的下降等诸多与构建和谐社会目标格格不入的问题，促使我们必须审视以往旧城改造的方式与对策，重新寻找其解决之道。旧城地区由于其历史性，落后性、复杂性、综合性等特征，决定了旧城存在的各类问题是错综复杂的，其改造的重点及实质，应是社会问题的和谐解决，是在城市化进程中现代性与传统社会观念的冲突与对立的有效平衡。

1.1　自身发展不平衡

旧城由各个不同系统组成，它们相互影响与制约，具有很强的整体性和关联性，任何一个子系统变动都会影响其他部分，从而出现发展的不平衡。具体表现为：一是发展过度，二是发展滞后。发展过度即由于追求片面经济效益而进行的不合理大规模改造，旧城区的建设强度和人口总量超过基础设施的承载力，从而导致整体功能失调。而发展滞后则是由于旧城系统内各部分变迁进程不一致，导致不和谐并出现滞后现象，如原有的物质空间形态结构与其容纳的逐渐变化发展的社会经济功能不相适应，而导致的不平衡发展问题。

1.2　老化衰退现象严重

当自身发展不平衡持续很长时间，就会产生严重老化衰退问题，其具有三方面表征：一是物质性老化，即旧城内的建筑物和设施因超过使用年限，无法再行使用，致使城市自然老化。二是功能性衰退，由于城市规模的扩大和人口增长，合理的城市环境容量被突破，从而造成城市整体机能下降，城市功能性衰退日益凸现。三是结构性衰退，由于城市空间的急速扩张和城市内部剧烈更新，城市的结构往往难以适应这种快速变化发展要求而导致的地区衰退。

1.3　经济发展受阻

旧城的自身发展不平衡以及老化衰退等问题不可避免地会对旧城经济发展产生阻碍作用。首先是就业机会奇缺。在大部分旧城中，失业率都很高，如果加上部分失业和不充分就业，则潜在的劳动力闲置率则更高。在旧城中就业的人，多从事小家电维修、搬运以及餐馆、旅社等小型服务业工作，这些产业所能提供的就业机会非常少，而且随着小工厂逐步清理出城市中心区，旧城所能提供的就业岗位就更少；其次是贫困程度较高。国际劳工组织的研究表明，从总体上看，贫困与失业之间存在着正相关系，失业是造成贫困的主要原因。在旧城中，年富力强的居民其经济能力改善后，逐渐迁离，留下来的多是一些经济能力差，没有能力迁离的居民。而且旧城住宅价格较低，建筑空间利于其划小和出租，于是吸引了一些失业的、或从事劳动密集型行业以及小型服务业的人群，低收入使他们无力承担维修费用，因而得不到修葺的旧城更显破落。由于贫困，旧城往往沦为“贫民窟”。

1.4 文化传统遭到破坏

由于旧城的衰败，再加上政府对旧城更新建设的急功近利、开发企业的唯利是图，造成旧城传统风貌特色的破坏、文化传承的断层，具体可归纳为以下两个方面。

(1) 传统风貌的丧失。20 世纪 90 年代以来，国家严格控制农用地的征用，城市建设重点就转移到了对旧城区的开发。在开发利益的驱动下，旧城改建的速度很快，许多最能代表城市特色的老街区被拆除，千篇一律地建起高楼大厦，使得城市失去了自己的风貌特色，也失去了历史积淀的厚度。

(2) 历史文脉的割裂与断层。旧城的老化与衰退，势必造成不同社会阶层人口的迁入与迁出。一方面，从人的行为、心理、感情的角度来看，人口的频繁流动将造成人们心理上的失落和归属感的缺乏，从而表现出历史联系和情感的割裂。另一方面，从社会学角度来看，人口的频繁流动破坏了传统的邻里关系和社区文化。

综上所述，有形的物质磨损只是旧城问题的一个方面，然而有形磨损的速度往往落后于城市不断发展的要求，在城市未达到自然老化之前，因不适应现代化发展要求，而变得过时衰退的情况也时常发生。因此，隐藏的社会、经济的衰退才是旧城问题的根本所在，它也决定了是否有必要对旧城进行改造。

2 现状旧城改造的弊端及危害

中国的城市规划理论与方法，长期受形体规划为主的物质性规划思想影响，把城市的发展看做一种可掌控的线性进化，忽视了城市历史与现状。芒福德(Lewis Mumford，1961)曾提出过批判：“把城市的生活内容从属于城市的外表形式，是典型的巴洛克思想方法。但是，它造成的经济上的耗费几乎与社会损失一样高昂。……大街必须笔直，不能转弯，也不能为了保护一所珍贵的古建筑或一棵稀有的古树而使大街的宽度稍稍减少几英尺。”而在旧城改造中，我们的规划人员对传统城市旧区内的“功能与空间混乱无序”持一种全面否定态度，强调功能分区与用途纯化，追求“理性”的城市空间形态，努力塑造统一与纯粹的视觉空间秩序，试图通过规划的行政手段，重新构建一个“唯美”的旧城城市形象。

因此反思现有旧城改造的方式，其主要弊端表现在：第一，规划目标是过于理想的单一终极目标，对现状的混乱无序多采取彻底否定态度，对城市社会的复杂问题视而不见，缺乏规划多目标的比对与平衡，从而造成社会诸多方面的矛盾，以及阶级分化、社会治安等犯罪的加剧。第二，规划理念及手段的简单化、标准化。以统一建设物质空间形态，来确定城市的发展态势，控制未来的社会经济发展，相反因忽视经济发展的内在规律造成旧城社会经济活力的衰退与空洞化。第三，规划内容是简单的拆除重建，“破旧出新”的模式过分追求功能分区与用途纯化，生硬地将旧城有机社会网络割裂为单纯的功能社区，忽视了社会脉络的发展与内在联系规律。第四，兼顾所谓公平的政策取向，规划方法一般是“自上而下”的，较多地体现政府部门的意志，较少反映地区现状以及来自社会与个人的实际需求。政府和市场力量占据绝对主导地位，居民自身积极性尚未充分调动，特别是旧城改造项目的封闭决策，原住居民意志和愿望尚未得到应有尊重。第五，规划政策由于法制制度的滞后，造成相对应旧城改造建设与管理中相关法律法规的缺失。特别是对旧城更新和房屋拆迁中所涉及的法律、道德问题认识浅薄，往往将多元化社会问题，当作纯粹的经济问题对待，发展中普遍存在见物不见人，单纯追求效率及经济效益是否平衡，忽略了对社会问题、环境问题的研究，特别是针对旧城的特色，没有一部相适应的城市规划管理专项法规，如历史街区改造中，简单按照新区日照法规间距套用，从而造成历史风貌特色的丧失。第六，社会资源的浪费与改造建设方式的粗放化，旧城居民对发展的愿望较为强烈，但一定时期内，各级政府对旧城改造的急功近利及利益冲动，造成整体规模过大，速度过快，方式过于粗放，资源的利用没有节制。一方面，是对旧城中固有的文化特色资源的毁坏，造成整体社会资源体系的破坏；另一方面，是对文脉有机更新与改造的肆意扭曲，文脉的传承被割裂，随着时间的推移，从而造成整体文化资源内涵的缺失与变异。

现在中国开展的大规模旧城改造，实际上是一种“不可持续”的发展模式，它反映的是一种大工业时代的发展观和发展模式。这种模式主张用高积累、高消费来刺激经济增长，把经济增长视同于经济发展，并把 GDP 增长当作人类社会发展的惟一目标，结果却使人类社会付出了资源枯竭、环境恶化、社会瓦解的惨重代价。

旧城改造需要面对较多的城市建设现状与复杂的社会经济矛盾。旧城地区往往因为漫长的历史积淀，形成了一个动态平衡的复杂社会经济结构，为各种收入阶层的人提供了合理而有效的生活空间和就业空间。而简单化的改造，不仅破坏了该地区的动态平衡结构，而且会带来房价和地价大幅上涨，导致大部分原有低收入居民无法回迁，一些居民从而也失去了收入来源。昔日充满生活情趣的街区也变得冷清，难以形成以往富有生机活力的社会结构。长期以来，旧城改造往往用一些新的发展、新的功能在所谓“老的、衰败”地区进行更替。这种简单的单向思维方式加上“自上而下”的城市规划和管理体制，一直影响着我们的城市改造。特别是现阶段的改造中，因涉及太多的利益群体，许多利益难以协调，改造者无意也无心去开展公众参与，并听取各方意见后制定合理的改造方案，从而造成拆迁中的矛盾激化，不但使许多原住民利益受到损害，而且也不能使未来新使用者满意，从而产生严重的社会纠纷和负面影响。

3 国外旧城改造实践演进及启示

第二次世界大战后，西方各城市旧城改造实践大体发生了这样的变化，即清除贫民窟的重建性开发→改善旧住宅的整治性开发→保护利用历史建筑的维护性开发，与此同时指导旧城改造的基本理念也发生了相应变化，从主张进行目标单一、内容狭窄的大规模改造的“现代主义”逐渐转变为主张目标广泛、内容丰富的人居环境可持续发展建设。

3.1 旧城改造的历程

总体来说，发达国家(地区)的城市旧城改造运动，其主要内容包括城市中心区的改造与贫民窟清理。发达国家(地区)旧城改造大体上有两种目的：一种是为了高效地利用土地和确保交通安全；另一种是为了改善不良居住区，消除危害危险地区，防止公害，保护历史性建筑物，扩大绿地面积等。前者，主要是从经济观点出发的，盛行于美国；后者，主要是从社会福利观点出发的，盛行于欧洲各国。这一过程大致包括以下几个方面的内容：

(1) 大规模推倒重建与清理贫民窟的战后重建工作，各国政府都拟定了雄心勃勃的城市建设计划。在当时 CIAM 倡导的城市规划思想指导下，许多城市(包括伦敦、巴黎、慕尼黑等历史悠久的城市)都曾在城市中心拆除大量的老建筑。然而，更新的城市面貌却丧失了历史遗留的传统风貌，缺乏人性，并且还带来大量的社会问题。

清理贫民窟也造成类似的问题，当时采用的所谓“消灭贫民窟”的办法，即将贫民窟全部推倒，并将其居民转移走，然后以能够提供高税收的项目取而代之，但这种做法消灭了现存的邻里和社会，造成了社会阶层的对立与冲突。

(2) 1950～1960 年代是西方各国迅猛发展的时期，经济的快速增长使对城市土地的需求高涨。这一时期的城市改造运动从根本上来说，是试图强化位于城市良好区位的中心区的土地利用，通过吸引高营业额的产业，如金融保险业、大型商业设施、高级写字楼等来使土地增值。而原有的居民住宅和混杂其中的中小商业则被置换到城市的其他地区。城市中心土地的强化利用却导致了城市中心区的“鬼城”现象及社会治安问题，最后结果除了商业企业获利以外，对于绝大多数社会群体来说是得不偿失的。

(3) 1960～1970 年代以后，西方国家的城市改造出现了一种新的倾向，即所谓“中产阶级化”。一些中产阶级家庭自发地从市郊迁回城市中心区，与低收入居民比邻而居。中产阶级家庭的迁入，邻里社区社会结构的复苏，不仅增加了居住地区的税收，并带来一些投资，改善了居住环境，平衡了城市交通的压力。

(4) 1970年代以后，一些主要的西方国家出现了民主多元化的社会趋势。公共参与的规划思想作为一种“准直接民主”的体现，有别于传统的依赖政客的“代表民主”，开始广泛地被居民接受。城市居民纷纷成立自己的组织，诸如“街区俱乐部”、“反投机委员会”、“社区互助会议”等等，通过居民协商，努力维护邻里和原有的生活方式，并利用法律同政府和房地产商进行谈判。由于得到政党的支持，这些社区组织对政府的城市更新政策有较大的影响。

这个时期还出现了一种“自下而上”的所谓社区规划。这是由社区内部自发产生的“自愿式更新”，社区居民不再满足于规划提出修改意见，要求直接参与规划的全过程，希望由自己来解决如何利用政府的补贴和金融机构的资金。“社区规划”通常规模较小，以改善环境、创造就业机会、促进邻里和睦为主要目标。

3.2 对西方旧城改造实践的反思

回顾西方发达国家的旧城更新改造发展历程，旧城改造建设内容从关注物质环境改善逐渐转变为对社会、经济内涵的重视；借鉴西方经验教训与先进理念，中国的旧城改造重点需从以下三个方面予以完善与拓展。

(1) 致力于实现从单一目标向多维目标的转变。梳理发达国家(地区)的旧城改造进程，可体会到城市改造不仅仅是旧建筑和旧设施的翻新，它还具有深刻的社会和人文内涵。忽略社区利益、缺乏人文关怀、离散社会脉络的改造并不是真正意义上的城市更新改造。也就是说，城市旧城改造是多维目标的，而不是单一目标的。

(2) 建立一个真正有效的城市更新管制模式。发达国家(地区)的旧区更新改造进程说明，城市更新改造的成功有赖于建立一个包容性的、开放的决策体系，一个多方参与、凝聚共识的实施机制，一个协调各方合作共赢的基本理念，而不单纯是由开发商的商业利益所驱动、由政府部门给予配合的运作模式。只有将社会力量纳入决策与实施的主体当中，与公、私权力形成制衡，才能有利于城市更新多维目标的实现，才能保障更新效率和公平的统一。在这方面，要加强社区居民的参与，重视社区的真正需求，减少社会矛盾，特别是要避免冲击既有的社会网络和社会构成。

(3) 形成系统的多目标战略规划和行动纲领。旧城更新改造中要重视政府的积极作用，依托政策的制订和公共财务的引导和转移支付等手段，激励私人投资，同时要维护公共利益，创造社会公共参与条件，确保公共利益不被商业利益所吞噬。政府应扮演举足轻重的、具有权威效应的协调、监督和调解的角色，通过建立一个专责的常设机构，对城市更新进行长期性的、系统的、多目标的管理和协调，要形成系统的多目标的战略规划和行动纲领，形成一套规范城市更新规划和实施的法制体系和目标体系，对各种角色在城市更新改造过程中的地位和作用进行明确的界定。

3.3 对我国旧城改造的启示

(1) 树立正确社会思想为导引的规划理念，注重人的尺度和人的需要，强调规划目标决策的开放性与多元化，特别是居民和社会参与更新改造过程的重要性，改造重点从大规模拆除重建转向社会环境的综合整治以及社区经济的复兴，注重维护社区社会结构的稳定与适当改良。

(2) 规划与设计从单纯的物质环境改造规划转向社会、经济发展和物质环境改善相结合的综合发展规划，必须强调规划目标的连续性、规划措施的弹性和规划的执行过程，其主要内容是制订环境更新与发展的系统化政策纲领和多维化发展目标及目标决策机制。

(3) 可持续发展是和谐社会建设的核心思想，今后的城市更新改造必须注重环境和资源的保护，特别是对旧有资源的合理利用，强调历史文化的保护与传承，加大文物保护和历史风貌特色保护意识。

(4) 城市更新的方式从大规模的以开发商为主导的全面的推倒重建方式，转向小规模的、分阶段的、主要由社区或居民自己组织的谨慎渐进式改造方式，土地开发建设主体可采取多元化途径，根据实际情况选择不同的建设模式，积极鼓励历史风貌地区的社区居民按照规划要求，开展维修与重建。

4 旧城改造的基本对策

4.1 坚持改造建设的规划手段从单一走向综合

旧城改造是一个多因子的综合比对分析过程，其面临改造的各项因素是复杂而多变的。雅各布斯(Jane Jacobs，1961)指出，城市作为人类聚居的产物，成千上万的人聚集在城市里，而这些人的兴趣、能力、需求、财富均千差万别，并说“多样性是城市的天性”(Diversity is nature to big cities)。因此，旧城改造规划手段应对此多样性，必须从以往单一的模式衍生为多重手段综合处理方式。在通过研究改造地段及周围地区城市格局和文脉特征基础上，遵循城市发展历史规律，在保持地区城市肌理相对完整性的同时，复苏旧城活力，创造新的经济动力为规划目标，采取多种手段和方式去确保旧城的物质环境、经济发展、社会关系三者的和谐发展。在政府提供资金基础上，继续鼓励私人投资及推行公私合作。强调社区居民的参与；强调公、私、社区三方合作伙伴关系，同时更要强调更新改造内涵是经济、社会、环境等多目标综合更新，而不是由地产开发主导的单一目标型更新。改造中可适当保留原有的商业和有效的经济活动，建设一些满足改造居民配套生活需求的中小型商业设施，甚至部分传统手工业作坊产业用地，增加就业岗位。

4.2 大力倡导历史文化、文脉的延续与继承

旧城是城市中历史积淀、文化内涵最为丰厚的地区，旧城改造应是在城市年轮轨道的现状基础上延续进行，因此，它不可能脱离城市历史和现状。改造的规划设计应尊重历史和现状，了解该地区物质环境的主要问题及其与地区的社会、经济和城市规划管理的关系，继承城市历史留存下来的有形及无形的各类资源和财富，特别是在保持物质环境风貌特征和文化要素继承的同时，注重对旧城既有的生活和文化风俗习惯的保护与延续。一方面对破坏地段实行更新改造，还原历史文化风貌特色；另一方面是对历史风貌保护地段的历史特色建筑实行功能置换，改善环境，疏散旧城人口，为建筑功能置换后的经济来源提供长远市场发展的基础。从文化保护角度出发，要确保改造后有一定原住民的回迁和安置，新旧及多层次居民交融的居住文化方得以共存并延续发扬，这样不仅避免社会阶层的隔离与对立，同时也构成了城市丰富多彩的文化特色，保护了城市总体文化个性。

4.3 牢固树立可持续渐进式保护与利用改造模式

在继承文脉特征的同时，对旧城的改造，应区分不同质量的房屋，采用不同的改造方式，尽可能减少更新改造对城市现存社会经济生活的破坏。旧城区应摒弃以往的成片大规模改造方式，采取小规模的渐进式改造方式，逐步“蚕食”式进行小尺度社区的改造完善与缝合。对不同年代建筑实行功能适应性改造利用，既保证了资源节省与再利用，同时也促进了各社会阶层居民的融合。一定密集度的人群也能充分发挥城市中各种公用设施的最大效益，增加旧城经济的活力，减少由于居住和工作地点距离过远带来的社会资源浪费。采取渐进式保护与利用改造模式，可以充分保护优秀历史建筑及街巷空间，同时也可以有计划、低成本开展基础设施和绿化及室外公共活动场所的建设，尽可能减少社会动荡。

4.4 重点关注旧城中和谐社会人文的关怀

旧城改造能否顺利推进的深层次原因就是对社会各阶层矛盾的调适与平衡。国外旧城改造经历了从阶层的对立走向阶层的融合的百年发展历程，而中国的发展正在走向阶层的分化，但现阶段由于时间原因，尚处在一个阶层分异与混合的中间地带，我们必须把握这个时机，避免重蹈西方发展的弯路。必须在旧城改造中，坚持不同人群居住的生活适度融合，各阶层共享社会公共资源及配套设施的便利，不同产业的集聚与互补，促使旧城的经济持续健康发展。佛罗里达(Florida)的创新资本理论(creative capital theory)指出，高密度的多样性人群聚集是刺激现代经济发展的主要元素(Florida，2004)。实证研究表明，多元化的人群构成在大都市区的出现与低失业率和社会稳定具有高度相关性(Malizia and Ke，1993)。不同居住人群混居可带来多方面社会效益，一可丰富居民生活，二可增加社会容忍度，三是利

于下一代的更好发展，四是加快不同阶层的理解与相互关心(Atkinson，2005)。因此，现状旧城改造中要树立阶层融合，不同居住类型混合的指导原则，保持和完善现存这种维系状态，控制居住空间的分异化，通过合理控制区域内一定的高收入人群比例，同时建设部分中、低收入住宅来满足社区社会结构稳定，推动社会群体的融合，保证旧城内和谐社会的健康发展。

4.5 科学合理制定有针对性的政策法规和决策机制

旧城改造涉及方方面面，其规划建设、拆迁还建、资金筹措 、经济平衡、交通及基础设施的改善、历史文化特色保护等诸多方面，均有别于城市其他地区的建设。而我国城市建设及管理方面的法规政策，均是针对城市新区的开发建设而制定，均是一些普遍性政策法规，尚缺乏针对旧城的特殊情况而制定的个性法规政策。同时，旧城更新改造中存在大量的社会问题和利益冲突，必须拟定一些有针对性，并丰富细致的适时性政策规定，并且伴随旧城更新改造的深入，予以不断地、及时地、修订完善，从而为旧城更新改造提供可操作的法规依据和保障，及时化解拆迁矛盾、还建矛盾等社会危机。

与此同时，必须借鉴国外旧城改造的经验，改变以往政府主导、封闭运行的决策体制，实现政府宏观指导、各开发企业、社区居民共同参与的决策机制。政府通过政策及各种基金和津贴等“种子资金”补贴等方式的灵活运用，以维护社会稳定、促进住房保障、营造健康环境、建设公共设施、引导公众参与、提供就业培训和技术援助为工作目标，间接引导开发企业向上述目标靠近，维持或恢复旧城固有使用功能和居住吸引力，促进旧城经济的繁荣与稳定。

5 结语

旧城地区是城市中的一个固有社区，在这个漫长历史自然演化而来的地区中，有许多利益与群体依附在这个庞大的错综复杂社会网络体系中，形成了自身一个相对稳定与平衡的社会肌理结构，且这个区域蕴涵着城市社会发展与进步的许多内在动力与历史文化资源，只有善加利用这些动力与资源，并最大限度发挥作用，并融入到和谐社会发展的轨道之中，方能真正实现历史文化传统的继承与发扬，推动城市的有机更新与生长。只有充分尊重该地区社会发展的内在规律，依托政府政策层面的合理控制与引导，才能真正实现社会、市场、政府三者的积极互动，实现旧城改造中和谐社会的建设目标。

参考文献

[1] 熊向宁等. 武汉市旧城改造规划研究.

[2] 黄亚平，陈静远. 近现代城市规划中的社会思想研究. 城市规划学刊，2005(5).

[3] 马航. 深圳城中村改造的城市社会学视野分析. 城市规划，2007(1).

[4] 李志刚，薛德升，魏立华. 欧美城市居住混居的理论、实践与启示. 城市规划，2007(2).

注：原文刊载于《规划师》2008年第12期。

沿承工业文脉　构建和谐社会
——武汉汉正街都市工业区规划建设思考

董菲

（武汉市城市规划咨询服务中心）

提　要：工业园区一直是我国方兴未艾的建设主题，而老工业区的转型也是个社会性课题。本文通过回顾武汉市汉正街都市工业区规划与建设实践，介绍了该工业园区充分利用工业存量资源，有效结合产业发展、环境和就业等因素，恢复历史工业区活力的成功经验，对目前正在探索的以科学发展观指导的工业区建设具有极大的启发意义。

关键词：都市工业区；工业文脉；和谐社会

当今中国以史无前例的向心力吸引着全球制造业重心转移，国内各区域也都致力于研究如何培养发展区域经济的支柱产业，唯恐在全球化经济浪潮中被边缘化。由于国家尚未将工业用地纳入经营性用地范畴，因此工业地产具有低成本、高创收、高附加值等特点，各级政府积极支持工业园区建设，在此背景下各种产业类型、规模的工业园区在全国各地涌现。但许多地方工业园区项目盲从，或规模过大，或产业类型配置不当，或环境代价过大，导致园区荒废或变相经营，造成土地、能源等稀缺资源的浪费。2003年武汉市在“工业强市”的战略部署下，充分发挥“天下第一街”汉正街的市场品牌优势和区域内工业基地存量资源优势，启动了汉正街都市工业区的建设，积极振兴老工业基地，对目前正在探索的以科学发展观指导的工业区建设具有极大的启发意义。

1　区域历史溯源

1.1　区域工业历史

规划工业园位于武汉市硚口区西部，汉口城区西部的汉江边下风带。民国时期就因水陆交通便利、城市带状发展需求而选址为第一工业区，负担汉水流域出产的原料加工；新中国成立后自“一五”计划起，在历次城市计划和城市总体规划中，硚口古田地区都是作为城市重要工业区进行控制，并且一直延续至今。工业类型以轻、化工和中小型机械工业为主，主要安排地方工业项目建设，以有别于当时中央在汉的一些大型工业区。因地处城市水源上游，工厂分布留出足够的水源保护地带。至20世纪80年代起，为避免今后工业用地与生活居住用地失去平衡，在建设中逐渐限制该工业区进一步无规划扩展。历经风雨几十年，先后产生了近百家工业企业，其中不乏现代工业发展中领军企业，如湖北省柴油机厂、武汉啤酒厂等，在改革开放初期创造了辉煌的成就。

随着多年来经济结构的调整，以及市场需求对工业生产的影响，目前该区域内的大多数企业都陷入困境，少数继续从事生产的厂区也因为技术改造相对滞后，生产效率低下。

1.2　汉正街市场需求

位于硚口区旧城核心的汉正街历史上就是辐射中西部地区的最大的日用小商品聚散中心，改革开放后一直是闻名全国的个体私营经济发展排头兵，各类市场达114个，市场总面积200万平方米，年税收超过2亿元。但由于没有超越传统的单一流通模式，交易方式比较落后，特别是近年来缺乏产业支撑，长期处于二级市场地位，综合竞争力逐渐削弱。2000年市场交易额在全国十大小商品批发市场中的排名已降为第8位。另一方面作为武汉市重要的旧城风貌保护区，汉正街区域内不具备扩大生产规模、建立新型都市工业区的空间可能。

因此汉正街制造业向外围同属于硚口区的古田老工业区空间转移成为本次规划的原动力。地方行政积极支持这种同级行政区内的资源调配，不仅传承了故有制造业的知名品牌，还通过空间拓展的契机循环利用闲置的工业资源，为区域经济增长打通渠道。

2 工业区现状

工业园规划用地范围东至古田四路，南至汉江沿岸，西、北止于规划的中环线与吴家山海峡两岸台商投资区，总用地面积约为20平方公里。其中东至古田二路、南至汉江沿岸、西面及北面止于汉丹铁路的区域，其总用地面积约为504公顷，属于工业资源密集区域，也是规划改造重点。整体上功能较混杂，大多属于计划经济时期建设，用地布局上也具有“大单位，小社会”的特征，即大中型厂区内综合了办公、生产、经营甚至居住的功能。(图1)

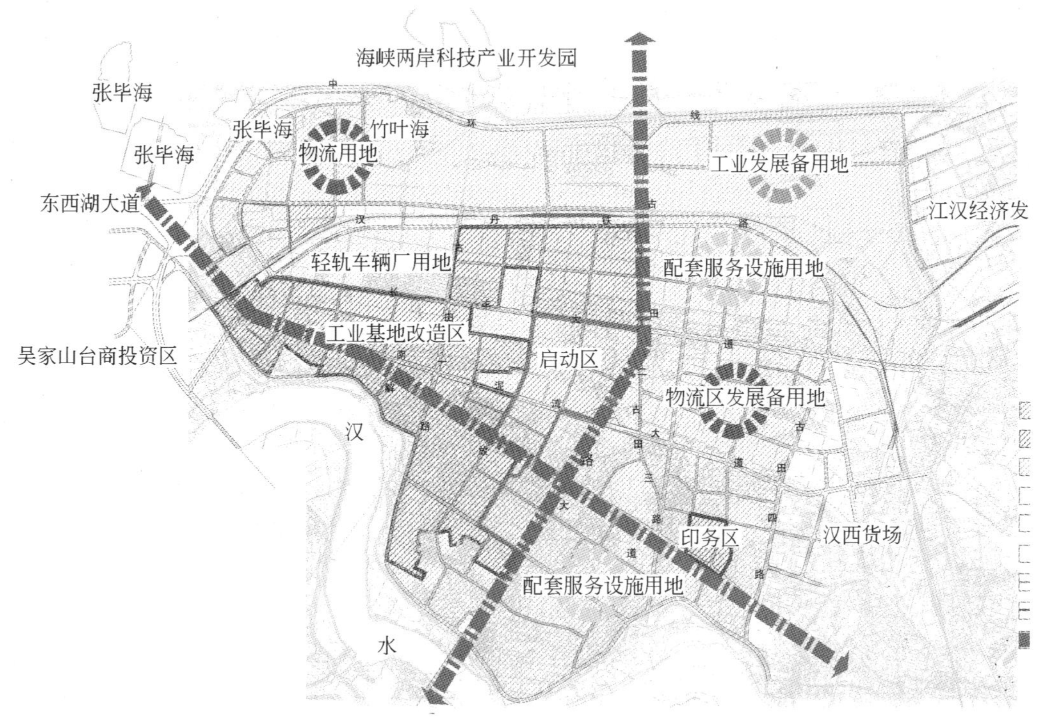

图1 区域结构图

2.1 现状建设及设施

现状建筑以厂房为主，用地范围内有85家企业，7所学校，2所变电站，5处市政设施，4所仓储设施及11家公共设施(表1)。现状总建筑面积为189.5万平方米，其中：工业厂房占54%，配套设施建筑占38%，零星住宅建筑占5%，公共服务建筑占2%(图2)。

不同类型建筑数量统计表 **表1**

序号	用地分类	数量	序号	用地分类	数量
1	企业	85家	4	市政设施	5处
2	学校	7所	5	仓储设施	4所
3	变电站	2所	6	公共设施	11家

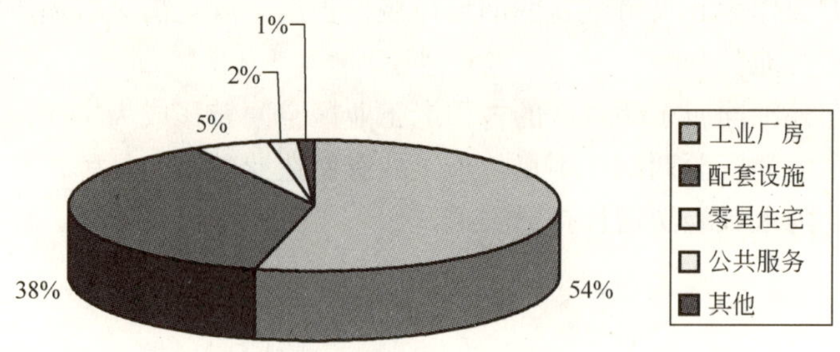

图 2 现状建筑面积分布图

从用地现状情况来看，工业类型包括医药、化工、机械、印刷等，其中工业企业主要包括武汉印染厂、远大制药厂、武汉有色金属厂、洲际通信电源公司、华联公司等。多年来各个企业虽相互毗邻，却围起院墙自主发展，资源分散，共享及配套服务设施比较缺乏。

2.2 企业生存状况

据相关资料统计，2002 年硚口古田地区共有各类工业企业 220 家，产业工人 10.5 万人。由于老国有企业的体制和机制不适应激烈的市场竞争，多数企业处于停产、半停产状态，3 万多名工人下岗，47 万平方米厂房和大量设备闲置，或改作临时仓库。

2.3 居民生活状况

工业区所配套的主要居住群落聚集在古田二路以东，现状居住用地多为计划经济时代与工业配套的职工宿舍，与工业用地混杂；尤其在沿河地区夹杂大量的城市外来人口的临时用房，各类服务设施、绿地等比较缺乏，生活环境较差。

3 区域改造思路比较

3.1 传统发展模式

针对老工业基地的现状情况，传统的改造方式主要有两种："退二进三"和征地新建工业区。"退二进三"，就是打开院墙办市场，引导企业利用闲置厂房自办产业，或利用原有土地区位优势换取企业发展资金等；而征地新建工业区需要利用城市新征用地，而且根据工业类型不同与现有城市居住生活环境应有不同隔离距离，基础设施投入大，建设周期长、成本高，且土地一级市场利润低。

3.2 创造新思路

传统发展方式都会导致历经几十年建起的原工业及配套设施不同程度的浪费，数十万平方米的闲置厂房不能有效利用，老工业基地改造的历史难题仍然得不到破解。为贯彻国家以人为本，树立全面、协调、可持续发展观的指导方针，城市规划重点谋求城市统筹协调、实现多方共赢。因此改造规划定位于以盘活存量资源为主，整合区域品牌优势，采取"退二进二"(即更换符合时代需求的制造业类型)、"工贸互动"(即制造业生产研发与经营一体化发展)发展都市工业，带动老工业基地的全新改造模式。

4 规划及建设特色介绍

4.1 保留工业文脉，加强产业链，建设特色产业群

5 平方公里工业基地范围内就产业分布与发展方向，资源特色等确定了三轴、一带、七区的空间格局。在园区产业分布方面通过分析资源和环境的承载能力，发挥比较优势，确定主攻方向，着力建立节约型产业结构，淘汰高能耗、高污染的不良类型产业，提升层次，建立产业间、产业与市场间的联系。以产业细分为原则，将相关产业分门别类，按照城市工业、市场的发展方向，确定三条以道路为主茎的发展轴，集中规划了 7 大专业园中园(图 3)。

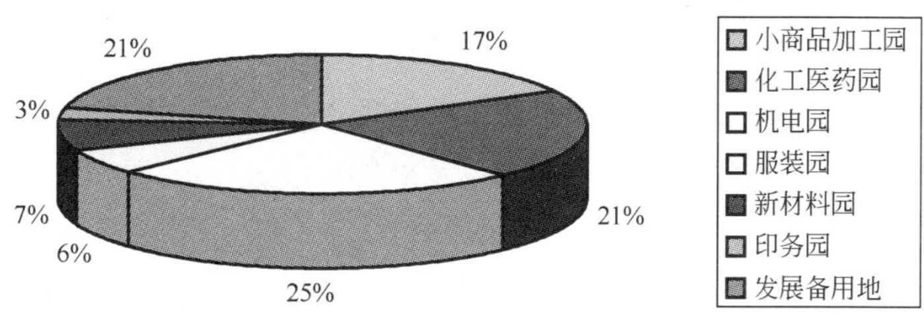

图 3　各产业区用地比例表

①立足于汉正街品牌效应，确定以小商品加工园为主要契机，引导老工业基地发展转型；②其他产业导向上紧紧围绕老工业基地中有一定基础的机械电子、医药化工、印刷包装、服装加工、新材料五大产业，延伸产业链，形成优势企业集群；③近年来新征未建工业用地引进高科技企业扎堆，发展新型工业园区，同时为未来留有发展空间(图 4)。

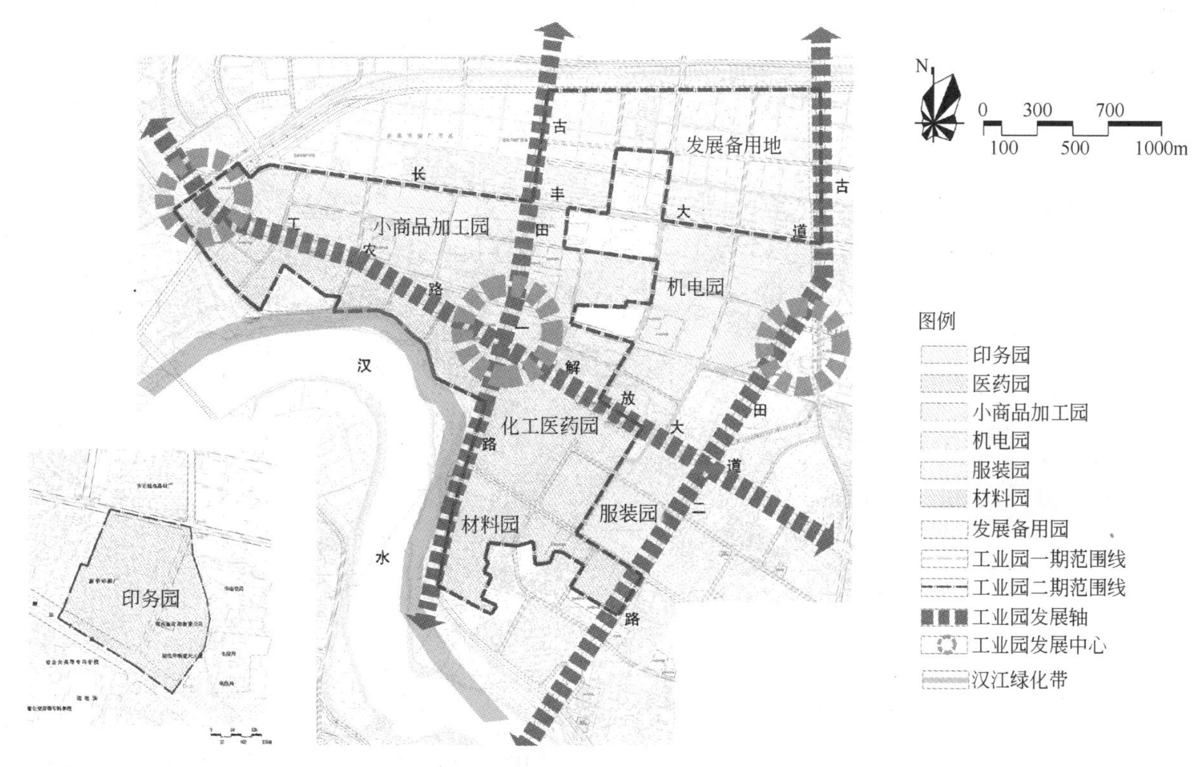

图 4　规划结构图

4.2　盘活工业存量，统筹发展，集约使用土地

工业区规划采取社会、经济规划与物质形态规划并举的创新模式，前者主要表现在不仅专设管理运作机构，且建设管理和资产运作部门分设；建设资金以土地收购作为筹集前期资金的主要渠道，链接社会多方资源，形成社会经济的良性循环：如积极吸引民营资本，部分利用政府解困专款，同时巧妙化解企业债务，争取职工部分社保金缓交等，在短期内构建了工业园区改造平台。物质规划方面以基础设施、生产环境、公共服务及人文设施为主要着眼点，根据近期和中长期不同的规划时限，对地块进行有效细分，形成便于启动和推进的实施模式。

近期选择 1 平方公里区域作为建设启动区，集中发展优势企业。由土地资产经营部门负责分期分批收购土地，收购企业土地权属与经营权剥离；建设管理部门负责根据规划整理现状土地，完善基础、环境设施，筑巢引凤。中长期规划以城市上层次规划为导向，严格控制沿江景观带、城市主干道沿线以及未来居住生活用地的发展空间，限制在控制带作较大规模的工业投资，鼓励产业类型相近的企业聚集。

4.3 降低建设成本，构建节约型都市工业

为节约成本，规划确立了以改、扩建为主，最大限度利用现有工业设备、营销渠道等资源的设计原则。项目组充分调查现场，按照“调整、配套、重组”的原则，以满足现代制造业要求为前提，对工业厂房实施内外改造。根据现有厂房及各类建筑的成色及外部环境进行分类，确立保留翻新、改建、新建三大方式。其中：①保留翻新类工程主要针对完全利用的工业设施，将建筑外部立面、屋顶、门窗进行装饰翻新，内部根据工艺流程和客户需要加以平面或竖向分割，占工业园区总建筑量的 45%(图 5)；②改建类工程针对不能完全利用，或需要调整使用规模或使用功能的建筑及设施，主要手段是增加建筑构件或调整原有建筑结构，形成符合新型工业发展需要的大厂房、配套动力、仓储、交通、环境设施等，占工业园区总建筑量的 40%；③新建类工程主要指整理原工业区内夹杂的零星用地，规划确定新建不大于 15%的新工业厂房，工业园区研发推广科技楼、接待楼等各类配套服务设施。经测算前 2 项平均建设成本仅为 280 元/m²，大大低于新建一般性厂房的单方造价。

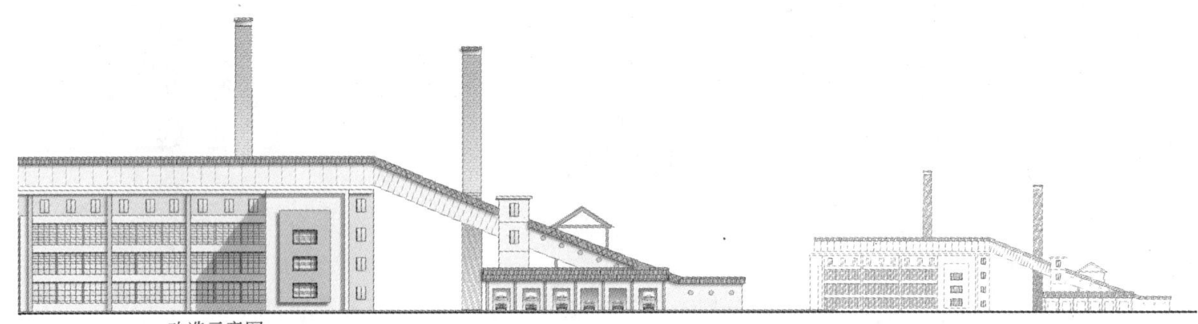

改造示意图

制氨厂厂房现状

改造措施：
对于水泥抹灰的墙面，将水泥脱落的地方进行修补，并进行粉刷；对于涂料粉刷的墙面，建议重新粉刷。对窗檐、窗台以及玻璃等破损处需进行修补。

其他措施：
1. 修补破损强面及屋面；
2. 对屋檐、窗口等建筑构件予以修补更新；
3. 屋顶以红色瓦面，檐口、柱角等以白色涂料粉刷，大面积墙面以黄色涂料粉刷；
4. 拆除部分建筑或构筑物，增加绿化及停车；
5. 厂房内部空间进行整修。

图 5 保留翻新措施实例

4.4 提升区域配套服务水平，社会和谐发展

为促进协调发展，工业园区必须提升整体服务水平，完善公共配套设施，主要分为社会设施和市政设施两大类：①社会设施是园区转型发展的软环境。科学化发展和谐社会，必须加大科技含量，注重科学进步和劳动者素质的提高。园区规划中不仅保留扩建了原有技工职业培训学校、技术交流、生活服务和体育休闲等设施，而且为保证均匀的辐射距离和可达性，增设了不同规模的会展、娱乐设施，构建了园区内及对外的社会网络。②另一方面规划指导完善道路系统，合理调整给排水、供电、消防等管网布局，加强邮电通信网络建设，尤其是企业间的高速光纤网络，并将枢纽性、功能性、网络化的重大基础设施先期建设，体现网络互交的时代特征。

4.5 注重生态性，创造良好的城市景观

生产力的激发动力和科技创新的灵感往往来源于舒适闲逸的外部环境，新型工业区是技术人才的集聚场所，工业、生态一体化的园区。在配置适宜产业、良好设施的工业区里，各类技术和熟练程度的产业人才同样需要有利于工作、交流和发展的优美环境。规划运用城市设计手段，塑造园区整体特色，设置主题公园；利用拆危后的零星用地以线性绿化串联，强化各园区门户和节点设计；为加强对外交流及宣传，根据园区的分期建设，滚动开发厂房、绿化、市政、道路，还专门设计参观线路(强调景观的特色和变化)；根据产业工艺特点，结合工业防噪、防尘，分区域配置不同的绿化种类，如果园、柏园等，形成一园一景；点缀具有人文色彩或工业符号的各类小品，如格里西等划时代企业管理家雕塑和主题环

境等，增加园区文化内涵，实现人与自然的和谐发展。(图 6)

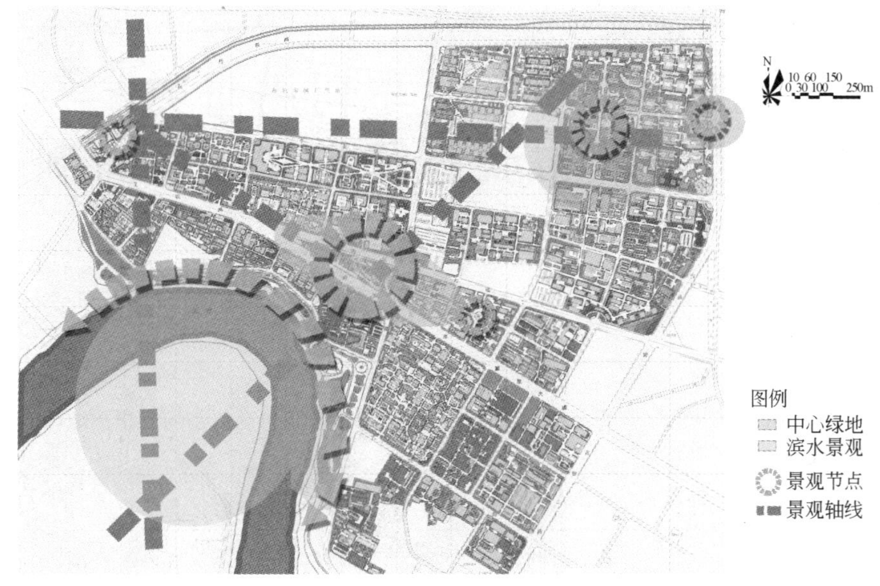

图 6 景观结构

5 结语

按照规划实施的汉正街都市工业园，建设过程中地方行政还积极制定了一系列产业优惠、人员安置的政策，不仅实现工业企业的顺利转型，还安置了大批下岗职工的再就业，发展形势良好。笔者作为规划人员在后期跟踪服务中深刻感受到历史工业园区的再生活力，“保留主义”在目前所提倡的节约型社会发展中是大有可为的，当然这需要细致完善的政策体系和经济支撑作后盾。

(本文在写作过程中得到李百浩教授的支持和帮助，特别致谢!)

参考文献

[1] 武汉市城市规划管理局. 武汉市城市规划志：武汉，武汉出版社，1999.
[2] 皮明庥等. 简明武汉史. 武汉：武汉出版社，2005.
[3] 顾朝林. 科学发展观与城市科学学科体系建设. 规划师，2005(2).

注：原文刊载于《规划师》2006 年 第 9 期。

历史街区保护与利用研究
——以武汉市武昌昙华林地区为例

胡友斌　李皓晟

（武汉市城市规划咨询服务中心）

提　要：武汉市武昌昙华林历史街区保护与利用规划通过科学的分析和研究，挖掘昙华林地区的文化内涵，保护城市的文脉，找到保护与发展之间的平衡点。

关键词：历史街区；武昌昙华林地区；保护与利用规划

1　项目背景

传统历史街区经过久远历史的萃炼，承载了一个地区、一个城市乃至一个民族的物质以及精神财富，反映的是人们内心对城市发展的体验。

随着我国经济的高速发展，城市化进程的不断推进，城市中传统历史街区的外在物质形态与现代文明和发展形式的冲突日益显现。为了改善传统历史街区居民的生活状态，最大挖掘土地的价值，来自内部居民的改建和来自外部城市建设的改造，使得历史街区衰落直至消亡。随之而来的是历史价值的丧失和历史文脉的断绝。

因此，对传统历史街区的分析研究，进而对其进行保护和再利用，正是为了激起人们对传统文化的认同感和归属感，促进其成为城市发展源源不绝的动力。

武汉具有悠久的历史和丰富的文化内涵，武昌昙华林地区正是武汉悠久历史及传统文化的见证。但是由于近年来城市开发的无序及保护力度的薄弱，昙华林传统历史街区的生存状态岌岌可危。而它一旦失去，人们将难以从现代化建设的空间环境中感受到武汉具有的传统生活文化及其蕴涵的悠久历史。通过科学的分析和研究，挖掘昙华林地区的文化内涵，保护城市的文脉，找到保护与发展之间的平衡点，制定一套具有可操作性的保护利用规划，对武汉城市的建设发展具有重要的意义。

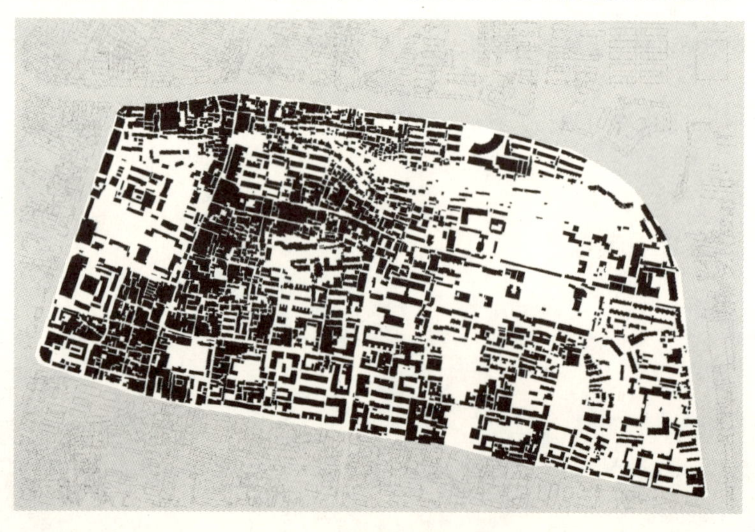

图1　街区肌理图

2　现状分析

历史街区保护与利用规划需要有详细的现状调研及分析。只有对历史沿革、街区空间环境、建筑环境、人文环境进行系统的、全面的调查了解，才能找到历史街区所蕴涵的文脉。所有这些构成历史街区的历史文化要素，共同构筑起历史街区稳定存在及发展的支撑点。发现并理解这些要素，这就是我们制定保护与利用规划的起点。

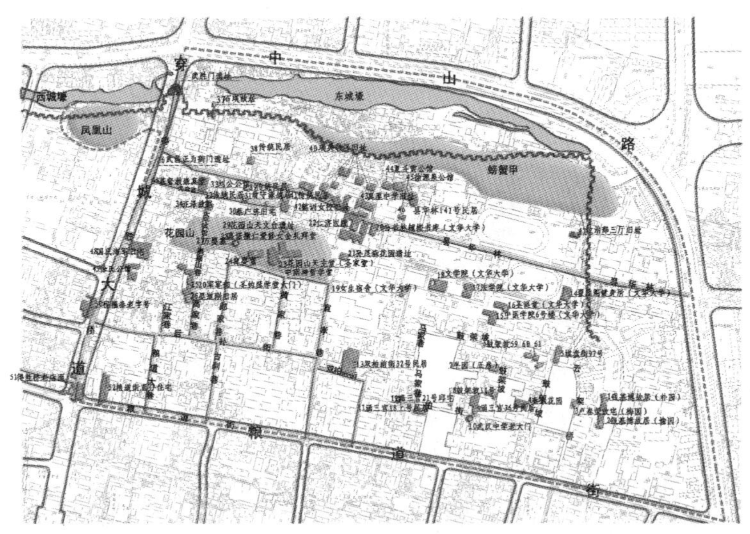

图 2　历史文化要素分析图

通过对昙华林历史街区的调查分析，我们总结出昙华林历史街区所特有的以下五种文化要素：

2.1　古城文化

武昌是中国历史上著名的战争要塞，历来是兵家必争之地。远到三国时孙权在武昌筑城(夏口城)，近到近代史上的辛亥革命、北伐战争、抗日战争、解放战争等众多历史事件，花园山聚会、日知会等革命团体以及陈独秀、周恩来、董必武、贺龙、郭沫若等都在此活动或居住。这些历史人物与他们的事迹给昙华林打下了深深的印记，为昙华林赋予了深刻的革命意义和纪念价值。

2.2　宗教文化

古代的昙华林就是因为佛教兴盛而得名。鸦片战争前后外国宗教渗入武汉，开始文化殖民，其中最主要的就是天主教和基督教。这些教会以昙华林为传教基地，并修建了众多具有明显“中西交融”特征的建筑。这些建筑对昙华林街区格局和文化氛围的形成起了深刻的影响，是当时中国社会进程的历史见证。

2.3　教育文化

近代昙华林之于武昌，有如武昌之于全国，是湖北近代教育的集中之所，也是近代中国社会教育兴国的缩影。在昙华林街区发展的过程中，很多早期的学堂、教会学校在此择地而建，先后出现在昙华林街区的各类教育机构就有 20 多所。

2.4　街巷文化

昙华林街区有着四通八达的街巷。这些街巷主要与昙华林街垂直，呈南北走向。相互平行的巷道成为街区内的主要交通联系，构成了昙华林蜿蜒复杂而又结构清晰的街巷网络。巷道组织结构将街区内的公建、学校、住宅等单元有机地组织联系在一起，形成了昙华林颇具特色的街巷空间。

2.5　建筑文化

昙华林街区作为一条历史街区既有古代的建筑，又有近代的建筑，还有不少现代新修的建筑，建筑种类多，式样繁杂。昙华林街区保存最多最完好的还是近代建筑，按类型主要分为教育、宗教、住宅公馆、医疗和其他等。按宗教势力则可以划分为美国教区、意大利教区、瑞典教区和英国教区。

3 规划对策

3.1 规划的目标

昙华林历史上曾有过繁荣和兴盛。现在格局和风貌虽还可见，但整体环境质量存在众多问题，如：现状街区内单位众多，用地权属界线犬牙交错；土地利用率低，功能结构混乱；现状道路交通不畅，交通组织无序；缺少绿地、广场等开敞公共活动空间；基础设施缺乏等。这些现象根源于昙华林历史街区的历史文化价值没有得到有效的发掘和充分的认识。因此充分依托武昌旧城的历史环境，展现环境优美、具有浓郁特色和丰富文化氛围的历史街区，同时合理利用周边用地，围绕历史街区保护这一中心进行适当的开发建设，增强旧城活力，是一条可行的方法。

图 3　土地利用现状图

基于前面的认识，我们提出以下规划目标：以优秀的历史建筑为核心，尊重历史文脉，保护昙华林街区的历史形态和格局，创造一个更加有利于居住和教育的环境，居住和教育为一体的优质历史区。

3.2 保护内容

历史街区的保护，要保护历史建筑，也要保护文化，同时要把保护与发展同时纳入视野。历史街区首先是人的活动环境，人居环境，因此，历史街区要以人为本，保存好原居民在此形成的生存方式。历史街区保护不单指古老建筑本身，保护的应该是古老文化。保护历史街区同时要有中国特色，要采取保存—更新—延续的方式，对能反映城市肌理、历史遗存、历史信息的建筑、街巷、建筑形式予以保存。在理清了需要保护什么的原则后，我们确定了昙华林历史街区的保护内容：

(1) 保护历史街区的整体性

● 包括三山(螃蟹甲山、凤凰山、花园山)与街区、街巷尺度、轮廓线、建筑群体特征(高度和屋顶形式)等。

(2) 保护街区、街巷形式的历史空间结构和肌理

● 一条街：昙华林街；

● 两条巷：戈甲营、太平试馆(崇福山巷)。

(3) 保护文物建筑和具有历史价值的建筑及其局部(彩画、雕刻、结构构件等)

● 文物建筑 3 处，武汉市历史优秀建筑 8 处，其他具有历史价值建筑 41 处。

(4) 其他历史遗迹和历史文化内涵(历史事件、历史人物、历史变迁)

● 城门、城墙等；

● 历史人物：石瑛、徐源泉、晏道刚、夏斗寅等。

3.3 保护层次

对于昙华林历史街区的保护范围的划定应遵从“历史遗迹集中，历史风貌完整，保护界限明确”的原则，划定核心保护区、风貌协调区和建设控制区这三个保护层次，对不同的保护层次，相应制定了不同的保护措施。

4 保护规划

4.1 保护与利用模式

在明确了保护规划的宏观原则后，制定具体的保护措施是实施保护规划的重要环节。我们对每项保护内容制定了相应的规划导则，我们称之为“保护与利用模式”。这些“模式”的制定依据是国家及地方制定的相关法规，制定的原则是“立足于保护，着眼于发展”。

在保护规划导则部分，我们制定了建筑保护与利用模式、街巷保护与利用模式、院落保护与利用模式、山体保护与利用模式等内容。我们这里重点介绍建筑保护与利用模式、街巷保护与利用模式。

4.2 建筑保护与利用模式

结合总体规划，综合现状建筑质量和建筑风貌的评估，昙华林街区的建筑保护与利用方式可分为5类，并将之落实在历史街区的每一栋建筑上。

(1) 保护类建筑，指国家级、市级、区级以及普查登记在册文物和具有一定的历史价值的建筑。这类建筑必须严格参照国家或武汉市文物保护的相关法规进行保护和管理。

(2) 保留类建筑，指对街区风貌有一定不利影响，但一般属于近年来修建的质量较好的建筑，这些建筑近期难以拆除，鉴于财力物力，应予以保留，远期考虑拆除。

(3) 保留改善类建筑，指已不适合目前的功能需要，质量较差，但却与街区风貌相协调的建筑，且这些的建筑应能通过改造达到与街区历史氛围、形态相协调。这类建筑应以修缮、维护为主，适当辅以立面整饰和房间功能整合等手段。如充斥广告牌、各种色彩的店铺、搭建严重的住宅建筑。

(4) 拆除类建筑，指质量很差、极大破坏街区形态和风貌或影响街区正常运行机能的建筑。这类建筑一般为多层或高层住宅，而且阻挠街区内交通。

(5) 移建类建筑，指具有一定历史价值，但由于该地段的历史风貌已基本丧失，根据城市发展要求而采取移建的方式，对建筑进行保护利用。

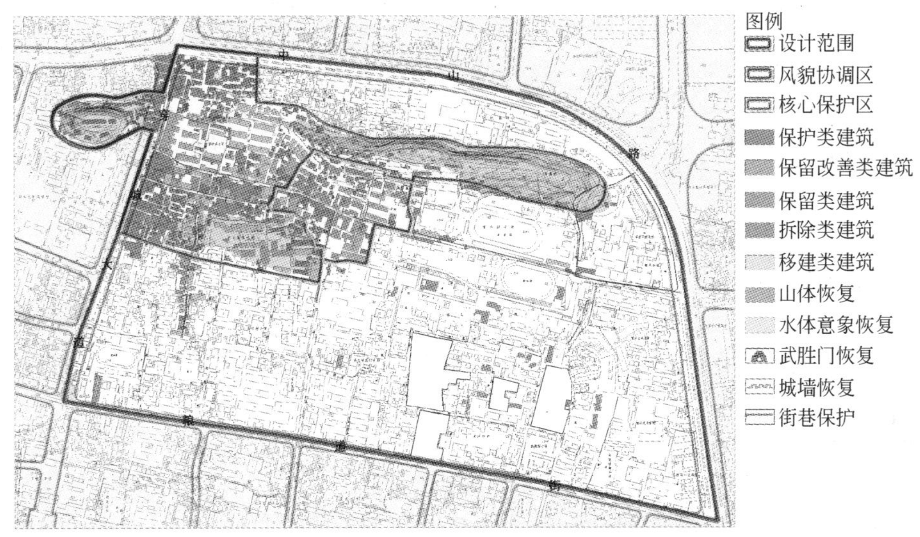

图4 保护与利用模式总图

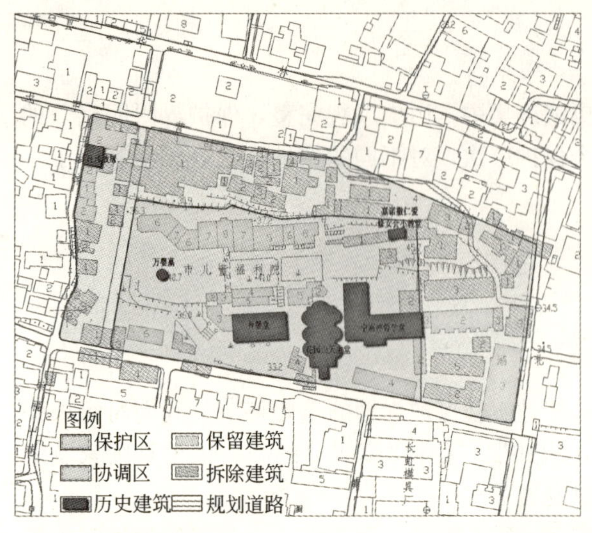

花园山天主堂、中南神哲学堂、育婴堂、万婴墓、汪泽故居、嘉诺撒仁爱修女会小教堂

现状简介	花园山天主堂	建于1889年，位于花园山2号，砖木结构，建筑系原构，仅外观维修过，墙面部分破损。
	中南神哲学堂	建于1883年前后，位于花园山2号，2层砖木结构，一层有外廊。现为宗教场所。
	育婴堂	建于1928年前后，位于花园山2号，砖木结构，建筑基本保存完好。
	万婴墓	建于1928年前后，位于武汉市儿童福利院内，武汉市文物保护单位。
	汪泽故居	建于清末民初，砖木结构，明间一进为天井，二层三面木栏。建筑立面保存较好。
	嘉诺撒仁爱修女会小教堂	建于1888年，砖木结构，清砖砌筑。现天花条板破损，墙面剥蚀严重。
保护范围	保护区	保据文物保护单位对万婴墓所划定的保护范围进行管理。东面至花园山天主堂围墙为界；南、西面分别至规划道路边线。北面至花园山山脊线。汪泽故居沿建筑外墙线保护。
	协调区	东面至宜孝巷两侧；南至规划道路北侧，西至太平试馆东侧。北至戈甲营路南侧。
保护措施	保护区	保护历史建筑原有风格，建筑形式，建筑立面（包括建筑外墙材料）及内部装饰不得改变，严格保护花园山天主堂院内假山、绿化及建筑环境。严禁新建任何建筑物或构筑物。如对建筑需要进行必要修缮，则做到"修旧如故"。
	协调区	严格控制新建建筑体量，规划建筑高度控制在3层以下，对不符合要求的新旧建筑近期拆迁有困难，应改造其外观和色彩与街区传统风貌相协调，远期拆迁。

图5　重点建筑保护模式

4.3　街巷保护与利用模式

街巷是昙华林街区的重要特点。需要保护的街巷有昙华林街、戈甲营和太平试馆(崇福山巷)，其他街巷由于历史形态尽失，只需保留肌理。

(1) 昙华林街是昙华林的主街，处于核心保护区，需严格保护和控制其界面和尺度，对现状建筑应尽量少拆。

(2) 戈甲营(巷)和太平试馆(巷)与昙华林街相衔接，属于风貌协调区，可适当拆除部分建筑，但应保持街道界面和尺度。

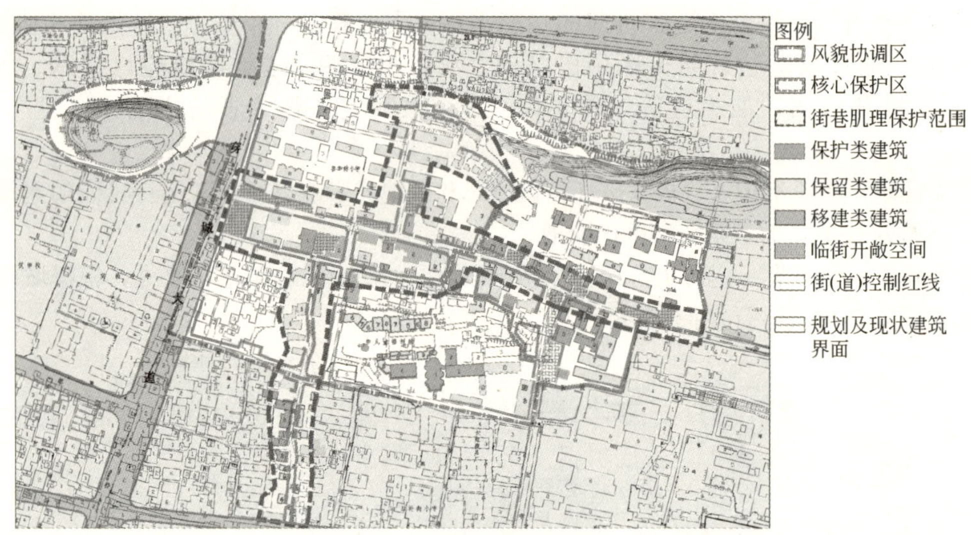

图6　街巷保护与利用模式

4.4　其他对象的保护与利用模式

与街巷保护与利用模式类似，我们对院落、山体等保护对象制定了详细而具体的保护措施，针对不同保护对象的特点，从历史的挖掘、文脉的传承、空间的塑造等方面提出保护的要求和利用的方式。

5　控制性详细规划和利用规划

5.1　控制性详细规划

为了完善保护利用规划内容，理清规划层次，保护利用规划中还加入部分控制性详细规划内容。具体涉及土地利用规划、道路交通系统规划、绿化系统及景观规划、市政设施规划。这些控制性详细规划部分既是保护规划完善补充，也是利用规划的原则指导。

历史街区的控制性详细规划编制出发点有别于普通的地块上的控规编制。昙华林历史街区的控制性详细规划编制更注重用地结构的调整和交通规划。

5.1.1　用地结构调整

增加用地内居住、教育以及商业服务的功能。沿昙华林主街部分突出居住及教育的功能，沿城市干道部分用地大力发展其商业、旅游及居住的功能，扩展历史街区的商业及居住价值。

5.1.2　道路交通规划

维持该区原有的街巷格局，从保护历史街区环境的角度出发，增加部分步行系统，对重要街道进行交通管制。同时适当拓宽街区主干道，满足消防和通行的基本要求。增加停车场地，为历史街区的发展做好准备。

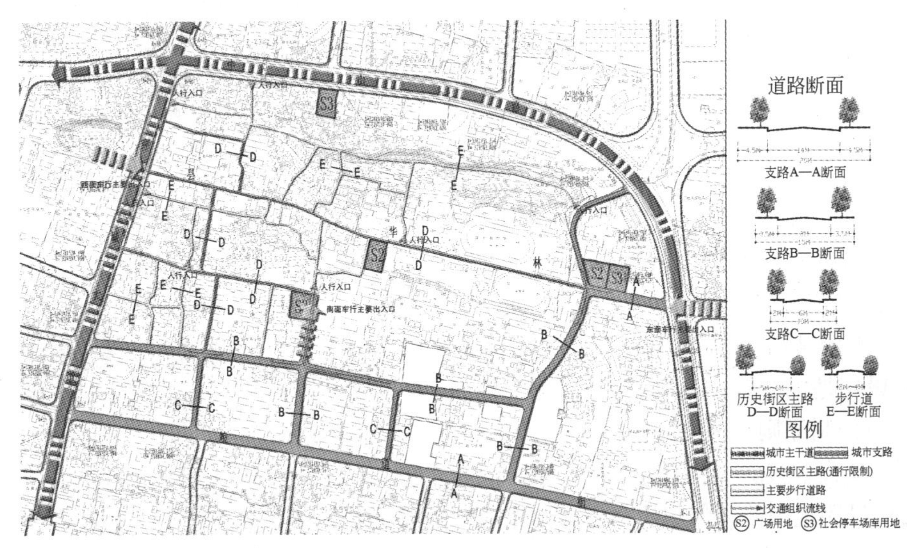

图7　道路交通规划图

5.2　利用规划

国内目前对历史街区的保护和利用有许多看法，但是有一点是可以达成共识的：争取在建设中做到历史文化价值和现代生活价值的双赢。这就意味着，只注重发展，进行大规模的拆毁不符合城市持续发展原则；而简单地保留，忽略历史街区自身需要新陈代谢，需要和时代发展保持同步这一客观事实更不可取。处理好保护与发展的关系，是历史街区保护与利用的重要环节。

从历史街区的发展看，可以发现，历史街区在其兴盛时期的重要表现就是商贸活动的繁荣，思维交流的频繁；历史街区衰落的主要原因是街区的功能无法满足时代的需求。因此，适度合理地进行保护性建设开发是振兴历史街区的重要途径。历史街区的保护，要保存，但也要发展。发展是为了更好地保护，只有赋予昙华林历史街区以新的内涵，激发其老的活力，保护才能得以实现。

在利用规划的编制中，重点考虑哪些地方不能进行建设，哪些区域可以进行开发，开发建设与保护的关系如何，开发的内容是什么，开发的总量如何控制，开发控制措施的制定等一系列问题。

5.2.1　确定不可开发地块

(1) 核心保护区作为昙华林历史街区的灵魂，除去必须的保护性修缮、移建建筑和市政及生活配套设施建设外，这个区域内不准进行任何形式的建设活动。

(2) 山体部分是昙华林历史街区景观构成的重要因素，并且根据武汉市山体湖泊保护的相关条例，山体及其保护范围内建设受到相当严格的限制。结合保护规划的要求，要求除去必要的景观要求的构筑物外，山体及其保护部分不许进行任何形式的建设活动。

(3) 在风貌协调区及建设控制区内优秀历史建筑宅基地及其划定的保护区域内不得进行任何形式的建设活动。

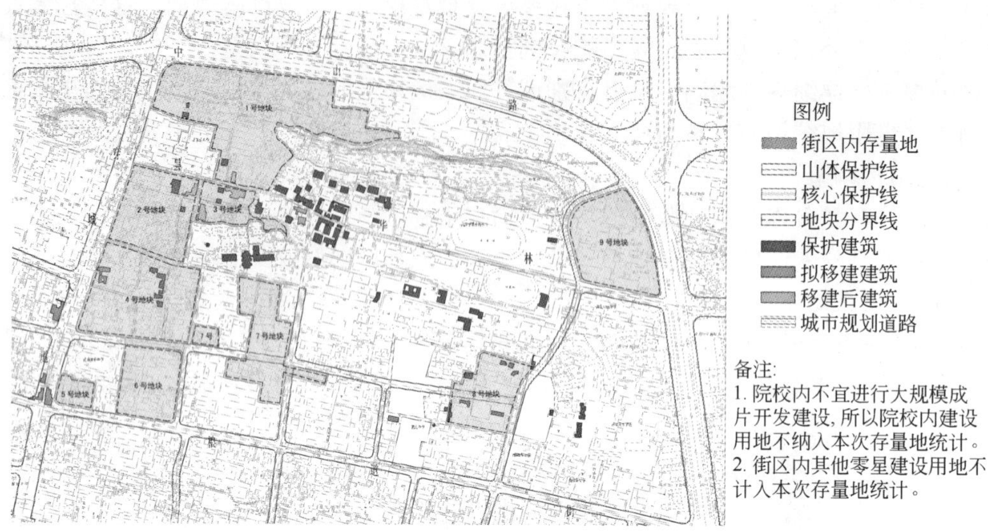

图 8 存量建设统计用地总图

(4) 现状已建成的重要建筑，主要是指保留类建筑所占土地，除去为和历史街区协调进行必要的整修活动，不得进行任何形式的建设活动。

5.2.2 建设控制措施

除去上面涉及的 4 类不可开发用地外，街区内的院校，中、小学用地，考虑到其社会公益性，也不将其纳入存量建设用地的统计内。

存量建设用地控制原则：

(1) 严格控制开发强度，重点限制建筑高度。

(2) 对存量建设用地中涉及保护规划内容，要逐项落实，并且结合地块开发特点进行细化、量化。

(3) 重点地区进行详规意向设计，提供具象规划措施，供行政决策和建设施工参考。

上述的控制原则在落实到每一快可开发用地上时，必须结合保护规划对不同保护内容作出的要求，制定具体的利用条款。

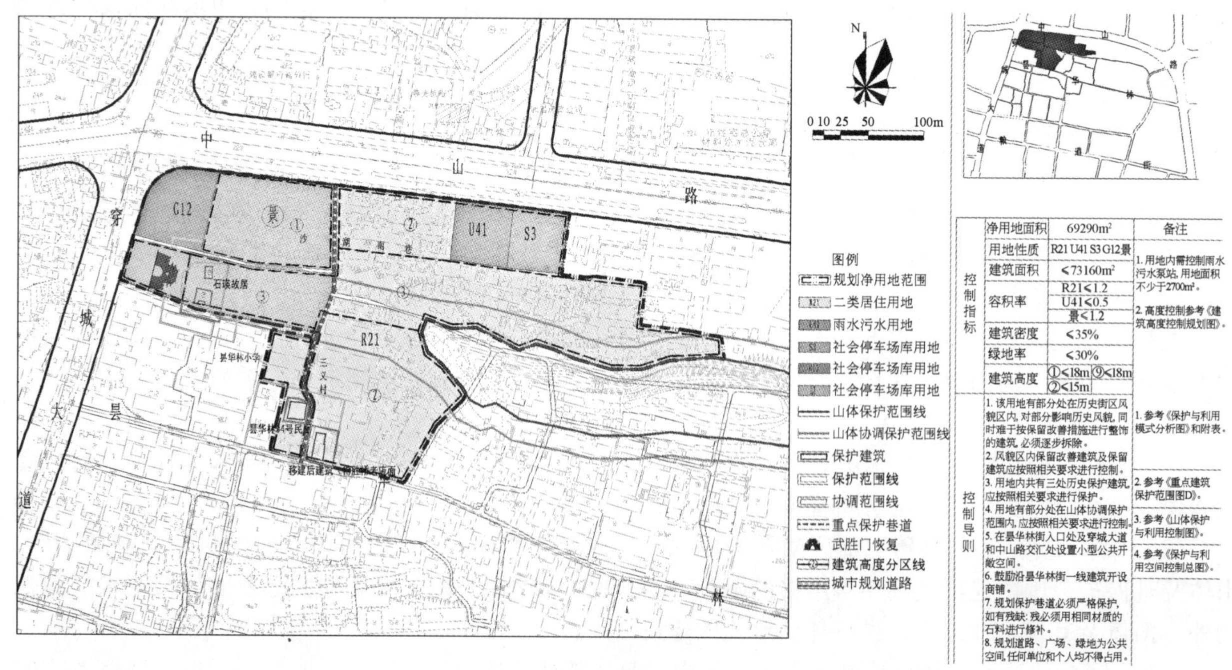

			备注
控制指标	净用地面积	69290m²	
	用地性质	R21 U41 S3 G12景	1. 用地内需控制雨水污水泵站，用地面积不少于2700m²。 2. 高度控制参考《建筑高度控制规划图》。
	建筑面积	≤73160m²	
	容积率	R21≤1.2 U41≤0.5 景≤1.2	
	建筑密度	≤35%	
	绿地率	≤30%	
	建筑高度	①≤18m ⑨≤18m ②≤15m	
控制导则	1. 该用地有部分处在历史街区风貌区内，对部分影响历史风貌，同时难于按保留改善措施进行整饰的建筑，必须逐步拆除。 2. 风貌区内保留改善建筑及保留建筑应按照相关要求进行控制。		1. 参考《保护与利用模式分析图》和附表。
	3. 用地内共有三处历史保护建筑，应按照相关要求进行保护。		2. 参考《重点建筑保护范围图D》。
	4. 用地有部分处在山体协调保护范围内，应按照相关要求进行控制。		3. 参考《山体保护与利用控制图》。
	5. 在昙华林街入口处及穿城大道和中山路交汇处设置小型公共开敞空间。		4. 参考《保护与利用空间控制总图》。
	6. 鼓励沿昙华林街一线建筑开设商铺。 7. 规划保护巷道必须严格保护，如有残缺：残必须用相同材质的石料进行修补。 8. 规划道路、广场、绿地为公共空间，任何单位和个人均不得占用。		

图 9 存量建设用地分图则

5.2.3 详规意向

在确定了保护与利用规划主要内容后，我们还结合保护利用规划具体要求，对整个历史街区进行了总平面详细规划设计，方便下一步工作的实施。

图 10 街区入口设计

后记：昙华林历史街区保护与利用控制规划编制过程中，项目组遇到了许多棘手的问题，其中之一就是历史街区范围以及核心保护区范围的划定。这两个范围的划定直接和下阶段保护工作的开展息息相关。在现阶段，范围划定过大会导致开发建设量下降，关系到在该片土地上公共利益与其他各种利益的利益分配，没有开发建设的保护工作实施起来相当困难；范围划定过小又起不到保护的作用。在多方权衡和数次妥协之后，现在这个保护范围终于敲定。

实际上，以上这些问题归根到底是可持续发展概念的问题：既能把握今天又着眼于长远未来的价值尺度。城市是现代社会经济发展的主要载体，同时如何对待城市中的历史街区及与城市的可持续发展自然成为人们瞩目的焦点，这也是城市规划工作者一项重要的工作内容。

参考文献

[1] 王景慧，阮仪山．王林，历史文化名城保护理论与规划［M］．上海：同济大学出版社，1999.

[2] 阮仪山，孙萌．我国历史街区保护与规划的若干问题研究［J］．城市规划，2001，(10)：25～32.

[3] 李百浩，郑自来．武昌昙华林历史街区保护和利用建议书.

注：原文刊载于《规划师》2004 年第 12 期。

五、交通与市政规划篇

关于城市交通规划编制体系的思考

龙宁　李建忠　何峻岭　刘国强

（武汉市城市综合交通规划设计研究院）

提　要： 本文总结了相关法规对城市交通规划的要求，在回顾我国城市交通规划发展历程和实践的基础上，与城市规划编制阶段相对应，提出了完善城市交通规划编制体系设想，阐述了该体系的指导思想、阶段划分、主要内容及组织编制审批程序等，并对规划编制体系的实施提出相关建议。

关键词： 城市规划；交通规划；编制体系

1　相关法规对城市交通规划的要求

伴随着国民经济高速增长，城市化水平迅速提高，城市交通从来没有像现在这样受到各级政府和社会各界的关注和重视，交通规划也从来没有感受到如此之大的需求压力。交通规划的编制、审批、实施等一系列问题摆在交通规划者、管理者面前，亟待解决。

1990年4月开始实施的《中华人民共和国城市规划法》中提出城市总体规划应包括城市综合交通规划体系以及各项专业规划。同年12月发布的《城市规划编制审批暂行办法》（以下简称《暂行办法》）明确规定在城市总体规划中应“布置城市道路、交通运输系统以及车站、港口、飞机场等主要交通运输设施的位置，确定城市主要广场位置、交叉口形式，主次干道断面，主要控制点的坐标和标高”。

1991年建设部颁布的原《城市规划编制办法》继承了《暂行办法》的规定，在总体规划阶段增加了确定对外交通设施规模、确定主次干道走向、确定停车场位置及容量等要求，在控制性详细规划中增加了“规定交通出入口、停车泊位，确定各级支路的红线位置、控制点坐标和标高”的工作，在修建性详细规划中明确规定了要进行“道路交通规划设计”工作。

1995年9月由建设部颁布的国家技术标准《城市道路交通规划设计规范》（以下简称《规范》）明确规定了交通规划的目标、任务、内容及相关技术标准。提出“城市道路交通规划应包括城市道路交通发展战略规划和城市道路交通综合网络规划两个部分”。《规范》一直沿用至今，十多年来对于指导我国交通规划实践发挥了重要作用。

2006年4月，新的《城市规划编制办法》开始实施，在城市规划编制的各阶段对城市交通规划从宏观到微观、从各层面、深度提出了不同的要求，并将交通发展战略提升到一定高度：在总体规划纲要阶段，提出要进行交通发展战略的研究；在总体规划阶段分别提出确定市域交通发展策略和城市交通发展战略的要求。新的规划编制办法还增加了落实公交优先的政策及进行城市轨道交通网络布局等内容。

虽然城市规划编制办法包括了交通规划的内容，但缺乏交通规划体系的系统性和完整性，从交通规划内容的复杂性和促进城市发展的重要性角度出发，迫切需要进行规划编制体系研究，形成交通规划编制办法或实施细则。

2　我国城市交通规划的实践

纵观我国几十年来城市交通规划的实践，可将其发展归纳为三个阶段：起步阶段、道路交通规划阶段和多层次规划阶段。

2.1 起步阶段

70年代，西方国家的城市交通工程、城市交通规划思想传入了我国，人们开始认识到城市交通规划的重要性。当时，我国城市交通的构成主要是自行车交通，我国城市交通的矛盾尚不突出，人们对城市交通规划的认识局限在道路的规划和建设方面。

80年代初，我国几个大城市相继开始了交通调查，如1978年上海组织了机动车OD调查，1981年天津组织了居民出行调查和货物流动调查，1982年徐州进行了居民出行调查等。到80年代末，全国大约30余个城市进行了居民出行调查和公共交通出行调查，这些调查对了解我国城市交通的基本状况、探索交通的特征奠定了基础。此时的交通规划工作的重点在于的调查和分析城市交通状况，并提出改善建议。随后，交通预测模型的引入和应用丰富了交通规划的方法和手段，1992年上海市城市综合交通规划研究所结合1986～1987年的交通调查出版了《上海城市交通分析和预测》，书中包括了全部交通调查、预测和分析，是上海市综合交通规划的技术依据。

2.2 道路交通规划阶段

进入90年代后，城市交通规划领域的研究人员和技术人员不断探索，发现和引入了一些新的工作内容、方法和手段，活跃了城市交通规划领域的学术思想，具有代表性的学术成果是1995年颁布的《城市道路交通规划设计规范》。从此，我国正式开始了道路交通规划阶段，北京、天津、上海、广州、深圳、鞍山、马鞍山等国内大中城市纷纷开展道路交通规划研究。该时期开展的城市道路交通综合网络规划有两个明显的特点：一、在总体规划指导下进行，最终纳入总体规划中实施；二、它不完全等同于现在通常所讲的城市综合交通规划，以道路网络规划为重点，侧重于确定道路、停车场、客货运枢纽等交通设施的布局。该阶段中规院完成了第一个综合交通规划，使道路交通规划踏上了一个新的台阶：纵向上，将交通规划拓展到道路网络、公共交通、轨道交通、停车、交通管理等研究深度，横向上包括了客货运输，为交通规划向多层次规划阶段迈进奠定了基础。

2.3 多层次规划阶段

2000年以来，人们在实践中逐渐意识到，要缓解城市交通拥挤，仅仅靠交通设施建设已经无法满足日益增长的交通需求，研究交通规划与城市发展的决策过程、交通政策的选择越来越密切。交通需求管理、优化交通结构、优先发展公共交通、交通可持续发展等课题摆在了我们的面前。城市交通规划已经从早期的道路交通规划，发展到综合交通规划，并进一步向上发展到交通战略及交通政策白皮书、城市总体规划之前的引导性交通发展纲要，如《武汉市交通发展战略》，上海、深圳、南京的《交通白皮书》，《北京交通发展纲要》，《深圳市整体交通规划》等；向下发展到公共交通规划、轨道交通规划、停车规划等交通专项规划，以及地区性交通详细规划、交通影响评价、工程可行性研究、施工期交通组织、道路交通工程设计、交叉口交通工程设计等。自此，城市交通规划走到了多层次的系统规划阶段。

3 完善城市交通规划编制体系的思考

根据相关法规的要求，在城市交通规划实施的基础上，完善城市交通规划编制体系，有利于更好地指导城市交通规划工作，加强行业交流，提高交通规划成果质量。

3.1 指导思想

1. 与城市规划编制体系相对应，进一步规范交通规划的编制工作，增强法制效力

城市交通规划是城市规划重要的组成部分之一，也是落实城市规划，促进城市规划实施的重要方面。因此，两者的对应性直接关系到规划的协调性与可实施性。同时，目前进行的城市交通规划尚不具有城市规划类似的法律效力，造成实际建设中往往由于短期利益的制约，规划得不到实现，影响了交通系统整体效能的实现。与城市规划相对应，建立规范化的交通规划，将为提高交通规划的法律效力奠定基础。

2. 科学归纳和划分城市交通规划的工作内容，形成编制体系

城市交通规划从宏观控制到微观设计，从交通系统整体到交通个体，包括多层面、多阶段的内容，科学衔接各个阶段，确立完整的规划体系，才能避免重复与规划的无序，有效发挥各具体规划的作用，真正指导实际工作。

3. 进一步明确各项规划的内容、深度及强制性要求

《规范》作为目前城市交通规划的主要依据，出于纲领性要求，主要规定了交通发展战略规划和交通综合网络规划的含义与内容，重点对交通系统中的要素——如公共交通、道路交通、货运交通等提出了相应的控制指标，但对于具体要编制哪些规划，怎么编制，尚待进一步明确。

4. 为在实践中不断丰富的交通规划工作留有余地

随着交通实践的不断开展以及交通规划新理念的不断涌现，规划的范畴也在向更深更广的方向发展，特别是在专项规划方面，新的规划类型不断出现，以城市公共交通规划为例，逐步由原先的常规公交规划向轨道交通、快速公交、常规公交、出租车交通的综合发展规划拓展，对于轨道交通、快速公交、出租车规划方案的要求也比原先更为深入与细致，因此，体系的建立需要充分考虑未来城市交通规划的范畴和内容，为之留有充分余地，体现规划的可持续性和包容性。

3.2 关于城市交通规划编制体系的思考

3.2.1 阶段划分

根据《城市规划编制办法》，城市总体规划纲要阶段应确定交通发展战略；总体规划阶段应进行道路网、公共交通、轨道交通、对外交通等综合交通体系布局；城市分区规划应完成道路、停车场、公交场站、交通枢纽等交通设施的用地控制；近期建设规划主要确定近期交通建设措施；详细规划则进行具体交通设施的组织与设计。根据城市规划编制阶段可将交通规划分成两个阶段。

国内其他城市的专家学者也对交通规划编制的阶段进行了积极的思考和探索，北京市建立包括交通发展战略规划、综合交通规划、区域交通规划、专项交通规划四个层级的交通规划体系；深圳市交通规划编制分为六个部分：城市整体交通规划、分系统交通规划、分区交通(改善)规划、片区交通(改善)规划、重要交通设施建设详细规划及交通影响分析、专项交通调查研究。这些编制体系的思考和探索对笔者的研究有所借鉴，笔者考虑到，交通规划体系应与城市规划体系有机衔接，体系构架和阶段划分基本应与城市规划体系保持一致性和连贯性，故综合考虑将城市交通规划划分为两个阶段：

1. 对应于城市总体规划阶段

交通规划应完成交通战略规划、综合交通规划、专项交通规划、近期建设规划四个阶段的工作。交通发展战略规划注重战略性和方向性；综合交通规划注重系统性和综合性；专项交通规划注重专业性和深入性；近期建设规划注重微观性和可实施性。

(1) 交通发展战略规划

在城市规划纲要阶段，应结合城市性质、规模、用地布局、发展方向等重大问题的研究，编制城市交通发展战略。

交通发展战略规划在研究城市交通现状、城市社会经济发展和用地布局的基础上，展望城市交通发展的优势、劣势、机遇和挑战，确定交通系统整体态势，重点研究城市交通发展方向、交通发展目标和水平、城市交通方式和交通结构、交通设施的选址和用地规模，以及实施规划的重要技术经济对策。

城市交通发展战略的研究与制定，对于落实科学发展观，促进城市社会经济和交通事业协调发展，强化城市交通政策，保证城市总体规划目标的实现，具有重要意义。

(2) 综合交通规划

在城市总体规划阶段，应结合各类用地布局编制综合交通规划。

综合交通规划是在交通发展战略基础上的深化研究，重在要求实现土地利用与交通功能的整合，协调对外交通、道路交通、公共交通、步行与自行车交通等各子系统间的关系。重点研究城市各种运输系统的布局、各种交通的衔接方式，确定大型交通枢纽的分布和用地范围，确定城市道路网布局、道路等级和功能划分，以及主要交叉口、桥梁等道路设施的位置和用地范围，对规划方案进行技术经济评估并

提出分期建设的建议。根据各城市需要，在完成了综合交通规划后可开展分区交通规划工作。

综合交通规划是作为城市总体规划中重要的专项规划，一方面，在总体规划的指导下，落实各类道路交通设施布局；另一方面，交通规划可对城市规划提出反馈意见。随着交通研究的不断深入，其发展经历了交通规划滞后与城市发展、交通规划适应城市发展及交通规划与城市互动发展几个不同时期，并逐渐发展到交通引导城市发展阶段。

(3) 专项交通规划

综合交通规划重在交通系统整合和协调，它以全局的眼光，系统地研究了综合交通体系，随着交通建设和交通系统发展的不断深入，国家相关行政管理部门对专项交通规划的编制要求逐渐提高，如2000年2月，国家建设部在全国大中城市启动畅通工程，对城市交通管理规划的编制提出了要求。建设部《关于优先发展城市公共交通的意见》中明确提出“要认真编制《城市公共交通专项规划》，明确不同的公共交通方式的功能分工、线网及设施配置、场站规模及布局等。拟建轨道交通的城市要认真编制《城市轨道交通建设规划》，明确远期目标和近期建设任务以及相应的资金筹措方案；明确轨道交通的线路站点选址、沿线用地规划控制以及与其他交通方式的衔接。”

专项交通规划主要包括城市道路网规划、城市公共交通规划、城市轨道交通规划、城市停车设施规划、城市交通管理规划等。它侧重于各子系统本身的发展目标、需求分析、设施规模、布局、近期建设计划、运营管理、效益评价。具体各专项规划研究的主要内容如表1所示：

专项交通规划的主要内容 **表1**

名　　称	主　要　内　容
对外交通规划	确定公路、铁路、水运、航空四种对外交通方式的总体布局、功能结构、场站布局及与城市交通的衔接关系等
城市道路网规划	研究中远期城市道路网络功能、结构、布局和规模；研究近中期路网所要达到的功能、结构、布局与相应的建设计划
交通枢纽规划	确定各种枢纽的数量、功能等级、布局、控制规模、各类交通枢纽之间的衔接、枢纽交通组织、经营管理等
城市轨道交通规划	研究远期城市轨道网络总体构架及建设时序；近中期确定轨道网络模式，进行线路规划、客流预测、交通衔接、场站布局、用地控制、综合规划、专题研究、施工组织、交通评估等工作
城市公共交通规划	分析总结公交现状问题，预测公交发展趋势，确定公交发展目标，进行公交线网布局，公交场站设施规划、公交车辆发展规划、公交公司经营管理建议及投融资政策
出租车规划	分析出租车行业现状问题，预测出租车发展总量，提出出租车发展政策及规模，确定合理租价和车型，进行出租车服务网点布局规划，对出租车发展提出保障措施建议
交通管理规划	分析现状交通系统及交通管理存在的问题，预测规划期交通需求，制定交通管理方案(主要包括道路交通运行组织、路段及交差口交通工程设计、停车设施管理、交通指挥系统建设等)，并对其进行评价
城市停车设施规划	确定城市停车发展总体策略、发展目标、停车设施规模、公共停车场布局及建筑物配建停车标准
自行车与步行规划	明确自行车与步行交通功能定位、发展目标、规划控制要求、自行车专用道规划和主要步行过街通道规划

(4) 近期交通建设规划

近期交通建设规划是城市交通的近期建设计划，一般为1～5年，主要确定近期交通发展策略，确定主要对外交通设施和主要道路交通设施布局，它侧重于交通规划的强制性内容。一般而言，近期交通建设规划不单独编制，而是结合综合交通规划及各专项交通规划编制或结合城市近期建设计划编制。

2. 对应与城市规划的详细规划阶段

对应于城市控制性详细规划和修建性详细规划阶段，交通规划主要进行交通影响评价及交通组织与设计工作。

控制性详细规划阶段主要确定城市土地使用性质和开发强度。该阶段要进行交通需求分析，从交通容量角度提出土地利用反馈意见，同时，更全面具体地反映交通设施布局的要求，落实相关交通设施的布局，则可实现城市规划与交通规划的融合，促进城市用地布局与交通协调可持续发展。

修建性详细规划阶段，交通规划主要进行交通影响评价工作，分两个层面：一、区域开发建设前，应开展交通规划咨询工作，对给定的土地性质和开发强度，分析区域的交通需求，提出区域内交通设施建设容量、类型与布局等建议；二、区域用地开发后，对已经完成的土地利用进行交通影响评价，评价和分析建设项目建成投入使用后，新增的交通需求对周边交通环境产生影响的程度和范围，在满足一定服务水平的条件下提出对策，缓解项目产生的交通流量对周围道路交通的压力，并布置基地出入口、停车设施及进行交通组织与设计。

交通组织与设计重点运用各种工程措施和技术手段，分析研究局部地区的交通特点，以及与全市交通的关系，对其各种交通参与要素进行交通组织及对交通设施本身进行设计。

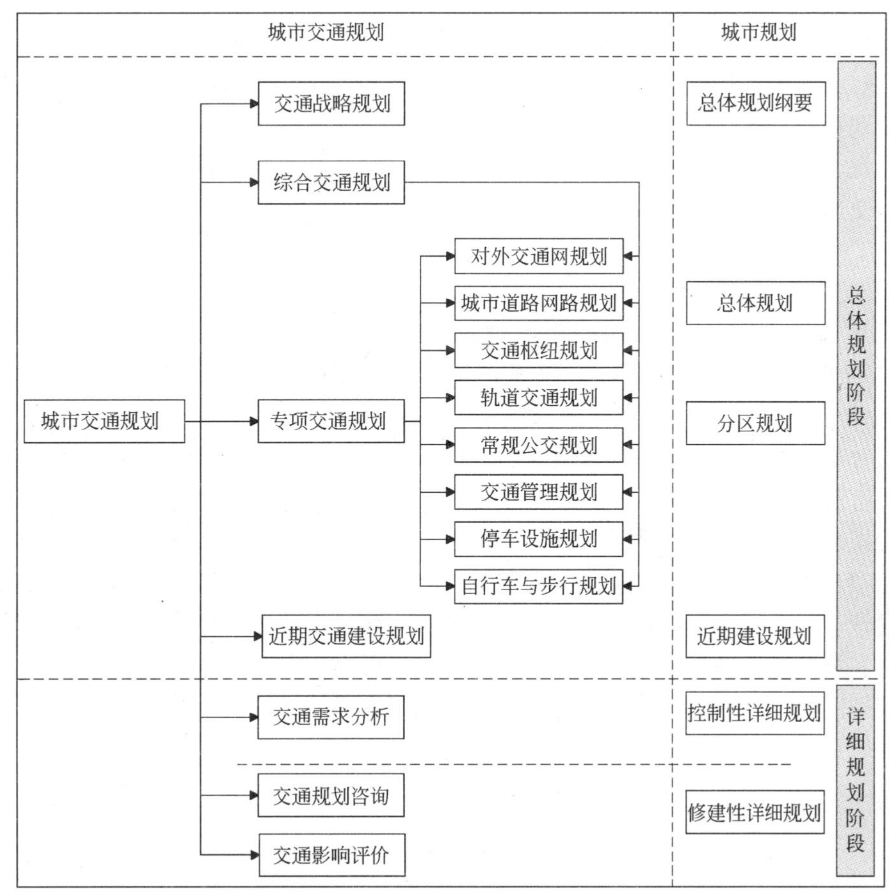

图 1　城市交通规划编制体系框架

3.2.2　交通规划期限

各个交通规划阶段的目标与任务不同，研究的内容和深度存在差异性，它们研究的期限也有所差别。

交通战略规划具有战略性、宏观性和指导性，同时要保持充分的弹性，以适应长远发展的不确定性，其研究期限一般为 20 年，对于重大交通设施甚至要展望到 50 年，如城市轨道网络建设。

综合交通规划已经在相对明确、可实现的社会经济发展目标与方针指导下进行，与城市总体规划的年限相协调，一般研究期限为 10～20 年。

专项交通规划在综合规划指导下进行，要求与综合交通规划保持基本一致的期限；同时，专项规划出于自身特点，更侧重于近期指导，因此，一般的年限为 5～10 年，考虑到不同专项规划技术条件、实施周期的不同，可适当调整。

近期规划主要立足于现状，对即将实施建设的交通运输设施项目、时序、规模、资金、初步方案等作出统筹安排，一般研究期限为3～5年。

控规阶段的交通需求分析、修规阶段的交通规划咨询及交通影响评价的研究年限跟控规、修规的规划年限保持一致。

各层次规划虽然期限不同，但出于交通规划间相互协调、层层延续的要求，在实践中上下层规划的期限和内容应充分衔接，实现远、中、近的一致性和可持续性。

3.2.3 交通规划组织编制与审批

城市交通规划内容和要求的不同，可以实行分级组织编制和审批。

结合城市总体规划编制的城市交通规划，包括城市交通战略规划、城市综合交通规划、专项交通规划、近期交通建设规划，按照城市总体规划审批程序，按国家行政建制设立的市，由人民政府负责组织编制，具体工作由城市人民政府建设主管部门(城乡规划主管部门)承担。

结合详细规划编制的交通影响评估和交通组织与设计，按详细规划审批程序，由城市人民政府建设主管部门(城乡规划主管部门)依据已经批准的城市交通战略规划、城市综合交通规划、专项交通规划、近期交通建设规划提出的规划条件，委托城市交通规划编制部门编制。

另外需要注意，编制城市交通规划，应当遵守国家有关标准和技术规范，采用符合国家有关规定的基础资料；承担交通规划编制的单位，应当取得交通规划编制资质证书，并在资质等级许可的范围内从事交通规划编制工作。

3.2.4 关于交通规划的实施

交通规划的实施最终落实到每个交通建设项目的实施，交通建设项目从规划到实施一般要经历规划阶段、可行性研究阶段和实施阶段，交通规划及相关工作应贯穿交通项目规划、建设、管理的全过程。

规划阶段通过交通战略规划、综合交通规划、专项交通规划、近期交通建设规划，最终确定了规划建设项目；在工可阶段，对规划建设项目进行预可、工可分析，论证项目建设的必要性，预测交通发展趋势，确定建设规模和技术标准、进行投资估算、资金筹措、经济评价、工期安排等，该阶段，交通需求预测结果对于项目建设规模、技术标准、投资等都有重大影响和决定作用；项目实施阶段要经历初步设计、施工图设计、施工期交通组织、建成后效益评估，该过程应根据交通需求分析，确定地块出入口位置、停车泊位、公共交通场站用地范围和站点位置、步行交通以及其他交通设施等。

从项目的规划阶段到实施阶段，交通规划及其相关工作都贯穿其中，且起到重要作用，甚至到管理阶段，进行交通后评估也是必需的环节。

4 结语

城市交通规划市指导城市建设和管理的公共政策，涉及面广，技术质量高，需要领导重视、政府加大投入、专业部门参与、管理部门协调配合，城市交通规划中应贯彻落实科学发展观，促进和谐社会建设，需要把技术工作与国家政策相结合，不断创新，在我国城市经济高速发展，城市化和机动化高潮到来之际，为指导城市建设，引导城市健康可持续发展发挥重要意义。要使得交通规划能够充分发挥支持领导决策、适应城市发展、引导城市建设的重要作用，笔者提出以下4点建议：

1. 切实加强交通规划与城市规划的融合与互动作用，提升交通规划的地位和作用。

2. 建议尽快推进城市交通规划编制体系法规化、程序化，出台《城市交通规划编制办法》及其实施细则。

3. 重视城市规划、建设、管理全过程中的交通规划及相关工作，并建立从项目规划、可行性研究到项目实施，交通规划全程参与的整体协调机制。

4. 重视交通规划专门机构的建立和发展，完善人才培养机制，应用新技术、新方法，提高城市交通规划的水平。

参考文献

[1] 徐循初. 关于我国城市交通规划的改进 [J]. 城市规划会刊，1995，6：10～17
[2] 杨涛. 论我国城市交通规划的层次和年限 [J]. 城市规划学刊，1989，(4)
[3] 周江评. 中国城市交通规划的历史、问题和对策初探 [J]. 城市交通，2006，4(3)：33～37
[4] 关于城市规划编制程序和办法的讨论 [J]. 城市规划，1987(1)：54～56
[5] 苏则民. 城市规划编制体系新框架研究 [J]. 城市规划，2001，25(5)：29～34
[6] 徐吉谦. 交通工程总论(第2版). 北京：人民交通出版社，2002
[7] 王炜，徐吉谦等. 城市交通规划. 南京：东南大学出版社，1999
[8] 建设部. 城市道路交通规划设计规范. 1995
[9] 林群，李锋. 深圳城市交通规划设计技术体系及工作指引. 上海：同济大学出版社，2006

注：原文刊载于《城市交通》2007年第2期。

对新时期大城市轨道交通线网规划特色的思考
——以武汉市轨道线网规划修编为例

何继斌　孙小丽

（武汉市城市综合交通规划设计研究院）

提　要：轨道交通是一种低污染、低能耗、高效率的交通运输工具，具有安全节能、明显改善城市交通质量和环境的优势。因此，大力发展轨道交通，做好城市轨道交通建设的蓝图，提升轨道交通在城市公共交通中的地位，是当今大城市治理交通拥堵、引导城市可持续发展的首选战略。本文通过分析总结武汉市轨道交通线网规划的工作模式和规划成果，提出对大城市轨道交通线网规划的工作方法、研究对象、与规划的关系、网络的总体服务质量等方面的思考，并阐述了自己的见解。

关键词：大城市；轨道交通；线网规划；特色

1　引言

交通能源与环境问题是 21 世纪全球面临的重大挑战，我国形势尤其严峻。国际能源机构（IEA）的统计数据表明，目前全球 57％的石油消费在交通领域，中国汽车产、销量分别居世界第三位和第二位，车用石油消耗所产生的空气污染和 CO_2 排放量上升到世界第二。因此，优先发展以轨道交通为骨干的公交系统将是我国大城市降低能源消耗、保护环境的重要交通战略。据统计，每百公里人均能耗，公交是小汽车的 8.4％，轨道交通是小汽车的 5％；人均 CO_2 排放量，轨道交通是小汽车的 21.7％。国家计划 2015 年轨道交通总建设里程为 2500km，投资规模超过 10000 亿元人民币，很多大城市陆续开展了轨道交通线网规划修编和第二轮轨道交通建设规划工作，一个大规模、跨越式的轨道交通高速建设时期已经来临。2007 年国务院批准武汉城市圈为全国“两型社会”综合配套改革实验区，武汉将积极创建资源节约型和环境友好型城市，大力发展轨道交通，完成了新一轮轨道交通线网规划，提升轨道交通在公共交通中的地位，实现城市可持续发展。

2　武汉市轨道交通线网规划主要成果

为充分借鉴国内外轨道交通建设的成功经验和先进理念，武汉市轨道线网规划修编邀请法国赛思达（SYSTRA）、北京中城捷与本地交通规划院合作，规划成果已经通过国内专家评审，并获得武汉市人民政府批复。主要成果如下。

2.1　规划方案

武汉市新一轮轨道交通线网规划依据城市总体规划和区域一体化发展要求，将线网修编研究范围由主城扩展到都市发展区，并与武汉城市圈对接，形成都市发展区及城际两个层次的轨道交通网络规划方案。

武汉都市发展区轨道交通线网方案由 3 条市域快线和 9 条市区线构成，总长 540km，过江通道 7 条，其中主城线网长 340km，过江通道 6 条（图 1）。从功能上分为快线和市区线两个层次，3 条市域快线总长 217km，设站 75 座，平均站间距 2.95km，运营速度 60km/h，快速联系城市 CBD、副中心、新城组群中心以及重大对外客运枢纽。9 条市区线总长 313km，设站 234 座，平均站间距 1.34km，运营速度 30～40km/h，加密线网，增强对城市滨江活动区、中央活动区、片区及组团中心的覆盖，适应主城交通需求。

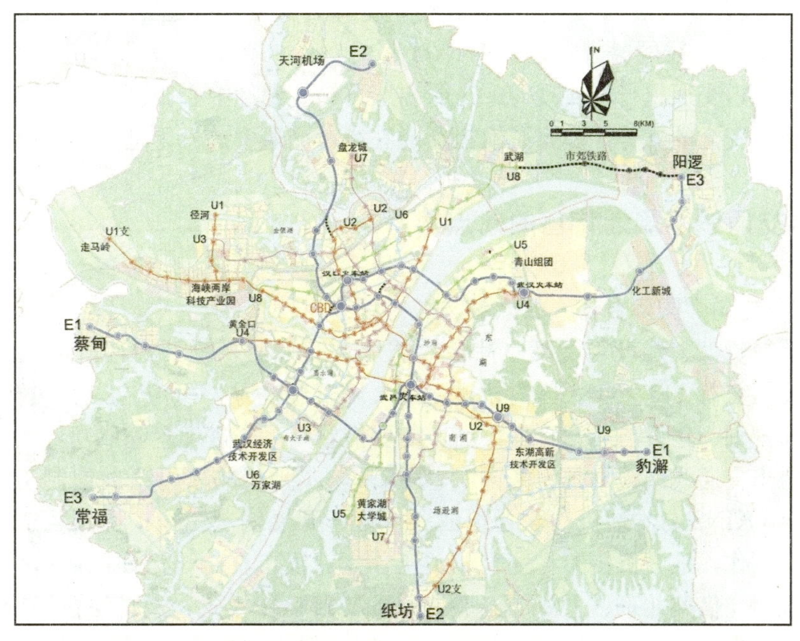

图 1　武汉都市发展区轨道交通线网规划方案(2008 年修编)

武汉城际铁路网络规划按照“资源共享、双网合一，支撑发展、有需建设”的规划原则，近期(2012 年以前)充分利用武汉铁路枢纽资源的富余能力开行城际列车；远期(2012 年以后)随着国家铁路线路富余能力逐步饱和及城市圈客流增长逐渐成熟，适时建设新的城际铁路线，与武汉市域轨道快线全面对接，辐射城市圈内全部中心城市。最终形成的武汉城际铁路网络由 5 条线路构成，总长 500km，与既有的铁路网、公路网并存，形成一个复合型、开放型的武汉城市圈交通网络体系(图 2)。

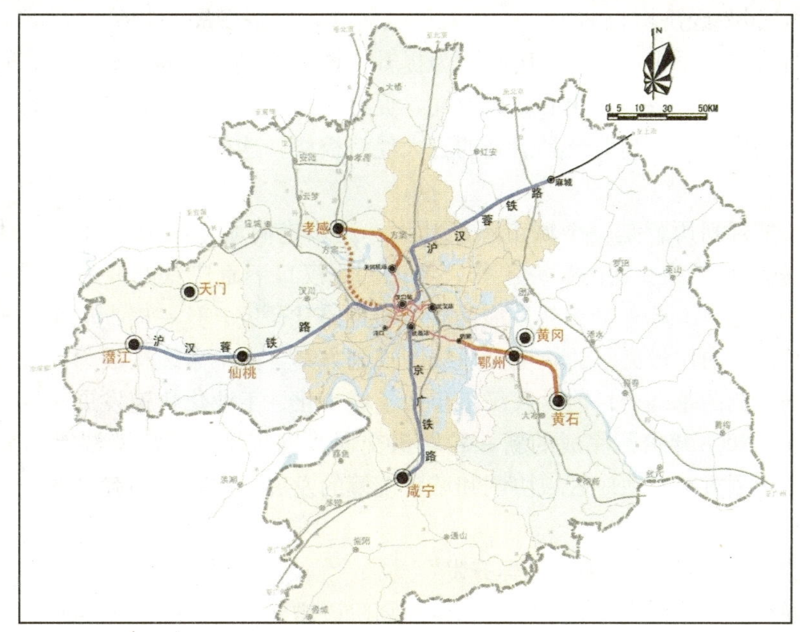

图 2　武汉城市圈城际铁路网络规划方案(2008 年修编)

2.2　实施效果

武汉市新一轮轨道交通线网规划方案覆盖武汉三镇和重点发展区域，注重与城市重大交通枢纽的衔接，共布局7个大型综合枢纽、40多个市内客运集散枢纽以及大量的外围小汽车停车换乘和中心区自行车、公交接驳换乘中心。通过交通模型预测分析，线网方案实施后，武汉市公交分担率可以达到40%，轨道交通占公交客运的比重达到50%。其中，主城公交分担率达到45%以上，轨道交通占公交客运的比重达到55%以上，线网覆盖率达到0.6km/km^2，有66%的人口和岗位位于地铁站点600m半径范围内，居民选择轨道交通出行可实现60min穿城，30min到达中心城区的目标，充分发挥了轨道交通快速、便捷、舒适、安全的优势，奠定了轨道交通在城市交通中的骨干地位。

3 对大城市轨道交通线网规划特色的几点思考

3.1 由“自主研究”走向“国际合作、公众参与”

轨道交通是一项投资大、建设难度高、社会效益显著的大型系统工程，轨道交通的规划是百年大计。世界轨道交通发展史有140多年，国内轨道交通大规模建设为21世纪初，尚处于探索阶段。因此，我们在从事轨道交通规划、建设与运营管理方面，需要借鉴国际先进理念和成功经验，及时总结，少走弯路。例如，上海轨道交通线网规划是由法国SYSTRA与本地机构平行开展编制工作；深圳轨道交通线网规划是由英国ATKINS与本地机构联合组成一个班子开展编制工作；杭州轨道交通线网规划是由美国施伟拨主导编制工作，地方机构参与配合相关工作。武汉市在走访调研国内外10多个大城市线网规划成功模式的基础上，借鉴北京、上海的经验，采取平行运作模式，邀请法国SYSTRA和北京中城捷两家一流专业机构分别承担武汉市线网修编工作，然后由本地机构整合规划。这些均有利于将国际先进理念与当地实际情况相结合，增强规划方案的可操作性。

轨道交通同时又是一项社会公益性的交通设施项目，服务于大众，应充分体现“以人为本”的指导思想，充分征求公众意见，增强线网规划的透明度和社会参与性。武汉市在修编过程中组织开展了轨道交通线网规划公众调查，共收集现场问卷1000余份、网上问卷2400多份、意见征集1000余条、电子邮件及市民来信300余封，网上讨论点击率突破5万人次，对修编工作起到了积极的促进和完善作用。

3.2 由“突出主城”走向“城乡统筹、区域一体化”

进入21世纪后，世界经济增长的重心向亚太地区转移，经济发展的趋势显示，以强大的中心城市及其周边邻近地域构成的“紧密城市群”已经成为提升区域经济竞争力的重要支撑，这就要求城市交通规划工作者应加强城乡之间区域一体化的交通研究，促进区域经济发展。长三角、珠三角、环渤海三大城市群近几年已经发展成为我国当前最具活力的三大经济板块，这得益于其核心城市及城际之间完善的交通网络系统。

武汉市轨道交通的规划历程是一个城市不断壮大、逐步走向城乡统筹、区域一体的真实写照。20世纪80年代武汉市就开始轨道交通的研究工作，考虑利用汉口旧京广铁路线外迁后的改建，规划建设一条长30km的轻轨交通。1995～2002年发展为中心城网络化研究，这一时期轨道交通研究工作的重点在主城，形成了主城范围内比较完整的轨道交通线网规划方案，由7条线构成，总长220km，成为武汉市轨道交通建设规划编制的基础。目前，武汉市步入了城市化、工业化快速发展时期，武汉城市圈区域一体化发展格局初现，2008年修编完成的新一轮轨道交通线网规划，提出武汉都市发展区及城际两个层次的轨道交通网络规划方案，适应区域协调和城乡统筹的发展要求，利用武汉的龙头和辐射作用带动周边城市共同发展。

3.3 由“适应总规”走向“优化总规、引导开发”

新的《城市规划编制办法》提出，在城市总体规划阶段增加落实公交优先的政策及进行城市轨道交通网络布局等内容，这意味着轨道交通网络专项规划对城市总体规划用地结构优化完善和支撑引导具有至关重要的作用。

武汉市轨道交通与城市规划的互动体现在两个方面，一是利用轨道交通“TOD”的模式引导新区建设、推动旧城改造。武汉市在支撑城市重点发展区方面引入轨道交通，安排至少1条轨道快线和1条镇间轨道线穿越；在旧城改造方面，成效最显著的要数轻轨1号线两侧，1号线是利用汉口旧京广铁路走廊建设，于2004年建成通车，4年前两侧用地基本全部为1～3层的破旧民房或棚户区，轻轨客流严重不足，轻轨通车运营后，新的城市功能向轨道沿线地区聚集，规划局适时优化调整轻轨沿线土地使用性质，两侧用地开发步伐明显加快，代表武汉市最高环境景观建设水平、体现城市青春活力的时尚文化街逐步形成，大大缩小了汉口老城区与中心区的建设发展差距，现在轻轨客流稳步提升。二是以“地铁＋物业”的模式快速带动沿线土地增值，引导开发。当前，资金是制约国内大规模发展轨道的主要因素，借鉴香港轨道运营的成功经验，武汉市采取“地铁＋物业”的开发模式，在轨道交通站场上盖综合开发、地上地下空间复合利用、公共设施配套等建筑，以“土地打包”的形式来平衡轨道建设资金，形成大容量的轨道建设与站点周边高强度用地开发协调互动(图3)。

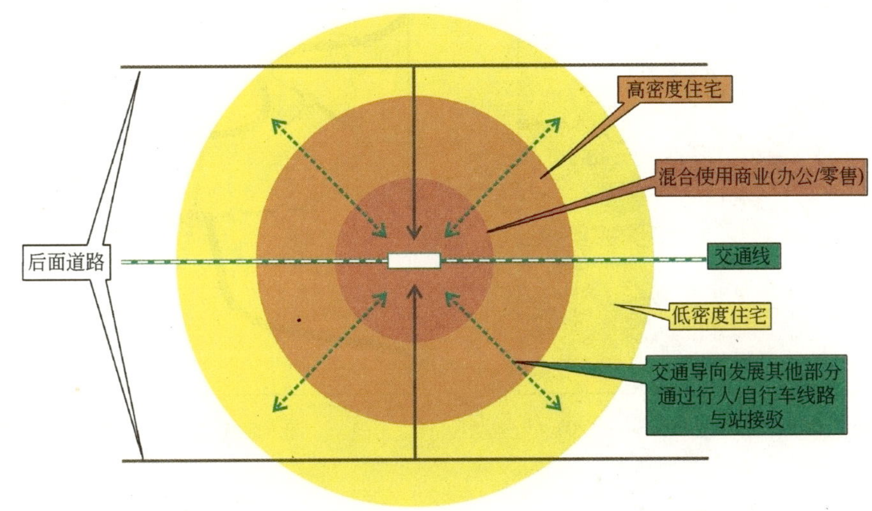

图3　轨道交通站点TOD用地开发模式概念图

3.4　由“追求客流经济效益最大化”走向“网络服务品质最优化”

“十五”期间我国逐步规范轨道交通建设，专门出台《关于加强城市快速轨道交通建设管理的通知》(国办发［2003］81号文)和《地铁设计规范》(GB 50157—2003)，结合国情坚持“高运量、低密度”的线网规划原则，对轨道交通建设规模适当控制。因此，国内早期的轨道交通线网规划密度普遍偏低，线网客流强度较高。新时期人们对出行的乘车舒适性、安全性和便捷性要求逐步提高，北京、上海等大城市对客流大的轨道线路都采取增加列车编组和加密线网的方式来提高轨道交通的吸引力、舒适性和安全性。

武汉市新一轮轨道交通线网规划吸取国内外轨道交通发展的经验(表1)，在轨道交通线网总体服务质量优化方面注重解决三个方面的问题。一是提高线网密度和规模，注重解决城市被江河分割的历史性跨江难题，规划线网的密度、规模和过江通道数量分别是原线网的1.5倍、1.6倍和2.3倍。二是明晰轨道交通线网的层次和建设标准，根据新一轮城市总体规划确定的“主城＋六大新城组群”的空间布局模式(图4)，引入具有竞争力的“市域轨道快线”引导外围组团轴向集约高效发展，设置市区轨道线加密主城线网，适应中心区交通需求，实现“优化主城、发展新城”的战略(图5)。三是强化一体化衔接的综合客运枢纽功能。客运枢纽是几种客运方式或几条客运干线交汇并能办理客流运输作业的各种技术设备的综合体，是提高客运网络整体效率的关键节点。新一轮轨道交通线网规划充分发挥武汉市作为我国中部地区枢纽城市的优势，打破传统直连式交通网络，构筑以枢纽为核心，轨道交通为骨干，常规公交为主体，多种交通方式相协调的一体化客运网络，充分利用武汉三大火车站和天河国际机场新、改、扩建的机会，规划成集铁路、航空、轨道交通、常规公交、长途客运以及出租车等多种交通方式高效衔接的大型综合枢纽，使其成为轨道交通线网的重要锚固点和客流转换点，提升轨道交通的竞争力和吸引力(图6、图7)。

武汉市轨道交通线网层次及建设标准一览表　　表 1

线路类型		商业运营目标速度	平均站间距
市域快线	E	50~60km/h	2~3km
市区线	U	3~40km/h	1~1.5km

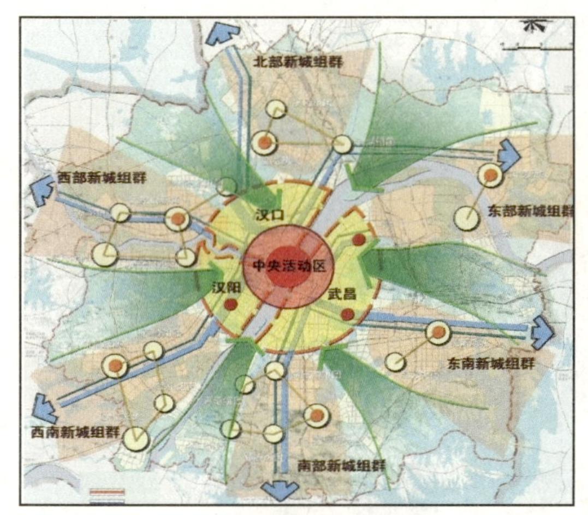

图 4　武汉市总体规划结构图(2006—2020)

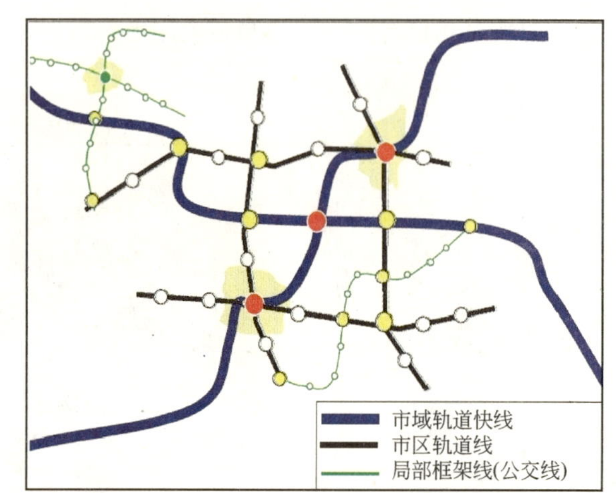

图 5　武汉市轨道交通线网结构图

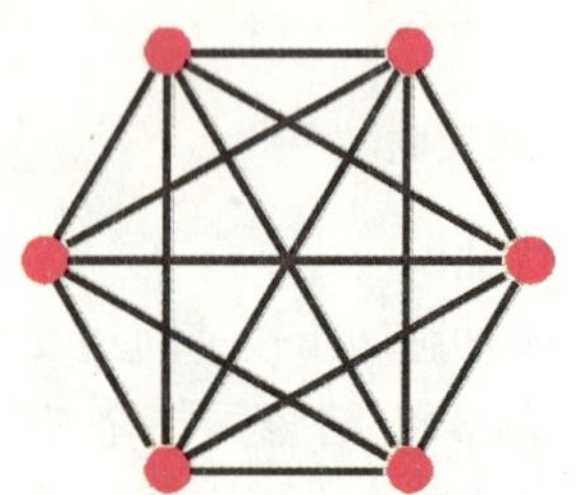

图 6　直连式网络结构

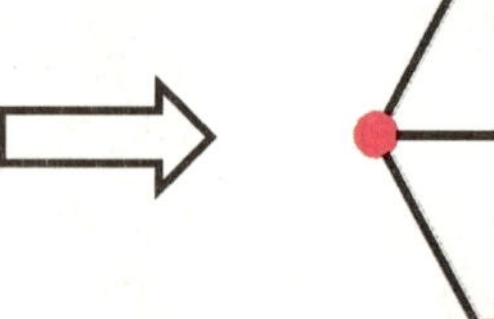

图 7　以枢纽为核心的网络结构

4　结语

轨道交通是促进大城市可持续发展的交通命脉，国内正兴起城市轨道交通线网规划与建设的高潮，形成科学指导一个城市今后几十年轨道交通建设的宏伟蓝图，是一个需要长期研究的课题，笔者以武汉市轨道交通线网规划修编为例，通过对城市轨道交通线网规划的工作方法、研究范围、与城市用地的关系、枢纽衔接等方面的总结，来反思国内大城市在加快轨道交通建设时期，应如何处理好轨道交通与城市规划、土地开发、枢纽锚固、网络运营效率最优化等若干重大问题，希望能引起广大读者的思考与共鸣。

参考文献

[1]　国务院办公厅关于加强城市快速轨道交通建设管理的通知.（国办发［2003］81 号文）. 2003.

[2]　中华人民共和国建设部. 城市规划编制办法. 2006.

[3] 武汉市城市规划管理局. 武汉市城市总体规划(2006—2020). 2006.
[4] 武汉市综合交通规划设计研究院，systra，等. 武汉市轨道交通线网规划(修编). 2008.
[5] 张庭伟. 城市化作为生产手段及引起城市规划功能转变. 城市规划，2002.
[6] 国际节能环保协会(ieepa.org.cn). 我国节能与新能源汽车发展战略与对策. 2007.
[7] 中华人民共和国建设部. 地铁设计规范(GB 50157—2003). 2003.

注：原文刊载于《城市轨道交通》2009年第1期。

城市轨道交通环线及其应用研究

郑猛　陈华　佘世英

（武汉市综合交通规划设计研究院）

提　要：针对目前国内城市在轨道交通线网规划及修编过程中关于是否需要设置环线这一颇具争议的问题，在广泛、翔实的数据分析和国内外相关城市案例剖析的基础上，就城市轨道交通环线的规划和应用进行了全面系统地讨论，包括环线的类型、功能、设置条件、长度与规模、设置形式等。并指出了对待城市轨道交通环线规划应该具备的科学态度，即遵循城市自身发展规律，既要充分认识环线的特殊性，又要服从整个轨道网络的系统性，不能为了具备环线而设置环线。

关键词：城市轨道交通；环线；设置条件；研究

0　引言

城市轨道交通环线指的是线路构成一个环形，列车在其上环形运行的交通线[1]。依据前苏联学者的观点——城市轨道交通网络由肢段和圈层构成，圈层的形态可以区分世界各国的地铁形式，而环线就是环上任一点不用换乘均可到达环上另一点的特殊圈层[2]。因此，环线是城市轨道交通网络中一类特殊的线路形式。正因其特殊性，围绕是否需要设置环线的问题，常常成为轨道交通线网规划和修编过程中人们广泛争论和关注的焦点。

城市轨道交通环线有何功能，在国内外城市的发展和应用又是怎样，存在哪些类型？其设置到底应该考虑哪些方面的因素，应该具备哪方面的条件？带着这些疑问，笔者在广泛搜集和剖析国内外相关城市案例、系统分析总结国内外相关研究的基础上，对城市轨道交通环线规划及其应用问题进行了系统的分析和探讨，希望能起到借鉴和指导作用。

1　城市轨道交通环线的应用和发展概况

世界上第一条地铁始于1863年的伦敦。1884年，伦敦又开通了世界上第一条地铁环线。时至今日，世界上已有50多个国家的330余座城市修建了城市轨道交通，其中，已经开通运营的城市轨道交通环线数量有30条，分布在全球22座城市中[3]。在这22座城市中，多数都只有一条环线，但也有例外。像伦敦、东京、悉尼等城市就有2条环线，马德里和新加坡甚至拥有3条环线。在国内，除了北京和上海地铁有环线之外，重庆、南京、青岛等城市的远景轨道网络中也规划了环线。单纯从绝对数量上来看，环线的应用并不广泛。

但是在目前世界上城市轨道交通线网规模超过100km的城市中，半数以上都设置了环线，设环的城市比例接近60%(约12座城市)。而在轨道交通线网长度超过200km的城市中，设环城市比例达到了75%，除了纽约和墨西哥之外，其余6座城市全部设置有环线。另外，不断还有新的城市即将加入进来，像布鲁塞尔、巴塞罗纳等。在已经建设了环线的城市中，部分还公布了新建第二条环线的计划，如北京、芝加哥、新加坡、巴黎等，莫斯科在近期的轨道网络规划中甚至提出将环线的数量扩大到4条。

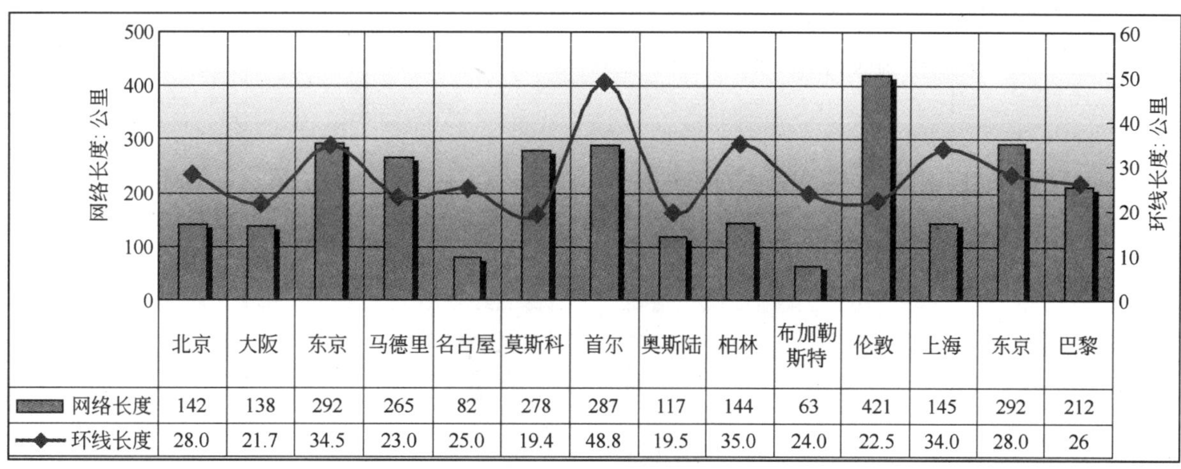

	北京	大阪	东京	马德里	名古屋	莫斯科	首尔	奥斯陆	柏林	布加勒斯特	伦敦	上海	东京	巴黎
网络长度	142	138	292	265	82	278	287	117	144	63	421	145	292	212
环线长度	28.0	21.7	34.5	23.0	25.0	19.4	48.8	19.5	35.0	24.0	22.5	34.0	28.0	26

图 1　世界典型城市轨道交通环线及其线网规模

2　城市轨道交通环线的分类

世界上城市轨道交通环线形形色色，为便于研究，本文从环线与网络中其他线路相互关系、位置及功能的角度，对城市轨道交通环线做出如下分类，见图 2。

2.1　结构性环线

结构性环线指的是对城市轨道交通线网结构起着重要支撑作用的环线，一般都环绕城市中心区设置，与网络中全部或多数放射线都相交，并在线网形态上多呈现“放射环式”结构。按照环线与城市中心区的相对位置，又可以划分为中心区环线(内环)和多中心环线(外环)两种类型。

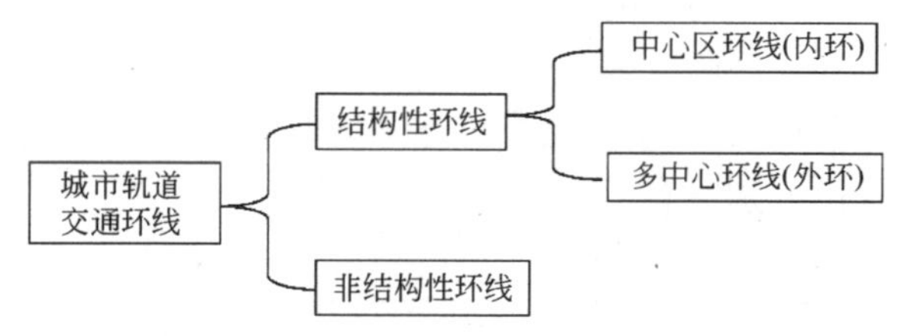

图 2　城市轨道交通环线的分类

中心区环线指的是整个都处于城市中心区范围内的环线，线路规模通常在 20km 左右。如伦敦(中央环线，22.5km)、莫斯科(5 号线，19.4km)、大阪(21.7km)、马德里(6 号线，23km)等。北京地铁 2 号线也属于中心区环线，但其规模略大，有 28km。莫斯科是拥有中心区环线的典型代表城市，其轨道网络总长 275.6km，由环线与 11 条直径线及半径线构成，其中环线长 19.4km，与另外 11 条线路均存在交叉和换乘关系，环线上的 12 座车站也全部都是大型的换乘站。整个线网呈典型的“放射环式”结构(见图 3)。

图 3　莫斯科轨道交通网络示意图

多中心环线通常位于中心区外围，并串联多个城市副中心或者外围组团中心，其环线规模一般都较中心区环线要大，以日本东京的山手线最为典型。山手线全长 34.5km，设站 29 座，环绕在以银座地区为核心的 CBD 周围，环线上串联着新宿、池袋、涩谷、大崎、上野/浅草等多个城市副中心。整个城市呈现“一核七心”的典型多中心组团式结构(见图 4)。

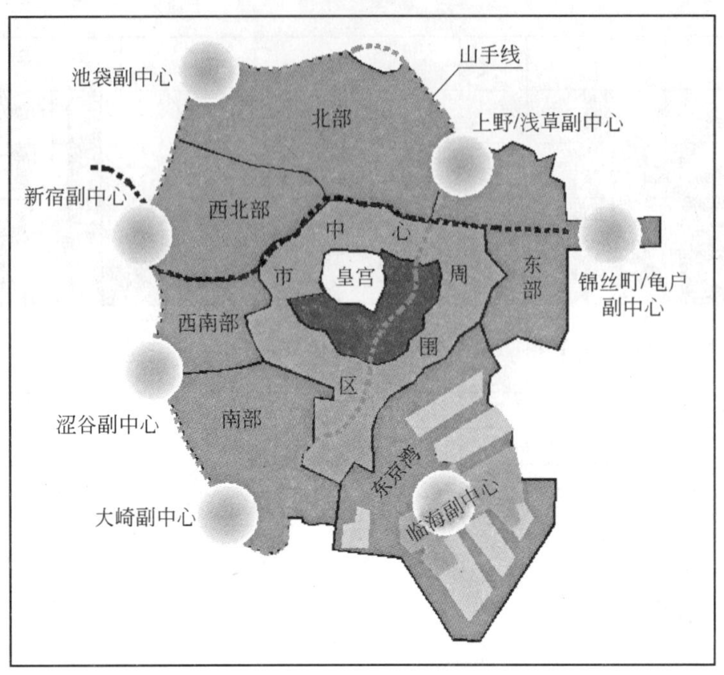

图 4　东京山手线与城市副中心位置关系图

2.2　非结构性环线

非结构性环线指的是环线对轨道交通线网结构不产生决定性影响，通常是作为某条线路的一部分而存在，且只与线网中少部分线路形成换乘关系。如美国杰夫肯尼迪机场快线，在位于机场的一端形成一个小环，串联着多个航站楼(见图 5，图 6)。巴黎地铁 7 号线在端部也有类似的环线。新加坡轨道网络中三条环线(位于东北部的榜鹅轻轨、盛港轻轨以及西北部的武吉班让轻轨)基本上也都属于此种类型，其长度分别只有 10km、11km 和 8km。

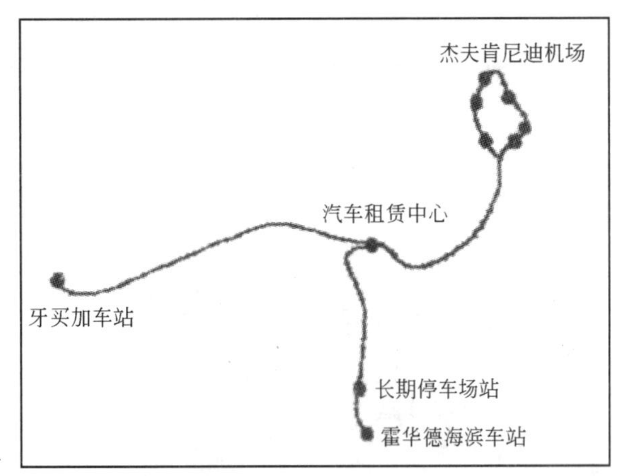

图 5　美国杰夫肯尼迪机场线示意图

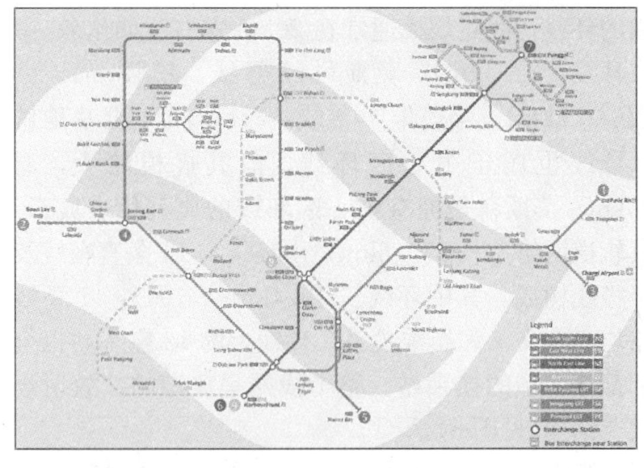

图 6　新加坡轨道交通网络示意图

马德里是拥有 3 条轨道交通环线的城市，其中 6 号线是中心区环线，而 12 号线则完全位于中心城区之外，通过 10 号线与中心区的轨道网络衔接，也属于非结构性环线的范畴(见图 7)。南京市远景轨道线网规划中也有 2 条环线，一条位于老城区，属于结构性环线；另一条则位于城市南部的江宁开发区，构成新城交通主骨架(见图 8)，从系统上看也属于非结构性环线。另外还有一些城市的环线，属于观光性质，规模也较小，如底特律，环线采用单向高架形式，长度只有 5km，设站 13 座；迈阿密的环线采用橡胶车轮和全自动无人驾驶系统，长度只有 3 公里，也都属于非结构型环线。

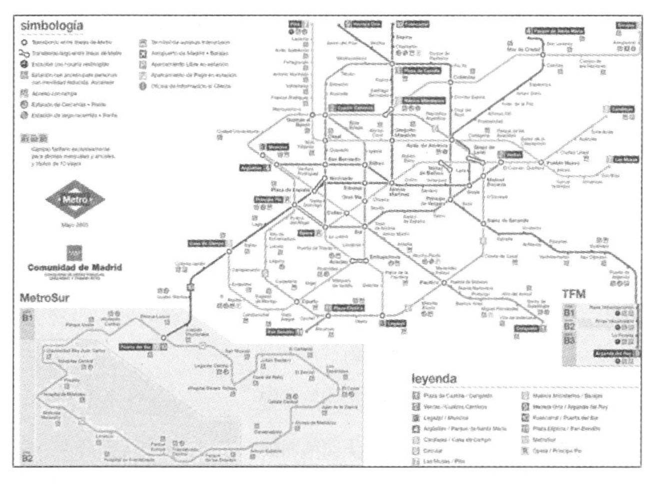

图 7 马德里轨道交通网络示意图

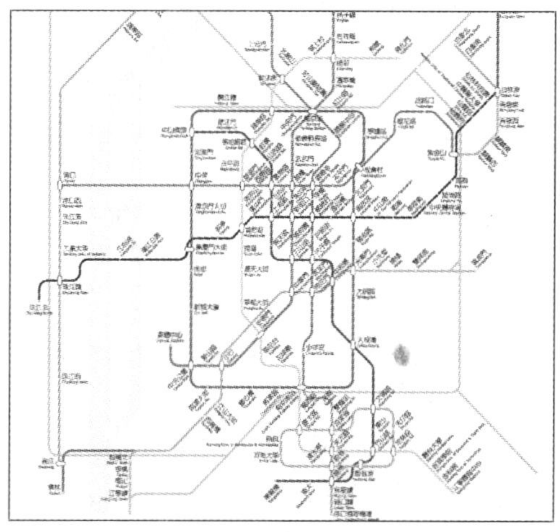
图 8 南京轨道交通网络示意图

2.3 环线分类小结

在目前世界上已建成运营的 30 条环线中，结构性环线和非结构性环线的数量基本上是各占一半，但就其在城市轨道线网中的地位和作用，以及国内关于环线的讨论来看，大多是针对结构性环线。而非结构性环线由于其功能相对单一，主要为环线所串联的客流集散点服务，对线网结构的影响也较小，受到的限制性因素也少。因此在下文中，将着重针对结构性环线加以探讨，如无特殊说明，以下所称环线均指结构性环线。

3 城市轨道交通环线的功能

单纯从每一条线路来看，无论是环线还是非环线，其功能大体都类似：一是串联沿线客流，实现客流在本线上的输送；二是在与其他线路相交时，实现客流换乘。而轨道交通环线最大的特征就是换乘站比例较高，在为城市提供周向客流通道的同时，最大限度地满足了各条放射线之间的客流联络，方便乘客换乘，因此具有巨大的换乘功能和客流集散效应。如莫斯科地铁环线，全线 12 座车站全部为换乘站；东京大江户环线上共有 28 座车站，其中 21 个是换乘车站。因此，轨道交通环线除了具备本线客流的输送服务功能之外还具备另外两个功能。

一是截流与分流功能。在放射线结构中，网络上的客流流向主要是向心的。环线出现后，通过环线与放射线的换乘点，将向心客流分为三个方向，过境客流可以不必通过市中心换乘而通过环线完成出行。这样，进入市中区的射线上的客流得以疏解，从而最大限度的分散中心区换乘压力，缩短区域间出行的绕行距离，缓解城市中心区的交通拥挤状况。

二是分散城市中心功能，引导和促进城市结构向多中心发展。轨道交通线路的不同布置形式直接影响着城市空间形态的扩展。放射状的轨道线网有利于高密度的城市中心和向四周伸展的发展轴的形成，进而形成由中心区向外围一条条高密度的带状放射走廊。而环线的出现则有力推动了在城市中心区向外一定距离范围内多个强可达性区域的形成，这种线路及站点布局形式正好契合了各中心及组团之间的横向联系以及中心组团对内对外纵向联系的需要，交通可达性好，客流密度高，在条件合适的情况下，很容易发展成为新的城市副中心。如前面提到的日本东京，就是轨道交通环线适应和引导城市形成多中心结构的典型代表。

值得一提的是，城市道路网络中的环线虽然也具备截流与分流的功能，但其与轨道交通环线还是有着根本的区别[4]。首先，道路系统的特点是自由灵活，可以在道路系统内部随意转换；而轨道交通是方向固定的交通系统，线路间的转换只能通过旅客换乘实现，而换乘通常都会带来额外的时间损失及出行费用。其次，轨道交通是独立、准点运行的运输系统，穿越中心区不会影响旅行速度，也不会受到中心区交通拥挤的影响，使用环线反而增加换乘次数造成延误。而在道路系统中，利用环线出行则具有显著的优势，尤其是对过境或长距离跨区交通作用更为明显。另外，道路环线对城市用地结构的作用和影响也与轨道交通环线不同，道路系统的环线通常导致城市由中心向外围圈层式发展，在道路环线与放射线的交叉处也通常都被大型的立交所占据，很难在这些节点附近发展形成次级城市中心。

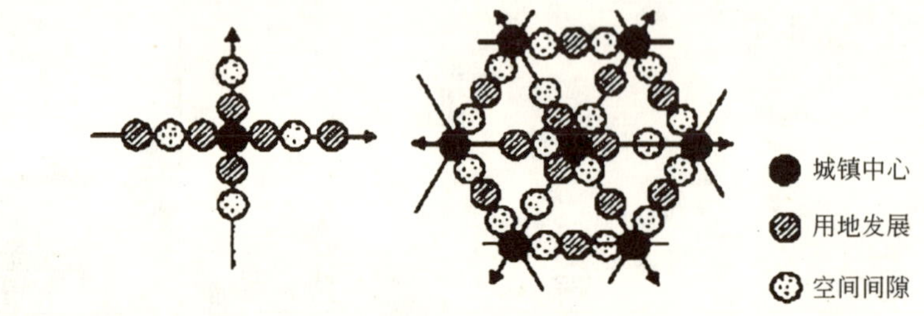

图 9　无环放射和有环放射轨道网引导下的城市空间布局

4　设置轨道交通环线需要考虑的因素分析

4.1　城市轨道交通环线的设置条件

城市轨道交通环线的设置与否与整个轨道线网的形态、客流流向有很大关系，但首先还是取决于城市空间发展的用地布局结构。目前，世界上城市空间发展大体上有两种模式：一是城市由同心圆向外扩展转变为沿轴线发展模式，如哥本哈根、日内瓦、汉堡等；二是城市由单中心向外扩展转变为多中心向外扩展模式，如东京、巴黎等。我国城市大多为单中心同心圆结构，在未来发展和规划方面两种模式兼而有之。

对于第一种模式而言，环线一般主要在中心区或靠近中心区边缘的区域设置，而是否需要设置环线则取决于两个方面的因素：

一是人口和岗位的分布情况。在相同的人口和工作岗位分布下，不同的轨道线网结构其运输效率是不同的。国内学者在研究中发现，对于人口和工作岗位在市中心集中分布的情形下，以放射环状结构为优，栅格结构和放射结构比放射环状结构的出行时间分别多出 7%和 1%，出行里程分别要多出 5%和 17%，在线网服务质量、可达性等方面也没有放射环状结构好。而在人口和工作岗位均匀分布的情形下，栅格结构则最具有优势[5]。

二是环线上是否具有足够的客流支撑，客流断面分布是否均匀。环线的客流首先还是取决于沿线人口和就业数量，也就是环线自身串联的客流集散点的规模。世界上轨道交通环线大多都与城市对外客运枢纽相连。如著名的伦敦环线地铁，全线串联了 13 座铁路车站，每座车站又基本上是伦敦市区向伦敦大区辐射的放射形铁路的起点站，所以无论是高峰还是平时都始终具备较高的客流。莫斯科的地铁环线，12 座车站中有 7 座也是与干线铁路枢纽站衔接。

武汉市在 2002 年开展的轨道线网规划中，也曾根据城市特点，提出过几个不同位置和不同规模的环线的比较方案，但这些环线方案在进行客流测试后，普遍存在客流不高，或者客流断面分布不均衡，平均乘距明显低于其他线路的特征，换乘率增加，在总体指标上也不如非环线网方案，因此最终环线方案被否定[6]。

另外还有一种情况是：如果环线上流量过大或导致轨道网络上的客流在环线上过分集中也需要仔细斟酌。莫斯科地铁是世界上客流量最大和运营最为高效的地铁系统之一，其环线平均运营速度已经达到了 40km/h，高峰小时最小发车间隔 90s，但环线上的 12 座车站中有 6 座还是超负荷运行，另外有 5 座

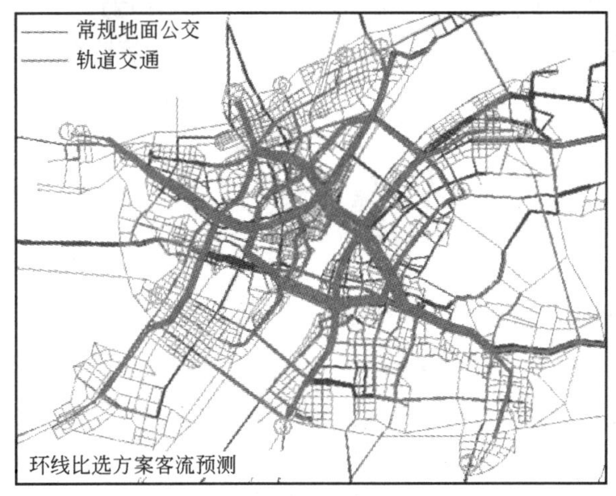

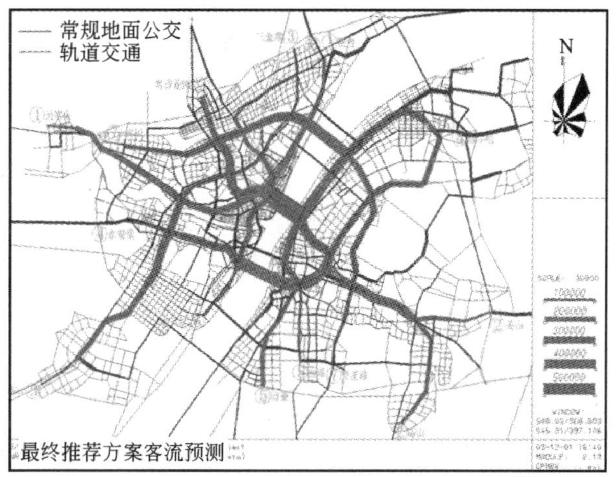

图 10 环线比选方案与最终优化方案客流预测对比

也已经接近设计的最大客运量，整条环线目前已经不堪重负[7]。莫斯科当局因此不得不着手考虑增设新的环线以缓解现有环线的压力。

相对于第一种模式而言，第二种城市发展模式与放射环式轨道交通线网结构形态最为吻合。这种环线一般位于中心区外围，串联着多个城市副中心。重庆市远景轨道交通线网规划就是做了类似的考虑，其线网由“九线一环”共 10 条线路组成，其中环线长 47km，连接四个行政区和城市副中心，形成各副中心间的快捷通道，并与另外 9 条放射线相交(见图 11)。但不是每个具有多中心结构的城市都满足轨道交通环线的设置要求，特别是各个中心较为分散的时候，还需要综合考虑环线的长度规模和设置形式综合确定。

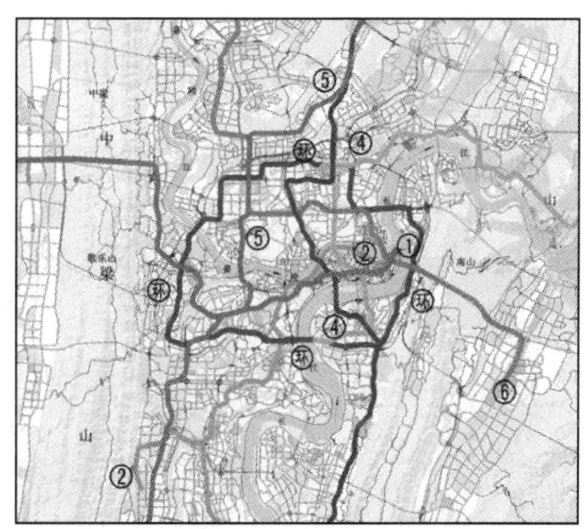

图 11 重庆市轨道交通远景规划网络示意图

4.2 轨道交通环线的长度与规模

线路长度也是轨道交通环线在线路设置过程中需要重点考虑的因素之一，尤其是对环线今后的运营及服务水平有着重要影响。环线过短，其串联的区域有限，与网络中其他放射性线路交叉换乘的几率会下降，环线的功能将大打折扣。而环线的长度过长，其客流的均衡性、运营时间及服务水平都会受到影响，车辆投入等方面的运营成本也会大大增加，最终也会削弱环线的吸引力。根据笔者对世界上已经投入运营的 14 条典型结构性环线的数据统计(见前面图 1)，这些环线平均长度为 28km。其中，中心区环线有 10 条，平均长度 23.7km；另外 4 条环线中有 3 条长度位于 35km 左右(上海 4 号线、东京的山手线以及柏林的共线环线)，最长的是韩国的首尔，其环线(2 号线)全长达到了 48.8km，平均站距短 1.1 公里，运营一周耗时 84min。

根据世界各国地铁运营经验，为使调度合理，通常单条地铁线路的长度为 30km 左右。而环线由于换乘车站数量较多，相应的在站点累计停靠时间较一般线路要长，因此一般来讲，对于中心区环线，其长度应以 20～25km 左右为宜，而对于多中心环线，35～40km 之间则较为合适。超过 40km 的轨道交通环线，其运营一周的时间通常都在 1 个小时以上，如巴黎最新规划的 RER 环线，长度达到了 50km，虽然采取了无人驾驶和市域快线的形式，站间距比市中心线路也大得多，运营时间还是达到了 75min。

4.3 轨道交通环线的设置形式

根据不同的城市用地布局、不同的客流特征，轨道交通环线在其物理形态、设置形式及运营方式上也有较大的不同，综合起来有四种，分别为独立环线、勺型环线、共线环线、组合环线[8]（见图 12）。关于各种形式环线的运营组织，参考文献 8 中有详细论述，本文现主要对不同设置形式的适用性做简要介绍。

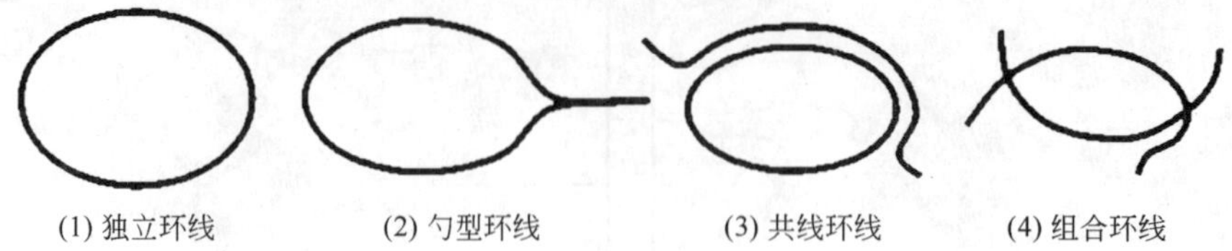

图 12　轨道交通环线基本形式

独立环线是世界轨道交通环线中应用最为广泛的一种形式，大约占已运营环线总数一半以上。这种环线的特点是运输组织简单，各区段通行能力均等，识别性强，但对客流的要求也最为严格，一般要求周向客流比例较大，且各区段客流较均匀的场合。

勺型环线指的是除环形线路之外还有进出环线的放射线路。这种方式能够有效地减少端头到环线之间的换乘量，在端头到环线客流量较大时是一种很好的选择。最为典型的是日本东京的大江户线（地铁 12 号线），该线 2000 年建成通车，线路全长 40.7 公里，其中环线部分长 27.8 公里，设有 28 个站，采用内外圈自端头到端头的运营方式（见图 13）。

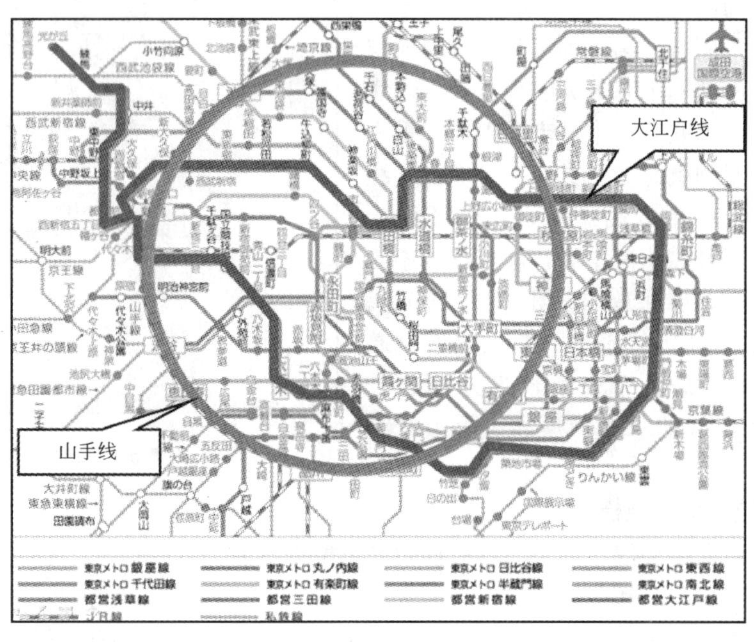

图 13　东京轨道交通网络示意图

共线环线的应用比例仅次于独立环线，约占 1/3。像伦敦、芝加哥、悉尼、奥斯陆、柏林、布加勒斯特以及国内的上海都有类似的线路。其中上海的环线是 3、4 号线部分共线，整个环线全长 34 公里，设站 26 座，其中共线段长 11.8 公里，设站 9 座。这种环线由于同时具备独立环线和勺型环线的特征，因此在运营组织上十分的灵活，可以视客流大小及分布情况采取多种组合[9]。这种环线适用于共线区段内客流量较小、且能力足够的线路。

组合环线在形态上保留了环线的特征，但事实上世界上的多数组合环线都没有真正按照环线运营，而是拆分为两条独立的线路运营，因此并不是真正意义上的环线。如巴黎的地铁 2 号线和 6 号线（见图 15），德国汉堡的轨道 2、3 号线（在 1912～1967 年间曾采取环线运营，后分开），维也纳轨道 2、4 号线（环线运营只维持了 2 周左右的时间）。这种环线适用于两条线路客流相差比较大，且线路间换乘量较小的场合。国内天津远景轨道线网规划中的 6、7 号线也是采取这种组合环线的形式（见图 16）。

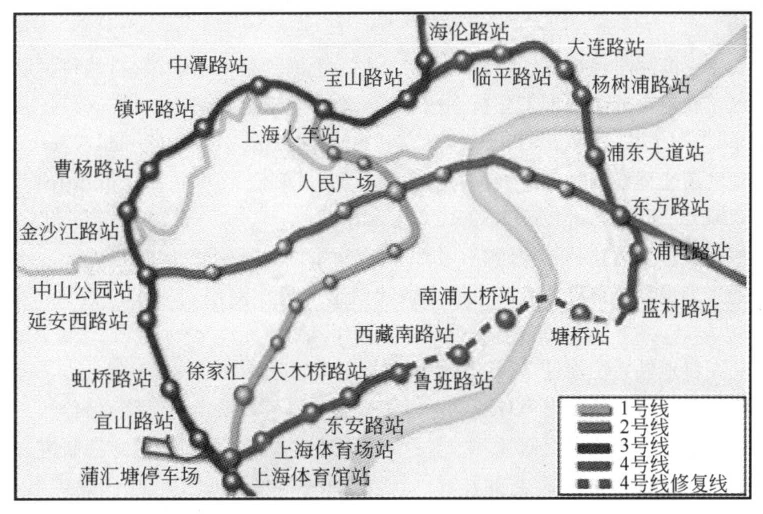

图 14　上海轨道交通 3、4 号线共线网络示意图

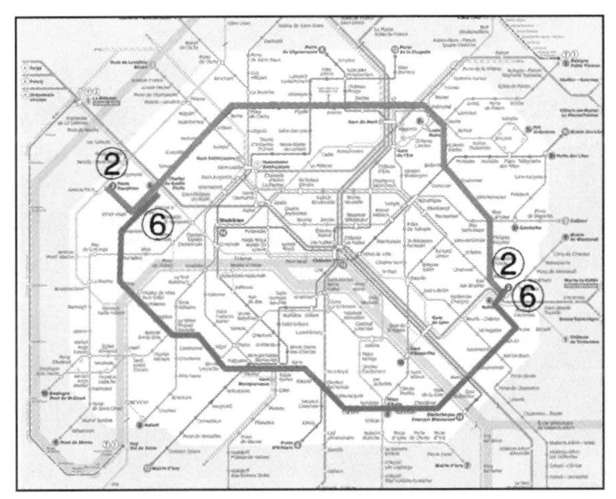

图 15　巴黎轨道交通环线示意图

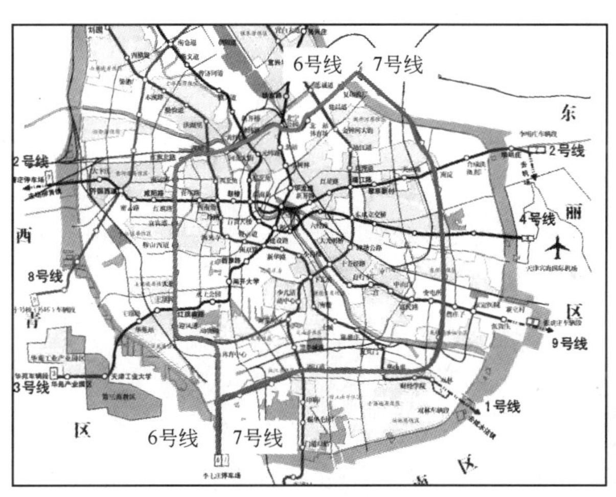

图 16　天津轨道交通环线示意图

5　结语

目前，我国城市轨道交通建设已经进入了快速发展的时期，在轨道线网规划方面也多遵循着由现状分析到远景规划甚至超远景规划再过渡到中期和近期这样一个过程，而城市轨道交通的建设与城市发展则是一个逐步适应与相互促进的渐进发展过程。面对城市轨道交通在规划和建设领域两种不同的思路，准确把握城市用地发展结构和客流分布特征、遵循城市自身发展规律是决定是否需要设置轨道交通环线的关键所在。

对国内外轨道交通线网结构及城市形态结构演变过程的研究表明，几乎没有一个城市是完全按照事先规划好的形态结构在发展，而是沿着自身的固有规律和经济技术进步，在规划调控和城市自组织性的双重作用下发展。我们应该努力地、自觉地去掌握这种规律，正确选择和引导城市发展，而不仅仅受某种规划思想或各形态结构模式左右，更不能为了具备环线而设置环线。正如沙里宁所说：“真诚地探索人类居住地的理想形态，而不是故意追求某种模式，无疑是产生理想形态最可靠的方式。”[10]这些对于城市轨道交通环线的设置同样适用。

参考文献

[1] 谭复兴，翁梦熊．关于上海尽早建成地铁环线的研究［J］．上海铁道大学学报(自然科学版)，1997(3)：41.

[2] 王忠强，高世廉．城市轨道交通路网形态分析方法［J］．城市轨道交通研究，1999(1)：34.

[3] Metro rings and loops［EB/OL］．(2007-11-18)［2007-11-23］．http：//www. mic-ro. com/metro/metrorings. html

[4] 刘迁．国内城市快速轨道交通线网规划发展和存在问题［EB/OL］．［2007-7-27］．http：//www. chinautc. com/Information/manage/UNCC _ Editor/uploadfile/2001/29. pdf.

[5] 顾保南，曹仲明．城市轨道交通路网结构研究［J］．铁道学报，2000，22(增刊)：28.

[6] 武汉市城市综合交通规划设计研究院．武汉市城市快速轨道交通线网规划［R］．武汉：武汉市城市综合交通规划设计研究院，2002.

[7] 陈昌明，莫天伟．莫斯科地铁系统规划［J］．国外城市规划，2003，18(5)：52.

[8] 刘丽波，陈立群．世界典型城市轨道交通环线的运营方式分析［J］．城市轨道交通研究，2006，9(3)：53.

[9] 许泽成，叶霞飞，顾保南．上海轨道交通 3、4 号线的运营模式［J］．城市轨道交通研究，2004，7(2)：10～12.

[10] 伊里尔．沙里宁著，顾启源译．城市．它的发展．衰败与未来［M］．北京：中国建筑工业出版社，1986.

注：原文刊载于《城市轨道交通研究》2008 年第 3 期。

对武汉市交通发展策略的思考

李建忠

（武汉市城市综合交通规划设计研究院）

提　要：交通是城市重要功能之一，也是影响城市发展的重要因素，作为中国中部特大中心城市的武汉，城市交通发展面临着重大的机遇和挑战。本文介绍了武汉市交通的现状和未来的发展趋势，提出了在机动化快速发展的背景下，武汉一体化交通发展战略与政策建议。

关键词：城市交通；战略；一体化交通；政策

1　概述

交通是城市重要功能之一。城市交通是城市的核心功能，是城市竞争力、亲和力、综合实力的重要支撑。交通的根本目的是实现人和物的移动。理想的交通状态是均衡、有序、便捷、安全、舒适，交通规划追求的最高目标是城市整体运输效率的提高，大城市应当建立以大运量的快速公共交通为主体，多种交通方式协调发展的交通结构。

武汉市拥有800万人口、400万就业岗位，作为九省通衢、雄踞华中腹地的特大中心城市，具有明显的交通区位优势，同时交通发展面临着重大机遇与挑战。目前主要存在道路系统不完善，公交服务水平和交通管理手段有待提高，区域交通与市内交通的衔接不畅，交通建设资金有限等不足。面对未来发展，我们也有许多机会，武汉处于正在形成的湖北经济大三角的龙头、长江经济带的中部、武汉都市圈的核心，区域经济的发展对交通发展带来了前所未有的机遇，同时政府对交通问题十分重视，对外开放的环境有助于引进国内外先进经验，世界银行贷款等新的投资支持我市交通建设，现状机动化水平相对较低使我们有时间未雨绸缪。但我们面临的挑战也非常艰巨，武汉市独特的城市形态，城市化的快速发展，机动化进程加速，都是我们必须抓紧研究的课题。

武汉市2003年机动车拥有量为56万辆，相对其他特大城市来说，机动化水平是很低的，因此，目前武汉市城市交通的现状是一种低水平状态下的比较脆弱的暂时平衡状态，随着城市经济的发展，武汉市城市交通矛盾将会更加突出。面对这种可预见的趋势，我们需要及时确定适合武汉市的交通发展战略和正确的行动措施。

2　城市交通发展趋势

未来武汉市城市交通发展趋势主要有以下几个特点。

2.1　机动化发展趋势加速

根据预测，在适度控制城市机动车拥有量，特别是摩托车等私人交通工具发展的前提下，2020年，主城机动车拥有量将达到85万～95万辆(全市160万～180万辆)，2007年将达60万～65万辆(全市在80万～85万辆)，较现状分别增加100%、50%，其中小汽车占主要成分。随着城市经济的持续发展，2005年武汉市人均GDP将突破3000美元，是世界公认小汽车进入家庭的标志，城市化和机动化进程将进一步加速，可以预见，未来5～15年将是武汉市小汽车进入家庭的关键时期，机动化将是不可避免的趋势。只有尽快确立以公共交通为主导的交通方式结构，才能够实现城市交通的可持续发展。

2.2 交通需求保持高速增长

预测至2020年，武汉市主城人员出行总量将由现状的1080万人次/日增加到1750万人次/日，车辆出行总量由现状的110万车次/日增加到290万车次/日；2007年，人员出行总量达1280万人次/日，车辆出行总量达190万车次/日。交通出行总量的大幅度增长，将对基础设施容量提出更高的要求，依靠单一的地面交通系统难以满足交通需求的快速增长。

2.3 过江交通矛盾长期存在

预测至2020年，跨江客流量将由现状的60万人次/日增加到130万人次/日，跨江车流量由现状的20万车次/日增加到50万车次/日，2007年跨江客流量和车流量分别达90万人次/日、30万～35万辆次/日。因此，开辟新的跨江通道、缓解过江交通矛盾，是改善城市交通的当务之急。

2.4 中心区交通矛盾有进一步恶化的趋势

中心区是城市用地开发强度最高的区域，随着王家墩商务区、东湖新城、四新新区的启动建设，中心区交通需求还将大幅度增长。与此相对应的是，中心区道路系统交通容量的提升余地十分有限，必须构建大容量的客运交通系统，从根本上缓解中心区交通压力。

2.5 轴向放射性交通压力增大

随着城市布局的优化调整和主城用地的轴向扩张，外围区与中心区之间的向心交通量将进一步加大。城市一系列对外交通枢纽的升级改造，特别是京广高速客运专线武汉站的建设，轴向放射性交通需求将持续快速地增长。因此，必须构筑快速、高效、便捷、大容量的客运交通衔接系统，引导城市轴向拓展，增强辐射能力。

2.6 居民对交通服务水平的要求不断提高

城市经济社会的发展和居民收入水平的提高，必将对交通出行的舒适性、安全性、快捷性提出更高的要求。发展先进的交通工具、提高交通服务水平，是落实“以人为本”交通发展战略的重要举措。

3 城市交通发展目标与战略

3.1 城市交通发展目标

建成一个适应武汉社会经济发展，与国家区域交通战略相协调的安全、快速、经济、便利、舒适、环保的综合交通体系，将武汉市建成现代化的交通枢纽，对外形成铁路运输、水路运输、公路运输、空运相结合，高效率、立体化、多功能的区域交通系统，市内形成以快速轨道交通为骨干、常规公共交通为主体的综合交通体系，重点解决中心区和过江交通问题，基本实现区域交通一体化、城市交通系统化、道路交通高效化、公共交通多元化、交通运输智能化、交通环境人性化的目标，实现武汉市的交通现代化。

远期人均道路面积上升到16m^2，道路面积率上升到17%；公交方式出行比重提高到30%，其中轨道交通占公共交通的比重达到35%以上，确立公共交通在城市交通方式中的主导地位。近期人均道路面积上升到约10m^2，道路面积率上升到15%。公交方式出行比重提高到25%，其中轨道交通占公共交通的比重达到25%以上。

交通发展应遵循可持续发展、绿色交通和交通引导城市发展的基本理念。

3.2 城市交通发展战略

进一步发挥武汉作为全国重要交通枢纽的优势，综合考虑社会经济发展、城市土地利用、城市发展方向等多方面因素，建立一个与武汉市现代化进程相适应、可持续发展、低耗费高效率、人性化的城市综合交通体系。

战略对策——交通一体化。从长期发展来看，单一依赖于道路交通的战略是行不通的；从武汉当前的现实情况看，现阶段依赖轨道交通的战略也是不实际的。在今后相当长的时期内，武汉交通必须走均衡发展综合交通体系的道路，必须贯彻交通一体化战略。

交通一体化战略的目标是运用一体化的综合交通运输系统来支持武汉市的经济和城市可持续发展。一体化交通战略的根本要求是协调，包括交通与土地利用的协调、交通各系统之间的协调、交通各系统内部的协调、设施与运行的协调、体制与政策的协调、投资与财政的协调、研究与实施的协调等多方面的要求。

3.3 土地利用发展战略

近年来，城市发展呈现从主城向外沿交通干线扩展的局势，如果不采取有效措施，城市有“摊大饼”蔓延的发展趋势。

根据武汉主城集约发展的实际情况，最大限度地减少出行需求，鼓励城市中心区的更新改造和发展，增加中心城区的可居住性和活力，主城交通及环境容量可以容纳的人口约为550万。

适应城市向外发展需要，依托主城沿重要出口通道轴向扩展，构筑西南、西向、北向、东向和南向5条城市空间发展轴，各功能轴以主导产业为基础，形成特色鲜明、相互联系的城市功能区，轴向城市地区可容纳人口340万。规划“绿楔”和轴向城市建设边界，控制城市“大饼”式的蔓延和扩张，保护城市生态环境。

整合土地利用与轨道交通、公共交通系统。支持合理的城市用地开发，沿公交快线走廊进行以公交为导向的城市开发，从而在地铁站点、市郊铁路站点以及其他公交可达性好的节点进行紧凑型、高强度、高密度开发。通过中心区停车限量供应、公交价格调节等政策，鼓励外围交通枢纽处的“停车换乘”。

3.4 对外交通发展战略

按照接南转北、承东启西、连通全球的战略思想，发挥武汉作为中国中部重要中心城市、全国性交通通信枢纽的作用，提升武汉市现有对外交通设施的功能和等级，将武汉市建设成为华中地区的物资流、信息流、人才流和资金流的集散中心。

航空：按照国际机场标准完成天河机场二期工程，提高航空运输能力。加强与航空港的联系，提升机场南进出口的第二条通道等级，开辟机场北进出口通道。

铁路：建立以武汉铁路枢纽为中心的铁路交通系统。修建天兴洲长江大桥，推进京广铁路客运专线建设。建设新武汉站，实施武昌火车站技术升级改造工程，建设京广铁路汉阳至江岸西三线铁路，完成武九线和麻汉联络线复线工程的前期工程，完成南环铁路电气化。

公路：结合京珠、沪蓉国道主干线，建成以主城为中心、外环公路为核心、国道和高速出城公路为支撑的环形放射状市域公路网络。建成汉口至孝感等7条高速出口公路，改造国、省道干线110km左右，20条连接周边城市的国、省道干线达到二级以上。同时，提升连通道、出口路等级至高(快)速路，同步完善中环路各处立交、提升放射线的等级。

水运：快速启动港航基础设施建设，扩建阳逻集装箱转运中心，改造红钢城、陈家墩、永安堂、洲尾、舵落口港区，基本形成以阳逻、金口等深水港口和沌口集装箱滚装码头为重点的港区新格局。

一体化综合运输：实现各种交通运输方式的有效衔接，促进一体化综合运输格局的形成。形成全市客、货运输信息交换中心，加强客、货运输组织衔接的基地建设，启动宋家岗、阳逻新城建设；建设舵落口、阳逻、郑店、常福等四大区域物流基地，完善十升汽贸城、丹水池—甚家矶生产资料市场带和小型物质配送中心，推进区域货运“一体化”；在汉阳客运中心试运营的基础上，修建吴家山、永安堂、关山一路、青菱等8个对外客运枢纽站，迁移中心城区长途客运站，加快客运站点网络化，推进城乡客运“一体化”。

3.5 道路系统发展战略

按照市域交通一体化的要求定位城市道路系统，把城市道路和公路作为一个整体，统一规划建设，推进环路和放射线快速骨架道路建设，完善区域主次干道网络，重视支路配套，解决好各个发展时期城市中心区交通问题、过江交通问题、内外交通衔接等交通问题，建立一个结构合理、等级适当、功能明晰、运转高效、安全畅通、远近结合，以及可持续发展的道路网络，促进武汉市社会经济发展。

形成以3个主城快速环路、1个绕城公路、10条放射干线为骨干的道路交通系统，提高城市交通集散效率。

主城范围内规划过长江通道7条，过汉江通道6条。在已建成的长江一桥、长江二桥、长江三桥的基础上，尽快建成中环线的天兴洲长江大桥，分期建设青岛路、二七路、杨泗港3条过江通道。

近期着力构筑以内环路、中环路、外环公路及相关连通道、放射线为主体的“快速道路交通系统”，形成武汉城市交通“双快”格局，构筑适应社会经济发展需要的快速交通骨架系统。

3.6 公共交通发展战略

按照“以人为本”、城乡客运交通一体化以及城市公共客运协调统一发展的指导思想，实施公交优先，优化公交线网，建成“易达、便捷、舒适”的客运服务系统，推进城市轨道交通建设，逐步建立起以快速轨道交通为骨干、常规公交为主体的现代化公共客运交通系统，保证城市交通可持续发展。

轨道交通线网的基本格局是“三线连三镇，镇镇互通；两线贯两岸，支撑发展”。规划主城轨道交通网络由7条线路组成，线网总长220km，设站182座。

积极推进城市轨道交通建设，力争2010年前后建成轨道交通1号线、轨道交通2号线一期工程和轨道交通4号线一期工程，总长约70km的轨道交通线路。

大力优化常规公交，根据客流需求，按照公交快线、公交干线和公交支线三个层次组织常规公交网络，并与轨道交通有机地接驳。加强公交场站的建设，保证公交场站的用地。

3.7 交通管理发展战略

完善交通管理设施，提高交通管理水平，加强交通需求管理，明确城市各类道路等级和功能并进行有效管理，形成合理的机动车客运系统、货运系统、自行车系统和步行系统，使各个系统整体协作、高效运转。

以加强停车配建为主体、以大力推动公共停车场建设为突破口、以适当设立路边停车泊位为支撑，解决近期停车供需失衡问题，并积极探索适合武汉市特点的停车发展对策，加强停车场的规划、建设和管理，确保武汉城市静态交通秩序健康良好发展。

4 城市交通发展政策

武汉市交通发展政策主要内容为各类交通工具发展的导向性政策。遵循公众交通利益最优、交通设施效益最优、交通环境效益最优原则，最大限度地满足大多数人的出行需求，发挥交通设施效率，减少交通污染，改善交通秩序。

根据优先发展公共交通，引导控制个体交通的指导方针，各类城市交通方式的发展政策是：大力发展轨道交通，优化调整常规公交，控制小汽车的使用，控制摩托车，引导自行车转向公共交通。

4.1 适当发展轨道交通

加快轨道交通建设，要保持一定的投资力度，同时，要加强轨道交通与其他交通方式的衔接，吸引更多的客流，最大限度地提高轨道交通运行效率。轨道交通适合中长距离客运，随着武汉城区的扩大，城市布局和产业结构的调整，对轨道交通的需求也随之扩大。进一步优化和完善轨道交通网络规划，加快建成轨道交通骨架体系，加快客运换乘枢纽的建设，采取多种轨道交通方式相结合的方式。

4.2 优化发展常规公交

常规公交适合中距离客运，即使在轨道交通网络体系形成之后，常规公交仍将是武汉公共交通的主体。轨道交通的高效运营有赖于常规公交短驳的配合，常规公交为大容量轨道交通集散客流，并为轨道交通覆盖以外地区提供公共交通服务。

为了提高公交出行比重，必须实施公交优先，优化公交线网，完善场站设施，合理规划换乘枢纽，提高常规公交服务水平，不断满足绝大多数群众多方式、多层次的出行要求，建立便捷、舒适、经济的公共汽(电)车网络系统，使其作为武汉市一体化多模式交通系统组成部分。

4.3 调整中巴服务

中巴的运量与占用的道路空间介于公共汽(电)车和小汽车之间。对于常规公共汽(电)车难以抵达的地区，机动灵活、高发车频率的中巴比大容量的公交车更为适宜。未来，武汉的中巴仍将发挥一定的作用，但是这种作用限于在郊区客流量较小或者其他不适宜公共汽(电)车运营的地区，它将为轨道交通、快速公交等提供客流集散服务，处于辅助地位。通过优化中心区中巴运行线路，有计划地发展外围地区的中巴服务，加强对中巴的管理，构筑多元化的公共交通系统。

4.4 适度发展出租车

出租车是公共交通系统的组成部分，在综合交通系统中占有重要的地位。未来出租车交通在武汉客运交通系统中处于辅助地位，它将为特定人群的出行需要服务，同时为轨道交通等提供良好的接驳服务。适当控制出租车发展规模，控制牌照的审批，以确保出租车的供求平衡，提高出租车的满载率，完善出租车相关设施，改善出租车运营状况。

4.5 鼓励使用轮渡

在过江交通拥挤状况日益严重的情况下，应鼓励使用轮渡作为过江的交通方式之一。同时作为滨江城市特色，轮渡也可朝旅游、观光服务方向发展。

4.6 控制小汽车的使用

近年来，随着居民收入水平的不断提高，对小汽车消费的需求不断增大，目前武汉市私人小客车已接近 9 万辆，占小客车总量的 56%，近 5 年的年均增长率达到 50%以上。中心城区内道路空间的有限性决定了城市道路供给增长速度永远赶不上交通需求的膨胀速度，小汽车交通过度发展势必引发交通堵塞和环境恶化等城市问题，产生难以挽回的后果。因此，必须对小汽车使用进行控制。

控制小汽车的使用，可以从时间、空间上着手，利用行政手段或经济手段，采取时间性的限制、通行证限制，或对进入区域内的车辆进行不停车收费。对于中心区，可依据三镇交通状况分阶段、分层次实施。伦敦实行中心区车辆收费措施对于改善中心区交通起到了积极作用。

4.7 控制摩托车

1990～2003 年，武汉市摩托车从 2.3 万辆增加到 23.7 万辆，年均增长率达 20%，2003 年主城开始限制摩托车上牌，摩托车拥有量趋于稳定，这表明对摩托车的控制政策开始发挥作用。摩托车不仅运输效率低，而且安全性差，应继续实行摩托车的控制政策。运用各种手段，严格控制主城摩托车总量的增长，减少对环境的影响。

4.8 引导自行车交通转向公共交通

在短距离出行中，自行车具有明显的优势，作为一种绿色交通工具应该得到提倡。而对于长距离出行，应降低自行车出行比例，引导其向公共交通转移。通过实施市中心区机非分流、外围区非机动车换乘和主要客流枢纽换乘，以及加强非机动车管理等措施，逐步落实自行车交通政策。

4.9 创造安全、舒适的步行环境

步行交通是城市客运交通的重要组成部分，作为一种健康、绿色的交通方式，在短距离出行中占主导地位，同时也是公共交通两端的主要构成和衔接部分，应受到鼓励和支持。建立步行系统，同时使行人系统和公共交通系统有效地衔接，进一步发挥步行方式的作用。

4.10 货运

货运交通是城市经济活动和市民生活需求的重要保证，货物运输效率将直接影响社会运行的效率，影响经济发展的水平。建立货运网络，构筑货运主通道，建立中心保护区，协调客货运输和环境保护的关系，提高专业公共货运比例，按照区域差异，提高货运效率，中心城区发展小型厢式车辆快捷配送，逐步取消人力货运车，郊区发展大型车辆高能集散，拓展集装箱多式联运。发展城市内河货运，分流道路运输货运交通量，减轻道路压力。

4.11 配套政策

为保证交通政策的实施，还应在规划、管理、投资上制定相应的配套政策。加强管理部门之间的协调，完善城市综合交通规划，落实交通用地，加大对城市交通的投资力度，加强环境保护，实现交通与环境的协调发展。

5 结语

交通战略与发展政策是城市交通可持续发展的重要保障，其核心是公共交通优先，建立多模式的一体化综合交通系统。对处于机动化快速发展时期的城市来说，目前我们有机会、有能力做到，而且必须做到，以确保城市交通结构的合理性，交通与土地利用的协调性，交通各系统之间的协调性，处理好交通畅与达的关系。

参考文献

[1] 张晓达，李建忠，马晓东等. 世行贷款武汉市交通发展战略研究［R］. 武汉市城市综合交通规划设计研究院，2003.

[2] ATKINS & 武汉市城市综合交通规划设计研究院. 武汉市交通发展战略规划［R］. 2004.

[3] 陆锡明等. 上海城市交通发展白皮书. 2002.

[4] 刘志，S·斯岱尔斯等. 中国城市交通发展战略. 世界银行、中规院等，1995.

[5] 中国城市交通规划学术委员会. 城镇化与城市交通. 2003.

注：原文刊载于《交通与运输》2005年第5期。

武汉交通发展“十一五”规划的战略解析

代义军　张本湧

（武汉市城市综合交通规划设计研究院）

2006年是第十一个五年发展规划的开局之年，近期武汉市城市建设及交通发展“十一五”规划正式出台，基本上确定了武汉“十一五”时期交通发展建设的总体框架。通过对规划内容与武汉实际及国家层面、区域层面、城市层面等方面发展战略的切合性进行解读，有助于深入认识“十一五”交通规划对各个层面社会经济发展的支撑力度、项目的合理排序及可实施性，有利于分清重点、量力而行、实事求是地给予切实推进，具有十分重要的意义。

1　广泛的区域发展背景是城市交通发展战略定位的重要支撑

交通是国民经济和社会发展的重要支撑，对一个国家、一个地区、一个城市的发展都具有直接推动作用。历史上，因为居中独优、两江交汇的地理条件，造就了武汉在全国交通网络中的重要枢纽地位。改革开放以后，随着现代交通技术的发展和运输方式的改变，武汉传统的水陆运输优势逐步消失，因为缺乏国家战略导向和区域发展背景的支撑，20世纪80年代武汉以交通、流通为主要内容的“两通起飞”战略收效甚微。

进入21世纪以来，随着“中部崛起”和“1＋8城市圈”战略的实施，武汉城市交通发展迎来了新的机遇，被确定为国家级的重要综合交通枢纽城市，定位为我国铁路的四大枢纽和六大客运中心之一、全国六个区域性航空枢纽之一、国家公路主枢纽以及长江中游的航运中心。融合当代最新技术的交通设施和运输方式得到实施或应用，武汉作为全国交通枢纽城市的内涵得到扩充和延伸，比如，京广高速铁路客运专线已经启动，配合空港扩容、航线加密的天河机场二航站楼开工建设，阳逻国际集装箱转运中心开始运转、武汉至洋山港江海直达快运开通，高速公路还在继续建设。这种以国家和区域发展为背景、以高新技术为方向的交通建设，贯穿成为武汉交通发展“十一五”规划的核心内容。以大交通支撑大发展，武汉交通发展“十一五”规划体现了便捷联系“1＋8城市圈”、国家级现代化交通枢纽城市的发展导向，对推动城市圈乃至湖北省经济发展、打造“中部崛起”战略支点具有直接作用，将为新一轮的城市和区域竞争提供有力支撑。

2　体现了立足当前实际、按照“三阶段”推进交通建设的战略部署

根据国内外城市交通发展规律和武汉交通现状，从“十一五”开始，武汉交通发展阶段大致可以划分为三个阶段。第一阶段为交通建设大投入时期(2005～2010年)，通过以GDP5％左右水平的超常规投入，重点建设公路、铁路、水运、航空等对外交通设施及配套设施，改善城市快速环路及各个层次道路网络，启动轨道交通骨架线路建设，优化常规公共交通，启动区域轨道连接项目。第二阶段为城市交通结构调整建设时期(2010～2020年)，全面开展城市轨道交通建设，确立公共交通主体地位，围绕国家级对外交通设施进一步发展区域城际轨道交通连接，建设二环线及放射性轴向快速路，推进交通智能化工程。第三阶段为交通现代化平稳运行时期(2020年以后)，重点转向区域交通一体化改造，城市交通进入谨慎建设时期，充分利用先进的技术条件进行交通运行组织和管理，交通运行智能化。

武汉交通发展“十一五”规划拟订了总投资规模近1560亿元人民币的建设项目，其中武汉市以外的渠道投资项目约525亿元人民币，主要用于航空、铁路、水运及国家级公路等设施建设；武汉市地方投资项目达1035亿元人民币，是“十五”期间交通总投资的4.7倍(“十五”时期交通总投资220亿元人民币，是“九五”时期的5～6倍)，主要用于优化市内交通系统，包括城市道路、过江通道、轨道、公共交通等交通设施建设。

根据相关规划指标测算，“十一五”期间武汉市生产总值累计将达到16580亿元人民币左右，规划的交通项目投资占生产总值的比例为6.2%，大于国内外公认的5%高投资水平门槛线，更是高出“十五”时期2.53%的1.45倍。对这一状况可以从两方面去认识和理解：一方面，反映了武汉交通建设大投入的力度和决心；另一方面，显示了项目筹资任务十分艰巨，可以理解为是一个项目储备库，在具体实施的时候还有取舍的余地，在项目实施之前应做好充分的前期论证工作。

3 体现了公交优先、城乡统筹及建设和谐社会的战略导向

近期，国务院领导同志及建设部、公安部、发改委以及湖北省政府陆续就公共交通发展作出讲话或发布文件，从国家战略和国家安全的高度强调了“公交优先”的重要性。实施公交优先有利于交通节能、事关国家能源安全，实施公交优先有利于集约用地、事关国家粮食安全，实施公交优先有利于环境保护、事关国家可持续发展，实施公交优先符合最广大人民群众的根本利益、事关和谐社会建设。武汉交通发展“十一五”规划把贯彻“公交优先”战略、发展城乡一体化公交作为一项重要内容予以落实。

城市轨道交通和常规公交投资分别达到了武汉市前所未有的272亿元人民币和26.5亿元人民币，占“十一五”城市交通投资的29%，公共交通在“十一五”期间的重要性可见一斑。按照规划，“十一五”期间将基本建成轨道1号线二期、2号线一期、4号线一期，总长70km的“工”字形轨道骨干线网工程；同时，也提出了建设22处公交场站、扩展新型空调车的计划，对改善居民出行条件、调整出行方式习惯具有直接作用。

建设社会主义新农村，是落实科学发展观、坚持城乡统筹发展、构建社会主义和谐社会的要求。实现“村村通公路”、发展适合武汉实际的乡村公交是完善农村基础设施、改善农村居民生产生活条件的重要内容之一。武汉交通发展“十一五”规划提出，深化“村村通公路”工程，投入9.6亿元人民币继续建设通150人以上自然村公路4800km，建设28座乡镇客运站、构筑农村“三级公交网络”，对改善农村地区出行条件、实现城乡资源合理配置、统筹城乡发展、建设和谐社会、实现中部崛起具有不可忽视的作用。

4 在体现“多方共赢”战略思想方面还存在“四重四轻”的欠缺

交通是项系统工程，涉及规划、建设、管理、运行等各个环节和多个部门，城市交通的发展要坚持城市与交通多方共赢的战略，以公交优先、管理优先、系统优先、政策优先和研究优先为导向，走一体化发展的道路，全面推进包括区域交通、城市道路、公共交通、交通管理和静态交通等在内的城市交通系统发展，实现武汉城市发展与交通发展双赢、对外交通与市内交通双赢、设施建设与功能提升双赢，引导城市交通健康发展，推进武汉交通现代化进程。

武汉交通发展“十一五”规划的内容在很大程度上还存在“四重四轻”的问题，即重分项、轻整合，重建设、轻管理，重项目、轻政策，重城市、轻农村。例如，各规划编制单位只列出了本部门涉及的行业，遗漏了城市交通体系中交通管理、静态交通等重要内容；也同样由于部门分工限制，不能站在交通系统综合发挥作用的角度，没有提出公铁水空联运、内外衔接等交通整合规划；又比如，常规公交发展方面，提出了比较齐全的场站建设、车辆更新规划，却基本没有涉及公交线网优化、发展快速公交、实施“一卡通”票制改革等运行管理方面的重要内容；还比如，在农村公交发展方面，存在建立城

乡社会事业和基础设施共同发展运行机制不明确、“村村通公交”实施序列不清晰等问题。

5 结论

虽然，武汉交通发展“十一五”规划存在一定的欠缺，但是总体上看，武汉“十一五”交通发展规划基本上切合了区域发展的要求、切合了城市圈的特点、切合了城市发展的趋势、切合了城市发展阶段的实际、切合了城市交通需求的变化，体现了和谐社会建设、新农村建设等国家战略，体现了中部崛起、“1＋8 城市圈”等区域发展战略，也体现了支撑武汉城市发展战略的规划意图，对加快武汉市交通现代化建设、推动城市可持续发展具有重要意义。

参考文献

[1] 龙宁. 以三个双赢，均衡发展，构建武汉和谐交通. 城市交通，2005，(3)：49-53.
[2] 代义军，熊继红. 武汉现代化交通发展战略初探 [J] 交通与运输，2004，(3)：9-11.
[3] 武汉市交通委员会. 武汉交通发展“十一五”规划. 2006.
[4] 武汉市建设委员会. 武汉市城市建设“十一五”规划(城市道路桥梁). 2005.

注：原文刊载于《交通与运输》2007 年第 1 期。

跨江城市过江交通需求成因与对策分析
——以武汉市为例

何继斌　陈光华　白帆

（武汉市城市综合交通规划设计研究院）

提　要：本文针对我国多临江河发展的城市的特点，以武汉市为例，介绍了武汉过长江通道的建设历程，从城市的历史沿革、用地功能布局、社会经济发展、生活方式转变等不同方面分析了过长江交通形成的根源，提出了采取有限满足过江需求、转变过江交通方式、需求管理控制过江总量等手段来应对过江交通问题，为国内临江城市交通发展战略的制定提供参考和借鉴。

关键词：跨江交通；需求成因；对策分析

1　引言

我国江河众多，大多数城市临江河形成与发展。是否跨江发展是临江城市发展过程中的重大规划决策，而过江交通问题是跨江发展面临的首要交通问题，过江通道建设和多种交通方式并举是城市发展的必要条件和复杂的系统工程，需要根据城市跨江发展模式和城市发展战略合理确定过江交通对策。本文以武汉跨江交通发展为例，从城市的功能布局、经济发展、生活方式等方面分析过江交通需求的形成机理，研究提出相应的交通发展对策，希望其对国内其他类似城市有所参考价值。

2　武汉市过江通道建设历程回顾

武汉城市历史上因水而兴，依江而建，江南有千年武昌古城，江北有汉口名埠，1927 年国民政府将武昌与汉口(辖汉阳县)两市合并作为首都，并定名为武汉，形成了武汉两江分割、三镇鼎立的城市格局。武汉长江大桥建成之后，进一步拉动了三镇之间的交往与联系，像武汉这样依长江两岸均衡发展的城市，是极为少见的，城市的特殊形态决定了解决过江交通问题是武汉最主要的课题。

20 世纪 50 年代，长江两岸的交通只能通过舟船摆渡过江，那时武汉的过江需求处于很低的水平。新中国成立后，武汉进入了全新的发展时期，1957 年 10 月建成了武汉长江大桥，与早一年开通的江汉一桥形成了“航大线”(航空路—大东门)，奠定了“武汉三镇一线牵”的交通格局，长江大桥也成为我国长江南北交通咽喉要道，同时承担着城市内部交通和城市外部过境交通的功能。由于当时社会经济水平较低，过江量增长不快，直至 80 年代长江大桥交通流量长期维持在每日 5 万辆以下的水平。

20 世纪 90 年代以来，随着国家经济政策放开，外地过境货车大量涌入，武汉市内机动车过江需求也大幅度增长，长江大桥交通流量达到 7.5 万辆/日，桥梁及两端连通道不堪重负。在此情况下，武汉市在 1995 年 6 月建成了武汉长江二桥，形成城市内环线，打破了维持将近 40 年的“三镇交通一线牵”的格局。2000 年 10 月位于武汉三环线的白沙洲长江大桥建成通车，分流了大部分过境交通，中心城区交通得到了极大的改善。在主城区的外围，结合国家京珠高速公路和沪蓉高速公路的建设，位于城市四环线的军山长江大桥和阳逻长江大桥分别于 2001 年 12 月和 2007 年 12 月建成通车，其功能主要是分流过境交通以及为远城区主要经济发展区交通服务。至此，武汉市域范围内初步显现“三环五桥”的过江通道格局。

2003年前后，小汽车逐渐进入家庭，武汉市机动车拥有量从1990年的10万辆增长到2003年的56万辆，过江交通量迅猛增长到每日22万辆，面临着巨大的过江交通压力。武汉市在2004年开始动工修建青岛路过长江隧道和天兴洲公铁两用长江大桥，这两条过长江通道预计于2008年底建成通车。

3 城市的快速发展催生了旺盛的过江交通需求

在长江大桥独立联系武汉三镇的几十年里，过江交通量缓慢增长，改革开放后增长速度明显加快，1995年6月长江二桥通车前过长江日交通量7.5万辆，到2007年达到27万辆/日，年均增长率为12%。统计数据显示，主城过长江总量与机动车拥有量的比例关系长期维持在1∶2左右，过江交通流量80%集中在中心城区桥梁上，中心区桥梁超负荷运行，外围桥梁还未饱和。

根据2007年过江客流调查，每日过长江客流量约100万人次，轮渡客流量不到3万人次/日，公交客流量约65万人次/日，其他32万人次客流主要通过单位、团体和私人小汽车过江。长江大桥和长江二桥交通主要以小汽车为主，小汽车交通比例占到90%左右，按小汽车过江交通出行目的来看，在工作日中以上、下班和公务、商务为目的出行的各占35%，购物、休闲、访友等其他目的出行的占30%。上班交通主要集中在上午7点至9点；购物、休闲交通主要集中在晚6点至9点，并且在晚7点左右下班高峰和购物、休闲交通高峰重叠，形成全天过江交通流量的最高值。在周末非工作日中，上、下班占13%，公务、商务占15%，购物、休闲、访友等占到72%。

3.1 人口和经济总量的增长催生了过江交通的需求

随着城市化的发展、经济能力的提升和车辆保有量的增加，导致了日常生活、工作、娱乐过江交通需求的增加。武汉市常住人口从1990年670万增加到2007年的829万，预计到2020年将增长到1180万，居住人口的增加必然导致过江交通量的持续增长。2007年全市国民生产总值达到3141.5亿元人民币，人均GDP超到4700美元。预计到2020年武汉市国民生产总值将达到8500亿元人民币，人均GDP超到10000美元。

经济能力的提升使小汽车进入家庭成为现实，全市机动车拥有量从1990年的10万辆增长到2007年的75万辆，其中私人小汽车达到20万辆，预计2020年武汉市机动车保有量将达到190万～250万辆，其中私人小汽车将占75%，机动车拥有量的大幅提高也催生新的过江交通需求。

根据武汉市交通预测模型计算，至2020年，主城过长江客流量将达到340万人次/日，其中轨道交通承担160万人次/日，公交车承担65万人次/日，客车方式过江的为115万人次/日，过长江车流量将超过55万辆/日。

3.2 长江两岸城市结构和功能的互补激发了过江交通需求

武汉三镇历史悠久，发展各具特色，汉口城区重点发展金融贸易、商业服务和市级行政中心职能，武昌城区重点发展科教文化、高新技术、金融商务和省级行政中心职能，汉阳城区重点发展先进制造业、会展博览、文化旅游、生态居住等职能。《武汉市城市总体规划》(2006—2020年)也将围绕长江、汉水的两江四岸规划为城市的中央活动区，中央活动区北到黄浦大街、徐东大街，南到雄楚大街、墨水湖北路，西至十升路，规划建设用地面积95km^2，集中建设滨江活动区、王家墩商务区、汉口中心商业区、环沙湖公共服务区、中北路商务办公区等五大职能区域，中央活动区是武汉的城市主中心，集聚城市重要的公共服务职能和大型的公共服务设施，随着城市的发展，两江四岸的交通联系和往来会持续增强，产生的过江交通需求也会不断增长。

3.3 生活方式的转变造成了过江交通需求的增长

社会用工制度和住房制度的改革对城市交通形态产生了深远的影响，现代社会已经远离了以前的大院内生活、上班的生活方式，岗位和住宅的多维选择加快了社会团体的高度融合，住宅和工作地点的分离，夫妻工作地点的分离，使很多人每天会面临着上、下班的过江问题。

不仅如此，长江大桥和长江二桥两座桥梁白天12h几乎都处于满负荷运行状态，一周内工作日和非工作日的过江总量也基本持平，并不存在明显的上、下班交通高峰期。工作日中公商务、购物、休闲、访友等目的的小汽车过江需求占到 65%，非工作日更是占到了 87%，说明过江交通流中大量的是上、下班以外的出行需求。

3.4 过江交通条件的改善诱发了新的交通需求

诱增交通是一个不容忽视的问题，在 1995 年长江二桥开通以前的过江总量为 7.5 万辆/日，长江二桥开通后不到 3 个月骤增至 9.2 万辆/日。桥梁的建成为原本许多无法承受过江交通状况的市民提供了过江的机会，也为以前压抑的过江需求提供了释放的通道，在新的过江通道建成后也会出现这样的状况。据测算，每条过江通道承担的交通量约 30%为诱增交通量，这种现象也提醒我们对待过江交通需求上不能一味地采取满足的政策，还需要一定的经济或政策手段抑制部分过江的需求。

4 建管并举是解决跨江城市过江交通问题的根本途径

4.1 构建主城骨架交通系统，有限满足机动车过江需求

从世界各大城市交通发展的经验看，道路基础设施的建设速度永远无法满足交通需求的增长，过江通道的建设也是一样。过江通道的建设周期长，建设资金投入大，主城范围内受通航、码头等条件限制，桥位资源有限，这些因素决定了不可能无限制地建设过江通道。对机动车过江需求要采取有限满足的策略，采取一定的管理措施抑制部分过江需求，引导部分机动车过江需求方式转变为公交出行方式，过江通道的位置需要结合城市骨架道路系统构建进行布局。

根据武汉市道路系统规划，2020 年主城区将建成“三环十三射”的道路系统骨架，规划设置了 8 条过江通道，其中 3 条快速环线上总共布置 6 条过江通道，在滨江活动区内还布置 2 条过江通道(长江大桥、青岛路隧道)。这些通道的建成基本能够满足 2020 年 55 万～60 万辆/日的过江交通需求。

4.2 大力发展轨道交通，引导过江交通方式转变

在建设机动车过江通道的同时，要大力发展大客运量的轨道交通，提高公交系统服务水平，充分满足人们的过江出行需求。按照国家优先发展公共交通的政策要求，像武汉这样的特大城市，公交的出行比例要达到 30%以上，而武汉目前的公交出行比例为 24.3%。要大幅度提高公交出行比例，靠地面公交是无法达到的，必须建成以轨道交通为骨干的客运体系，便捷的轨道交通系统才能吸引部分机动车出行者放弃机动车而使用公共交通。

根据武汉市轨道交通线网规划，2020 年以前主城将建成 4 条过江轨道线，其中轨道 2 号线 1 期工程已经开工，预计于 2012 年以前建成并投入运营，这条连接汉口和武昌中心城区的过江通道的建成对机动车过江需求将起到重要的分流作用。如果按照规划建成 4 条过江地铁，以轨道交通方式过江将成为一种具有相当竞争力的出行方式，预计将承担过江公交客流的 70%。

4.3 加强交通需求管理，抑制非必要的过江需求

交通需求管理措施是世界大城市解决中心区拥堵的重要手段，这包括伦敦的区域收费政策、新加坡的收费公路、上海的机动车牌照费等，这些手段有效地抑制了非必要的交通增长和车辆拥有量的增长。结合实际情况，可以采用的需求管理措施包括禁止和分时段禁止货车通行，探索过江桥梁差价收费均衡交通流，推行多人合乘过江等措施。目前武汉长江大桥实施的单双号通行政策就是需求管理手段的一种，对缓解桥梁的拥堵状况起到了至关重要的作用。

5 结语

跨江大城市的交通问题既有大城市交通问题的共性，又有其不同于一般交通问题的特殊性，解决过江交通问题一般投入资金大，建设期长，要依据城市特点有针对性地制定城市交通发展战略和过江交通发展战略，确定合理的过江通道规模，制定切实可行的过江通道建设规划。

参考文献

[1] 黄亚平．城市发展动力理论的评述与探讨．西北建工学报，1991，(1)：23～25.
[2] 陈秉钊．当代城市规划导论．北京：中国建筑工业出版社，2003．123～154.
[3] 龙宁．临江城市跨江发展的规划决策与交通战略研究．博士论文，2006.
[4] 武汉市城市综合交通规划设计研究院．武汉市交通发展战略研究．2004.
[5] 武汉市城市综合交通规划设计研究院．武汉市过江交通研究．2003.
[6] 武汉市城市规划管理局．武汉市城市总体规划．2006.

注：原文刊载于《第十六届海峡两岸都市交通学术研讨会论文集》，2008 年 9 月。

武汉市过长江通道的建设历程与发展

何继斌　龚全洲　陈光华

（武汉市城市综合交通规划设计研究院）

提　要：本文介绍了武汉市自新中国成立后，特别是改革开放 30 年过长江交通的发展历程与未来的发展构想，详细介绍了各通道的建设背景、结构、交通功能及其社会影响。以时间为轴，随着社会进步与经济发展，回顾了每一个时段的过长江交通状况、出现的问题及解决方案，对未来的发展提出思考。

关键词：武汉；交通；长江；通道；桥梁

1　引言

武汉城市历史上因水而兴，依江而建，江南有千年武昌古城，江北有汉口名埠，宽阔的长江蜿蜒其间。武汉三镇历来都不缺乏沟通和交流，千百年来，受限于技术和财力，人们横跨长江只能通过舟船摆渡，这也大大抑制了过江需求和人们的过江欲望。新中国成立后，武汉进入了全新的发展时期，1957 年武汉长江大桥的建成通车大大缩短了过长江的时间，同时揭开了武汉市过长江交通的新篇章，也奏响了过长江通道建设乐章的序曲。

2　一桥飞架，天堑变通途

武汉长江大桥横跨于武昌蛇山和汉阳龟山之间，于 1957 年 10 月 15 日建成通车。全桥总长 1670m，其中正桥 1156m，下层为双线铁路桥，宽 14.5m，两列火车可同时对开；上层为公路桥，宽 22.5m。桥身为三联连续桥梁，每联 3 孔，共 8 墩 9 孔。如图 1 所示。

图 1　武汉长江大桥

武汉长江大桥创造了若干个“第一”：它是古往今来架在长江上的第一座大桥，它是我国第一座复线铁路、公路两用桥，它是我国第一座我国自主建成的大型跨江桥梁……

武汉长江大桥的建成通车，与早一年开通的江汉桥形成了“航大线(航空路—大东门)”，奠定了“武汉三镇一线牵”的交通格局，长江大桥也成为我国长江南北交通咽喉要道，同时承担着城市内部交通和城市外部过境交通的功能。而且，大桥的下层铁路桥也连接了被长江隔断的京汉、粤汉两条铁路，打通了京广铁路大动脉。可以看出，无论从政治、交通、经济、文化等各方面来讲，武汉长江大桥的开通在当时具有深远的影响，毛泽东来武汉视察时激昂挥毫：“一桥飞架南北，天堑变通途。”

由于当时社会经济水平不高，建成通车时，车辆数量很少，以至于双向 4 车道的路面有很大的富余。其后的几十年过江流量缓慢增长，直至 20 世纪 80 年代长江大桥流量长期维持在每日 5 万辆以下的水平。90 年代以来，随着国家经济政策放开，外地过境货车大量涌入，武汉市内机动车过江需求也大幅度增长，长江大桥交通流量达到 7.5 万辆/日，桥梁及两端连通道不堪重负。在此情况下，武汉市在 1995 年 6 月建成了武汉长江二桥，形成城市内环线，打破了维持将近 40 年的“三镇交通一线牵”的格局。

3　武汉市内环线的贯通

武汉长江二桥(图 2)位于武汉长江下游 6.8km 处，连接汉口的黄埔大街和武昌的徐东大街，与举世闻名的黄鹤楼和雄伟的龟山电视塔遥相挺立。它气势雄伟、线条流畅、比例协调、主塔高耸挺拔，并以它高超的技术含量和优美的造型成为武汉市的新景观和标志性建筑。

长江二桥全长 4678m，其中正桥 1877m，设六车道，设计日通车能力为 5 万辆，汉口下桥处建成 3 层互通式立交与黄埔大街和解放大道相连。通航净空为 24m，比现在武汉长江大桥和南京长江大桥的设计标准高出 6m，是世界上第一座主塔敦立在深水区的双塔双索面预应力混凝土斜拉桥。这座桥主跨 400m，在世界上已建成的同类型桥梁中名列前茅，浩大的深水基础以及施工所采用的大型钢围堰，基础钻孔桩直径，钻入砾岩层深度，均创下全国之最。该桥梁的建设创下多项“世界第一”，有 20 多个主要技术指标达到国际 20 世纪 90 年代先进水平。

图 2　武汉长江二桥

武汉长江二桥的建成，结束了“三镇交通一线牵”的历史，它与武汉长江大桥相呼应，组成了 28km 的武汉内环线，环抱三镇 45km^2 的繁华区域，连接铁路、港口、民航、机场，穿越武汉的 4 条国道及 10 条省干线，这条气势磅礴的城市跨江内环线，形成了武汉市内交通平面立体并举、江河两岸三镇贯通格局，对于促进长江经济带的经济繁荣，加快武汉、湖北乃至周围省、市的经济发展，具有极为重要的现实意义和深远意义。

4　武汉过江通道建设的迅猛发展

4.1　武汉市过江交通的发展态势

内环线的贯通在一段时间内缓解了武汉市的过江交通压力，但是好景不长。最近十余年，武汉市的过江交通流量持续增长，1995 年 6 月长江二桥通车前过长江日交通量 7.5 万辆，到 2007 年达到 27 万辆/日，年均增长率为12%。统计数据显示，主城过长江总量与机动车拥有量的比例关系长期维持在1∶2左右，过江交通流量80%集中在中心城区桥梁上，长江大桥和长江二桥长期处于超负荷运转状态。过江交通的拥堵严重影响了居民日常生活、出行的需要。

综合分析，武汉市过长江交通流量的持续增长由以下几点因素导致。

一是人口和经济总量的增长催生了过江交通的需求。武汉市常住人口从1990年670万增加到2007年的829万，居住人口的增加必然导致过江交通量的持续增长；2007年全市国民生产总值达到3141.5亿元人民币，人均GDP超到4700美元，经济能力的提升使小汽车进入家庭成为现实，全市机动车拥有量从1990年的10万辆增长到2007年的75万辆，其中私人小汽车达到20万辆，机动车拥有量的大幅提高也催生新的过江交通需求。

二是两岸城市结构和功能的互补激发了过江需求。武汉三镇历史悠久，发展各具特色，汉口城区重点发展金融贸易、商业服务和市级行政中心职能，武昌城区重点发展科教文化、高新技术、金融商务和省级行政中心职能，汉阳城区重点发展先进制造业、会展博览、文化旅游、生态居住等职能。《武汉市城市总体规划》(2006—2020年)也将围绕长江、汉水的两江四岸规划为城市的中央活动区。随着城市的发展，两江四岸的交通联系和往来会持续增强，产生的过江交通需求也会不断增长。

三是生活方式的转变造成了过江交通流量的增长。社会用工制度和住房制度的改革对城市交通形态产生了深远的影响，现代社会已经远离了以前的大院内生活、上班的生活方式，岗位和住宅的多维选择加快了社会团体的高度融合，住宅和工作地点的分离，夫妻工作地点的分离，使很多人每天会面临着上、下班的过江问题。

四是过江交通条件的改善诱发了新的交通需求，长江二桥开通后不到3个月，过江总量由7.5万辆/日增长至9.2万辆/日。桥梁的建成为原本许多无法承受过江交通状况的市民提供了过江的机会，也为以前压抑的过江需求提供了释放的通道。据测算，每条过江通道承担的交通量约30%为诱增交通量。

过江交通流量持续增长，过长江通道匮乏，轨道交通还未能分担过江流量，对过江交通的管理尚处于摸索阶段，市民的出行观念亟待转变。一系列的因素使武汉市过江交通陷入前所未有的困境，这也为过江通道建设的迅猛发展提供了契机。

4.2 总体规划引领一波建设高潮

1997年，武汉市修编完成《武汉市总体规划(1996—2020年)》，规划中确定了主城3条环线、10条放射线和外围绕城外环公路的道路网络系统，规划有过长江通道9条，在此规划的指导下，武汉市陆续建成了白沙洲大桥、军山长江大桥和阳逻长江大桥。

白沙洲大桥(图3)于1997年5月开工，2000年9月9日建成通车，全长3589m，桥面宽26.5m，六车道，设计时速为80km，日通车能力为5万辆。武汉白沙洲长江大桥为双塔双索面钢箱梁与预应力混凝土箱梁组合的斜拉桥，最大跨度为618m，为世界第三大桥。大桥的南岸在洪山区青菱乡长江村，与107国道正交；北岸在汉阳江堤乡老关村，与318国道连通。白沙洲大桥是武汉市中环线的重要组成部分，它的建成也使107、316、318等国道由"瓶颈"而"豁然开朗"，因而分流了大部分过境交通，使得中心城区交通得到极大的改善。

图3 白沙洲大桥

军山长江大桥(图4)于2001年12月建成通车，是国道主干线的来由，是京珠高速公路的咽喉要道，并构建了武汉快速通道"十"字形骨架。阳逻长江大桥(图5)于2007年12月建成通车，它的建成形成了武汉大外环，连接了市域主要发展区。这两座桥梁带动了区域经济发展，分流了过境交通。

图 4 军山长江大桥

图 5 阳逻长江大桥

4.3 正在建设的过长江通道

截至目前，武汉市域内建成通车的过长江通道共有 5 条，其中外围区 2 条，主城区 3 条，分别为长江大桥、长江二桥和白沙洲大桥。主城区在建的过江通道还有 3 条，分别为青岛路隧道、天兴洲大桥和二七长江大桥。

2003 年前后，小汽车逐渐进入家庭，武汉市机动车拥有量从 1990 年的 10 万辆增长到 2003 年的 56 万辆，过江交通量迅猛增长到每日 22 万辆，使其面临着巨大的过江交通压力。武汉市在 2004 年开始动工修建青岛路过长江隧道和天兴洲公铁两用长江大桥，这两条过长江通道预计于 2008 年底建成通车。

青岛路隧道总长约 3630m，双向四车道，位于长江大桥和长江二桥之间，设置在滨江活动区内，将于 2008 年年底建成通车。该通道的建成将在一定程度上缓解内环线的压力。

天兴洲大桥将于 2009 年初建成通车，届时与白沙洲大桥构成的武汉市中环线将全线贯通。该桥是我国第 5 座公铁两用长江大桥，也是武汉市的第 2 座公铁两用长江大桥，并将与在建的武汉火车站配套使用，是武广、京汉客运专线的重要组成部分。天兴洲大桥在跨度、车速、载荷、宽度等方面，创造了 4 项世界“之最”，代表当今国内外桥梁技术的最高水平，也是我国建桥史上的又一座丰碑。

作为二环线的重要组成部分，二七长江大桥(图 6)已于 2008 年开工。二七长江大桥位于长江二桥下游 3.2km 处，江北起于汉口二七路，江南止于青山区钢都花园罗家港侧。桥形采用三塔斜拉桥，全长 6307m，双向六车道。该项目估算总投资 42.27 亿元人民币，预计 2012 年建成通车。二七长江大桥的建成将分担长江二桥的过江交通压力，预计将有 15%的车流将分流到二七长江大桥上，这样将进一步加强汉口和武昌北部地区的沟通，引导城市的扩张和发展。

图 6　二七长江大桥效果图

5　武汉过长江通道的未来与展望

现有和在建的过江通道将能在一定时期内缓解现阶段的危机，然而从长远看，武汉的过长江交通任重而道远。

根据预测，2020 年武汉市国民生产总值将达到 8500 亿元人民币，人均 GDP 超到 10000 美元，机动车保有量将达到 190 万～250 万辆，其中私人小汽车将占 75%。同时，根据武汉市交通预测模型计算，至 2020 年，主城过长江客流量将达到 340 万人次/日，其中轨道交通承担 160 万人次/日，公交车承担 65 万人次/日，以客车方式过江的为 115 万人次/日，过长江车流量将超过 55 万辆/日。

根据新一轮武汉市总体规划，除上述通道外，另外有两条预留的过江通道，分别为杨泗港过江通道和鹦鹉洲过江通道，它们将在 2020 年以前建成。届时，武汉市将形成“四环十七射”的道路系统骨架，10 条过江通道，其中 4 条快速环线上总共布置 8 条过江通道，在滨江活动区内还布置 2 条过江通道。

除了跨江桥梁和隧道的建设，轨道交通也是将来过长江通道建设的重要组成部分，并能分担很大一部分过江客流量。根据武汉市轨道交通线网规划，2020 年以前主城将建成 4 条过江轨道线，其中轨道 2 号线一期工程已经开工，预计于 2012 年以前建成并投入运营，这条连接汉口和武昌中心城区的过江通道的建成对机动车过江需求将起到重要的分流作用。如果按照规划建成 4 条过江地铁，以轨道交通方式过江将成为一种具有相当竞争力的出行方式，预计将承担过江公交客流的 70%。如图 7、图 8 所示。

图 7　2020 年规划道路骨架系统

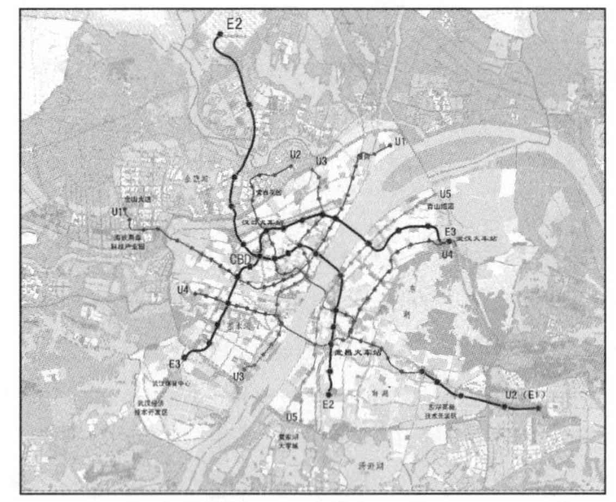

图 8　2020 年规划轨道交通系统

6　结语

武汉又称“江城”，由于坐拥众多桥梁，已有“桥梁博物馆”的美誉。武汉的过长江通道凝结了相关工程人员技术、创新的结晶，开创了我国过江交通发展的新纪元。通过众多通道的建设，武汉市过江交通将翻开新的一页，长江两岸也将更为紧密地融合在一起协调发展。

注：原文刊载《武汉城乡规划》2008 年第 5 期。

六、基础研究篇

面向“两型社会”建设的武汉城乡规划思考与实践

刘奇志[1]　何梅[2]　汪云[2]

（1. 武汉市规划局；2. 武汉市城市规划设计研究院）

提　要：剖析“资源节约型、环境友好型”建设对城乡规划的新要求，从武汉市当前“两型社会”建设所面临的机遇和困境分析入手，探讨城乡规划对“两型社会”建设内涵的理解，对“两型社会”建设和城乡规划目标进行展望。并重点结合武汉实际，对“两型社会”建设背景下的城乡规划编制组织工作的思考和实践作出系统总结。

关键词：两型社会；城乡规划；资源

建设“资源节约型、环境友好型”社会(以下简称：两型社会)，是我国总结过去、展望未来，为落实科学发展观、全面建设小康社会、实施可持续发展战略而确立的重大举措。党的十七大报告指出，要加强能源资源节约和生态环境保护，并强调必须把建设资源节约型、环境友好型社会放在工业化、现代化发展战略的突出位置。在此宏观政策背景下，2007 年 12 月，国家正式批准武汉城市圈及长株潭城市群为“两型社会”建设综合配套改革试验区。这无疑是将武汉置于了经济发展与资源节约、环境友好并重，实现可持续发展的改革创新前沿，更是对武汉的城乡规划工作提出了新的要求。

在这一新的历史起点上，如何凸显城市优势、体现城市特色、探索一条符合“又好又快”发展要求的新型城市化道路，是当前武汉城乡规划工作所面临的重大机遇与挑战。笔者结合武汉市近年城乡规划工作实际，对武汉市在城乡规划组织与编制过程中践行“两型社会”建设要求的思索与实践予以总结，以供同行参考与借鉴。

1　武汉市建设“两型社会”所面临的规划机遇与困境

1.1　城乡规划的新机遇

武汉是中国中部地区的特大城市，正面临着快速城镇化、工业化和经济结构转型的深刻变革。2007 年，武汉市常住人口达 891 万人，城镇化率为 71%，进入了城镇化的快速发展期。与此同时，2007 年 GDP 首次突破 3000 亿元人民币大关，人均 GDP 超过 4700 美元，这也表明武汉已处于工业化中期发展阶段。再加上国家“中部崛起”战略的实施，城市经济结构转型和沿海地区产业向内陆转移，武汉无疑正面临着巨大的发展机遇。

在此关键时期，武汉市获批“两型社会”综合配套改革试验区，而且在 2008 年 9 月，武汉城市圈两型社会建设总体方案获国务院批复，改革与试验成为未来武汉发展的关键词，而新一轮科学发展观的贯彻与落实，武汉更是站在了全力推行科学发展观的前沿，城乡规划有了前所未有的好时机。

1.2　当前需正视的困境与挑战

城市社会经济的快速增长与发展，对城乡规划提出了更高要求，与此同时，伴随着城乡社会的发展，武汉也面临着一批亟待正视的困境与挑战。

1.2.1　快速城镇化带来城郊边缘地区城镇人口和建设用地的急速增长，城乡规划应如何保障城市快节奏发展状况下的空间集约、节约利用。当前，经济的发展对土地空间资源的需求巨大，其表现为城镇空间的迅速扩张，一方面突破了原有城市规划的边界，另一方面在无通盘规划导引下的城乡边缘带建设已显现出无序蔓延的态势。如此大规模的建设发展亟待城乡规划构建强有力的城镇空间拓展秩序。

1.2.2　在国家执行最严厉的土地管理制度下，各地都难以扩大建设用地增量，提高已有存量建设用地的开发强度的呼声不断高涨，城乡规划应如何在确保空间环境品质的前提下合理提高土地使用效率。尤其是在以主城区为主体的建成区城市更新、旧城改造的过程中，面对政府改造资金不足、企业经济利益驱动等压力，开发建设强度的管控已成为规划管理的高难点。

1.2.3　在城市总体经济发展水平不高、“发展是第一要务”的现实状况下，城乡规划面临如何应对生态空间资源、环境质量保护与合理利用的难题。具体表现是：一方面，城镇用地空间不断向郊区密布的湖泊群等生态资源周边蔓延，山边、湖边等生态敏感区不断遭受侵蚀，水质下降；而另一方面，“江城不见江、百湖之市难见湖”，以滨江滨湖为核心的城市特色却未得以有效彰显。

1.2.4　面对城市公共服务和市政基础设施建设部门条块分割的现实，城乡规划应考虑促进多元建设主体机制下的公共服务和市政基础设施建设集约效应的发挥。多部门、多行业分门别类的管理体制直接导致城乡公共服务和市政基础设施建设合力不足、滞后无序，难以有序地推动空间集约发展。例如主城区外围的市政走廊与公路网建设，由于缺乏与城乡规划的有效衔接，一方面是生硬分割城镇，给规划布局与城镇建设造成难以挽回的损失；另一方面是深入敏感的生态控制区。直接吸引来大量建设投资，对城镇空间布局造成重大影响。

1.2.5　市、区两级政府分层管理，各区域建设发展各自为政，城乡规划该如何在主城以市级经济为主导、外围以区级经济为主导的运行机制下，实现市、区两级的空间发展统筹与协调。武汉在外围周边县改为远城区的过程中，远城区仍保留县级政府管理模式和职能，具有县级政府的规划审批权。在缺乏强有力的总体规划约束下，各区在城、乡空间发展意愿上难以形成建设一体化的格局。

2　城乡规划角度的“两型社会”内涵与目标分析

2.1　“两型社会”内涵解析

“两型社会”建设核心是把经济社会发展所耗费的资源环境代价降到最低，实现全社会的可持续、科学发展。“两型社会”建设对“资源节约”和“环境友好”两个领域提出了并重的发展要求，建设“资源节约型”社会是要求整个社会经济的发展建立在节约资源的基础上，通过对资源的综合利用，提高资源利用效率，以最少的资源消耗获得最大的经济和社会效益，保障经济社会的可持续发展，侧重的是资源利用的经济效率；建设“环境友好型”社会则是要求整个社会经济的发展以环境承载力为基础，大力推动环境治理和生态保护，实现人类的生产和消费活动与自然生态系统协调可持续发展，呈现一种人与自然和谐共生的社会形态，侧重的是社会经济发展的生态效率。

“两型社会”的内涵于规划行业而言，其聚焦点在于对规划“资源”对象的诠释。城乡规划领域所面对的资源，无疑以城乡用地这一作为重要生产要素的“空间资源”为核心，也是以城乡规划工作最本质的“物质空间”为统筹对象。城乡社会经济发展速度的加快直接使得城乡空间资源的约束日渐突出，如何高效、集约地利用城乡空间，创造有利于各类空间，如生态空间、产业空间、人居空间、景观空间等资源的合理组织和匹配，达到集约、节约型内涵式发展目标，并与城乡自然生态系统相协调，实现可持续发展，很显然是城乡规划在促进“两型社会”建设、实现物质空间统筹目标上的核心主旨。

但是，长期以来，我国的城乡规划工作对“资源”的关注并不够，普遍存在着“重城市资源、轻城乡资源”、“重空间资源、轻历史人文资源”、“重生产要素资源、轻生态环境资源”和“重二维平面资源、轻三维立体空间资源”等一系列误区，具体在城乡规划工作中的表现就是：规划绝大多数以城市建设区为对象，以用地空间布局为主体，普遍缺乏对“乡”的关注和对“非建设区”的管制，也缺乏对城市建设区开发强度、建设高度的控制，以及对城市闲置资源、人文历史资源及地下空间资源复合利用等城市资源深入的规划研究。

结合武汉市实际和发展要求，在当前“两型社会”建设的大背景下，为充分体现科学发展观、体现规划的人文关怀，城乡规划必须拓展对“资源”范畴的关注和理解，既要以空间资源为主体，也应同时关注对历史人文资源、生态环境资源、基础设施资源等社会资源的集约节约利用，尤其是应高度关注对生态环境资源的保护与利用。城乡经济的发展不能以牺牲环境为代价，而必须建立在优化结构、提高效益、降低消耗和保护环境的基础之上。武汉，作为一个典型的滨江滨湖特色城市和“两型社会”的试点城市，其生态要素的保护尤为重要，特别应建立以水资源保护为核心的城市生态体系，维护城市生态安全，彰显城市滨水特色。

2.2 城乡规划视野下的“两型社会”建设目标

武汉市面对“两型社会”建设的城乡规划，其核心目标在于探索一条在快速城镇化进程中，有别于传统模式的节约型、内涵式发展的新型城镇化道路，实现城市经济、社会发展、环境保护等方面的节约、集约和可持续发展。具体到城乡规划可作为的领域，其目标重点体现在4个方面：

2.2.1 实现城乡空间资源的集约、节约利用。一方面，充分挖掘城市建成区的各项空间资源潜力，不断优化城市空间结构与功能布局，实现节约型、和谐型空间利用模式；另一方面，明确城镇重点发展方向，可通过TOD等基础设施优先的模式引领城镇新区的拓展秩序，实现城镇建设空间集约有序的发展格局。

2.2.2 实现生态环境资源的综合保护利用。严格保护城市总体规划确定的山水生态轴与楔形生态绿地，严格控制规划确定的“非建设区”的建设行为，强化重要环境景观控制区内的管控力度，加强江边、湖边、山边的“三边”建设管理，通过生态要素资源的合理利用凸显滨江滨湖城市特色，形成人地和谐、环境优越、生态安全的城市生态格局。

2.2.3 实现公共服务和市政基础设施资源的集约高效利用。在全市进行主城区与远城区一体化的交通、公共服务基础设施与市政基础设施规划布局，实现重大公共服务和市政基础设施建设的无缝衔接，充分发挥城镇公共服务和市政基础设施共建共享的集约效应。

2.2.4 实现城乡统筹发展的“一体化”格局。努力创新区域一体化发展途径，推进城乡产业布局、基础设施、区域市场、城乡建设、环境保护与生态建设等5个方面的一体化进程，实现市域空间资源“一盘棋”的发展格局。

3 武汉市面向“两型社会”建设的城乡规划探索与实践

在“两型社会”建设的目标体系指导下，面对武汉市当前的发展实际和问题，城乡规划的重要使命是探索一条具有武汉特色、符合“两型社会”要求的新型城市化道路，建设生态宜居城市。以此为宗旨，在城乡规划的编制组织和规划策略上作了一些探索和实践。

3.1 完善城乡规划法定体系，实现全市域规划编制、审批“一盘棋”

3.1.1 构建“总—分—控”为主干的法定规划体系，完成市域空间的法定规划全覆盖。

在对武汉市现行规划体系进行全面的实施评价后，以《城乡规划法》为指导，提出了构建“总体规划—分区规划—控制性详细规划”三层次的法定规划主干体系，全面加强对市域规划编制的引导和控制(图1)。

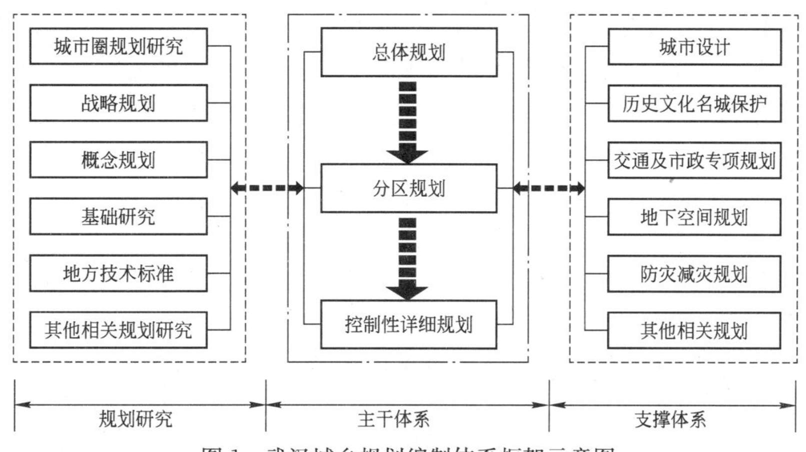

图1 武汉城乡规划编制体系框架示意图

总规作为规划体系的龙头，重在城乡总体空间发展战略的确定。由于武汉市城市规模和空间尺度巨大，分区规划作为总规和控规之间过渡的必要中间层次，被纳入武汉法定规划主干体系，其主要任务是对城乡功能发展、用地布局、空间管制作出进一步安排，对交通、生态和基础设施建设等进行系统性落实，作为控规编制的上位法定依据。

控规作为城乡规划管理的法定依据，对其规划内容和成果形式进行了改革。首先，依据分区规划确定覆盖主城区的区域性控规导则；其次，根据建设需要编制局部地段的控规细则；最终，规划划定规划管理单元，并对管理单元分别提出法定文件和指导文件。

目前，武汉市法定规划主干体系已基本建立，历时两年的总规修编成果已上报国务院审批，《主城区分区规划》、《新城组群分区规划》已完全覆盖都市发展区，计划再用 2～3 年时间，全面实现控规全覆盖的目标。对远郊的生态农业区，则采取编制城乡统筹规划的模式，作为城乡建设管理的基本平台。

3.1.2 法定规划由市政府统一组织编制和审批，集成规划管理的“一张图”

市域范围内的法定规划均纳入市级规划管理，各级法定规划均由武汉市政府统一组织编制与审批，市规划局依据国家《城乡规划法》及武汉市《规划条例》出台了《武汉市规划编制管理规定》，形成全市统一的编制和审批程序。审批后的规划成果经严格的入库程序，在 GIS 平台上进行集成，形成全市规划管理“一张图”，各远城区的规划审批则必须以一张图为依据，以有效解决规划编制与规划管理相脱节、基础设施不对接、前后规划不连贯的问题，实现规划编制和规划管理的有效衔接。

3.1.3 市域空间分圈层组织编制深度适宜的法定规划，实现空间发展的科学统筹

根据新一轮武汉城市总规确定的“以主城为核，轴楔相间”的开放型城镇空间发展战略，武汉市域空间划分为主城区、都市发展区、农业生态区 3 个圈层；①主城区作为城市主导功能的集聚区，组织编制以分区规划—控规导则—控规为体系的法定规划，率先完成控规导则的全覆盖，确保主城区的整体功能提升；②都市发展区作为未来城镇空间的主要拓展区，率先完成新城组群分区规划，实现对近郊区城镇空间秩序的引导管控；③农业生态区则以城镇体系规划为主导，与土地利用总规相协调，实现城乡统筹的发展目标。

3.2 主城区全面开展资源集约节约利用相关专项研究，有效促进节约型社会建设

3.2.1 重点研究主城区建设强度管理，提高综合建设强度与提升城市空间品质并重

通过开展《主城区开发强度规划研究》，实行用地建设强度、建筑密度和建筑高度的分区管制，鼓励公共开放空间建设，促进城市用地集约、合理利用，提高土地资源的利用率。

按照城市土地区位价值规律及城市总体发展要求，将主城区建设用地划分为 5 个建设强度分区，根据强度分区确定规划管理单元内居住、公共服务设施及工业仓储等用地的基准容积率，具体建设项目用地则根据交通区位、用地规模及场地朝向等用地条件对基准容积率进行调节，确定额定容积率，作为城市规划编制、管理及建设用地审批的依据和执行标准。严格进行建筑密度、建筑间距控制及退让管理。

根据城市总规，在中心活动区内的重点地段、城市公共活动中心、城市副中心、综合组团中心、新城组群中心以及规划交通站点周边区域，除中小学、市政工程、历史风貌区内的改造项目以及具有特殊建造要求的建设项目外，不再审批新建多层及低层建筑。而在城市总规确定的低密度带、水域、风景区周边的建设用地，严格控制建筑高度，鼓励建设低层、多层建筑。对于历史文化保护区、风景名胜区等范围内的建设项目，根据保护及景观规划，对建筑体量、建筑高度等进行专家论证。力争在主城区规划形成“疏、高、退”的空间建设模式，以有效提升城市人居环境品质。

3.2.2 着力开展地下空间专项研究，强化空间资源复合利用

通过开展主城区重点地区的地下空间专项研究，编制完成主城区地下空间总规，促进地上、地下土地资源的复合利用。规划鼓励地下空间的开发利用，鼓励在中心活动区、城市公共活动中心、城市副中心、综合组团中心，新城组群中心以及城市轨道交通站点周边区域，结合人防、抗震等防灾规划要求，综合开发和利用地下空间。并提出在满足规划要求的前提下，对于额外建设的地下停车设施、地下市政基础设施的建筑面积可不计入容积率，以切实鼓励利用地下空间完善城市功能。

3.2.3 大力推进闲置资源研究，盘活城市存量土地，促进都市型工业发展

通过都市工业园更新改造研究，充分利用主城区既有的闲置工业厂房资源，以节约资源、提升环境、增加就近就业为宗旨，探索老工业基地产业转型的新路。“两型社会”建设要有“两型产业”体系作为支撑，都市工业园总体发展思路是立足盘活存量，广泛吸引社会投资，充分发挥主城区的社会资源，以产品设计、技术开发和加工制造为主体，发展产业关联度高、与城市功能和生态环境相协调的，有就业、有税收、有环保、有形象的中小企业集聚的制造业基地。规划在主城内形成江岸堤角、江汉现代、硚口汉正街、汉阳黄金口、武昌白沙洲、青山工人村、洪山左岭等七处都市工业园，形成都市工业聚集区。

3.3 新城组群地区采取 TOD 引导模式，充分发挥基础设施、公共服务设施集约效应

3.3.1 契合山水资源特色，构建“轴楔相间”的集约型空间发展格局

新城组群地区，是武汉城市总规所确定的主城区未来城镇人口和产业向外转移的重点地区，也是远城区区级经济的重点拓展区，更是武汉市山水资源最为集中、当前经济发展与生态保护矛盾最为尖锐的城乡交织区。因此，率先在城市总规修编完成后，全面开展了新城组群分区规划，将法定规划视野首次由主城区拓展到都市发展区，远城区的发展规划首次与主城区的优化调整一并成为关注重点。

武汉城市总规中确定了“1+6”的开放型城镇空间发展战略。即以主城为核，将城镇空间的拓展区集中到主城之外 6 个轴向上的若干新城及与之联动发展的新城组团，构筑 6 个新型的新城组团集群，实现城镇空间的集约发展。并在 6 个新城组群之间控制了 6 大生态绿楔，形成了生态化集约型的空间格局。

新城组群分区规划在全面构建城乡一体化规划布局的基础上，进一步整合既有空间资源和生态要素资源，依托两江交汇、湖群密布的自然生态格局，强化了 6 个生态绿楔的保护和控制，形成了“轴楔相间”的空间发展格局，既保护又发展，引导城镇发展由资源导向型的外延式粗放型开发向集约化生态型发展模式的转变，有序统筹了武汉市城郊边缘地区的城镇空间秩序(图 2)。

图 2 新城组群用地规划图

3.3.2 采用“双快一轨”的复合交通走廊，引领城镇空间轴向拓展，组团聚集

新城组群分区规划采用 TOD 发展模式，充分利用主城区充沛的高快速网线优势，增设区域性主干道和轨道交通网络系统，构建“双快一轨”复合型交通走廊，重点向 6 大新城组群发展轴向上集中布局和安排，强化新城组群交通和基础设施建设优势，激励城镇空间发展向 6 个组群集中，有序引导城镇空

间向主导轴向发展，充分发挥基础设施、公共服务设施建设的集约带动效应(图 3)。

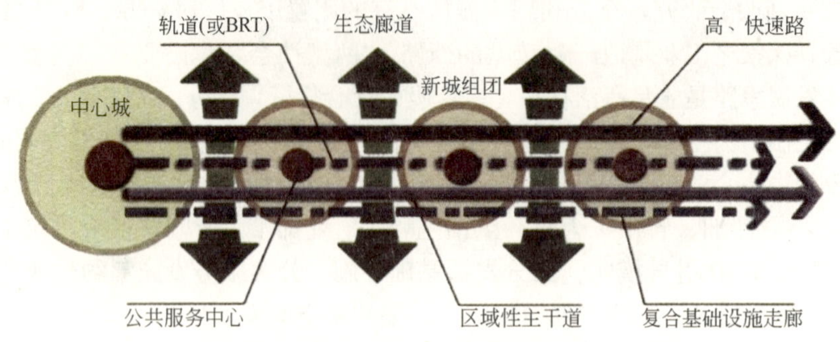

图 3 新城组群复合交通走廊引导模式示意图

3.3.3 统筹安排产业、人居、交通、市政和公共服务设施，构筑城乡一体化功能格局

新城组群分区规划一方面强化与主城空间功能格局的一体化安排，将 6 大新城组群产业、人居、交通、市政等与主城作全面对接，促进重大基础设施共建共享，构建了都市发展区“一体化”的城乡空间格局，实现了工业“园区化”、仓储物流“规模化”、居住“社区化”、公共服务“均衡化”、绿地“网络化”、交通与市政设施“一体化”的全市“一盘棋”规划；另一方面，新城组群分区规划高度重视乡村的发展、建设与城镇建设空间的协调，重点设置了乡村建设指引专章，对乡村迁村并点选址布局提出了原则性、指导性的要求，并对乡村建设的目标、建设标准、设施配置等方面，提出了指导性建议。

3.4 同步开展生态框架体系与生态专项研究，大力推进环境友好型社会建设

3.4.1 因地制宜，构建水生态为特色的综合性市域生态框架体系

在全面启动新城组群分区规划和主城区分区规划的同时，采用“图”、“底”同步的工作方式，同步启动了以市域为研究对象、都市发展区为重点规划范围的生态框架保护规划的专项研究。

规划深入剖析和评估了武汉市现状生态资源，以南北水系、东西山系为基础，构筑“十字”型山水生态轴，在城市三环线、绕城公路附近，形成两个环型生态保护圈，结合主城周边的六片湖群，控制 6 大放射型生态绿楔和区域性的水网、绿网，规划建立起完善的“两轴两环，六楔多廊”的城市生态框架体系(图 4)。

3.4.2 科学论证，划定生态保护空间和禁、限、适建区边界，制定城市分区管制政策

生态框架保护规划优先对全市山水资源进行保护，确定了城市各类生态空间和生态廊道，在都市发展区内划定了禁建区、限建区、适建区，并以“三区”的空间管制政策制定为重点，在项目准入类别、分区管制要求、项目准入程序、实施保障机制等方面提出了非建区的管制策略。规划注重由物质空间布局规划向公共政策制定的转型，为城乡空间管制的落实和规划管理的可操作性奠定了基础，同时也为城乡空间未来的发展留有足够的弹性，在有效确保城市生态安全的基础上，满足区级经济发展的要求。

技术手段上，为客观分析判断低水平蔓延发展的状况对城市生态环境及可持续发展造成的损害，规划采用 CA(元胞自动机)来模拟武汉市 2020 年城市空间形态的动态演变，为城市发展规模的合理拓展提供依据。规划采用概算法、碳

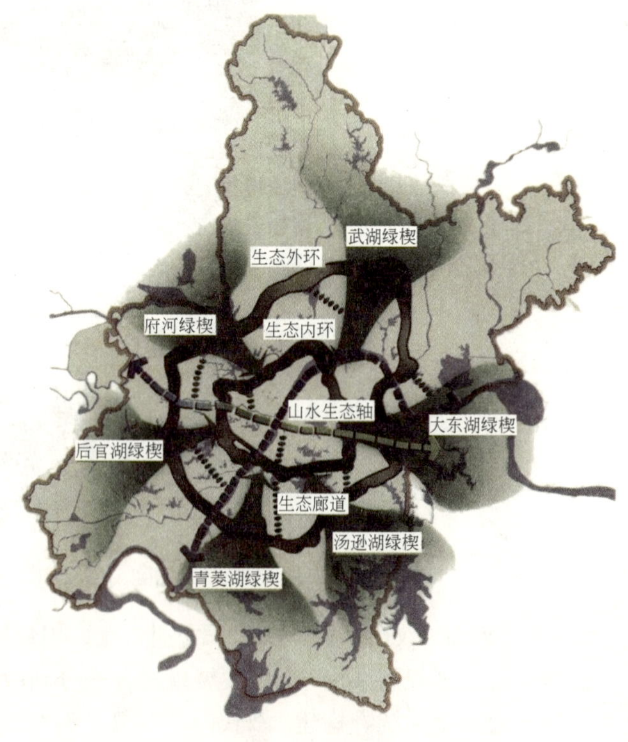

图 4 武汉生态框架体系示意图

氧平衡法、建设用地需求法、逾渗理论等方法，科学地提出了都市发展区生态用地的总量比例。为生态框架的划定提供有力的技术支撑。同时，规划还应用 GIS 技术开展了建设用地适应性综合评价，在城市热岛效应、环境承载力研究与生态廊道量化分析的基础上，为生态绿楔核心区、生态廊道的划定奠定基础，保障了规划的科学性与可行性。

3.4.3 高度重视湖泊联通、生态水网建设，推进水生态系统的保护与修复

针对武汉湖群密布的特征，积极展开了一系列生态水系保护与建设的工程，编制了《大东湖生态水网建设规划》、《汉阳地区六湖联通生态水系规划》等一系列专项规划，创新治水理念：①联通水系，构建完善的生态水网，促进水体流动，提升和改善水质；②控制形成完善的滨水生态空间体系，修复水生态环境，彰显武汉碧水青山的滨江滨湖特色：③布置生态化水处理设施，尝试人工生态湿地治污，采取自然水渠为主体的生态化雨水排放模式，在降低建设成本的同时，形成生态化的空间景观环境(图 5、图 6)。

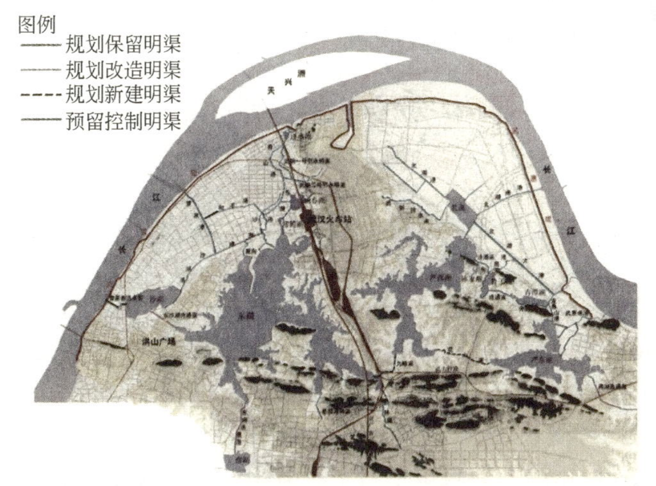

图 5 大东湖生态水网系统规划图

图 6 汉阳六湖联通系统分析图

3.4.4 充分挖潜滨水空间资源，凸显滨江滨湖城市特色

武汉市滨水空间资源丰富，规划在滨江地区，充分利用两江四岸堤外江滩，通过开展两江四岸防洪与景观建设专项研究，切实促进滨水区的再利用。目前，按规划所建设的规模达 290hm^2 的汉口江滩公园，已为城市堤防外滩涂地带的利用探索了一条新路。江滩公园的规划实施，成功地将原处于堤外的闲置用地转型为一处深受市民及游客喜爱的城市“客厅”，从而拉开了武汉两江四岸建设滨江公园的序幕，武昌江滩和汉阳江滩也已全面展开了滨江绿地建设(图 7、图 8)。除沿江地带以外，也对城市滨湖地区高度关注，由市规划局、水务局和园林局三局联合对主城区 40 个主要湖泊，具体划定水体保护蓝线、滨水绿地绿线和滨水建设区灰线等三线的控制范围，并对三线所对应的范围制定了相关的管制措施，实现对滨水资源的保护与再利用，促进人居环境品质提升。

图 7 汉口江滩一期总平面布局图

图8 汉口江滩一期实景图

4 结语

建设“资源节约型、环境友好型”社会是我国当前发展阶段协调经济发展与环境保护的重要政策目标，关系到人民群众切身利益和中华民族的生存发展。按照党的十七大精神和科学发展观要求，将国家战略和武汉市实际结合起来，探寻新型城市化道路是城乡规划工作义不容辞的职责。在这一任重而道远的探索过程中，城乡规划不仅承担着重要的推动社会经济又好又快发展的服务职能，也应充分体现贯彻落实中央科学发展观的服务职能。规划工作如何进一步认真分析，主动思考，积极应对，还有待于从全方位进行更为深入细致的研究。武汉市期待在“武汉城市圈”的政策平台上更有所作为，为武汉市真正成为更大范围内的区域经济中心作出规划努力与贡献，也期待着能为全国的城乡规划同行提供更多的经验教训与借鉴。

参考文献

[1] 胡锦涛，在中国共产党第十七次全国代表大会上的报告［R］，2007.

[2] 国家发改委. 关于批准武汉城市圈和长株潭城市群为全国资源节约型和环境友好型社会建设综合配套改革试验区的通知［R］，2007.

[3] 武汉市人民政府，关于资源节约型和环境友好型社会建设综合配套改革试验工作进展情况的通报［R］，2008.

[4] 武汉市人民政府，武汉城市总体规划(2006～2020年)(报审稿)［R］，2006.

注：原文刊载于《城市规划学刊》2009年第2期。

特大城市周边的农业产业布局和农村居民点发展模式的探讨

马文涵[1]　张晓达[2]　黄晓芳[2]

（1. 武汉市国土资源和规划局；2. 武汉市城市规划设计研究院）

提　要：特大城市由于其强大的辐射和吸引作用，对其周边的农业产业和居民点布局都产生深远影响，本文以此为切入点，分析特大城市周边农业产业空间布局特征，以及与农业产业相对应的农村居民点的布局，并根据不同的区位和产业发展条件提出了四种农村居民点布局模式。

关键词：特大城市；农业产业；农村居民点；发展模式

特大城市周边地区是城市快速拓展的区域。受中心城区的影响，该地区的空间资源具有鲜明的地域特征。其中，农村居民点与农业产业布局有着较强的关联性。本文以此为切入点，探讨农村居民点的布局模式，对于统筹城乡发展，加快社会主义新农村建设，节约集约利用土地资源，均有重要意义。

1　特大城市周边农业空间布局

1.1　杜能农业区位理论

杜能是现代西方区位理论的先驱者，他根据当时德国农业和市场的关系，摸索出因地价不同而引起的农业的分布现象，创立了农业区位理论。杜能采用的是“孤立化的方法”排除其他要素(像土质条件、土地肥力、河流等)的干扰，而只探讨一个要素(即市场距离)的作用，分析农业生产方式的配置与距城市距离的关系。杜能认为，中心城市周围农业呈圈层式由内向外依次排列。(图 1)第一圈主要生产蔬菜，水果等产品；第二圈主要发展林业生产，向城市出售燃料和木材；第三、四、五圈主要生产谷物；第六圈地主要经营畜牧业。根据离城市的距离不同，各个圈层又有不同的耕作制度。虽然杜能的理论模式过于理想化，假设前提较多，考虑因素也比较简单，但毕竟说明了城市和农村的发展是紧密联系的，城市周边农业生产要根据区位特点选择相应的耕作制度。今天看来，杜能农业区位理论对于合理配置城市外围农业地区土地资源和产业发展具有借鉴意义，能为研究特大城市周边农业产业布局和农村居民点发展模式提供理论指导。

1.2　特大城市周边农业布局特征

特大城市周边区域是中心城市最为直接的腹地，接受中心城市吸引和辐射最强、影响最大的地区。正如杜能农业区位论的圈层布局特点所示，由于中心城区的强大吸引和辐射作用，特大城市周边的农业产业围绕主城呈环状分布的特征十分明显。如北京由里向外形成了 5 个农业发展圈：城市发展圈、近郊农业发展圈、平原农业发展圈、山区生态涵养发展圈、环京外埠合作农业发展圈等五个圈层(图 2)。

通过分析北京、广州、武汉等外特大城市周边的农业空间布局发现，这些特大城市周边的农业一般分为 3 个圈层结构。(表 1)

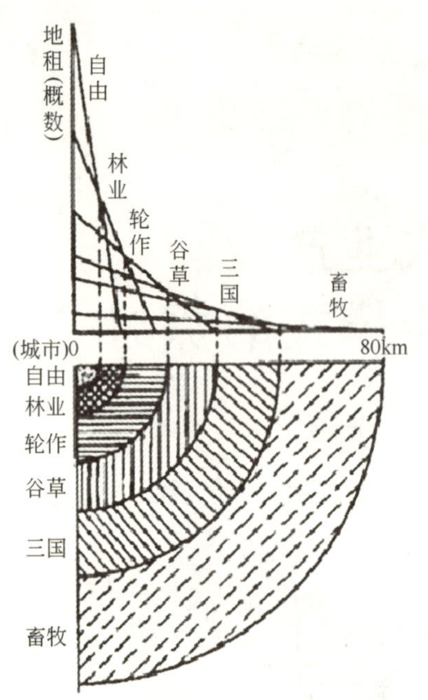

图 1　杜能圈形成机制与圈层结构示意图

图 2　北京市农业产业布局规划图
（资料来源：《北京都市农业——五个圈》）

特大城市周边农业产业圈层结构表　　**表 1**

农业圈层	区位交通	产业特征	生产特点	居民点布局特点
近郊圈层	紧邻中心城区，交通便捷	设施农业、体验农业、科普农业和精品农业	科技农业	居民点高度集中
中郊圈层	离中心城区较近，交通较便捷	种、养结合，多种经营，农产品的加工业和流通业比较发达	规模化、产业化，机械化程度较高	居民点适度集中
远郊圈层	离中心城区较远，交通较不便	特色农业、反季节农业、休闲农业、生态农业和生态林业	传统生产方式	居民点分散

1.2.1　近郊农业圈

该圈层近邻中心城区，分享中心城区人才、资金、技术、市场的优势，是未来城市化发展的主要地区。由于临近主城，属城乡结合地带，交通便捷、工业比较发达，优越的区位条件使得本区农村地区最有条件改变广大农村地区长期形成的自发式、分散经营的小农耕作方式，逐步形成适度集中的农村居民点布局模式。由于本区直接临近中心城区，其农业的改善生态、休闲旅游功能大于提供农产品功能，多以蔬菜、花卉、林果、草坪等绿色园艺产业为主，发展设施农业、体验农业、科普农业和精品农业。

1.2.2　中郊农业圈

该圈层位于近郊农业圈外围，主要是平原地区，是传统的农业生产区。受特大城的辐射影响，本区农业产业类别，既不同于传统农业，也有别于一般郊区农业，具有鲜明的都市农业特征，以规模化、产业化为主要特征，具体表现在农业产业化程度比较高，利用农村田园景观、资源生态及环境资源，结合种植业和养殖业的生产，融合农业经营、农村文化和农户生活，形成集商品生产、生态建设等功能为一体的市场化、产业化、集约化、科技化的现代农业产业生产模式。农户采取种、养结合方式，结合农副产品丰富的优势发展多种经营，农产品的加工业和流通业也比较发达。由于农业产业化和机械化的推广，农民在田地里的劳作时间减少，居民点可以适度集中，是农村城镇化的主要推进地区。

1.2.3　远郊农业圈

该圈层位于特大城市的远郊区。本区离中心城区较远，交通也不及近郊和中郊地区方便。一方面，利用其独特的自然资源条件发展旅游业；另一方面，发展特色农业、反季节农业、休闲农业、生态农业和生态林业，成为近郊、中郊农产品的补充。本区农业的另一大功能是其生态保障功能，由于特大城市规模比较大，面积普遍超过100平方公里，城市内部相对而言比较拥挤，环境质量较差，那么其外部的农业地域就不单是农业产业的生产空间，往往还兼有城市外围生态屏障的作用。《北京市农业产业布局研究》从环境保护和可持续发展的角度对北京农业的功能进行了科学定位，并提出“公益功能为主，兼顾经济功能的都市型农业引导第一产业发展”，为北京建设“宜居城市”服务的全新农业产业布局和发展的新思路。上海市提出以建立人与自然和谐的生态环境为出发点，强化农业生态功能，为市民营造“绿肺”。

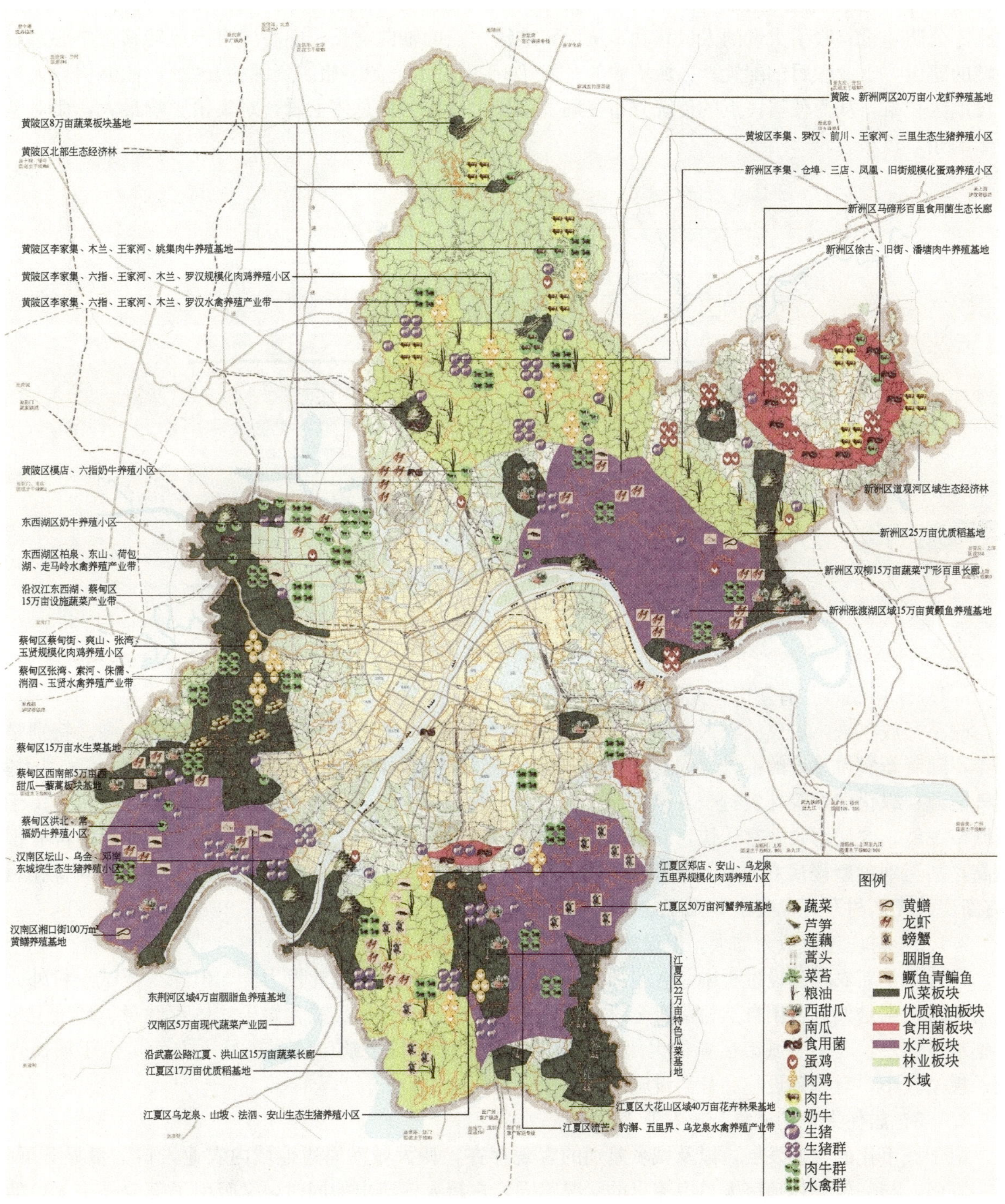

图3 武汉市农业产业布局规划图

2 特大城市周边农村居民点布局现状特征

2.1 居民点分布维系历史格局，但受重大工程影响较大

农村人口集聚场所一般分为集镇、中心村、基层村，分别是传统的乡、生产大队及生产小队所在地。尽管特大城市周边农村的生活条件有了很大的变化，由于农业生产力所限，特别是生活方式进步缓慢，村落的分布大体上依旧维系历史格局。从历史过程看，村落分布受自然地理条件的影响最大，如平原地区多为均衡分散型；谷地、盆地多为点状、线状密集型；丘陵、山地为陇串球状分散型(图 4)。由于特大城市周边地域重大基础设施布局相对集中，其对村落分布的影响较一般地区要大得多。如港口、铁路、公路建设，吸引大量的人口移动，从而影响居民点的轴向增长；中心城市产业转移；中心镇、卫星城的建设，工业项目的配置；区域资源的开发(如矿山、水资源、旅游资源的开发)，能够引导人口向建设地区积聚，从而使居民点的传统分布格局发生较大变化。从总体上看，对集镇影响最大，而对基层村影响相对较小。

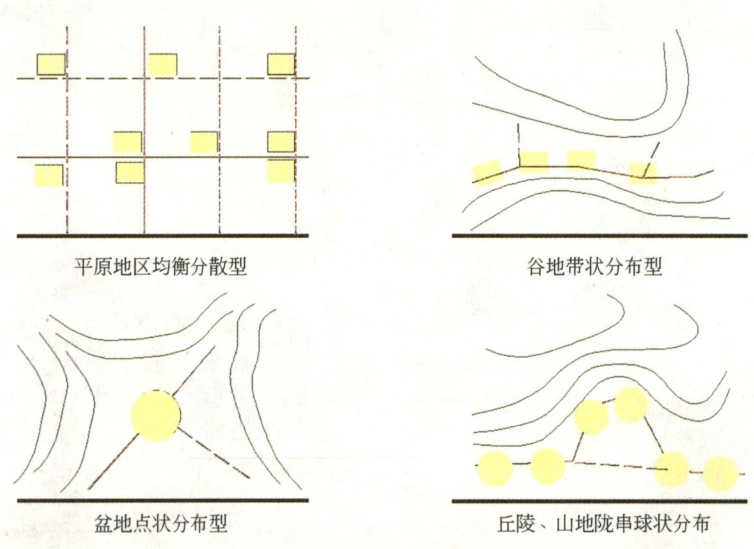

图 4 农村居民点布局模式

2.1.1 居民点“有新房，无新村”，布局缺乏规划引导

改革开放以来，农民的收入有了大幅提高，20 世纪 90 年代末至今出现了村民建房高潮。特别是近几年，随着新农村建设的推进，农村的基础设施建设力度加大，道路、自来水、电力、通信、卫生室、沼气能源、绿化建设等在农村全方位展开。相对于一般农村地区而言，在特大城市周边的农村，由于依托城市发展，农民增收致富较快，农村地区不仅建房多以楼房为主，而且建筑质量和装修标准都有很大提高，甚至别墅型楼房在农村也不鲜见。但是，由于缺少规划布局的引导，农村房屋布局比较随意，“有新房，无新村”现象突出，无序建设较为普遍。

2.1.2 村庄建设投入加大，但设施水平依然偏低

在近几年新农村建设过程中，普遍加大了对基础设施和社会设施建设力度，但除少数试点村外，多数居民村特别是偏远贫困自然村落资金投入依然不足，饮水、通信、文化娱乐、体育健身、环境卫生等设施水平较差，与中心城市反差很大。究其原因，一方面是资金缺口较大；另一方面，由于居民点分散，规模较小，对基础设施和社会设施建设形成一定的制约。

2.1.3 居住人员构成复杂，农业人口数量锐减

由于城市化的快速发展，以及城乡差别的客观存在，特大城市周边地域内农业人口数量显著下降，另一方面，与一般农村地区人口净流出的状况不同，户籍人口流出的同时，又吸引了部分外来人口的流入，从而使得人口构成复杂化。与之对应，农村的收入来源也呈多样化的特征，表现为农业生产收入不

再是惟一来源，甚至不是主要来源。

2.1.4 居民点用地粗放，土地集约利用程度低

农村居民点占地面积大，与城市相比，粗放低效特征十分明显。大城市周边农村居民区的人均用地面积为在 200m^2/人，超过国家规定的 150m^2/人的上限，节约集约的空间十分巨大。与此同时，由于交通设施以及其他重大基础设施建设的影响，集镇、村落变迁，从而导致产生了闲置地和废弃的老宅基地；外出务工形成的候鸟式往返，使农村房屋在春节和农忙以外长期空闲，同样形成浪费。此外，一户多宅，建新不拆旧的现象也较普遍。尽管宅基地管理政策制定较严格，但在实际工作中却执行不到位。疏于管理的一个重要原因就是 2001 年税费改革后，农村建房不再征收费用，从而失去了加强管理的动力。

2.1.5 居民点与产业布局联系不紧，迁并工作难度较大

土地是不可再生的宝贵资源，在城市化过程中，建设用地不断增加是客观要求，但建设又必须节约集约用地。目前，特大城市与周边农村居民点建设还没有进入到规划调控的良好运行轨道，产业发展水平和产业空间布局状况对居民点分布的影响还没有有效地显现，迁村并点、土地整理的困难不少，力度不大，效果也没有很好地反映出来。

3 特大城市周边农村居民点布局模式

3.1 城市社区型

这一类型主要适用于特大城市近郊区。该地区是中心城向外拓展的前沿，是城镇化的潜在区域。产业发展以城市绿地，蔬菜种植，农产品加工，交易会展为主要特征；而人口特征则是户籍农业人口和大量外来人口并存。该地区农村居民点建设要以城市社区为目标，对现有村庄进行改造建设。建设规模既要考虑户籍人口的迁并，更要考虑外来流动人口租住的需要。在基础设施、社会设施布局方面，参考社区建设标准。用地布局要为加工业发展留有余地。建筑可以多层为主，既节约用地，又形成区别于传统农村的新面貌。在把村庄改造为社区型聚落的过程中，要着眼未来，作好与城市规划的衔接，避免今后成为城中村带来新的问题。

3.2 集中归并型

这一类型主要适用于特大城市中郊区。该地域产业以都市农业为主体，人口主要是本地居民，外来人口所占比例不高且有部分人口外出进城务工经商。在都市农业发展的背景下，人们的生产活动范围得以扩大，日出日落的劳息习惯已有改观，具备了村落集并的现实条件。加上经济发展水平的提高，迁并的经济基础也初具规模。对该类型应在保持农村居民点特质的基础上，根据新农村建设的需要，对一定区域内的自然村落进行迁并，形成具有一定规模的居民点，有利于基础设施、社会设施的布局，有利于打造良好的村容村貌，有利于提高村落生活品质。在“集中归并”实施过程中，要将村落的归并与产业发展结合起来，通过集中迁建，提高土地利用率，为产业与居住释放空间。在选择具体归并村落时，要考虑历史基础、自然条件、产业发展现状与前景等因素，既能够以产业为基础，使居民点结合产业发展，也可以依据居民点来拓展产业用地空间。与之对应，在地域空间上表现为异地新建和老村扩建两种方式。无论是采取哪种方式，都要根据相关标准，制定布局规划。对于确定“迁”的村落，要科学确定迁并的时序，在拆迁完成后，应做好土地复垦工作，从而将节约集约用地落到实处。此外，在特大城市外围部分地区，如山区或经济落后地区，为改变农村居民点规模小、分布散、建设成本高的问题，也往往采取这种方式将落后村落予以搬迁。

3.3 整理完善型

这一类型主要是在特大城市外围远郊地区。该地域产业发展以种植业或生态维育为主体，人口密度不高，分布相对分散，外来人口较少，经济发展水平较低，村落呈自然分布状态。虽然在建设方面投入不多，但由于人口和经济环境压力不大，破坏较少，生产生活较为有序。针对这一状况，农村居民点布

局应更多地尊重现有格局，以整理完善为主，重点放在适当改善基本的生活设施方面，在未来村落人口与环境压力增大及经济条件提高时，逐步向“集中归并型”模式过渡。

3.4 特色营造型

这一类型是指在特大城市周边，选择部分村落，通过一定的措施引导，将其建设成为特色村。具体地说，将某些历史遗存丰富，民俗特色突出的村落打造成“历史名村”；将旅游资源和景观条件好的村落打造成“旅游村”；围绕都市农业，建设一批“产业特色村”、“休闲度假村”。这类特色营造型村落是特大城市周边农村居民点的一亮点，其建设应纳入居民体系布局，统一谋划，使之根植于区域发展的沃土，焕发勃勃生机。

参考文献

[1] (德)约翰·冯·杜能. 吴衡康译. 孤立国同农业和国民经济的关系 [M]. 北京：商务印书馆，1986.

[2] 杨建锟. 农村居民点布局有关问题的几点思考. [J] 南方国土资源，2007，10.

[3] 仇保兴. 生态文明时代乡村建设的基本对策. [J] 城市规划. 2008，04.

[4] 赵婴荣，李胜. 大城市郊区生态农业建设规划研究——以北京市怀柔县为例 [J]. 农业环境与发展，2002，01.

[5] 赵信一，赵振超. 北京都市农业——五个圈. 区域经济周刊，2007-2-26. http：//www.bbtnews.com.cn/area/channel/political14528.shtml

[6] 邓旭，江奉新. 以板块发展深化广州农业三个圈层布局. 南方农村，2004(1). http：//d.wanfangdata.com.cn/Periodical_nfnc200401013.aspx

注：原文刊载于《城市规划学刊》2009年增刊。

对我国住宅合理密度的初探

杨松筠[1]　陈韦[2]

（1. 武汉市规划局；2. 武汉市城市规划设计研究院）

1　前言

随着改革开放的深入和社会经济的发展，我国住宅建设水平不断提高，人们对住宅的要求从解决有无问题到解决面积的大小问题；从寻求内部功能合理到外部空间环境的美化优化；历经不断升华的发展过程，主流是健康的。然而，在当前住宅建设中也还存在着两种不良的倾向。一种是追求“高密度”高容积率、高出房率使居住环境效益恶化的功利主义倾向。另一种是打着“低密度”旗号向自然风景区生态环境优美的绿地渗透，大建别墅山庄导致生态环境严重破坏大量浪费国土资源。我国人多地少，城市化水平不高，人民生活水平较低，如何全面正确地导向解决以上不良倾向，以求达到经济效益，环境效益，社会效益的统一的可持续发展，对不同地区、不同条件、不同的住宅类型，提出“合理密度”的指标体系，使其规范化、法制化做到有法可依，是当前的住宅建设中的关键问题。解决这个问题必须从两方面入手，首先从政策上把好土地资源关，从国土资源的合理利用和从国情出发，节约用地是我国长远的基本国策。最近，国土资源部出台的政策指出“严格控制土地供应总量，特别是住宅写字楼用地的供应，优化土地供应布局和结构，防止楼市动荡带来的风险，停止别墅用地供应”，其意义十分重大，使规划、设计、开发从政策上明确了节约用地的大方向。另一方面是从技术角度和学术层面开展科研活动，在理论上，技术上探讨不同类型的“合理密度”以及在住宅建设实践中验证，使指标体系规范化、法制化，使规划、设计、开发、管理部门都有法可依。下面就住宅密度以及应用范围谈一点体会。

2　不同类型住宅，在不同地段，不同条件有不同的合理密度

在住宅建设实践中，不同地段、不同情况、不同住宅类型、不同的布局都会产生不同的密度。究竟产生了那些密度，其定义和含义是什么？它们之间关系是什么？怎样算高密度，怎样算低密度？它们和居住环境、布局的合理性、人们的行为和心理上感受的舒适感有哪些内在联系？是不是所有“高密度”一定不好，“低密度”一定都好，如何把握，如何评价和界定都是一个非常值得探讨的问题。

2.1　在居住区规划设计中常见的几种密度指标及其含义

密度的含义，通常是指单位面积(或单位体积)中某种介质量的大小。在住宅建设和居住区规划和设计常见的密度有：人口毛密度，人口净密度，住宅面积毛密度，住宅面积净密度，居住建筑面积(毛)密度，住宅建筑净密度，建筑密度等它们之间均存在内在联系和一定函数关系。

(1) 人口毛密度——居住总人数/居住总用地

(2) 人口净密度——居住总人数/住宅总用地

(3) 住宅面积毛密度——住宅建筑总面积/居住区总用地

(4) 住宅面积净密度——住宅建筑总面积/住宅总用地(即容积率)

(5) 居住建筑面积(毛)密度——总建筑面积/居住区总用地

(6) 住宅建筑净密度——住宅建筑占地(基底面积)/住宅总用地

(7) 总建筑密度——总建筑占地面积/居住总用地

以上几个居住区规划设计中常用的密度，其中 4、6 的住宅面积净密度(即容积率)和住宅建筑净密

度(建筑密度)用得最多，也最重要。居住环境的好坏，除与居住空间的大小和功能布局的合理性与艺术性有关外，很重要的因素就是空间疏密程度和舒适感的量化，如何评价，除主要涉及人们的居住行为模式；住宅的空间设计；环境的心理要求；居住环境的美化和艺术创意；室外空间人工环境和自然环境的利用、控制、协调等等以外，“密度”是人们居住活动对室外空间要素心理上的美感和舒适感的重要指标。住宅建筑密度是衡量住宅建筑占地与住宅总用地之比，是平面二度空间上的疏密程度，密度高说明房屋的间距、空间、绿化及其他公共设施配套都很紧张。不同的住宅类型，随着密度的变化，人们感到满足居住生活行为和生理及心理方面的舒适感也是不同的。而住宅面积净密度(容积率)是住宅建筑总面积与住宅用地之比，总面积涉及建筑物高度、层数三度空间衡量环境质量和舒适感评价的主要指标。也反映土地利用强度和开发强度的大小。相同的建筑密度，由于住宅的层数和高度不同，人们对环境的感受和心理反映是截然不同的，高层建筑就给人以压抑感，而多层也许还可以接受。这说明不同类型住宅对密度的大小各有其人们心理承受的“度”超过了“度”人们就感到不舒服，心理上有压抑感。反之，某些低层建筑尽管建筑密度稍大一点，由于布局得当，人们尚可以接纳，而高层建筑建筑密度大一点人们就受不了，这正说明不同类型住宅，其密度大小给人们的空间疏密感受是截然不同的。也说明不同的类型住宅有其不同的“合理密度”值域。不能一味追求“高密度”容积率和出房率，过分强调物质生活的功能需要，要注意到人们对空间心理上的感受，以及是否舒适等精神生活上的功能需求。如对阳光、通风、绿化、社交活动、公共活动、体育运动等活动空间的需求是同等重要的。在住宅多元化的今天不可能设想单一的住宅类型和单一的密度解决居住问题，因其所在环境是不同的，同时在规划设计上是千变万化的，但万变不离其宗，都要满足人们居住空间的物质功能和精神文化、心理需求等诸方面的要求。实践中较大的居住区，可以有不同的住宅类型所组成，不同大小的空间，如疏密有致的居住生活空间，生态绿化园林空间，文化、教育、娱乐、体育活动空间、商业公共服务空间等。因此，提倡合理密度的规划设计、开发也就是合理利用国土资源，保护生态环境、可持续性发展的具体表现，最后达到使环境效益、社会效益、经济效益统一。它是一种“以人为本，环境为根”住宅理念的必然产物。而把密度绝对化，离开人们的物质和精神需求去追求高密度或低密度，其结果只会走向功利主义的极端，对人和环境都会带来极大的危害。

2.2 不同类型住宅有不同的合理密度值域

对不同类型住宅、不同层数、不同的容积率，产生不同的住宅建筑占地面积(万 m^2)，假定用地面积为 10 公顷，以纵坐标表示住宅占地面积与住宅总用地之比，也可视为住宅建筑净密度，即通常称的建筑密度(图 1)

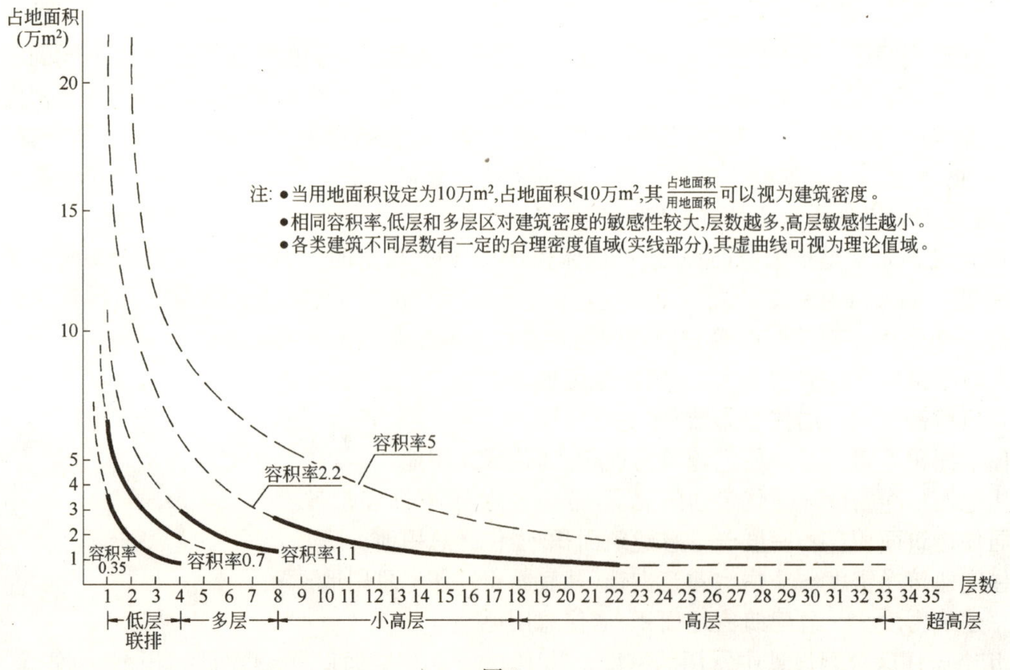

图 1

从图一分析，可以得到建筑层数与相应建筑密度的关系特征和变化规律及不同层数不同容积率，其建筑密度的合理值域的关系如下：

建筑层数与建筑密度关系 **表 1**

层　数	建筑密度关系的特点
低　层	相同容积率，层数越少，建筑密度越大，占地面积越多；容积率增加，占地面积明显增加
多　层	层数越少，占地面积越大，建筑密度越大，容积率增加，占地面积增加仅次于低层
小高层	9～17 层建筑占地面积随层数变化而变化，层数越少，占地越大；层数越多，占地越小
高　层	18 层以上，占地面积变化不大，不显著

积率与建筑密度关系 **表 2**

容积率	层　　数	建筑密度
0.35	低层(1～3.5 层，其中别墅 1～3 层，联排 2～3.5 层)	12%～35%
1.1	多层(4～7 层)	15%～25%
2.2	小高层(8～17 层)	7%～18%
2.2	高层(18～33 层)	6%～15%
5	控制在 15 层以上，甚至可做超高层 34 层以上	12%～23%

3　不同类型住宅、不同条件、建筑密度和容积率的不同的适用范围

从图一的分析，容积率和建筑密度主要是衡量住宅在三度空间和二度空间，建筑面积和建筑占地面积疏密程度在用地面积中的两个重要量化指标，在实际应用上不同类型住宅应区别对待。首先，是二度空间建筑的占地与住宅总用地的比例，低层建筑有其合理的密度值域，同时高层建筑也有合理密度值域。两者不能等同对待。低层密度可以相对大些，但也不能超过规划中其他制约因素的允许范围。多层建筑密度可以相对小些，高层建筑密度就更小。其次，是受三度空间考虑到建筑的高度、层数，住宅建筑总面积(容积率)的因素制约，相同的建筑密度其空间感受大不一样，低层建筑群建筑密度为 35%，甚至 50%只要处理得当人们尚可以接受，而高层建筑超过 10%～15%，就开始给人们产生压抑感，人们对密度的敏感程度已从平面上的疏密感发展到空间上体型体量上的疏密感，给人们的敏感程度呈几何级数变化。第三，人们心理接纳和承受能力因素的制约，是个实践经验中归纳出来的，和人们的生活水平，习惯，住宅类型及审美观，以及地区环境气候特征分不开的。如低层建筑中低层高密度建筑如果控制在建筑密度为 50%以内规划布置得当也还是可以接受的，实践中的天井式、围合式、里弄式的建筑密度大体均在 50%左右，甚至还大于 50%的都有。一般讲层数多一点，密度就要小一点，层数低一点，密度可以大一点。具体的合理值域要因地制宜、区别对待。(图 2、图 3、图 4、图 5)。第四，是居住用地中，受其他规划用地因素的制约，如房前屋后的合理间距，视地理纬度、日照、通风、间距、地形坡度等不同而不同，公建配套设施配套用地齐全程度，道路交通用地，环境绿化用地等其他用地，实践证明一般规律及四种用地要至少占总居住用地的 50%以上。因此，当居住用地中即使是低层住宅建筑密度大于 50%肯定是有问题的，它必然牺牲了其他功能用地的比例，从而就会量变到质变，影响环境质量。在某种意义上讲，高层建筑群的优势就在于相同容积率，其建筑密度小，空间感稀疏，安排其他用地比较宽裕，总的感觉较好。因此，对节约用地的潜力也就更大。第五，由于城市规划、城市设计建筑艺术等特殊要求，对一个特大城市、商务中心区 CBD 或城市景观和艺术性标志性建筑等特殊地段的需要，其建筑层数一般为高层、超高层。建筑密度和容积率都比非中心区要高得多。不同类型住宅、不同层数、不同容积率其密度变化和合理值域大至见下图。(图 6，图 7)。

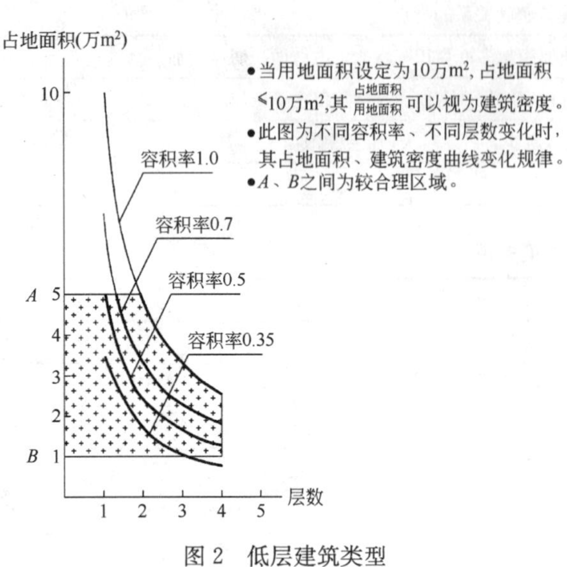

图 2 低层建筑类型

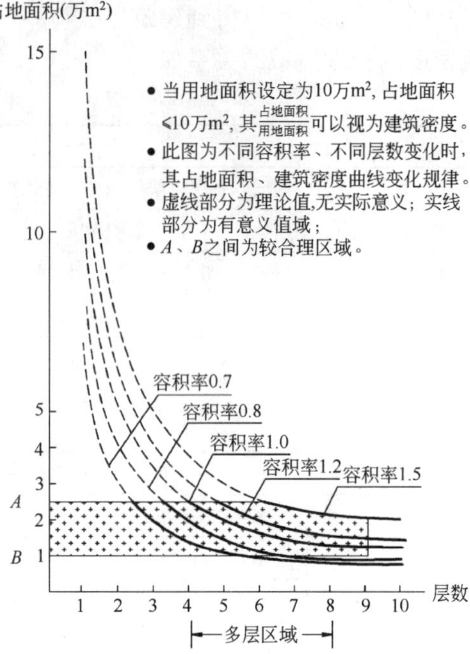

图 3 多层建筑类型

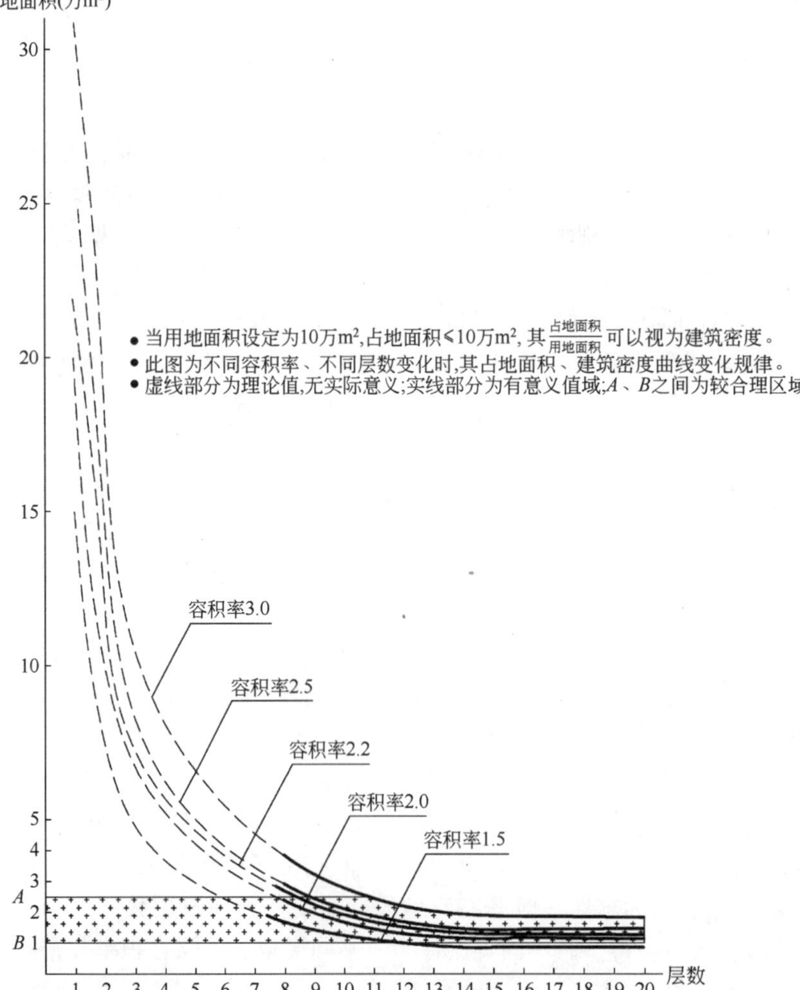

图 4 小高层建筑类型

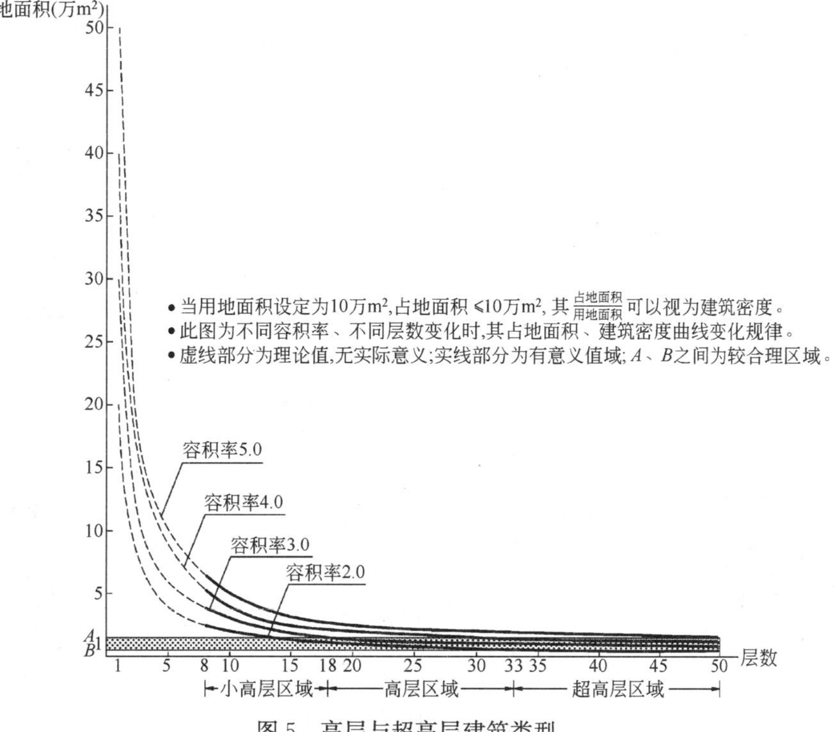

图 5 高层与超高层建筑类型

各类住宅建筑的不同建筑合理密度应在以下范围内较为合理：

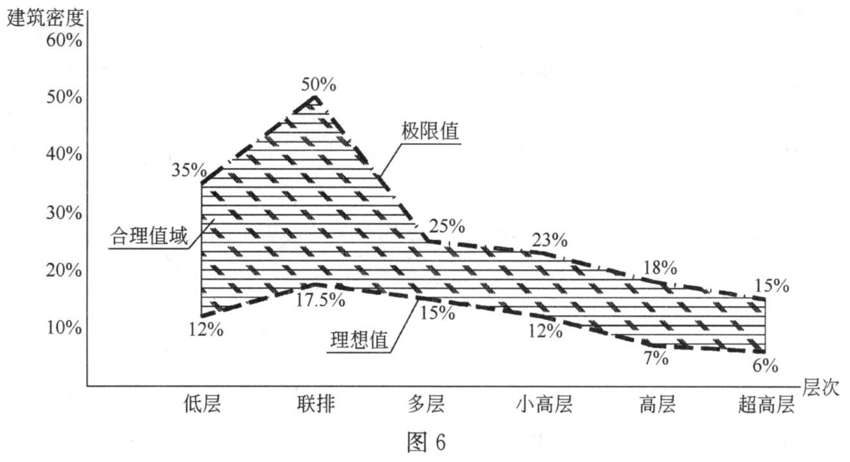

图 6

各类住宅建筑的不同建筑合理容积率应在以下范围内较为合理：

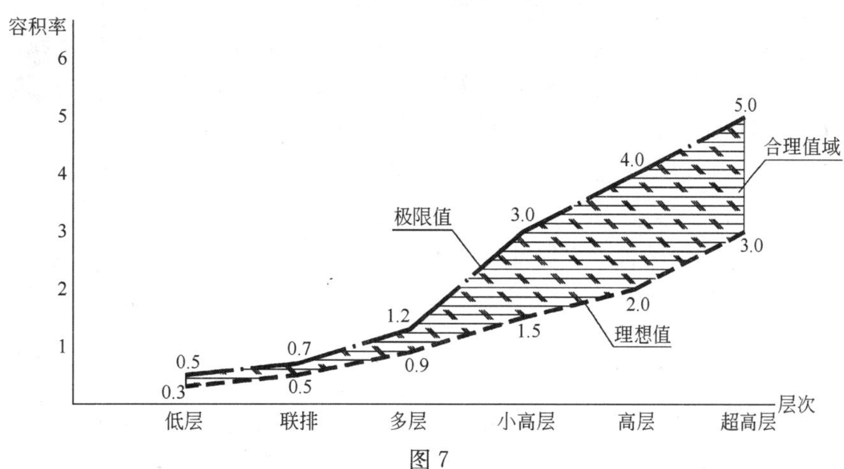

图 7

不同类型建筑容积率及建筑密度合理值域

表3

建筑类型	容 积 率	曲 线
低层建筑	0.35、0.5、0.7、1.0	以12%～35%为宜
联排建筑	0.35、0.5、0.7、1.0	以17.5%～50%为宜
多层建筑	0.7、0.8、0.9、1.0、1.2、1.5	以15%～25%为宜
小高层建筑	1.5、2.0、2.2、2.5、3.0	以10%～23%为宜
高层建筑	2.0、3.0、4.0、5.0	以7%～18%为宜
超高层建筑	3.0、4.0、5.0	以6%～15%为宜

综合各类住宅建筑类型不同，合理建筑密度和合理容积率应控制在图6，图7范围内较为合理。

4 结论

(1) 由于住宅类型各有其特点和多元化客观存在的必要条件，因此，不同生活水平，不同居住环境，不同的容积率，不同的层数，都有其不同的合理建筑密度值域。在实际应用上要因地制宜，区别对待，关键是确保居住环境空间疏密程度，要满足视觉、心理、绿化、公建配套、道路用地与居住用地等要求，使其各得其所，都有各自相对的合理密度范围与其对应。不存在密度的“高”与“低”的绝对化概念。

(2) 提倡“合理密度”概念，防止从一个极端走向另一个极端。或以一个极端反对另一种极端的片面观点，从实践和理论中找出合理密度的内在关系和合理值域。经过权威部门论证，突出不同类型住宅的合理建筑密度和容积率使之形成法规化的量化指标以便在规划、设计、开发、管理上共同遵守，是当务之急。

(3) 建筑密度和住宅面积净密度(容积率)是衡量居住环境质量的两个重要指标，建筑密度是住宅建筑基底面积与住宅用地面积之比，是表示住宅用地平面二度空间的疏密程度。涉及居住行为模式，住宅的空间设计、环境的心理要求多因素的环境指标。而容积率是住宅用地三度空间疏密程度和环境质量指标。不同的情况因地制宜，辩证对待、不同的容积率，不同的住宅类型，都有其合理的建筑密度，关键是找到其合理的对应值域。它是建筑密度量化控制性指标，如再加上合理的空间布局就能得到更合理更理想的居住环境。

(4)“合理密度”的制定涉及心理因素，主观对空间的疏密程度的感受有生活水平标准，有环境美化优化艺术因素，也有空间设计布局等因素，以及人们居住行为模式因素。并非纯理论推导和推测。还要经实践经验合理数据中归纳和总结，必须有一个从实践——理论——实践印证的过程。最终还是要经受住实践的检验。

(5) 住宅的“高”“低”密度之争所导致的结果必然是回归到以高层住宅建筑为主和低层建筑为主的老问题。对现代城市的空间发展，高层建筑无疑可以提高土地利用率和城市综合水平，丰富城市景观都有好处，但强调过分走向极端就会牺牲环境效益而走向反面。同理，过分强调低层住宅建筑，虽然在近期节约投资、节能能源、使建筑与自然环境协调和有机结合方面有其一定的优势，对节约用地是极为不利。其实，高层建筑与低层建筑的优缺点是互补的，关键是实践中如何运用，就我国国情人多地少，对特大城市、大城市要节约用地集中建设充分利用现代化设施，中心地段建设高层建筑也无可非议。而对广大中小城市，既要节约用地、节约能源、减少投资、则应以多层建筑为主。对一些历史文化名城，风景区和名胜古迹的附近，则以低层建筑为主，使其与周围环境协调。从住宅建筑的多元化角度不同类型的住宅建筑都有其存在的必要。往往在实践中都是采取不同类型相结合，相级配。如高层和多层的结合、多层与低层的结合、高低层结合等以保证合理密度创造共享空间，改善和提高环境质量。关键是因地制宜，把握好度的问题，绝不能由一个极端走向另一个极端。要辩证统一地对待住宅的合理密度，才是实事求是和科学的、正确的。

(附表一)不同住宅类型的应用范围

(附表二)规划设计指标实例，从实践说明全国获奖小区的密度指标与本文分析建议的“合理密度”值域范围以内环境效益都较好。

附表一

不同住宅类型的应用范围

建筑类型	建筑层数	用地面积指数	常用建筑密度	常用容积率	适用地段	适用地形	用地要求	基础	结构	节能	节地	抗震	设备配套	环境效果	经济效果
低层（含联排）	1～3.5	8	12～35% 17.5～50%	0.3～0.5 0.5～0.7	郊区、近郊区历史文化名城，层数敏感地区	多种地形<30°坡度	要求不高	天然	砖石 砖混 框架	节能	不节地	要求不高	要求一般	田园化、独院、联排别墅	投资少
多层	4～7	4	15～25%	0.9～1.3	中小城市或大城市边沿居住区	多种地形<20°坡度	稍有要求	天然 人工	砖混 框架	较节能	较节地	次高	要求较高	各种生态花园小区	投资较大
小高层	8～17	2	12～23%	1.5～3.0	大城市旧城区	<10°坡度	较高	人工	框架 框剪	不节能	节地	高	要求较高	旧城改造拆迁量大	投资大
高层	18～33	1	7～18%	2.0～4.0	大城市中心区	<5°坡度	高	人工	框架筒体 钢结构	不节能	节地	特高	要求高	中心城区主干道	投资大
超高层	34层以上	<1	6～15%	3.0～5.0	特大城市、市中心、特殊景观规划要求	特殊要求	特高	特殊	钢结构	不节能	节地	特高	要求高	特殊地段景观、标志性建筑	投资特大

附表二

规划设计指标实例

编号	地点	名称	用地规模（公顷）	建设规模（万 m²）	建筑密度（%）	层数	容积率（住宅面积/住宅用地面积）	环境效益	获奖情况
1	武汉	常青花园	27.52	30.85	23.56	多层	1.25	优	全国试点小区金奖
2	上海	万里小区	224.00	215.00	28%	多层	2.3	优	上海生态绿化示范小区奖
3	上海	漓江山水	24.26	10.98	17.80	多层80% 高层20%	0.96	优	全国试点小区（奖）
4	上海	文化佳园	10.47	15.00	20.00	高多层低层	0.58	优	全国试点小区（奖）
5	上海	祥和名邸	11.79	20.38	16.20	高层	1.43	优	全国试点小区（奖）
6	上海	华升新苑	4.30	10.98	16.30	高层	1.73	优	全国试点小区（奖）
7	青岛	银都果园	5.30	5.05	21.80	低层	2.34	优	全国试点小区（奖）
8	北京	北潞春	15.00	17.76		多层	0.95	优	全国试点小区（奖）
9	广州	奥林匹克花园	16.60	25.00	22%	多层	1.18	优	全国试点小区（金奖）
10	北京	望景新城A2	23.30	27.55	16.90	多、高层	1.18	优	全国阳光健身工程奖
11	成都	清华坊	7.00	5.70	27	低层	0.32	优	建成不到一年未评

注：原文刊载于《城市规划》2005年第3期。

公众参与城市规划的兴起与发展

刘奇志

（武汉市城市规划设计研究院）

提　要：本文综述了公众参与城市规划的兴起与发展，着重辨析几个关键概念，介绍公众参与城市规划在不同国体及规划阶段中所采取的主要形式与手段，概要地总结了几条国外经验，供开展中国的公众参与规划活动参考。

公众参与城市规划（以下简称“公众参与规划”）是近20多年来对西方国家城市规划影响极大的一项活动，在有影响的各次国际建筑师会议的报告中都有呼吁公众参与规划之词，在《马丘比丘宪章》中，更是明确指出：“城市规划必须建立在各专业设计人，城市居民以及公众和领导人之间的、系统的、不断的、互相配合的基础上”。可见，公众参与已成为许多国家城市规划中不可缺少的重要内容。

公众参与规划（Public Participation in Plan）其实质就是通过一定的方法与程序让众多的城市成员能够参加到那些与他们的生活环境息息相关的政策和规划的制定及决策过程中去。由于不同作者的偏重，类似的提法还有“市民参与”（Citizen Participation）、“公民参与”（Civic Participation），“社区参与”（Community Participation）、“人民参与”（Popular Participation）、“地方参与”（Local Participation）、“居民参与”（Resident Participation）、“村民参与”（Village Participation）等，所有这些词都来源于管理学的“参与”及“介入”（involement），其基本含义是指：“在群体活动中，允许成员对活动的目的、责任、方法等发展自己的意见，并以行为对其施加影响”。延伸使用之后，“公民参与”重在公民权利，多用于政治、法律方面，“社会参与”则多用于社会学，“村民参与”多用于农村，“居民参与”多用于解决与居民直接相关的事务，常见于建设活动之中，“市民参与”所强调的是本市居民的参与活动，而“公众参与”则是指除直接人事某项事业以外的其他人参与到该事业中来，这一概念最适合于城市规划行业。因为来参与规划的人，既无需局限于本市、也不限于非技术人员，更不局限于普通市民，无论是谁，只要他（她）能对城市规划的编制与执行能有所帮助，都可以参与规划。

1　公众参与规划的兴起

城市，这一人类聚居地，自其诞生之日起，无论是作为集市，还是作为城堡，都无不体现着人的意愿，千百年来，尽管在某一时期，城市可能为个别人、个别团体意愿所左右，但其最终体现的还是公众的意愿和智慧。

20世纪初以来，城市规划作为一门“科学技术”出现以后，其所描绘的城市蓝图就开始逐步远离了“公众意愿”，并不自觉地烙上了技术的痕迹，功能分区明确、布局整齐合理、建筑物的宏伟气派成了其所追求的最高理想，而且，愈演愈烈，到20世纪40～50年代达到了顶峰状态。

“二战”后，西方各国为维持其在国际中的地位，使自己的国家从战争的废墟中迅速复兴，纷纷将注意力集中到国内建设上来；饱受战乱之苦的善良人们也因胜利而产生了希望，他们希望能用自己的双手抹去战争所留下的创伤，建设美好的家园，且借此扫除工业革命所带来的种种社会弊端。于是，借着战时的威望，国家制定了强制性的城镇规划；凭着国家投资、银行贷款，建筑业在众多国家成了重要的国民经济支柱。当时，在西方建筑界占统治地位的现代建筑理论顿时有了一展宏图的市场，整个世界由战场变成了施工场，成片的废墟被清除、大量的贫民窟被推倒，万丈高楼平地起、百座新城油然生。世界在一派轰轰烈烈、蒸蒸日上的建设声中度过了“难忘的”公元20世纪的40～50年代。

进入60年代，西方各国携50年代之勇，也曾有过几天红火日，但不久就开始不得不感叹好景不常在了。那些被战争和建设所掩盖了的社会矛盾日益激化，爆发了大规模的各种社会运动，政治家们不得不忙于应付这些棘手的政治事务，昔日的建设热情逐渐低落了；与此同时，各种城市问题不断涌现，城市建设危机四起，一时间，怨声载道。人们纷纷认识到战后的大兴土木并未能真正为大众着想，不过是那些政治家们为了个人目的而急急忙忙地把人们塞进那些为政治家装点门面的笼子里去，完全是在把一种纯理性、企业性的、经纪人的观念强加在人们的精神上。人们建设理想家园的希望破灭了，对政治家的厚望也丧失了，再加之通信革命、信息传递迅速化又使得人们对世界、国家尤其是本地事务的进程也了如指掌，传统代议制的根基已遭动摇，公众完全可以且有权过问那些与自己切身利益密切相关的各种事务，统治阶层为维持其领导地位，也开始在一些方面作出让步，于是，一场席卷世界的“参与”运动也就应运而生了。

这一“参与”运动自然也波及了建筑学术界，在建筑、规划领域公众参与的呼声越来越强。

尽管就总体而言，50年代仍是现代建筑理论一统天下的局面，大多数建筑师、规划师仍信奉“城市计划是一种基于长、宽、高三度空间……的科学”，“每个城市计划必须以专家所作的准确的研究为根据”(《雅典宪章》)。但是，一批年轻有为的建筑师，则在CIAM的十次会议上开始对此提出了质疑，他们认为：“一个真正负责的建筑师，必须与人民交流思想，必须懂得明天的文化形态只能是群众参与的文化”，“城市建设也不仅是要建造住宅和公路或制订各种城市建设管理方面的法律和条例，它比它们的总和还多，这是一个活的过程，它将依靠那些组成社区的人们的愿望和爱好，并将这些愿望和爱好翻译成城市的物质形态”。这恰似给当时自高自大的建筑、规划师们开了一贴清醒剂，想把他们从孤芳自赏的小天地里拉到沸腾的生活中来。无奈他们毕竟太年轻、力量太单薄，他们的呼吁，在当时并未能发挥较大作用和产生更大影响。

到了60年代，面貌则大为改观。社会的动荡，建设速度的放慢，使得建筑师们有机会坐下来反思过去，构想未来。

简·雅可布斯(Jane Jacobs)以其《美国大城市的生与死》一书震惊建筑界，在书中，她精辟地阐述了美国城市建筑之弊端，呼吁人们应重新认识城市。她认为，正因为“有那么多具有不同趣味、技能、需要、来源及各种嗜好的人紧密地聚在一起，才有了大城市的多样化”。而且她明确指出：“城市规划设计师不应再去试图以艺术代替生活，而应当转向一种使艺术和生活同样崇高的战略思想”。在书的最后章节，她特别强调规划师当前“最主要的任务就是改变思想方法、改变工作方式，使人民群众能够自觉地、有效地参与到城市建设中来”。这一倡导无疑为公众参与规划运动的兴起起到了鸣锣开道的作用。

戈特曼(Goodman)在其颇具影响的名著《After the Planers》中倡导“游击队建筑”，直接反对建筑规划界的专业态度。他认为，建筑师、规划师要作为一名普遍公民，与人民一起生活和工作，而不要与高人一等的专业机构相联系。

凯文·林奇(Kavin Lych)则明确指出：“一个真正负责的城市设计师必须懂得满足全体市民的意愿与需求是现代城市设计观的核心，新的城市环境的创造，必须依仗有责任心的当局和全体市民的共同合作，必须依仗关注城市未来、深切理解市民需求，对发展及时做出富有创造性反应是城市设计师的艰辛工作”(《敷地计划》)。更为重要的是，他率领研究小组深入美国城市进行居民城市意象调研，借助于心理学、社会学的有关方法，通过有关试验了解、分析居民对城市的心理印象，从中归纳总结出了一系列城市设计原则，同时，也创造性地探索出一套居民城市心理意象调研法，为在公众与规划中规划师能更好地了解居民心理，作出更符合居民需要的规划提供了一套较为成熟的经验。

亚历山大则着力于新理论的研究，在他的名著《城市并非树形》中，他明确指出：“不能简单地用树形结构来考虑城市规划，城市是复杂的，是呈半网络结构的”。他认为人类历史上完整的城市与建筑环境不是简单地凭一张规划图，并把空间往框框里塞就能得到的，当然，更不是凭空想出来的，而是靠“长久以来潜移默化的相同文化背景，再加之相应的对建筑问题的处理方式，使得建造人虽仍能反映其独有的个性与需要，但却能默契地遵循并统一于某种共同的规律与格局之中”，要使得城市里的建筑既有共性又有个性，就只有靠生活在里面的人们一点一滴地长时期参与和累积塑造。他认为“由参与而造就的环境比之于由专家或行政人员所规划出来的环境更富有生活气息”。为使广大使用者能直接参与规划设计过程，了解运用解决规划设计构思时的一些常用技巧与方法，他还撰写了《模式语言》(A Pattarn Language)直接为公众参与规划设计起到了辅助手册的作用。

荷兰的约翰哈布瑞根教授(J. N. Ha-braken)认为，战后大量性住宅建设的失败不能归咎于工业化方法的应用，其真正的原因还在于把住户(使用者)完全排除在住宅建设的过程之外，只有建筑师一人作决定。为此，1965 年，他首次提出将住宅设计和建造分为两部分——支撑体(support)和可分体(detachable units)的设想。此后，该设想得到进一步充实、完善、发展成为 SAR 理论，至今，则已由住宅理论发展为群体规划的理论和方法，而其根本哲学出发点就是主张让居住者参与建设过程，其实质上已成为公司参与规划设计时的一种规划师与使用者之间共同工作、相互协调交流的工具。

瑞典著名建筑师和规划师劳尔夫・厄斯金(Ralph Erskine)则是一位实干家，他在 1968 年主持纽卡斯尔城的拜克住宅区规划设计时大胆尝试公众参与。为便于广泛接触住宅区的各种各样的人，进行有关调查研究，他把设计室搬到工作现场(他称之为建筑师临床试验室)，在深入了解了居民的要求及意愿后，修改了原市政当局的规划方案，对该地区进行了重新规划设计，这一修改后的方案得到了总建筑师的同意，也获得了市政当局的批准，建成后，居民们普遍都很满意，从而获得巨大成功。这一成功，同时也为公众参与规划这一活动作了一次很好的宣传。

60 年代，人们对政府的不信任，直接导致了“多元规划时代”的出现。在一个地区可以由不同机构(多于一个)提出众多的规划方案，于是，一些专业规划者根据某个组织、利益集团或社区的利益，与他们认真协商，仔细听取他们的意见，为他们作规划准备、规划方案及有关建议，以此来帮助那些利益受到损害，或在官方机构所提供的规划中没能很好体现他们利益的团体或利益集团。人们常称其为“倡导性规划(advocacy plan)”，其代表人物是约翰・沙拉特(John Sharratt)。他本是一名职业建筑师，后参加了一个由各方面的年轻人所组成的“城区规划援助会”，在其中从事倡导性规划工作；并因此而一举成名。事实上，他确做了不少有益的工作，例如，他先后为波士顿原已计划拆除的罗克斯伯里(Lower Roxbuxy)区的一个黑人社区及南区一个波多黎各人聚居区重作倡导性规划，他的方案不但在同样用地的条件下满足了更新计划所要求增加的新项目，而且还做到了居民原地搬迁，原有社区环境得以保留，深得各方好评。这种倡导性规划，实质上是一种偏重从公众利益出发来考虑问题的公众参与规划的办法。

类似的探索还有许多，在这众多先驱的不断探索及实践中，“公众参与规划”这一新生事物终于踏进了城市规划的“圣殿”。

1968 年 3 月，英国住房与地方政府部部长(The Minister of Housing and Local Government)采纳了规划顾问小组关于“应让更多的人参与规划过程中来”的建议，设立了由国会议员斯凯夫顿(Skeffton)任主席的“公众参与规划委员会”，专门负责研究有关“规划的公开性(Publicity)以及保证公众参与制订他们所在地区规划的最佳方法与途径”。1969 年 7 月，斯凯夫顿委员会正式提出了一份名为“人民与规划”(People and Planning)的报告，人们常简称之为“斯凯夫顿报告”(Skeffton Report)。该报告为当时正开展的公众参与规划活动及时提供了较好的政策及方法指导，事实上，也成了“公众参与”这一活动正式走上城市规划大舞台的里程碑。

斯凯夫顿报告就拟定规划过程中应如何让公众参与城市结构规划或局部地区规划较为详细地提出了九点建议：

(1) 尽可能采用各种方法随时把情况告诉规划区内的人们；

(2) 应公布一个公众参与规划、发表意见的时间表及将要请他们考虑的各种议题；

(3) 规划过程中应不断采纳公众意愿及选择；

(4) 地方规划部门应建立规划论坛；

(5) 应努力拓展规划的公开性；

(6) 应指派社区建设官(Community Development Officers)来保证能使那些来参加任何团体组织的人们也能来参与规划；

(7) 应当告诉公众，他们的哪些建议和意见已被接受，哪些东西不能接受，原因何在；

(8) 应鼓励公众以多种形式来参与规划；

(9) 应大力宣传有关规划的各种内容，并努力通过各种办法开展对广大公众的规划知识普及教育。

该报告同时还辅以作业流程来说明作业程序，大致内容是：宣布制订规划，规划人员实地调查(包括家庭访问、发调查表等)；收集数据，分析讨论，公布调查报告，确定规划目标；同时，提出不同的比较方案，在这个阶段，请公众审查规划方案，听取规划草案的说明，将这几个规划草案进行比较、讨论。在深入讨论、研究的基础上，选出一个较好的规划方案予以公布，城市结构规划需提请部长批准，如有人提出反对，则还需进行公众查询，然后定案。

2 公众参与规划的发展

世界各国的国情、政体各不相同，公众参与规划的态度也不尽相同，从而，使得公众参与规划这一活动在世界各地的发展也不一样。下面就几个具有代表性的国家的有关法律条文、规定以及在不同规划阶段所开展的参与活动作一介绍。

2.1 公众参与规划在美国

美国是一个对“参与”推崇备至的国度，早在林肯时代，就提出政策应是“民有、民治、民享”，政治及其他领域的参与活动由来已久，这自然也影响到城市规划。20世纪初，城市规划学科刚刚独立出来，在美国的一些城市，就已有一定程度的公众参与规划活动，如1909年，费城成立了住房协会，许多市民借此来参与住房及其规划的有关环节。而且，一些商会、工会等形式的公众组织也常直接参与城市规划。

美国是一个分权制的国家，政府机构采取联邦、州和地方政府的三级管理体制。而且，宪法修正案规定各州、城市有权视当地具体情况去制定相应的政策和策略，从而，使得公众参与规划这一活动发展至今出现了“百花齐放”的局面，市与市之间，不同层次的管理机构之间态度、做法都不一样，但毕竟是“大同小异”。

就城市而言，费城是一个代表，它在1943年就成立了市民议会(Citizens'Council)，以负责审查、协商、考虑有关费城的每一项重要规划提案，这个议会的工作主要按以下三个层次来进行。

(1) 在邻里这一级设立邻里改良协会(Neighbourhood Improvement Association)，该协会每月召开一次会议，着重讨论地方规划所涉及的有关问题或是新的市政改良提案，在这里，政府官员尤其是规划人员可深入了解到有关邻里居民意愿的第一手材料。

(2) 在较大地域组织(Larger Geographic-Area Organization)内，市民议会则采取“全镇会议”(Town Meeting)的方法来召集众多机构的代表参与规划，代表们直接听市长介绍有关全市改良活动的设想及步骤，听规划委员会主任概要说明该地区的有关规划方案，听众则可当面询问有关问题，通常，还有一些专门机构如水资源保护协会、健康协会等的委员们列席负责，就一些具体问题作出详细解答，以此来沟通联系。

(3) 涉及全市范围的，则采用顾问小组的形式来让公众参与，即请一市民代表同有关机构一起来编制规划，这些“顾问”主要负责就所制定的政策及不同方案提出代表公众意愿的见解和建议。

最近，他们又新设立了“规划代表会议制”，主要由来自全市各个市民机构及商会的代表们每月一次聚会在市政厅的市长接待室，就某一规划问题的各个方面展开讨论，以便能在一定深度上来认识问题，提出更为恰当的解决办法，这些问题包括费城的市政系统、图书馆网络、娱乐设施、新区划法规、快速干道的选线及进程安排以及各区的停车设施等。

就州一级而言，各州的总体规划(general plan)、功能规划(function plan)基本上都只有经过立法与行政两个层次的公众听证会后才能通过。而且，在呈报之前还需要在本州的主要报纸上刊登公布，并应将详细解释有关规划内容的宣传品、手册寄送各有关个人和团体。当然，在美国，日常规划管理中更通用的是区划(Zoniry)，但地方区划条例(Local Zoning Ordinances)中都规定应就有关事项发布公众通告(Public notice)、举行公众听证会。尤其是区划条例的修改，即使是很小地块使用功能的改变，也应如此，居民们则可在一定时间内将有关意见及评论递交规划负责人，至于时间的长短，则由各州自定。通常，在一个半月左右，如檩香山市即要求45天。

就联邦一级而言，对公众参与的要求却无市、州那么强烈，但并不等于没有。事实上，各专业部、署对公众参与的要求还是很高的，尤为突出的是美国住房与城市发展部(US Department of Housing and Urban Development)在其各种住房建设程序中，都要求有公众参与。其自1954年制定的住房建设法(Housing Opportunity Act)，1964年制定的经济机会法(Economic Opportunity Act)，到1966年新制定的示范城市及特大都市发展法(Demonstration Cities and Metropolitan Development Act)都始终贯彻着这一精神，尤其在1966年的法规中，明确提出了以下几点：

(1) 每个市民建设代理处(citizen develepment agency)必须达到一个公众参与规划的成绩标准，作为示范区所上报的规划必须注明在其中是如何开展公众参与活动的，否则不予批准；

(2) 应利用现有机构或设立新的专门机构来保证实现公众参与规划，这个机构的领导及成员都必须是深受邻里区居民所信赖的；

(3) 上述机构应充分掌握情况，并有一定的技术力量及足够的时间来开展工作；

(4) 从经济上考虑对参与规划的公众给予帮助或补偿，以保证参与工作的顺利进行；

(5) 应雇用邻里区的居民来帮助编制规划及其有关活动，以普及规划知识、培养人才。

1974年，其又提出了《住房建设与社区发展法》，更进一步从财政上对以往法案加以完善，其规定应保证对那些开展了公众参与规划活动的规划建设的资金申请予以优先考虑并提供奖励。

2.2 公众参与规划在英国

自20世纪初，英国在城市规划领域中一直处于世界领先地位，从霍华德的“田园城市”，到战后的新城运动等，在当时都享有盛誉。加上英国自上而下的集中管理体制，使得规划师们享有一定的特权，作为“规划技术人员”，他们可以毫不顾及公众及其他方面的种种看法，而凭自己的“专业知识”及主观愿望来自由发挥，描绘出一幅幅“美丽的蓝图”。

纵观英国的规划发展，在40～50年代，英国政府基本上对公众参与规划是持较保守看法的，倒是一些地方规划当局，对此持积极支持态度，他们经常开展以下有关活动：

(1) 开辟地方报纸专栏(Columns of the Local Press)，公布有关“不良邻里区”规划活动及申请的具体内容；

(2) 在地方法规中规定公众有权在当局决策之前向他们递交书面的请求或抗议；

(3) 利用大众传播网及有关手段发布规划信息，赋予公众基本的斟酌决定权；

(4) 所有有关规划许可证的申请书及其有关决策都立案备查，并向公众开放；

(5) 通过公众质询系统(the Public Inqniry System)，将发展规划方案的上报、审批及提交给审查机关的反对意见相联系；

(6) 固定并公布规划委员会的议事日程及内容安排，欢迎公众参与：

(7) 开展镇级规划，鼓励规划师同当地居民相合作；

(8) 有选择地召开公众听证会及选区会议，专题讨论规划问题；

(9) 提倡为有特殊利益及责任的地方组织举办系列报告会、讨论会，更深入地研究规划；

(10) 通过发放规划调查表来收集、征求公众对规划的意见和看法。

所有这些实践，就认识而言，多还停留在把其看做是完成规划的“催化剂”(catalyst)，把“参与”看成是一种“发布信息，改善关系，以便获得公众对规划高度评价的方法”这样一个层次上。但其毕竟已为公众参与开了一个好头，接下去自然会有“锦绣文章”。

1964年5月，住房建设部及地方当局都认识到应改革规划编制程序，提高规划民主性。于是，成立了规划顾问团来专题研究这一问题，以保证使规划体制既能作为执行城市规划政策的手段，又可作为公众参与规划过程的方法。后来，顾问团提出了一个“两级规划体系”，及不少建议。

1968年制定城乡规划法时，干脆就大量移植了规划顾问团的有关建议和构想。且在其白皮书中更进一步提出应让公众在规划制定阶段就参与进来，同规划师一起考虑有关规划事务，而且，规划方案应能最大限度地容纳来自各方面有影响的看法。

在准备规划法的同时，英国成立了凯夫顿委员会，从而有了前文所谈到的《人民与规划》报告。这份报告提出后，在英国规划界乃至在全世界的影响都极大，它的许多精神后来陆续被引入到其他重要报告及法律条文中去了。例如，1971年《城乡规划法》的第八节和第十二节都据此而来。

发展至今，在英国，公众参与规划已形成一套完整体系，下面就根据其现有的有关法规概括地从其常用的发展规划(development plan)和发展控制(development control)这两个层次来加以介绍。

2.2.1 发展规划

在英国，发展规划主要分为结构规划和地方规划两部分。

当编制结构规划时，郡议会必须让公众知道，这可采取刊登广告、召集公众代表会议等方法来完成。在将规划方案呈报给国务大臣审批的同时，郡议会应公开规划，让公众及团体有时间将有关规划的反对意见递交给国务大臣，规划方案后应附有曾就此做过哪些公开活动的说明，国务大臣则须认真考虑所收到的每份反对意见，并召开主要由反对者与规范当局参加的公众审查会(examination in public)，协商、讨论，以达成双方的相互谅解，最后通过规划。

地方规划中要求实施公众参与的条款与结构规划中的差不多，仅在一些细节上略有改动。一般说来，地方规划所涉及的范围相对要窄一些，其无须呈交国务大臣审批，可由地方政府负责制定、实施。在这个过程中，地方政府应就规划直接进行公众质询或调查(public inquiry)，这种质询没有人员限制，是向所有人开放的，且提供任何有关提案。当然，这种地方规划的内容是不允许与结构规划中的有关条款相冲突的，而且，地方议会还须将规划副本呈送给部长，并在其中注明在此阶段是如何将规划方案及最终结果向公众公开的以及如何让公众参与规划的。

2.2.2 发展控制

在英国，过去较长一段时间里，发展规划的管理与控制是不邀请公众参与的，也不向公众公开。但随着近年来愈来愈多的人呼吁：应让公众参与所有的规划决策，日常规划管理控制中不允许公众参与的防线终于有所突破了，这主要体现在以下几个方面：

(1) 有危害性(noxions)的建设申请，以及建设污水泵站、大学或超过20m高的建筑的申请都必须刊登公告，允许公众在21天内向有关当局递交意见书；

(2) 任何建设许可证申请，只要规划当局认为将影响保护区的特征或风貌，影响已列入重要历史性建筑或特殊建筑名单上的建筑，就必须刊登公告、征求公众意见，期限21天；

(3) 当发展建设在一个教区内进行时，应将规划许可证申请递交教区行政团体(parish council)，允许他们在地方议会决策前的14天内对此进行征询、审查、提交有关意见书；

(4) 地方规划机构应将所有的规划申报及审批材料立案备查，并向公众开放供监察之用；

(5) 当一项规划申请被拒绝，或是其被硬塞有不能接受的条件时，必须为此召开地方质询会(local inquiry)，当地任何人都可参与审查。

总之，在英国，只要地方当局的决策影响到私人在其拥有土地上的权益时，就必须召开公众质询会来研讨反对意见。当然，最后拍板的还是行政当局。

2.3 公众参与规划在丹麦

现代城镇规划法规是1938年介绍进丹麦的，经过“二次大战”及其以后的实践，特别是1970年地方政府的改革，为规划立法的修改提供了行政框架，目前，丹麦已逐步建立了一套适合自己国情的规划体系，并将公众参与规划视为不可少的一个重要组成。较为引人注目的是其在区域规划阶段就有很大程度的公众参与，且正在卓有成效地实施中，以下着重介绍其区域规划5个阶段中的公众参与情况。

2.3.1 行政报告(Municipal Statements)

由行政当局就将要进行的区域规划有关内容提供一份公开报告，其主要以早期行政总体规划为基础，综述区域内存在的问题，虽然这主要是行政内部事务，但须通报公众。

2.3.2 多选择草案(Alternative Drafts)

为便于公众讨论，每个郡议会都应准备3～4个区域规划方案，这些方案之间，应尽可能在大方向上有所不同。目前大多是在城镇体系组织上采取不同手法，如一个方案是在大城市集中建设，另一方案则可能是在大量的小城镇，乃至乡村进行分散建设。较令郡议会及其规划人员头痛的是为这些方案所准备的有关报告，写起来往往会顾此失彼，且评论难免有失之偏颇之处，而且还要做到既通俗、又准确。

2.3.3 公众讨论(Public Debate)

这种讨论既可由郡议会组织，也可由地方行政当局或其他自愿组织的团体进行，主要就各个方案及其报告展开讨论。当然，各郡议会应向公众提供一份简洁、通俗的规划说明书，并直接送交各户户主。在讨论中，常借助于展览，配有幻灯片的演讲(Slide lectures)、资料电影、报纸广告、邮件及有关研究材料等手段来进行，且常开展一些辅助活动，如公众会议、公众议案竞赛、专题研究小组等。在有些郡有高达67％～75％的公众参与此类活动。

公众讨论之后，往往会留下许多有用的信息，但它们都散见于公众在会议上所阐述的有关看法及书面报告之中，且常是以地方问题为出发点来讨论区域规划的，这就需要规划人员及地方行政当局对此进行整理、研究、分析，并发掘其中有益的成分。

2.3.4 区域规划推荐方案(Proposed Rogiond Plans)

由郡议会根据公众讨论的意见以及来自各党派、团体的看法，综合各方案的长处，最后编制出一个推荐方案上报审批。

2.3.5 区域规划的批准

在此阶段，公众及有关人员还可就推荐方案提出不同意见，这些不同意见以及郡议会的评语须与推荐方案一起呈报环境部，由该部部长负责审批。在审批之前，还可举办郡议会与公众间的对话协商会，通常，只有在各方意见基本一致后，部长才会批准通过，区域规划也才正式生效、执行。

3 总结

(1) 公众参与规划运动的兴起，固然有其特定的历史背景，但更应该看到的是，它具有历史的必然性；它是社会发展的产物，更是城市规划更进一步发展的必然要求。

(2) 城市规划应是全体市民意志的体现和智慧的结晶，而不是个别规划师意图及才能的表现。

(3) 公众参与规划的目的，并不在于让规划师能够借此去说服公众，或是让公众借此来指挥规划师，其最终目的还在于能够通过此项活动达到规划师与公众间的相互了解、相互信任，收集思广益之效。

(4) 公众参与规划，目前已在西方各国得以广泛应用，并正得到世界许多国家的普遍重视，但其毕竟是一个涉及面广、内容复杂的课题，必须对其进行深入研究，尤其是各国应根据本国的具体情况，采取相应措施。

(5) 公众参与规划要想得以顺利进行，首先应有法律条款为依据，其次还应有经济、行政、教育、宣传等方面的辅助措施相配合，否则，将流于形式，浪费时间。

(6) 公众参与规划不应局限于一时、一地、一事，而应形成一种制度，事实上，公众应该而且也可以参与到城市规划各个层次的工作中去，并在其中起到积极作用。

(7) 公众参与规划在各国的应用基本上可分为3个层次：

① 发布信息，介绍成果；

② 听取意见，修正方案；

③ 集思广益，共同决策。

这 3 个层次本身呈梯级上升，公众参与搞得愈好，愈能达到更高层次，规划的民主性及合理性也就愈强。

（本文是笔者硕士论文前两章的缩写，论文是在导师李德华先生的悉心指导下完成的，在论文选题时，得到董鉴泓、朱锡金、陈运帷等先生的鼓励与支持，在论文写作过程中，还承冯纪忠先生提供最新资料，在此一并表示诚挚谢意！）

参考文献

[1] Michael Figence. Citizen Papticipation in Planning.

[2] Walter Bor. The Making of Cities.

[3] Encyclopedia of Urban Planning，1980.

[4] The Town Planning Review，1960～1989.

[5] Jounal of the Town Planning Institute，1960～1989.

注：原文刊载于《城市规划汇刊》1991 年第 5 期。

有机分散理论及其在城市建设中的实践

任健强[1]　吴凯[2]

（1. 武汉大学城市设计学院；2. 湖北省武汉市城市规划咨询服务中心）

提　要：通过有机分散理论中三大原则：表现原则、相互协调原则以及有机秩序原则对有机分散理论进行更深刻的理解，并结合实例谈该理论在城市建设中的应用。

关键词：有机分散；表现原则；相互协调原则；有机秩序原则

工业革命导致城市的迅速发展以及战后的大规模重建工作使得城市建设越来越需要科学的理论支持。20 世纪以前有马塔的带型城市、霍华德的田园城市以及 T・Garnier 的工业城市。20 世纪初到二战期间有格罗皮乌斯的新建筑运动、柯布西耶的明日的城市、佩里的邻里单位、赖特的广亩城市以及 E・沙里宁的有机分散理论等。二战后有佩鲁、凯文・林奇、芒德福等对城市与环境规划理论的贡献。

城市建设在科学的理论支持下快速发展，其中沙里宁的有机分散理论在国外早期的实践中取得了较大成绩，并对我国城市建设产生一定的影响。对于有机分散理论，本文分两部分，分别从理论上对其进行更深刻的了解和认识，以及该理论在实践上的应用。

1 "有机分散"理论

1.1 "有机分散"论产生的背景

伊利尔・沙里宁在《城市，它的发展、衰败与未来》一书中对"有机分散"理论作了一个系统的阐述，该书虽定稿于 1942 年，但他的规划思想的酝酿可以上溯到 1918 年所发表的大赫尔辛基规划(图 1)。另外，还有早期的实践，如 1912 年关于布达佩斯城市问题的研究，1913 年为爱沙尼亚的 Reval 城所做的规划，特别是 1910～1915 年他在赫尔辛基近郊 Munksnas-Haga 开发所进行的规划实践，对他的规划思想的酝酿，有更直接影响。

图 1　赫尔辛基规划模型

在工业革命后，西方城市急剧发展。从 19 世纪初到 20 世纪初的一百年中，城市人口，特别是一些达城市人口增加很快(如巴黎、伦敦和纽约)，导致住宅缺乏，交通阻塞，中心拥挤，建筑混乱，城市环境恶化等种种令人头疼和诅咒的"城市病"。事实迫使人们对城市问题的重视逐渐加深。于是新的城市规划理论渐趋活跃，并逐步形成。19 世纪晚期出现的霍华德的明日的城市，此后一时期，重大的规划实践，有 1910 年奥地利建筑师瓦格纳的维也纳中心规划，1911 年英国建筑师恩温的伦敦近郊花园新村规划与建设等，对沙里宁有机分散规划思想的酝酿都产生一定的影响。

当然，主要是沙里宁本人的时间和经历，才形成了他的一整套的有机分散规划的思想。为开发赫尔辛基近郊 Munksnas-Haga 地区，沙里宁曾去斯德哥尔摩、哥本哈根、汉堡、卡什鲁厄、慕尼黑等城市实地调查。在这些调查基础上着手的大赫尔辛基改建规划，思想更开阔，更广泛地研究了交通系统的组织、居住与工作地区的重新调节、建筑与大自然的密切结合等，以求建立完善的生活秩序与建筑秩序。从此他的规划思想逐渐形成。

1.2 符合科学原则的“有机分散”

本文认为，有机分散理论是符合科学原则的科学理论。该理论在符合大自然规律同时也是符合辩证原则，在城市规划理论中是符合逻辑原理的。本文认为“有机分散”理论至少符合以下两个原则。

1.2.1 生物学原则

当我们接触一下大自然，从显微镜中我们可以在有机生命中看到两种现象：一种是许多个体的细胞，另一种是这些细胞相互协调而形成的蜂窝状结缔组织(图 2)。根据有机分散理论，可以把城市中的每一个区域当作一个细胞组织，那么城市就是由许多个这样的细胞组织组成的生命体。生物学中有这样一个原则：对于一个生命体而言，生命体内各个细胞本身在进行自身新陈代谢的同时，细胞与细胞之间也进行着物质与能量的交流，并维持着一定的平衡，并只有在这种平衡下生物体才能正常发展。同样，城市作为一个整体也应该遵循着这样的原则存在与发展，城市中各个功能区有着自身的功能表现，但并不是独立存在的，而是与城市的其他功能区有联系的协调的存在。

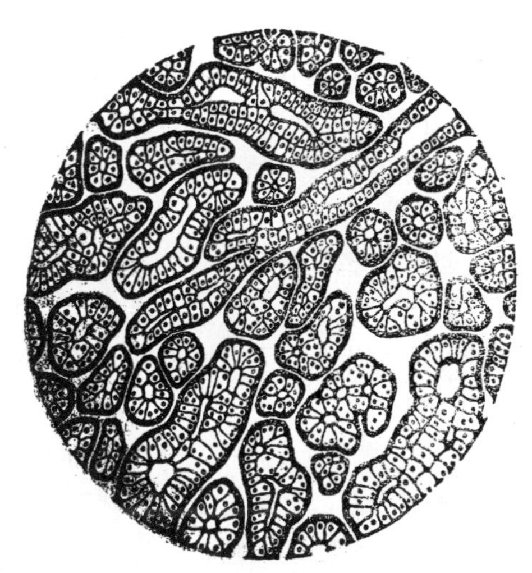

图 2 健康的细胞组织

1.2.2 哲学原则

任何一门自然科学的正确发展都不能离开哲学方法的指导。有机分散理论的原则既强调个体的作用，又提出个体与个体之间的相互协调，而这种协调是有秩序的协调。从哲学上可以概括为个体与整体的关系以及世界事物的普遍联系性。个体与整体的关系是：个体是构成整体的个体，整体是由个体组成，当个体与个体协调共存时其功能大于整体之和，反之，则其功能小于整体之和。这是有机分散理论中要求的强调单个个体的作用和个体与个体之间的相互协调。又因为事物与事物之间存在着普遍联系性，个体与个体之间必然存在联系，要达到最好的效果，这必须是一个有秩序的联系。

集中与分散的辩证关系。集中与分散是两个对立的过程，但两者之间又是相互协调统一的。集中不是绝对的集中，分散也不是绝对的分散。集中与分散两者是相互转化的，当集中达到一定的量化程度就必然往分散的方向发展，当分散达到一定程度，并在外部因素的作用下，其内在的向心力必然会导致各元素集中。

1.3 “有机分散”论中城镇建设的三大原则

1.3.1 表现原则

假如我们注视一下种子逐步地成长为树木的过程，而且能够随时对树木的有机体的每一部分进行观察，那么我们将看到无数正在不断更新的细胞组织；这些新的细胞，都按照内在的力量不断生长，都具有自己的特征，并且都能组成不同树种特有的象征性图形。对于两种有机体，它们各自有不同的内部细胞结构以及表现形态，正因为它们各自的内部特征不一样，其外部表现都会不完全一样。因此，每一细胞变成了表现其物种特征的标本。这种论点不仅适用于所有的有机体，而且对整个自然界的形式表现，也是适用的。这就是说，自然界中任何一种形式的表现，都是在真实地说明藏在形式之下的某种涵义；这一点是整个宇宙中决无例外的规律。这就是表现的原则。

1.3.2 相互协调原则

自然界中，无数的分子，个别的但又经常结合在一起，把落日的余晖，分解成光和影，以及色彩多变的夕照。这些现象的和谐存在已经没有多少人对其产生怀疑和疑问，但我们必须要懂得：和谐的背后存在的是相互协调的原则。

当人们对于相互协调原则的感觉较强时，人们的整个活动范围，从居室到街道，到广场，再到村镇和整个城市，都将产生协调的效果。这种相互协调的原则绝不是一种空洞的美学理论，在乡村或城镇里面的任何建筑群，都把人的形式和自然的形式组成了和谐的整体。

1.3.3 有机秩序原则

在谈到大自然在塑造形式的过程中，具有表现与相互协调的倾向时，可以看到，这两者显然不是独立的倾向，而是属于同一过程的两个方面；这就是走向有机秩序的过程。换句话说，表现与相互协调并不是独立起作用的原则，而是在“有机秩序”这个支配一切的基本原则的母体中派生出来的。“有机秩序”事实上是宇宙结构的真正原则。大自然的种种事物，即是按照上述结构原则，产生和运行的。只要这样的情况保持不变，而表现和相互协调的能力，足以维持有机秩序时，就会有生命和生命的发展。

按照这些基本原则，追溯过去城镇发展的过程，我们就能够懂得这些发展之所以成功或失败的根本原因。取得成功是由于本能地注意了这些原则，而遭受失败乃是由于相反的原因。因此，当人们提出这样的疑问，为什么今天的城市如此经常地杂乱无章时，就可以在上述三个原则中去寻找答案。

1.4 “有机分散”

1.4.1 物理上的要素——“水滴实验”

沙里宁认为，有机的分散把城市的居民和使用的土地，分布到可扩展之用的边沿地区。在某种意义上说，这是一个物理问题，因为城市能动的变化所产生的某些力量，形成了一种膨胀的趋势。集中与分散是对立的两个极端，所以当分散的离心力大于集中的向心力是，必然会产生一定的反应。这种反应效力的大小与两种反作用力量之差及行动有多少自由度有关。

沙里宁通过一个“水滴实验”，对不同程度的作用力作用在水滴上作出四种分析：第一种情况中，由于外部作用力小于内部的凝聚力，水滴几乎没有变化：第二种情况，作用力增大，水滴产生一些变形。第三种情况，作用力进一步增大，在水滴一些边缘产生辐射状的延伸。最后一种情况，由于作用力足够大，水滴破碎，产生分散的水点，这些水点就象征着未来的分散城市。这个实验反映的是欧洲各时期的城市，由于其城市对外发展的各种需要，特别是交通条件的发展，促使城市外部作用力大于其内部凝聚力而导致需要分散的城市形态。

1.4.2 化学上的要素——城市的活动

有机分散的最初概念可用水点的试验作比拟——是指城市向周围的地区疏散。但是，这只是一般地指可供扩建的地区，而不是研究这些地区是否符合城市各种功能上的要求。真正的有机分散开始于对城市各种活动的分布与相互关联进行安排，沙里宁认为，在某种意义上这个过程可与化学处理的过程相比，因为有机分散的进程，如同缓慢地和持续进行的化学过程一样，起着作用和反作用，它明显地把城市的紊乱状态逐渐转变为一种切实可行的秩序。我们可以把社区中单独一个人的活动看作城市功能的原子，那么，单独居民的各种活动所构成的那种单元经过重复及组合，成为无数的集合体以后，就变成了城市的总的活动。

这些单独的活动可以分为两种主要的类别：“日常的活动”和“偶然的联系”。第一类活动必须集中布置才能做较好的安排；而第二类不太频繁的活动，并不在乎地点的远近而可以分散布置。

概括地说，有机分散的城市可以这样理解：由于交通、环境、土地利用等问题的存在，城市发展的物质形态应该是分散的。人们在一个地区进行他们的“日常的活动”，这些日常活动包括上学、上班、购物、休闲等活动频率较高的活动。由于活动频率高，应集中布置。既可方便居民活动又可充分利用公共设施，这是该理论分散的主要原因；又由于人们生活还有“偶然的联系”，这些偶然的联系活动频率低，活动范围大，距离远。往往需要从城市一个区到另一个区，交通则是联系分散的不同地区的主要手段，“偶然的联系”使分散的城市变得有机起来。

2 “有机分散”理论的实践应用

2.1 大赫尔辛基规划(图 3)

1917 年沙里宁在着手赫尔辛基规划方案时，发现单中心城市存在的中心区拥挤问题，而当时赫尔辛基已经在城市郊区开始建造的卫星城镇，因为仅仅承担居住功能，导致生活与就业不平衡，使卫星城与市中心区之间发生大量交通，并引发一系列社会问题。

沙里宁主张，在赫尔辛基附近建设一些可以解决一部分居民就业的“半独立”城镇，以缓解城市中心区的紧张。在他的规划思想中，城市是一步一步逐渐离散的，新城不是“跳离”母城，而是“有机”地进行着分离运动，即不能把城市的所有功能都集中在市中心区，应实现城市功能的“有机疏散”，多中心地发展；郊区的卫星城，应该创造居住与就业的平衡，这样不但可减轻交通的负担，更会降低市民的生活成本。

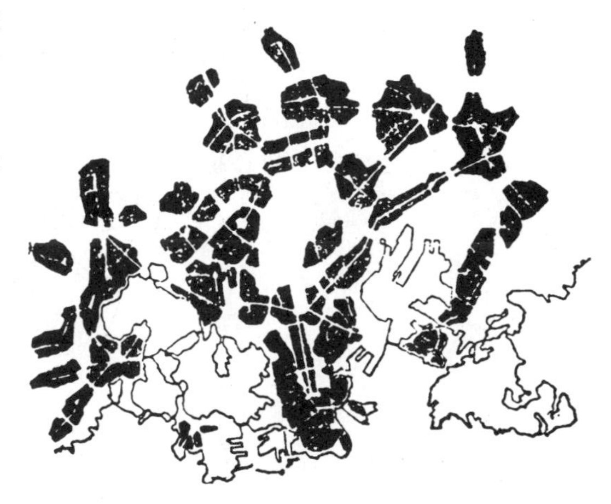

图 3 大赫尔辛基规划

2.2 大巴黎规划

1958 年巴黎制定了地区规划，并于 1961 年建立了“地区规划整顿委员会”(PADOG)，强调限制巴黎市区的不断扩展，主张打破原来的单中心城市结构，建立一个多中心分散式的城市结构。1965 年制定的“巴黎地区战略规划”打破了旧概念，摈弃在一个地区内修建一个单一大中心的传统概念，代之以规划一个新的多中心布局的区域。其发展战略性措施主要有以下三项：

① 在更大区域范围内安排工业和城市人口的分布。沿塞纳河下游形成几个城市群，即大巴黎地区、卢昂地区和勒・哈佛地区城市群，以减少工业和人口进一步集中到巴黎地区(图 4)。

② 改变原来聚焦式向心发展的城市结构，而沿塞纳河发展成带形的城市结构。除保护、改造巴黎旧城市以及中心城市沿轴线向西北方向延伸外，在城市南北两边 20km 范围内，平行于城市轴线，规划发展两条城市走廊。这两条城市走廊是与塞纳河平行的，在南北两条走廊内建设 5 个新城，可容纳 165 万人口。这种沿城市南北两条切线方向发展的方案可以在一定程度上把市中心周围的交通与其外围的交通分割开，以减轻城市中心的交通拥挤。(图 5)。

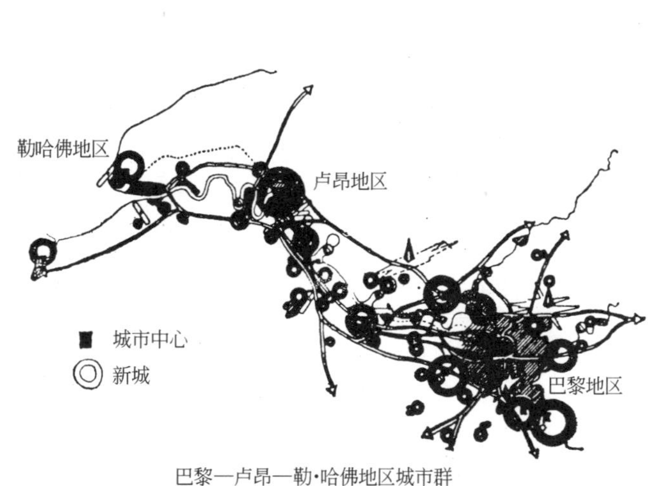

图 4 巴黎—卢昂—勒・哈佛城市群

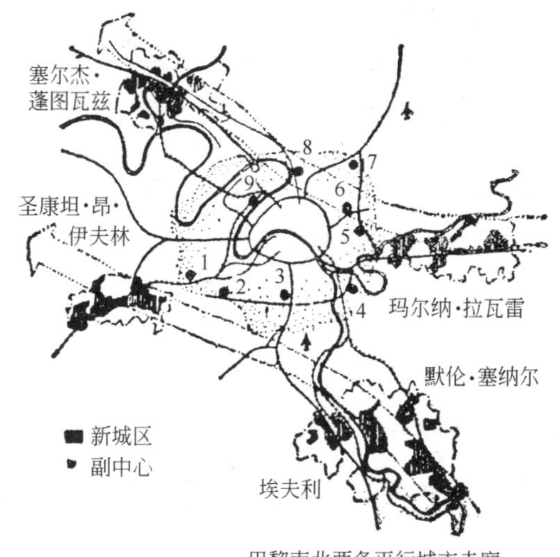

图 5 平行于塞纳河两边的城市走廊

③ 打破原来单中心的城市布局，发展多中心城市群。除 5 个新城外，在规划中布置了德方斯、克雷泰、凡尔赛等 9 个副中心。每个副中心都均匀分布在中心区周围，各自服务几十万人。在远郊，建设 16 个中小自然村为主的小村镇(图 6)。

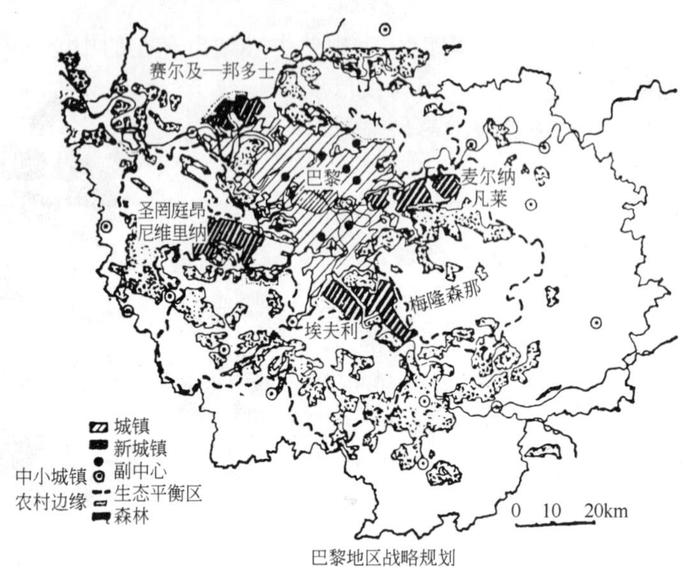

图 6 巴黎地区战略规划

2.3 大伦敦规划

1945 年完成的大伦敦规划对以伦敦为核心的大都市圈作了通盘的空间秩序安排，以疏散为目标，在大伦敦都市圈内计划了 10 多个新镇以接受伦敦市区外溢人口，减少市区压力以利战后重建。而人口得以疏散关键在于这些新镇分解了伦敦市区的功能，提供了就业机会。后来，伦敦政府换了许多届，但这个规划没有变，建成了一系列的新城。现在，伦敦市区的人口已从当年的 1200 万下降到 700 多万。通过伦敦的夜间影像图可以看到，20 世纪 90 年代与 20 世纪 60 年代相比，伦敦的市区没有扩展，扩展的只是伦敦外部城市网络上的新城镇。

参考文献

[1] 城市，它的发展、衰败与未来. 伊利尔·沙里宁著，顾启源译. 北京：中国建筑工业出版社，1984.4
[2] 外国城市建设史. 沈玉麟编. 北京：中国建筑工业出版社，1989.12
[3] 什么是“有机疏散”. 瞭望新闻周刊，2002(14)

注：原文刊载于《武汉大学学报》(哲学社会科学版)第 285 期。

芝加哥城市规划与管理机制研究

吴之凌　胡晓玲

（武汉市城市规划设计研究院）

提　要：本文通过对芝加哥城市规划体系与管理体制的梳理，从规划的客观性、规划的及时修正机制、规划的公众基础以及规划师和规划专业协会为城市服务的中立立场几个方面剖析其内在机制，在于重视经济、效益原则的企业化城市机制、有干预的市场调控机制和让民众来做规划的公众参与机制。其企业化的模式与机制值得研究和借鉴。

关键词：芝加哥；城市规划与管理机制；启示

由于19～20世纪芝加哥在美国中西部地区的经济、社会、科技的举足轻重的地位，芝加哥不仅成为企业家创业发家的试验地，而且也成为建筑师、规划师才能的展示场地，特别是在世界建筑史上占有重要地位的芝加哥建筑学派，让芝加哥成为世界城市规划与建筑教学与实习的大课堂，而从1837年建市开始，芝加哥在短暂的不到两百年的时间内，从草原小村到工业基地以至全球化的大都市，其成功的城市转型使它并没有因为长期的深厚的福特式的工业基地基础而衰败废弃，反而中心区活力十足，都市区繁荣富足，其规划建设与管理的机制值得研究。

1　芝加哥城市规划与建设管理在全美的地位

1.1　现代城市规划与建筑的思想源地

芝加哥于1840年代成为全美铁路枢纽，并随之全面展开城市工业化进程，19世纪下半叶至20世纪上半叶是芝加哥城市发展的鼎盛时期，财富的集聚与拓荒者、创业者的创新意识使芝加哥不仅成为工业发明的繁盛地，而且成为文化艺术的滥觞之地，芝加哥建筑学派即是其中之一葩。

芝加哥建筑学派的主要成就在于适时适地地产生了以抗横向荷载的钢结构、筒形结构(tube structure)高层建筑模式，除此之外，芝加哥建筑学派存在的重要意义在于提供了一个建筑创新的思想、社会氛围与试验场地，如芝加哥郊区河滨新城(Riverside)、湖滨森林(Lakeforest)、伊利诺伊理工大学(IIT)以及芝加哥市的规划，不仅诞生了诸如弗兰克·劳埃德·赖特这样的建筑大师，而且吸引了其他建筑大师云集芝加哥，如密斯·凡·德·罗、鲁特、伯纳姆、奥姆斯特德，以改善工业城市面貌的一系列规划与建筑设计、公园系统规划以及滨水地区改造开创了美国城市美化运动，而以服务于企业家和以城市经济繁荣为目的的城市规划，尤其是伯纳姆的芝加哥规划(Burnham's Chicago Plan)又是实用性规划与城市美化的完美结合，由于得到普遍认可，并影响深远，该规划成为现代城市规划的典范(Hall，2002)。

1.2　城市改造的渐进性——从“洪水猛兽”的城市转向宜居的城市

芝加哥的城市改造呈现为自然更替的过程，如从密歇根湖边的贸易港，到交通便利、经济繁荣的工业基地，在工业繁荣过程中自然衍生出繁华的大都市和都市区。

如在芝加哥工业发展如日中天的时期，一场大火(1871年大火)促进了城市工业、人口自然的外迁，城市木质建筑、低层建筑替换为钢结构、高层建筑，城市中心区职能由居住转向商贸及服务。为了改善发展大工业造成的恶劣城市环境，让城市更加有秩序、有效率地运行，城市规划与建设开始关注人的心理，有计划地修建各类公共设施，如图书馆、歌剧院、博物馆，并关注人的生理健康，开始美化城市环境，并对城市的郊区化、都市化建设作出安排。以1909年伯纳姆芝加哥规划为指导，在1950～1960年代工业城市产业结构调整之前，即做好了工业外迁、人口外迁、产业结构调整和城市职能调整的准备，以及基础设施、交通骨架的规划布置，从而避免了单一功能城市的废弃、空城化，如底特律、克利夫兰，而保持了城市中心区旺盛的活力。

2 芝加哥城市规划体系与管理体制

城市规划是一种资源调配的手段，具有公共政策属性，由于美国财产的私有化特性，城市建设不再是政府行为，个人、企业均可以参与甚至影响和决定着城市规划的实施。因此规划为谁服务？规划的作用是什么？如何实施规划？政府在城市规划建设中具有什么职能？这些问题的答案即构成了美国城市规划体系的基础。

2.1 城市建设体制

2.1.1 规划为谁服务

美国的财产私有制度是美国土地使用制度的基础，即土地的私有性，土地包括附着的建筑物(real property)属于私人所有，其中包含公民私人所有和公司集团所有两种，而联邦及州拥有自然迹地、生态保护区、国家公园以及公路、河道、港口等基础设施。因此美国城市建设的主体包括三个方面：政府、企业(公司)、私人，而规划更多地是为作为城市公众主体的企业、私人服务。

2.1.2 所有者即规划师

作为资源调控、整合手段，城市规划需要适应城市发展的新的目标而提供设施的布置或对城市扩展做出安排，因此宏观的规划具有公共政策职能，是政府行为；微观的规划建设以企业、公司和个人为主，如所有者即规划师(The owner as planner)，居民及公司有权主导所有地产的规划、建设以及参与社区绿化、参与社区小企业的创办等。

2.1.3 城市政府——城市经理人

沿袭欧洲社会制度基础的美国，其城市政府是一种由开明士绅组成的地方自治机构，来管理城市、解决城市居民共同的生活问题，即“政府公司”或“市政公司”(municipal corporation)，以尊重私有财产为前提，美国城市(镇、村)政府扮演着私有财产维护者的角色，美国公共部门的“城市公司”的特性也决定了，它实质上是很多个土地所有者作为“股东”拥有股份的联合公司，而城市官员——市长实际是城市经理，城市的收益来自收取各种服务费、管理费和资源使用费即房地产税(property tax)，它的受益者是整个城市或社区的居民，它具有制定和修改相关建设条例的权力，也有提供某些公共服务和设施的义务。

政府与开发商在城市开发中有分工：政府是秩序的维护者，负责规划与要求的制定，负责公共商品的提供，如学校、城市道路、图书馆、公园；开发商以赢利为目的，根据规划的要求进行开发活动；房地产所有者依法享有财产界限范围内空中、地上、地下的财产所有权，但服从城市区划规定。

2.2 芝加哥城市规划体系

芝加哥城市规划体系从规划范围分，包括区域层面、城市层面、社区层面；从规划内容及形式分，包括宏观引导性的发展策略——战略规划、概念规划、框架规划，建设控制规划——总体规划、区划、专项规划，建设规划——城市设计及地区开发建设规划。

区域层面的规划以伊利诺伊州东北部地区为主，由芝加哥都市区规划委员会负责组织研究和编制，重点在于区域生态、交通规划，资源保护以及开发建设协调，体现对区域发展和建设的宏观引导性和区域市县之间的合作与协调。

城市层面的规划是对城市范围用地、功能、设施、景观体系的布局和安排，体现中观层面的规划刚性。

社区层面的规划反映了微观层面的规划弹性，由于与民众、公司的利益直接相关，是城市活力的实现。

芝加哥城市规划体系 **表 1**

层次	典型规划	规划内容
区域层面 (Region plan)	芝加哥大都市区规划(Metropolis 2020, The Metropolis Plan: Choices for the Chicago Region) 总体规划(Northeastern Illinois Planning Commission, Comprehensive General Plan, 1968) 开发总体规划(Northeastern Illinois Planning Commission, Comprehensive General Plan for the Development of Northeastern Illinois Counties Area, 1977) 土地资源管理战略规划(Northeastern Illinois Planning Commission, Strategic Plan for Land Resource Management, 1992) 基于水资源管理的芝加哥野生态、生物多样性恢复战略规划(Chicago Wilderness, Biodiversity Recovery Plan IPC Strategic Plan for Water Resource Management) 伊州东北部区域绿道和迹道实施规划(Northeastern Illinois Regional Greenways and Trails Implementation Program) 伊州东北部区域水系规划(Northeastern Illinois Regional Water Trails Plan)	区域生态、资源保护以及开发建设协调
城市层面 (City plan)	芝加哥规划(Plan of Chicago, 1909)	是芝加哥市总体规划，涵盖土地利用、交通、景观体系、公园、城市设计、公共设施等综合内容，是城市建设的纲领和蓝图
	芝加哥中心区规划(Chicago Central Area Plan)	总体规划，是对伯纳姆芝加哥规划的微调、改善和延伸
	芝加哥区划导则(Zoning Ordinance)	土地利用控制规划
	公园、景观、生态、2016 年芝加哥奥运场馆规划，如 Chicago Nature and Wildlife Plan, Planned Green Development, Landscape Manual	专项规划
社区层面 (Community Plan)	卡鲁米湖地区规划(Calumet Area Plan)，芝加哥河规划(Chicago River Plan)，近西边规划(Near West Side Plan)，西赛罗走廊南段再开发规划(South Cicero Corridor Redevelopment Plan)，国家大道、瓦百事大道和密歇根大道规划(State, Wabash and Michigan Plan)	社区再开发建设规划

2.3 城市规划管理体制

2009 年开始，原芝加哥规划局重组，芝加哥市政府负责规划的包括两个部门，即区划局和社区开发发展局。规划顾问咨询委员会包括：规划委员会、地标委员会、社区开发委员会。

2.3.1 政府部门

(1) 政府的构成及运营体制

芝加哥市政府由立法机构(立法，legislation)和行政机构(行政，executive)两部分构成。

市议会由来自 50 个地区(ward)的市议员构成。政府活动由每年 11 月的预算条例决定，城市通过条例和决议程序采取正式行动。

行政机构的首脑包括市长和经选举产生并由市长聘任的秘书长(City Clerk)和财长(City Treasurer)，财长主要负责纳税人税收的使用，包括贷款等。负责促进芝加哥社区经济活力的开发和实施计划，提供可负担的资金贷款促进小企业的发展。政府行政机构包括部(Department)、局(Authority)、办事处(Agency)。与城市建设相关的政府机构和办事处包括：芝加哥住房局——为中低收入者提供住房选择机会；芝加哥公园局；大都市港口与展览局。区划局；社区开发局。其他交通、通信、电力、煤气等由公司实行企业化运营。

(2) 芝加哥区划局(Department of Zoning)负责执行区划，制定战略规划，实施城市土地利用政策，负责正式区划图的维护和更新。此外该局职能还包括区划管理调整(administrative adjustments)商业执照、商业和广告标牌、违法督察(illegal conversions)、景观条例、地图与文件的修改、临时占有证书(occupancy certificates)的发放。

(3) 社区开发发展局(The Department of Community Development(DCD))，主要职责是促进城市

更新。2009年1月由规划与开发局、住房局、市长劳动力开发办公室合并而成，旨在融合经济发展、住房和劳动力开发培训计划来提供卓有成效的办法和途径促进城市改善。包括开发支持服务处、地标处、房地产处、分区处(regions division，分为7个规划分局 planning districts 包括中心分局、远南分局、北部分局、西北分局、南部分局、西南分局、西部分局)、区划与土地利用规划处。

2.3.2 规划顾问咨询机构

(1) 芝加哥规划委员会(Chicago Plan Commission)：根据伯纳姆芝加哥规划的建议于1909年设立，该委员会设在区划局，负责技术审查和建议，其18个委员由市长聘任，对城市范围内由公共机构或办事处提出的任何地产的取得、处置和变更的建议作出同意、不同意以及延迟的决定，同时审查TIF再开发规划土地利用建议、规划开发区、湖滨保护等是否与城市长远规划目标相符合，委员会没有实施决定的法律权力，但其建议通常具有非正式但有效的认可效果。

(2) 芝加哥地标委员会(Commision on Chicago Landmarks)，根据城市条例设立于1968年，委员由市长任命，现有委员9名。负责向城市议会建议哪些建筑、场地、构筑物或整个区域被指定为芝加哥城市地标，因此纳入法定保护程序。委员会设在区划局。

(3) 社区开发委员会(The Community Development Commission)：1992年由芝加哥市议会成立，负责审查并向市议会建议设立新的TIF区、指定再开发区域。同时负责审查和建议TIF区内、再开发区内城市所有财产的销售、为私有财产的再开发提供TIF金融资助。委员会的15名委员由市长任命。

2.3.3 规划实施程序

首先由政府预算确定政府建设活动，然后报市议会通过预算条例并形成决议，成为城市建设行动纲领，再予以实施，实施过程中或者由政府出资规划与建设，或者由政府提供政策，由私人和公司予以实施。

2.4 规划实施机制

2.4.1 基础设施先行

美国的基础设施包括市政设施、道路交通、绿化及公共设施。通过城市基础设施的建设来落实规划，是美国规划师保证规划实施的主要方法之一(张庭伟，1999)。通过基础设施的先期投入，带动居住、工业、商业和人口的集聚，达到规划实施的目的。

非常典型的如芝加哥道路网络、区域铁路骨架以及1950年代高速公路系统的建设成为大都市郊区化和区域城镇发展的先导因素，并形成交通发展走廊、基础设施走廊与走廊上的节点城市的区域建设模式。此外绿化及生态基础设施的先行一方面保持了区域生态环境骨架，成为塑造城市建设空间的基础，同时公园系统也成为人口聚居的吸引要素。

经总体规划的社区(Master-Planned Community)即利用社区自治的优势和权限与功能单元的完整性，对居住与就业的平衡、社区中心的塑造、基础设施的完善配置进行全面的综合的规划安排，使社区成为相对完整、设施齐备、独立的城市单元。是以基础设施投入的集约利用保证基础设施使用的经济效益和投资的有效回收的有效手段。

2.4.2 政府、公司、个人权责分明，公私合作，允许赢利

城市开发建设通常采用公私合作的方式，特别是大型开发建设项目、历史文化街区保护项目，公私合作的核心是政府制定政策，如税收、金融鼓励政策，由公司进一步实施操作，或者由政府收购土地，并作为项目的第一承包商，在经过整体策划、规划后将项目进一步细分发包。

3 芝加哥城市规划建设与管理的内在机制剖析

总结芝加哥城市规划建设与管理的内在机制在于编制规划的合理性、规划的及时修正机制、规划的公众基础以及规划师和规划专业协会为城市服务的中立立场。

3.1 规划的客观性

芝加哥规划的客观性表现在，在反映所有者利益、反映城市发展的规律以及反映城市的综合性、系

统性的本质的基础上，呈现规划的自然有机性与理性，并分别出刚性与弹性规划的内容，从而一方面保持了规划的严肃性，使城市有序发展，同时保持了规划的灵活性，使城市拥有独特的活力和魅力。

3.1.1 规划的自然性与理性

笔者将规划的反映城市运行基本规律和受到不同程度、不同方面的干预的两个方面分别定义为规划的自然性和理性。

规划的自然性(natural character)即是反映城市发展的客观规律、经济和社会的自由运转机制、反映城市有机生长、演变和转换规律；反映城市发展规律，主宰城市发展的核心是经济规律，包括作为城市单元的企业的演变与扩展、企业不同发展时期对城市基础设施等的不同要求；城市产业演替规律、城市土地经济的调节作用、城市用地的空间结构规律等。城市发展规律还表现为城市组织结构、社会空间结构的自然演化规律。

规划是对生活的一种安排，反映城市的综合性和系统性。绝非仅是工程的、技术的，应反映各类各层次人群的利益，包括经济、自然、景观、社会、文化的安排。

因此城市的发展表现为以追逐利润为目的的企业家行为和以自由市场以及社会、自然、文化的生态规律这只看不见的手来组织城市，使城市建设表现为自然有机性。

规划的理性则表现为芝加哥经济学派所主张的对市场机制的适当干预。由于芝加哥市长由初期的企业精英到后期的平民出身，代表了草根、弱势群体的利益，一改城市发展初期作为市场运行的看护人的角色，成为公众利益的维护者、城市家长，他以有利于城市利益为根本原则，利用自身的远见卓识和个人经验、价值观经营城市、管理城市，使城市在市场机制失灵时改变自然的发展方向，如在公司、企业大量外迁的时期，芝加哥市长主张强制保留中心区工业，为中心区保留就业岗位、集聚人气发挥了理性的作用。

3.1.2 伯纳姆的芝加哥规划

伯纳姆的芝加哥规划之所以成为得到一致认可、广为效仿并影响至今的一部杰作，其以企业家、企业以及城市经济规律、效益原则为内在机制，体现了城市发展脉搏和规律的规划基础应该是该规划成功的关键。除此以外其恢弘的景观构架、公园体系体现了伯纳姆作为建筑师出身的基本功底，开创了城市美化运动之源。

伯纳姆规划的核心包括：以商业(commerce)作为现代城市规划的主要目的和原则，城市道路、铁路以及功能区的设置都是以经济、高效为原则，其主要目的在于使城市更加有效、经济地运行，特别是应该有利于商业和制造业的周转和运行，便捷和富于效率，有利于繁荣生产，另一方面也通过城市美化运动，改善人们生活的环境，其目的也是为了使劳动者更能以良好的状态投入工作和创造之中。其经济原则是以实用和效率为标准的商业化城市(commercial community)运行规则。包括："便捷"——节省时间，节省工序，节省经济投入和成本；"有序"(orderly)——避免建设的随意性和盲目性，减少重复、浮夸和浪费；"有效性"(productive)——有利于新生产力、新创造力和投资的产生，促进城市的繁荣。伯纳姆规划中将交通作为实现经济活动以及城市生活便捷有效的核心手段。

3.1.3 规划的弹性与刚性

芝加哥规划的刚性表现在由规划上升到条例，并通过法院来协调规划实施过程中改变规划、违背规划，或规划不能保证所有者利益的情况，刚性规划的典型是区划(Zoning)。

由于规划不可预见到未来发生的一切，同时有的地段的综合开发时机尚未成熟，因此芝加哥区划保持了一定的弹性，包括：修订(Amendments)，变量、变化(Variances)；特别许可(Special Permits)；浮动区域(Floating Zones)；复合功能区域(Cluster Zoning)；用地类别的调整(Class)；成片开发地块(Planned Unit Development(PUDs))；开发权转让(Transfer of Development Rights(TDRs))，修改和调整区划需经过区划局及规划委员会例行的严格的审查和批准手续。

3.2 规划的及时修正机制——企业家眼光

由于具有实用和效率为核心的城市运行和规划原则，体现了公平与效率相结合的企业化城市精神，城市建设与管理也表现为以企业家为主导的城市开发与更新。企业家以赢利为目的，能够从市场的偶然性中捕捉城市发展的必然性，而政府即议会委员会具有专业代表、物业代表、社区代表，具有利益的广泛代表性。从而从规划、实施、建设管理中反馈市场变化，反馈城市发展转换，利用表决机会对规划进行及时修正。

3.3 规划的公众基础

美国私有化的土地制度和经济制度决定了其规划的公众基础，除了私有财产主以外，公司是私有财产主的集团，如前所述(2.1.3)，政府也相当于以私有财产主为股东的股份合作机构，因此代表城市利益的规划具有广泛的公众基础，表现在市议会议员的地区代表性和广泛的公众参与机制。

3.3.1 市议会议员的地区代表性和利益代言人特性

芝加哥市议会由50个市议员构成，这50个市议员分别来自芝加哥市区50个社区(ward)，负责反映社区的需求和愿望，同时争取有利于所来自的社区的投资、政策和规划。

3.3.2 公众参与机制

以财产私有为基础的规划绝不仅仅只是精英们的闭门造车之作，或政府、委托方的一厢情愿，而是规划思想来之于民，用之于民。

(1) 规划公示

即规划公之于众，听取民众意见和建议。如伯纳姆规划在规划方案阶段进行了一年的规划公示，并广泛吸纳了市民、企业界人士的意见和建议，这也是规划能得到有效实施的基础和保证。

(2) 规划专业人员的广泛调查与访谈

由注册规划师协会经常性地组织专业人员和居民就地区规划进行研讨。其中包括规划之前的广泛调查和访谈，在规划中期召开有专业人员、居民参加的规划交流，规划付诸实施之前长时期的公示。

(3) 市民参与建设与规划监督

土地的私有化使市民具有对所拥有的房产范围以及道路侧缘进行建设的权利和义务，占市民收入很大比例的房地产税，用于政府统一进行社区基础设施的建设、维护，因此赋予市民参与所在社区规划和建设的权利。

此外由于区划法规的裁定权归联邦、州法院，市民可以使用法律手段保护自己的利益，监督规划的施行。

3.3.3 芝加哥2040年都市区规划的“公共基础”

公众基础(Common Ground)是一种以社区(community)为基础的区域主义规划方法，单个的地方(市、县、社区)是规划管制的基本单元，强调不同社区一同工作，反映各自心声，又一同从地方和区域两个角度来看待和解决一些共同的问题。

该规划立足于公众基础的规划过程依次是：(1)领导小组会(Leadership Workshops)，由地方商业界和民众组织、活动家参加，从不同专业背景提出区域所面对的问题和挑战；(2)区域论坛(Regional Forum)，邀请区域范围内的不同年龄、种族、职业的人员在同一地点参加讨论，对上一轮提出的问题和挑战进行排序，选取区域面对的重大问题作为规划需要改善的目标；(3)工作小组(Working Groups)，征募志愿者组成若干工作组分散在不同区域，在研究关键问题并做SWOT分析的基础上起草规划目标并提出区域管制的初步意见，每个小组定期交流；(4)目标制定小组(Goals-Writing Workshops)：由以上工作小组根据来自不同地区、不同职业的参与者提出的目标草拟区域发展目标，由工作小组及官员和规划师代表一同对目标草案进行修订；(5)目标修订小组(Goal-Review Workshops)；(6)委员会认可(Commission Endorsement)：规划目标报规划委员会认可；(7)框架的产生(Creating a Framework)：由伊利诺伊州东北规划委员会(NIPC)将目标和主题转化为土地利用规划，确定规划框架；(8)群组(Cluster Workshops)，将规划区域划分成若干群组，每个群组召集由各城市官员以及地方、县区域规划师、其他选举权人将由公众基础确定的目标转换成土地利用框架，以指导区域未来的增长。(9)区域规划(Paint the Region)：由各区代表在图上标注需要发展的区域中心、走廊和生态绿化区域；(10)图面综合

(Synthesizing the Map)，由 NIPC 的专业人员对以上过程的结果进行分析，并召开若干次综合协调会议，形成规划图。

3.4 规划专业人员和规划相关委员会委员的城市立场

美国规划师在公共部门的只占少数，更多的是在各类非营利组织、地方邻里与小区或私人部门、公司工作(弗里德曼，2005)，规划编制单位由于不属于政府、不属于企业、不属于社区的独立顾问咨询地位，以及专业技术人员属于中上阶层的经济地位，决定了规划专业人员的独立的地位和立场，能够始终保持中立，以维护城市基本利益。

4 对我国城市规划与建设管理的启示

我国建国后城市规划的基本原则经历了以下变化过程：生产性城市的以生产组织为原则，1990 年代城市土地制度改革引起的城市更新改造运动，中心城市退二进三，以城市营销为目的的城市美化(景观、广场与山水园林城建设)，以及当前以科学发展观为原则，城市规划开始关注城市运转效益，关注人的生存感受的宜居城市、人居城市、文化城市与文明城市建设等。在此过程中，城市从生产、居住的载体到城市土地价值被发现、城市的经济属性日益被发掘，目前经济的市场化程度远远超出政府的预见性和规划的前瞻性，一段时期以来，房地产开发、商贸发展、中心城工业及旧城改造呈快速推进之势。城市快速发展着，规划常被扣上滞后的帽子，或被批阻碍经济发展，或被瞬息变化的市场牵着鼻子走而应接不暇。

有学者(邹斌，2003)认为，由于总体规划编制方法本身存在的缺陷，总体规划依靠下层次规划难以完全落实；总体规划的实施缺乏部门协同的机制，缺乏必要的政策和经济保障措施。对照芝加哥城市规划建设与管理的一些做法，我们需要对我国现行规划体系、实施机制、规划师职业以及城市运行机制进行反思。

4.1 规划体系

强化区域层面、总体层面的规划框架与发展策略，作为区域、城市协调发展的导引，具有即时性、灵活性和全局性；同时加强规划实施与建设层面的刚性和细化，强调经济效益原则，面对城市社会经济的快速变化，在维护规划的刚性的同时，划定特别许可和浮动指标区域，从而避免规划的一刀切和僵化；对社区规划的重视，将社区作为城市更新的一个综合单元进行规划，包括经济、就业、景观、人居环境等。重视完整社区的规划与建设。

4.2 规划实施主体——公众参与机制

充分发挥社会力量参与规划的实施和城市建设，政府不能包打天下，包括规划编制、建设管理以及资金筹措，而是发挥私人的力量，让公司赢利。同时将规划过程公开，将规划成果公开，吸纳全社会的智慧，让规划反映居民的居住意愿，反映企业的生产组织要求，敢于接受全社会的监督，使规划真正为大众和城市谋福利。

4.3 多学科参与的独立的规划专业队伍

建立多学科参与的具有独立立场的规划专业队伍，即立足于城市发展的基本规律和公众的差异化需求、具有独特的文化品位的规划与建筑设计顾问行业，一方面切实忠实于城市利益，另一方面忠实于私有业主，以保持规划的长远有效性，同时从微观上丰富和细化城市景观。

4.4 以企业化城市原则实现两型社会城市建设

即在城市规划与建设管理中，遵循城市发展的经济规律和城市布局的经济、效率原则，从而用资源节约的原则规划城市、管理城市，顺应城市自然有机生长的规律，满足资源节约和环境友好的要求。

虽然目前美国企业家、金融家利欲熏心、过分追逐利润导致金融体系崩溃，因而转向求助于国家、政府的宏观调控，但是作为从计划经济走过来的中国社会和中国城市，进一步加强资源调配的市场化手段，发挥经济社会微观基础的活力仍然是相当长时期我国经济社会改革的任务，特别是产权明晰对建设项目的经济合理性和城市规划的长期有效性将提供更多切实解决办法，因此有甄别地借鉴美国城市规划建设与管理的企业化、市场化机制是具有一定现实意义的。

其积极性表现在：发挥企业家、个人在城市规划建设中的微观基础作用，保证投资与建设的高效；明确个人和企业都是规划重点服务的对象，因此规划必须尊重公民、个体(包括企业)的利益、需求，这一点恰恰是长期以来中国的城市规划容易忽视的，因此强调规划以个人、社区以及企业和企业家为对象的公众参与，使规划建设行为具有广泛的社会群众基础，这一点对我国在物权法实施后实现规划的转型具有参考意义。

其不适性表现在：我国人口多、人均土地有限，普遍的人口素质还有待进一步提高，因此，一方面仍然需要政府对城市建设的宏观调控，以避免以企业家、开发商为核心的规划和开发建设模式走向忽视多数民众需求、影响城市长远发展的极端；另一方面，实现让民众来做规划的广泛的公众参与方式在我国尚需时日。

“知彼知己，百战不殆”，通过对美国及芝加哥城市规划建设与管理机制的研究，对照我国城市规划的现状，客观剖析其利弊，有甄别地为我所用，当是明智之举。

参考文献

[1] Daniel H. Burnham, Edward H. Bennett. Plan of Chicago, Commercial Club of Chicago, 1909.

[2] David L. Callies, Robert H. Freilich, Thomas E. Roberts. Land Use: Cases and Materials(Fifth Edition). Thomson West, 2008.

[3] Northestern Illinois Planning Commission. 2040 Regional Framework Plan, 2001.

[4] Peter Hall. Cities of Tomorrow(Third Edition). Blackwell Publishing, 2002.

[5] Rutherford H. Platt. Land use and society: Geography, Law, and Society(Revised Edition). Washington: Island Press, Washington-Covelo-London, 2003.

[6] www. cityofchicago. org.

[7] 约翰·弗里德曼. 百年来的北美规划教育.

[8] 张庭伟. 市场经济下城市基础设施的建设. 城市规划汇刊, 1999(4).

[9] 邹兵. 探索城市总体规划的实施机制——深圳市城市总体规划检讨与对策. 城市规划汇刊, 2003.

注：原文刊载于《城市规划》2009年第8期。

高效·协作·服务·公正
——对基层城市规划审批管理工作的思考

段瑜

（武汉市规划局）

提　要：作者通过对基层城市规划审批管理工作的分析，提出了高效、协作、服务、公正的工作原则。

关键词：基层；城市规划审批管理

1　高效的运作

为了保证城市规划审批管理的高效性，就必须不断提高管理过程的科学化和法制化。

1.1　城市规划学科发展的要求科学化

近几十年来系统学、协同学、经济学、心理学各种相关学科丰富了城市规划学科。今天，信息革命席卷全球，计算机浪潮也冲击着城市规划的每一个角落。今天的城市包含了更多的信息流，成为一个“物质流＋信息流”的媒介物(Media)。城市的许多概念性特征都有待于人们重新认识，表征城市的各种描述性因子越来越集中成为一串串的数据信息，城市规划审批管理成为一个依赖数据化的城市信息系统进行决策的全过程。因而这种决策系统的科学化程度直接影响到管理的效率。

1.2　管理学的要求：法制化

城市规划管理是通过命令、指示等行政手段，以及制定法律规程等方式以城市建设者的建设活动进行控制，使城市建设与发展有秩序地进行，完成既定的目标。作为行政为主的管理，有法可依，依法行政是核心，应该把城市规划审批管理纳入到统一的法律体系中去。除了国家颁布的基本法律外，还有各地相应的法规，应涵盖从土地、房屋、建筑、市政、园林、市场、交通、环卫、环保到文物保护等等的内容。

1.3　对策：体制和人员素质

为提高科学化和法制化水平，城市必须建立GIS下的城市管理信息系统，创建城市自动化中心，同时在《城市规划法》框架下制定因地制宜的法规和图则。

与此同时规划管理人员要在原先学科知识基础上学习掌握现代化计算机及信息处理系统的基本原理和应用，积极主动地收集有关城市建设的数据情报；在工作中，主动、规范、公正地依法行政，做好解释、宣传工作。

2　协作的能力

2.1　矛盾的产生及其本质

城市规划管理，远不是根据蓝图一步步按部就班地实施的过程。建设过程中的各个部门往往从自身利益出发，试图以最小的代价，获取最大的效益。这些利益及其代表与城市规划所提出的指标(实质代表城市整体利益)产生各种各样的冲突，集中地在项目审批中体现出来，一般可分如下几类：

① 控制与开发的矛盾，具体表现在选址定点上的完全对立；

② 开发与环境的矛盾：同意选址，但在间距、高度、各项指标上与环境要求相差甚远；

③ 开发部门之间的矛盾：因历史和社会原因造成的相邻单位的利益冲突；

④ 建设与相关部门的矛盾：消防、卫生、教育、供水、供电、煤气等等部门都对建设有专门要求，甲方往往与之冲突，在方案报审中体现；

⑤ 规划管理与建筑设计的矛盾：这也是很有代表性的矛盾，可以按芦原义信提出的“加法空间”和“减法空间”的矛盾来理解；

⑥ 规划管理内部部门之间的矛盾：不同的意见、看法；征地拆迁、市政、有偿使用等部门的不同意见等；

⑦ 上级和下级的矛盾：管理部门内部上下级之间、外部上下级之间的意见冲突。

上述这些矛盾本质上都是规划的长远目标与建设的当前需要，规划的整体构想与单位的局部利益之间的矛盾，城市作为人类社会的一种表象，必须是从混沌到有序，在动态中得到发展的。从这个观念出发，就不难认识到，城市规划(审批)管理也就是一个在各种利益之间，在政府与社会之间寻求对话，寻求平衡，寻求解决问题途径的动态开放化协调过程。

2.2 解决矛盾的立足点

认识到矛盾的普遍性，要做好协调工作，首先应确立“可持续发展”的立足点。在这个坐标下，积极地去解决各种矛盾。

2.3 协作：解决矛盾的具体方法

① 行政方法：这是协调工作的主要方法，依靠行政手段直接对建设方施加影响，将命令、提示、规定、限制的信息传递给各方，并监督实施。

② 法律方法：通过对违法建设的起诉、调整、运用法律武器达到控制、惩罚的效果。

③ 经济方法：利用经济手段，在收费、奖惩、税务、转让、拍卖、招标过程中协调。

④ 咨询顾问方法：实则是一种软件化、中立化的政策解释、法规执行方法，更易获取甲方的认同；架起管理与被管理者之间的桥梁。

⑤ 宣传教育方法：使社会和居民了解规划目标、方针及政策，自觉地遵守法律，激发其参与配合管理的积极性。

3 服务的态度

各级管理者是人民的公仆，为人民服务是城市规划管理的宗旨。

3.1 服务政府

作为国家公务员，政府是最直接的服务对象。这就要求我们全面透彻地了解国家政策、规章、制度等方面的情况；认真执行上级的各种指示、做到政令畅通，令行禁止，保证机关的高效运作。

3.2 服务人民

任何组织的管理都是要创造某种盈余(效益产出)，不同的组织有不同的产出，表现为“产品、利润、服务、满意以及要求”，城市规划管理局(组织)的盈余(效益)就是提供给甲方的服务，一定要树立起服务社会，服务人民，让甲方满意的工作态度。

3.3 服务内容

① 服务经济建设，改善投资环境；

② 服务城市更新，加快旧城改造；

③ 服务市民生活，建设微利住房；

④ 公开办事程序，搞好窗口服务。

4 公正的立场

4.1 公正：立场要求

联合国第二次居成大会中指出未来的城市将是“公正”的城市，在城市管理领域，对此的回应则是在行政过程中的公正立场。

4.2 确保公正

体制和人格要求现代管理体系中的每一个决策都有不同程度地影响到城市居民的生活质量。因而管理过程本身的行政行为应努力确保公正性对社会各阶层受同一程度的对待。为确保这种操作上的公正，就必须在体制上对其进行制约，于是行政监督体制应运而生。

行政监督是由政府内部的自我监督和政府外部的立法机关、司法机关、社会团体、人民群众的监督相结合而构成的。目前，我国各地方规划局都相应设置监察处或相应机构，就是通过对规划｛审批｝管理效果的反馈来实施监督作用的。作为行政监督主渠道，与法制部门、社会舆论等外部主渠道一起保障了依法行政的公正性。城市规划管理者个人的人格力量则是保证公正立场的另一决定因素。行政过程离不开人，必须防止个人权力进入市场，牺牲国家利益，自私腐败，以人格力量抵御各种不正之风。

注：原文刊载于《城市规划》1997年第1期。

市场经济下城市规划咨询的几点思考

杨维祥　胡友斌

（武汉市城市规划咨询服务中心）

提　要：城市规划咨询业在我国仍处于起步阶段，存在发展不均衡，与规划管理部门职责分工不明确、机构设置不标准、市场不规范、收费标准不统一、缺乏技术规范和监督机制等问题。要充分发挥规划咨询的社会效应，必须完善该行业和市场的各项管理机制，规范技术标准，加强信息化建设。

关键词：城市规划咨询；管理机制；技术标准

1　城市规划咨询产生的背景

随着市场经济的发展，城市的建设主体、内容及相关的管理审批程序不断更新和完善，城市建设步伐不断加快，对城市规划的有关政策、法规等各方有关信息需求更加强烈。同时，政府为适应新形势的要求，要求转化角色，不能总是以"裁判员"的身份，指挥一切，而是在做好"运动员"的基础上，引导好城市建设。也就是说，要改变计划经济时代固定的思维模式，主动去引导和适应市场经济的发展。如何实现动态规划、动态管理？如何在行政审批制度改革中，提高办事效率，改善服务形象？笔者认为，城市规划咨询是当前探索动态管理的一种有效途径，规划咨询中介机构正是在市场的呼唤中应运而生的。

2　城市规划咨询的内涵

一般来说，城市规划咨询就是对城市规划有关政策、法规、信息的咨询，各类城市规划设计咨询、建设项目的办理程序咨询以及其他相关的技术服务。它包括规划选址、建设用地规划、建设工程规划论证、咨询、审核，违法建设处罚规划论证、咨询、审核，代办规划土地报批手续，各类、各专业城市规划与设面可以帮助建设单位找到一条正确高效的报建路径，大大降低了建设单位的前期成本和商业风险。另一方面可以服务城市规划行政主管部门，使行政主管部门审批人员的精力由过去的单体方案审查转到宏观管理和协调上来，做到政事分开。

3　我国城市规划咨询行业发展的现状

（1）处于起步阶段。我国的城市规划咨询在20世纪末才从深圳、广州、北京、上海等少数几个经济发达的大城市开始。目前大多数城市开展的规划咨询业务，主要还是帮助开发单位办理报批手续。其表现的形式为：在原有规划管理程序的基础上，增加一道收费程序，或是将行政管理的部分权力移交给某个机构。规划咨询尚处于初级阶段。

（2）发展不均衡。一些起步较早、发展较快的城市，如北京、深圳、广州、武汉等，建立了独立的机构，有独立的办公场所和独立的工作人员，并且建立了较完善的行政管理制度和技术管理制度，在社会上有较好的信誉。但有些地方，出于机构改革和行政审批制度改革形势的需要，以安排分流人员为主要目的，下放一部分行政管理权力。这就违背了改革的本意，不利于提高行政审批效率，背离了规划咨询发展的方向，阻碍了城市规划咨询业的健康成长。

(3) 与规划管理部门职责关系没有理顺。规划咨询与规划管理密切相关，它利用技术的优势把规划管理与建设单位有机地结合起来。因此，城市规划咨询人员必须熟悉政策，善于运用有关的政策法规解决实际问题。但规划咨询不能等同于规划管理，它应该是参谋机构，为行政管理部门决策提供科学的技术依据和政策依据。所以，这两个职能必须分离。但现在还有些地方，将这两者的职能交叉或者合并，从而失去了规划咨询应有的相对独立的立场，也容易使行政行为产生片面性和失去监督。

4 存在问题

城市规划咨询事业虽然已逐步被了解，但是还没有得到足够的重视，没有自己完整的体系和规范。

(1) 机构设置不标准，市场不规范。目前许多城市的规划咨询机构大多为私人经营，没有足够的技术力量和规范的行业管理，行业发展处于无序甚至混乱的状态，使行业的信誉受到危害。同时，国家和地方对这些机构的经营行为没有具体的管理要求和条例，只能通过工商、税务等部门进行一般性的监管，很难促进整个行业健康持续的发展。

(2) 收费标准不统一。目前国家对咨询业收费采取的是政府指导价，可参照执行的相关收费标准有工程咨询收费标准、规划设计收费标准、建筑设计收费标准等，但还没有统一的规划咨询收费标准。虽然有的地方在试行一定的收费标准，但对收费的内容涵盖不全、界定不清，操作上灵活性较大。同时，城市规划咨询的涉及面广，包含许多技术和政策的服务，若分步套用现有的标准，则又有费用相对较高、重复收费的问题。

(3) 咨询成果缺乏技术规范的要求。咨询服务的成果主要参照国家有关的技术规范和规定，但还缺乏对规划咨询技术行为的规范。如今在许多城市兴起的报批代理服务的行为，大多是个人行为和私营行为，缺少对这些人员技术规范的要求和培训。而且规划咨询的工作范围受到限制，许多方面的工作还未开展。以武汉市城市咨询服务中心为例，其工作的主要内容是用地规划咨询和规划方案咨询，为建设方和土地部门提供规划设计条件和对设计方案进行评析，而对项目的可行性研究、项目策划、市场咨询、专项规划咨询、建筑单体设计咨询等方面的工作还有待开展。

(4) 缺乏相关的监督机制，与行政管理的衔接缺少程序管理。目前对规划咨询机构缺乏相应的监督机制和行之有效的评定办法。咨询机构和行政管理的衔接处于一种“半游离”状态，没有衔接的程序，不利于管理的规范化，容易滋生腐败。

5 规划咨询业发展的几点思考

规划咨询事业在我国是一个新鲜的事物，需要不断地探索和开拓，它的产生是我国城市规划事业发展的方向。对于城市规划咨询业的发展，笔者认为应从以下几个方面努力：

(1) 完善规划咨询机构设立和管理的规定。设置相应的“准入”门槛，可比照其他设计机构管理的办法采取分级审批、分级管理的方式，使我们的规划咨询机构有较高的起点。

(2) 规范行业和市场管理。建立良好的市场规则，正确处理好规划咨询与规划设计和工程咨询等方面的关系，相辅相成，相互促进。

(3) 建立完善的制度。认定规划咨询成果，可借鉴土地评估成果备案制度，规划咨询机构对出具的报告负责。行政管理部门应从行业管理的高度，积极引导规划咨询业的发展，建立相应的反馈和监督机制。对从业人员的管理也应制定相应的上岗资格认定制度，建议采取执业制度，提高从业人员的素质，规范从业人员的行为。

(4) 规范技术标准。考虑到这项事业处于起步和发展阶段，标准的制定应有一定的超前性和灵活性。

（5）加强学习和研究。城市规划咨询机构应该是城市规划学术领域的“领跑者”，应该清楚本专业和相关专业发展的最新动态。当前主要是要加强对城市的基础研究和对市场的研究，特别是对土地市场和房地产市场的研究。

（6）加强信息化建设。城市规划咨询业是一个大众行业，应该自己最大化地面向社会、面向建设方。在知识经济时代，网络技术已经成为任何事业发展的载体。建立一个高效的信息网络，最大限度地获取各种信息，是咨询机构自身发展的需要。不了解市场的动态发展，咨询就没有生命力。市场经济下的城市规划咨询应先知先觉，利用高新技术，随时了解市场的动态，始终跑在市场的前面，引导市场朝着健康、持续的方向发展。

（7）充分发挥城市规划咨询的社会效应。规划咨询应积极参与政府的有关城市研究和行业行政法规的制定，为地方城市编制与实施规划法规提供咨询意见。武汉市在这方面进行了一些尝试，今年武汉市咨询中心介入了武汉市规划局的两个课题的研究——“用地开发强度研究”和“城市建筑基本色调研究”，为行政管理规定提供了科学的依据，同时也锻炼了技术队伍，扩大了行业的影响。

6 结语

城市规划咨询业正处于发展的关键时期，是规范化发展，还是任其无序的自由发展，关系到城市规划行政机构改革和行政审批制度改革能否顺利进行。要开辟一条新路，需要政府的大力支持，更需要从业人员的拼搏和奋进。

注：原文刊载于《规划师》2003年第11期。

七、城市勘测与规划信息化篇

基于摄影测量的规划执法在线监控技术创新研究

张文彤[1]　肖建华[2]　王厚之[2]　彭清山[2]　谭仁春[2]

(1. 武汉市规划局；2. 武汉市勘测设计研究院)

提　要：本文介绍了武汉市规划局在规划执法工作中提出利用3G无线视频监控技术和测绘近景摄影测量技术研制规划执法在线监控平台的思路，并具体介绍了平台研制的内容、实现的功能和应用的效果。实践证明，新技术和新成果的应用创新了规划执法工作方式，提高了执法效率。

关键词：3G；无线视频监控；近景摄影测量

2008年6月30日，武汉市人民政府第38次常务会议审议通过并公布武汉市人民政府令第189号《武汉市控制和查处违法建设办法》(简称《办法》)，自2008年9月1日起施行。《办法》进一步强化了职责权限和责任分工，完善了巡查控管机制，立足于违法建设的快速发现和快速处置，强调了综合治理，有望从根本上治理违法建设这一城市顽疾，有利于城市经济建设和社会健康有序发展。

近年来，武汉市规划局在规划批后管理方面不断强化制度建设，抓源头治理和巡查控管，通过加强放线、灰线检测、验线、底层和标准层建设、规划验收等重要节点的管理，使违法建设得到有效控制。但是，随着城市建设的发展，建设项目的日益增多，执法工作量的加大与执法人员配备不足的矛盾日益突出，常规的现场巡查等批后管理手段远不能满足执法工作的需要，违法建设也呈现出隐蔽性强、不易发现、发现后不易拆除的特点。针对客观存在的取证难、取证周期长和执法被动等实际情况，规划执法工作迫切需要上新手段和新措施。

随着无线通信技术特别是3G技术的发展，视频监控应用摆脱了传统有线网络的地域限制，使得对建设项目工地实行远程在线视频监控成为可能。随着摄影测量技术特别是地面近景摄影测量技术的发展，使得普通照相(摄像)机能够代替专业传感器来获取立体像对，完成立体量测。这些技术的发展为规划执法在线监控工作的技术创新提供了支撑。

武汉市规划局为了全面加强控违和查违工作，利用GIS(地理信息系统)、近景摄影测量等先进技术，在国内率先实现对批后建设项目实施24h在线定量精准监控，使违法建设从此无处藏身。

1　技术创新思路

武汉市规划执法在线监控技术创新的指导思想为以深入贯彻落实科学发展观，积极构建社会主义和谐社会为指导，通过利用GIS(地理信息系统)、视频监控、近景摄影测量及现代网络技术建立“规划执法在线监控系统”在线定量监测建设项目，快速、全面、准确地发现和制止违法建设行为，维护城市规划的严肃性、权威性，促进城市建设科学、有序、和谐发展。

技术创新的工作目标是利用GIS技术整合基础地理信息、规划审批等信息，利用视频监控技术和无线网络传输技术建设在线监控系统，利用近景摄影测量技术实现立体量测，并在此基础上，建立起远程在线监控管理系统和工作平台，实现规划执法的实时监控、违法预警的工作目标。具体分为4个方面：①基于GIS技术实现建设项目的可视化管理；②基于视频监控技术实现建设项目的实时监控管理；③基于近景摄影测量技术实现建设项目的定量监测管理；④基于SMS技术实现建设项目的违章预警管理。

2 创新技术手段

2.1 基于 GIS 技术实现建设项目的可视化管理

（1）制作电子地图

利用武汉市规划局现有地理空间信息资源，提取相关要素信息，结合本项目对电子地图的需求，编制适合本项目系统使用的公开版电子地图。为满足本项目平台的无缝浏览和无级缩放要求，设计并编制3套不同比例尺的电子地图作为基础地图。

（2）定位建设项目

为实现建设项目的可视化集成管理，需在编制基础地图的基础上，对建设项目的定位空间数据进行采集，即在大比例尺地形图上采集建设项目范围线，并进行封闭构面，形成建设项目的空间数据，作为系统专题图层管理。

（3）信息集成与建库

建设项目都有相应的属性信息和资料图件，包括规划红线、设计方案、施工方案等。在建设项目空间数据的基础上，收集、整理各个建设项目的相关属性信息和资料图件，导入数据库进行集成管理，并通过数据库主键形式与建设项目空间数据进行关联，满足系统对建设项目的各种查询统计应用。

（4）定位监控摄像头

本项目将在建设项目的塔吊上安装监控摄像头，并对已安装的监控摄像头进行可视化管理。在基础地图基础上，采集所安装监控摄像头的定位点数据，形成监控摄像头空间数据，作为专题图层管理，并对监控摄像头定位点数据按照建设项目进行编号管理。

（5）开发集成管理模块

集成管理模块主要负责建设项目、监控摄像头空间数据和相关属性信息的录入、管理、查询统计等应用，保障系统数据的及时更新，同时记录建筑过程中的各类信息，做到全过程跟踪管理。主要实现建设项目属性信息的录入、修改，以及建设项目信息查询和建设项目违法情况统计分析等应用(图 1)。

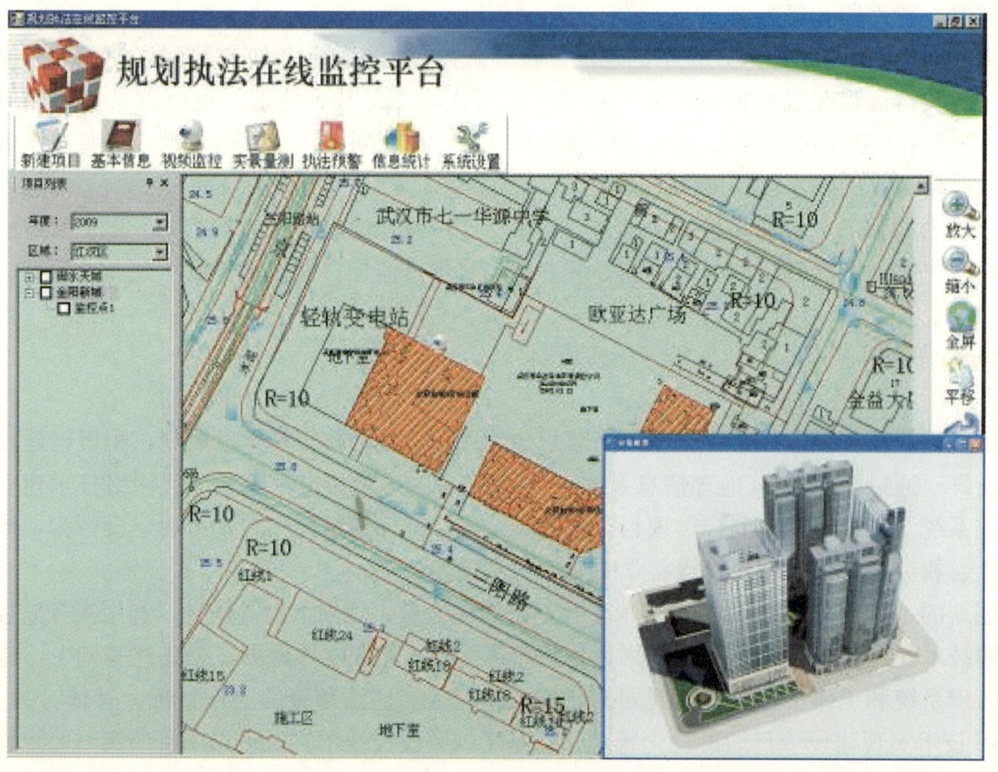

图 1 建设项目的可视化管理

2.2 基于视频监控技术实现建设项目的实时监控管理

（1）制订设备安装方案

经实地考察和研究，确定将监控设备安装到工地塔吊的控制室下方，安装位置比施工建筑顶层高出10m左右。同一塔吊上安装2个相同型号的监控摄像头，2个摄像头安装在同一高度，彼此相隔一定距离，对同一施工现场进行拍摄。同时考虑安装防水、防雷设备，以及接入电源等问题(图2)。

图2 设备安装现场

（2）采购无线监控设备

采购项目运行所需的硬件设备，具体包括：网络高清摄像机、摄像机罩、无线视频服务器、解码器等。

（3）搭建视频传输网络

视频传输网络搭建工作主要包括现场和监控中心建设两部分(图3)。现场建设主要包括：

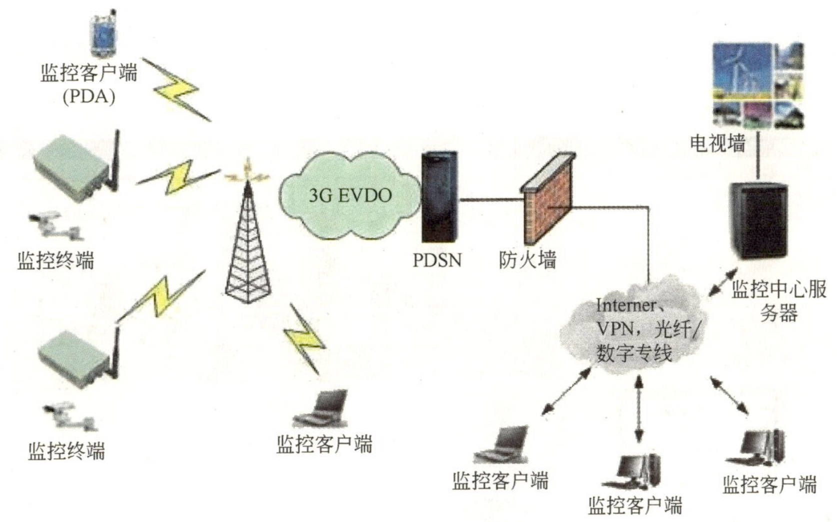

图3 无线视频监控结构图

① 一体化摄像机和枪式摄像机罩安装；

② 摄像机、解码器和视频服务器连接；

③ 购买198号段3G无线上网卡与视频服务器绑定；

④ 室外设备箱布线、安装。

监控中心建设主要包括：

① 布置固定IP互联网服务器；

② 开发服务器端视频监控软件模块。

（4）开发视频监控模块

视频监控模块的开发主要实现监控摄像头可视化管理、摄像头视频调度管理和摄像头远程控制管理(图4)。

2.3 基于近景摄影测量技术实现建设项目的定量监测管理

实景量测功能模块主要完成监控摄像头照片的获取、影像的量测和对比分析等功能。其主要流程是处理监控点获取两个相对的图片信息，然后利用摄影测量技术恢复立体影像在拍摄时的空间位置和姿态，从而可在影像上任意两点间进行量测。本模块主要实现以下功能应用。

图 4　无线视频监控应用

(1) 标定监控摄像机镜头

为了提高摄像机立体量测的精度，需对摄像机镜头进行标定，以获取镜头的精确参数(包括像主点坐标、主距、畸变差等)。相机标定采用基于纯平液晶显示器的标定方法，方便快捷，精度较高。如图 5 所示。

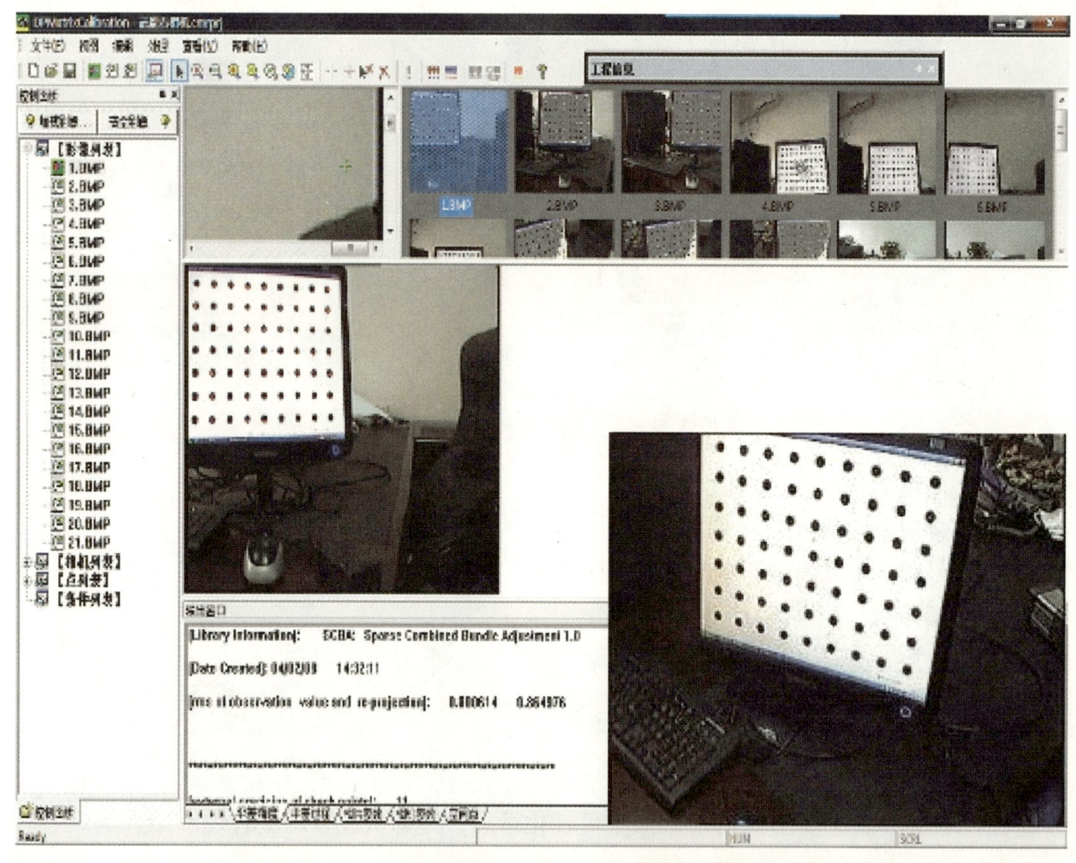

图 5　监控摄像机镜头标定

(2) 立体图像显示、操作及同名点量测

显示监控摄像头的立体影像和各种设计图。通过提供的同名点量测工具获取立体像对相对定向所需要的同名像点。

(3) 立体图像相对定向

利用已经量测的同名像点进行相对定向，获取立体像对的相片参数。

(4) 距离约束的相片参数优化解算

为了恢复像对在曝光时刻的准确关系，引入相对控制距离，并利用带距离约束条件的相对定向及平差算法获取可量测立体像对参数。

(5) 空间点立体交会及距离计算

获取准确的相片参数之后，可以利用前方交会算法计算同名像点的空间坐标，从而可以获取两点间的空间距离。提供已量测距离的显示和编辑功能，并根据设计值自动给出距离误差，若存在超限则可启动预警程序。如图 6 所示。

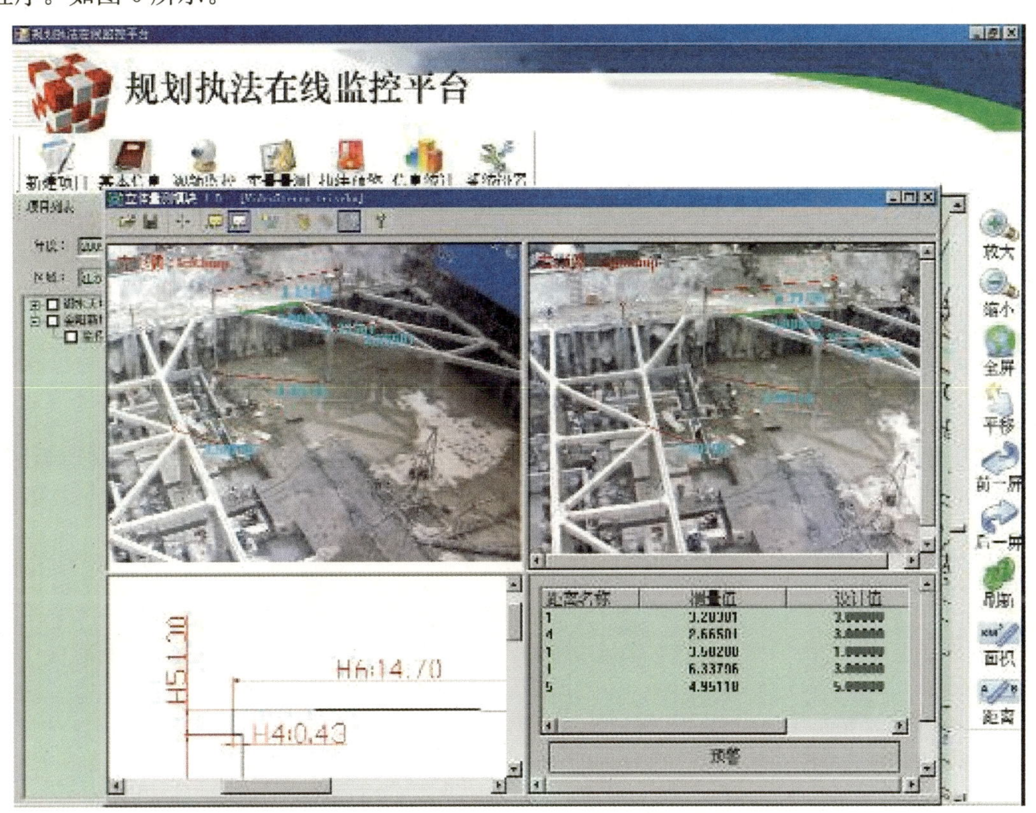

图 6 建设项目定量监测应用

2.4 基于 SMS 技术实现建设项目的违章预警管理。

(1) 监测分析

立体量测后，调用建设项目相关审批、设计或施工信息和资料，进行对照分析，及时发现监测指标超标现象，形成预警信号。

(2) 预警管理

当预警信号产生后，系统发出显著提示，并将相应预警信息存储到预警数据库中，方便存储和查阅管理。

(3) 预警发布

预警发布功能允许有相应权限用户将预警信息按照文本方式通过 SMS 方式发送到领导或负责人的手机，实现违章信息的预警发布机制。

3 创新应用效果

经过上述规划执法在线监测技术创新手段，武汉市初步搭建起规划执法在线监控硬件设备和网络环境，实现了远程视频调用和控制的应用目标；初步开发GIS集成管理模块、立体量测模块和预警分析模块系统软件，实现了建设项目信息集成、定量监测、对比分析和违章预警的应用目标。具体而言，武汉市规划执法在线监控技术创新达到了以下三个方面的应用效果。

3.1 先进性

规划执法在线监控技术创新利用高科技和新手段建立了“天上看、网上查、短信预警”的在线监控体系，实现规划执法工作的“管理手段现代化、执法对象可视化、监督管理常态化、违法处置程序化、处置结果公开化”。

3.2 时效性

通过规划执法在线监控技术创新，执法工作人员能在第一时间掌握全市建设项目的规划审批资料，做到项目随时在线查阅，各级领导也能通过该平台随时查看项目的建设情况和违法建设处理情况，大大提高执法工作效率。

3.3 经济性

规划执法在线监控的技术创新有效解决了执法人员和车辆严重不足的问题，减少了执法工作开支。同时，由于该系统的应用能及时发现并制止违法建设行为，也节约了大量人力资源和社会财富。

4 结束语

规划执法在线监控平台的研制是武汉市规划局在规划执法批后管理工作中的创新尝试，同时也为规划执法行业提供了借鉴和经验。经过几个月的试运行，初步达到对批后建设项目的威慑、监控和预警目标。实际应用中出现的新情况和新问题也为研制工作提出了新的挑战，下一步武汉市规划局还将继续完善规划执法在线监控平台功能，健全规划执法在线监控机制，使规划执法工作更加科学、高效。

参考文献

[1] http：//www. whkexun. com/product_view. asp? id＝30，2009. 3. 19.

[2] http：//www. vicom. com. cn/solution/CDMA1X/CDMAshipin. htm，2009. 3. 26.

[3] 建筑工地现场无线视频监控方案. http：//www. pjtime. com/2008/12/17777481. shtml，2009. 2. 29.

[4] “无线”视频监控技术持续“进步论”. http：//www. qianjia. com/html/2009-02/55462. html，2009. 4. 2.

[5] 李德仁，周月琴，金为铣. 摄影测量与遥感概论［M］. 北京：测绘出版社. 2001.

[6] 孙家柄，舒宁，关泽群. 遥感原理、方法和应用［M］. 北京：测绘出版社. 1997.

注：中国城市规划协会城市勘测委员会“城市勘测为城市规划管理服务技术交流会”主题报告，2009年8月，贵阳。

武汉市现代测绘基准体系建设

肖建华　李江卫　严小平　王厚之

（武汉市勘测设计研究院）

提　要： 本文介绍了武汉市现代测绘基准体系建设的基本情况，对 WHCORS 系统、高精度 GPS 控制网、精密水准网、区域似大地水准面精化分别介绍了数据处理和测试的有关情况。

关键词： 现代测绘基准体系；连续运行卫星定位服务系统；高精度 GPS 网；精密水准网；区域似大地水准面精化

1　概述

50 多年来，经过几代城市测绘人的不懈努力和拼搏进取，武汉市基本形成了一套较为完整的测绘基准体系，为经济建设和社会发展提供了可靠的高程和二维坐标基准。由于受当时科学技术的制约和其他历史原因的限制，武汉市在 20 世纪所建立的测绘基准基本上采用了 10^{-5} 量级精度、二维、非地心的局域定位和以地面网点传递为主的技术方式。随着测绘科技的不断进步和城市建设的飞速发展，武汉市现有测绘基准体系的缺陷和不足日显尖锐和严重，主要表现在：①覆盖范围有限，无法实现市域的全覆盖；②成果现势性较差；③平面和高程成果相分离，不便于使用；④高精度的卫星定位三维成果，与较低精度的、二维大地坐标框架不相匹配；⑤无法为社会日益增长的实时和动态定位需求提供基准保障服务；⑥武汉市两江三镇以及河流湖泊众多的独特地理特征使得长期以来高程基准无法形成整网和系统；⑦烦琐的低等级水准测量长期以来一直成为制约测绘生产部门解放劳动生产力、提高劳动生产率的瓶颈，成为构建信息化测绘体系前进道路上的绊脚石。

上述问题是武汉市现有测绘基准所无法回避和难以解决的。利用当今卫星定位技术的最新理论和技术，综合运用通信技术、精密几何水准测量技术以及大地水准面精化的最新研究理论和成果，建立和完成包括武汉市连续运行卫星定位服务系统(以下简称 WHCORS)、武汉市高精度 GPS 控制网、武汉市精密水准网以及区域似大地水准面精化等现代测绘基准体系，更好地服务于城市建设和经济发展，成为新时期武汉市城市测绘工作者的首要任务之一。

2　武汉现代测绘基准体系建设

武汉市现代测绘基准体系建设本着兼顾历史、着眼未来、满足需要的原则，在国家地理空间基准框架的基础上，结合客观实际，充分利用现代卫星定位技术、计算机技术、地球重力场最新理论和方法等技术手段，通过统一规划、精心组织，在全市域范围内建立了由大地基准、高程基准、重力基准以及连续运行卫星定位服务系统等组成的、与信息化测绘体系相适应的测绘基准框架。其各组成部分建设情况现分述如下。

2.1　WHCORS 系统

WHCORS 系统建设于 2005 年 3 月启动实施、2005 年 6 月完成。WHCORS 以 VRS 技术为核心，由 5 个永久性连续运行 GPS 基准站、1 个系统监测站和数据处理中心组成，平均站间距 41.8km，各基准站与系统数据中心采用带宽为 10MB 的城域网进行观测数据的实时传输，系统差分改正数据采用 GPRS VPN 和 GSM 两种通信方式向用户实时发送。

通过系统实时定位精度、空间可用性、时间可用性和设备兼容性等方面的大量测试表明：WH-

CORS系统实时定位平面精度优于3cm，高程精度为5.7cm；系统覆盖整个武汉市域和周边城市部分地区，覆盖面积约12000km²；系统对目前市场上的主流GPS接收机设备Trimble、Leica、Ashtech、Topcon、南方、中海达等具有良好的兼容性。

WHCORS建成后，不仅成为武汉市地籍测量、红线放样、管线测量、竣工测量、城市大比例尺地形图测绘与更新等日常城市勘测工作的主要手段之一，而且在武汉市新农村建设、武汉80万t乙烯项目、武汉火车站建设、绕城公路、全市初始地籍调查、城市网格化管理部件调查、王家墩中央商务区、轨道交通2号线建设等一大批国家和省市重大工程项目中得到了广泛应用。

2.2 武汉市高精度GPS控制网

武汉市高精度GPS控制网由框架网和全面网组成，全网共288点，其中框架网19点，含武汉IGS国际跟踪站和6个WHCORS基准站(另12点全部为强制对中观测墩)，平均间距31.6km；全面网由194个GPS水准点和75个C级GPS点组成，相邻点间距外环以内5～7km，外环以外7～10km。数据处理采用精密星历和GAMIT(Ver 10.31)、武汉大学编制的POWERNET科研版软件分别进行框架网、全面网基线解算和网平差。

(1) ITRF框架下的数据处理

武汉市高精度GPS控制网三维地心基准为ITRF97框架、2000.0历元，与国家GPS2000大地控制网的地心基准完全一致。框架网与国际和国内WUHN(武汉)、BJFS(北京房山)、KUNM(昆明)、LHAS(拉萨)、SHAO(上海)、URUM(乌鲁木齐)、SUWN和USUD等8个IGS跟踪站进行了联合基线处理。经过处理，框架网共300条重复基线(包括全球跟踪站)，全面网共2799条重复基线。整网基线向量重复性如表1所示。

武汉市高精度GPS网基线向量重复性统计表 表1

	南北方向 mm+10^{-8} *a* *B*	东西方向 mm+10^{-8} *a* *B*	垂直方向 mm+10^{-8} *a* *B*	基线长度 mm+10^{-8} *a* *B*
框架网	0.6 0.1	0.6 0.2	2.8 0.2	0.6 0.1
全面网	0.7 0.1	0.8 0.2	2.0 7.9	0.8 0.2
整体	0.7 0.1	0.8 0.2	3.1 0.2	0.8 0.1

框架网三维平差约束基准为WUHN、BJFS、SHAO。处理后框架网的平均边长为70.9km(框架网平差中所有独立基线的平均值，不统计与全球站相关的基线)，平均相对精度为0.017×10^{-6}，最弱边相对精度为0.036×10^{-6}，边长为35.2km。坐标分量在水平方向上的平均精度为0.0017m，大地高方向为0.0038m。最弱点水平精度为0.0016m，大地高精度为0.0046m。

全面网三维约束平差基以13个框架点为起算基准。平差后平均边长为18.7km(所有独立基线的平均值)，平均相对精度为0.138×10^{-6}，最弱边相对精度为1.357×10^{-6}，边长为2.2km。坐标分量在水平方向上的平均精度为0.0028m，大地高方向为0.0036m。最弱点水平精度为0.0054m，大地高精度为0.0060m。表2～表4反映了全面网边长相对精度和点位精度统计结果。

全面网三维约束边长相对中误差区间分布统计 表2

$<0.1\times10^{-6}$	$0.1\times10^{-6}\sim0.5\times10^{-6}$	$0.5\times10^{-6}\sim1.5\times10^{-6}$	$>1.5\times10^{-6}$
430	380	18	0

全面网三维约束点位精度统计 表3

	最大(m)	最小(m)	平均(m)
纬度方向	0.0040	0.0011	0.0019
经度方向	0.0037	0.0011	0.0019
大地高方向	0.0020	0.0060	0.0036

全面网三维约束点位精度区间分布统计　　表4

	0.000～0.003m	0.003～0.006m	>0.006m
纬度方向	264	5	0
经度方向	262	7	0
大地高方向	65	190	0

(2) 1954年北京坐标系下的网平差

为了保证高精度GPS网与武汉市城市平面坐标系统的融合，共联测了8个国家一等三角控制点，16个国家二等三角控制点。传统的1954年北京坐标系下的网平差采用的是将空间基线先投影到平面，然后在平面进行平差处理。在1954年北京坐标系和1980西安坐标系下的网平差中，我们创造性地采用了空间平差的方法，避免了由空间基线到平面基线投影变形对平差结果的影响，取得了较好的效果。

在二维约束平差之前，将联测的国家一、二等三角控制点的三维约束平差成果进行高斯投影，将投影后的平面成果与已知的1954年北京坐标系成果作二维相似变换，进行已知点兼容性检验，变换后残差(一般应小于5cm)较大的点其平面已知成果与其他已知点兼容性较差，该点不能作为平面约束的起算点。根据兼容性检验结果和点位分布情况进行了5种约束平差方案的优化比选，各种约束平差方案检核点较差分布统计如表5所示。

不同约束平差方案检核点较差分布统计表　　表5

方案	检核点					
	三角点		D级GPS点		Σ	
	点数	ΔS<5cm比例	点数	ΔS<5cm比例	点数	ΔS<5cm比例
17点方案	14	28.50%	28	71.40%	42	57.1%
15点方案	17	29.40%	28	89.30%	45	66.7%
14点方案	16	25.00%	28	89.30%	44	65.9%
12点方案	19	10.50%	28	57.10%	47	38.3%
10点方案	21	19.00%	28	53.50%	49	38.8%

从表5可以看出，15点方案平差结果点位精度均匀，平差前后城市控制点成果的兼容性和传承性较好，具有较高的外部符合精度。经讨论，1954年北京坐标系约束平差以15点方案作为最终平差方案。该方案点位精度统计见表6、表7。

1954年北京坐标系平差点位精度统计　　表6

	最大(m)	最小(m)	平均(m)
纬度方向	0.0094	0.0000	0.0044
经度方向	0.0091	0.0000	0.0047

1954年北京坐标系点位精度区间分布统计　　表7

	0～0.005m	0.005～0.010m	0.010～0.015m	>0.015m
纬度方向	206	82	0	0
经度方向	161	127	0	0

1980年西安坐标系下的二维约束平差其方法和处理过程基本与1954年北京坐标系下的约束平差方法和过程相同，在此不再赘述。

2.3 精密水准网

武汉市精密水准网覆盖整个武汉市市域，全网由626个水准点(含GPS水准点194点)、91条闭合环线、18条水准支线、8处跨河水准组成。观测水准路线222条，测段783个，总计水准里程

3291.1km。经过严密间接平差数据处理，1956年黄海高程系统和1985国家高程基准平差精度见表8。

精密水准网平差精度统计 表8

项目	1956年黄海高程系统	1985年国家高程基准
高差改正数加权平方和［PVV］	173.8279	147.1835
每公里高差中误差	±1.1792mm	±1.0808mm
最弱点高程中误差	±7.01mm	±6.23mm
最大高差改正数	−5.53mm	−4.70mm

2.4 区域似大地水准面精化

武汉市区域似大地水准面精化计算采用了164个高精度GPS点，其大地高精度均优于±0.006m，并全部联测了精密二等水准，平均空间重力异常计算采用了2939个重力点数据。在重力似大地水准面的计算过程中采用了如下技术和方法：

(1) 格网重力异常的内插和推估，通过移去—还原原理和SRTM高分辨率3″×3″数值地面模型，采用Airy-Haiskanen地形均衡归算。

(2) 地形均衡归算中的地形改正(即Helmert凝集层位所产生的引力影响)和均衡改正采用了顾及地球曲率的严密球面积分公式，积分半径为300km，地球重力场模型GGM02C作为参考重力场。

(3) 第二类Helmert凝集法完成重力大地水准面的计算。采用顾及地球曲率影响的严密球面积分公式各类地形位及地形引力的影响，即牛顿地形质量引力位和凝集层位间的残差地形位的间接影响以及Helmert重力异常由地形质量引力位和凝集层位所产生的引力影响，积分半径均采用300km。

重力似大地水准面与独立的164个高精度GPS水准资料比较的精度为±0.012m(表9)，利用球冠谐调和分析方法将重力似大地水准面与GPS水准联合求解的2′30″×2′30″格网似大地水准面其精度为±0.006m(表10)，均匀分布的30个独立GPS水准点外部检核精度为±0.007m(表11)。

GPS水准与重力似大地水准面高的比较(单位：m) 表9

点数	最大值	最小值	平均值	均方根	标准差
164	0.033	−0.045	−0.209	±0.210	±0.012

GPS水准与GPS似大地水准面高程残差统计(单位：m) 表10

点数	最大值	最小值	平均值	均方根	标准差
164	0.016	−0.018	0.000	±0.006	±0.006

GPS似大地水准面计算水准与二等实测水准的差值统计表(单位：m) 表11

点数	最大值	最小值	平均值	均方根	标准差
30	0.018	−0.014	0.001	±0.007	±0.007

3 现代测绘基准体系建设主要特点

武汉市现代测绘基准体系建设全过程中，始终坚持“立足创新”这一重要原则，顺应国际测绘基准新理论、新技术的发展趋势。在专家的精心指导下，通过全体参战人员的努力，形成了以下特点及创新点。

(1) 国内首次采用GPRS VPN方式进行CORS实时差分数据发播

武汉市连续运行卫星定位服务系统(WHCORS)在国内首次采用GPRS VPN方式进行实时数据发播。通过分配专用的APN(Access Point Name)，既保证了信道质量，同时有效增强了系统安全性。

(2) 国内首个点位精度优于 5mm 的高精度城市 GPS 网

在全市域范围内，高精度 GPS 网三维点位精度优于 5mm，其中点位坐标分量在水平方向上的平均精度为±2.8mm，大地高方向为±3.6mm，是迄今国内精度最高的城市网。

(3) 采用 Helmert 第二类凝集法计算城市大地水准面

计算重力大地水准面比较经典的有 Molodenskii 方法、Stokes 方法等。本项目以地球重力场模型 GGM02C 作为参考重力场，由第二类 Helmert 凝集法完成了似大地水准面的计算。在全市域范围内，重力似大地水准面与 164 个独立的高精度 GPS 水准资料比较精度达到 0.012m，为重力似大地水准面与 GPS 水准联合奠定了基础，是最终成果高精度的保证。

(4) 国际上首次提出并采用顾及地球曲率的严密球面积分公式进行地形改正和均衡改正计算

在利用第二类 Helmert 凝集法计算重力大地水准面中，考虑地形质量引力位和凝集层位所产生的引力直接影响，考虑牛顿地形质量引力位和凝集层位间的残差地形位的间接影响，地形改正和均衡改正均原创性地采用了顾及地球曲率影响的严密球面积分公式。而原有的方法均未考虑地球曲率影响，是近似解算方法。

(5) 采用严格的一维 FFT/FHT 卷积公式计算地形改正和均衡改正

由于重力异常的归算需要高分辨率 DTM 来计算相应的地形改正和均衡改正，如果采用传统的数值积分法需要大量的计算时间，难以完成大规模、高分辨率 DTM 的数据处理。因此，本项目为了减少和消除过去计算地形改正和均衡改正采用平面坐标形式的二维卷积公式引起的近似误差，发展了利用 FFT/FHT 技术计算地形改正和均衡改正的球面坐标形式的严格一维卷积公式。

(6) 国内覆盖范围最大、精度最高的城市似大地水准面

在 8549 余 km^2 的范围内，似大地水准面精化内符合精度达到±0.006m，精化外符合精度达到±0.007m，是迄今国内覆盖范围最大、精度最高的城市似大地水准面，也是国际上精度最高的区域似大地水准面之一。

(7) 球冠谐展开方法的 GPS 水准与重力似大地水准面的联合解

传统的 GPS 水准与重力似大地水准面的联合解方法是采用如多项式拟合、多面函数拟合等单纯的几何拟合方法。本项目中采用具有物理特性的、能有效逼近局部重力场的新概念和新方法——球冠谐拟合方法，克服了经典空域离散积分公式在理论分析上和实践上的局限性，更接近客观实际。

(8) 首次在城市网平差中引入空间平差方法

传统的 1954 年北京坐标系下的网平差和 1980 西安坐标系下的网平差采用的是先将空间基线投影到平面，然后在平面进行平面约束平差的处理。在 1954 年北京坐标系下的网平差和 1980 西安坐标系下的网平差中，在国内首次将空间平差方法运用到城市控制网数据处理中，避免了由空间基线到平面基线投影变形的影响，取得了很好的效果。

4 武汉市现代测绘基准体系成果应用前景

武汉市现代测绘基准体系的建设，不仅首次在全市域建立了与国家 GPS 2000 大地测量网相一致的三维地心基准，建立了覆盖全市域的高精度城市三维控制网，统一了全市二维平面基准和高程基准，可为全市各项测绘工作提供精确的定位基准，而且通过 WHCORS 和厘米级区域似大地水准面的结合应用，将极大地改善传统的平面和高程测量作业模式，提高作业速度和作业效率，大大缩短各种比例尺地理信息产品的生产和更新周期，有广阔的推广应用前景。

参考文献

[1] 肖建华. 为城市发展构筑动态空间基准框架. 城市勘测，2005(6).

[2] 陈俊勇. 我国大陆高精度高分辨率大地水准面的研究和实施 [J]. 测绘学报，2001，130(2)：952100.

[3] 陈军. 多维动态地理空间框架数据的构建 [J]. 地球信息科学，2002，(1)：7213.

[4] 魏子卿，黄维彬，杨捷中，等. 全国天文大地网与空间大地网联合平差 [J]. 测绘学报，2000，29(4)：2832288.

[5] 陈俊勇. 高精度局域大地水准面对布测 GPS 水准和重力的要求 [J]. 测绘学报，2001，30(3)：1892191.

[6] 施一民. 现代大地控制测量 [M]. 北京：测绘出版社，2003.

[7] Li Jiancheng，Dingbo Chao. Comments on two dimensional convolutions of the geodetic problems in planar and spherical coordinates. Submitted to Proceeding of Scientific Assemble of the International Association of Geodesy，IAG97，3-9 September，Brazil，1997.

[8] Chen Y Q，Luo Z C. Precise Determination of Hong Kong Geoid Using Heterogeneous Data. Technical Report. Department of Land Surveying and Geo-Informatics，The Hong Kong Polytechnic University，Hong Kong，2002.

注：原文刊载于《城市勘测》2007 年 6 月。

地质条件对武汉市地下空间开发的影响及分区评价

官善友[1,2]　朱锐[2]　高振宇[2]

(1. 中国地质大学(武汉)；2. 武汉市勘测设计研究院)

提　要：地质条件是影响城市地下空间开发的重要因素。本文分析了武汉市的地质构造、岩土工程地质性质、地下水、不良地质作用与特殊性岩土、地质灾害等地质条件对地下空间开发的影响，根据这些地质条件的分布、特征、对地下工程建设的影响程度，将武汉市主城区浅层地下空间开发地质适宜性划分为适宜区、基本适宜区和适宜性差 3 个大区，并进行了分区评价。

关键词：城市；地下空间；地质条件；适宜性分区；岩溶地面塌陷

1　引言

城市地下空间是指城市规划范围内地表以下的土层或岩层中天然形成或人工开发形成的空间。地下空间以岩土体为介质和环境，与以空气为介质的地面、上部空间存在根本差别，是地下空间开发成本高、技术难度大的主要原因[1]。因此，除城市的技术经济条件、发展历史及现状等因素外，地质条件对地下空间开发的安全和经济性起决定性作用[2]。

武汉市是中国特大城市之一，为国内重要的交通枢纽和工业基地、中部科教中心。其城市总体规划分为市域、城镇地区和主城三个层次，市域规划范围即武汉市行政区域，面积 8467km^2，其中主城规划范围以三环以内地区为主，面积约 850km^2[3]。随着国民经济的高速发展和城市建设的持续扩张，城市用地日渐紧张，成为制约城市发展的主要因素，因此，武汉市的地下空间开发十分必要，而且非常迫切。武汉市地铁 2 号线的开工建设，以及王家墩商务区地下空间规划实施，标志着武汉市主城区大规模、系统的地下空间开发已经拉开序幕。武汉市地质构造较复杂，岩土种类繁多、性质变化大，一级阶地地下水丰富，气候变化较大、降雨充沛，主城区隐伏碳酸盐岩分布较广，存在岩溶地面塌陷地质灾害，水土一定程度污染，及软土、膨胀土引发的环境工程地质问题[3]。第四系地层的工程地质性质、地下水的赋存状态与特征、岩溶及其引起的地面塌陷等地质条件是影响武汉市浅层地下空间开发安全和经济性的主要因素。

2　地质条件对地下空间开发的影响

武汉市主城区地处江汉平原与鄂东南丘陵、山地的交接地带，具有明显的丘陵—平原的地形特点，分为剥蚀丘陵、剥蚀堆积平原及堆积平原三种基本地貌类型。

2.1　地质构造

武汉市大地构造跨及扬子准地台和秦岭褶皱系两个一级构造单元[4]。以襄(樊)—广(济)深大断裂为界，中南部隶属扬子准地台的四级构造单元——武汉台褶束，北部为秦岭褶皱系之四级构造单元——新洲凹陷的南缘。区内断层较发育，主要为四组不同方向(北西西或近东西、北西、北北东、北东向)及不同性质(主要为逆断层、正断层、平推断层)和不同规模的断层，其中北西西向或近东西向、北西向断层较为发育。近期主要表现为和缓振荡式及以掀斜为主的构造运动，在第三系、第四系(全新统除外)均产生了新断层，典型的为青山红钢闸断层和阳逻水泥厂裂隙。武汉市未发现全新世活动断裂。如图 1 所示。

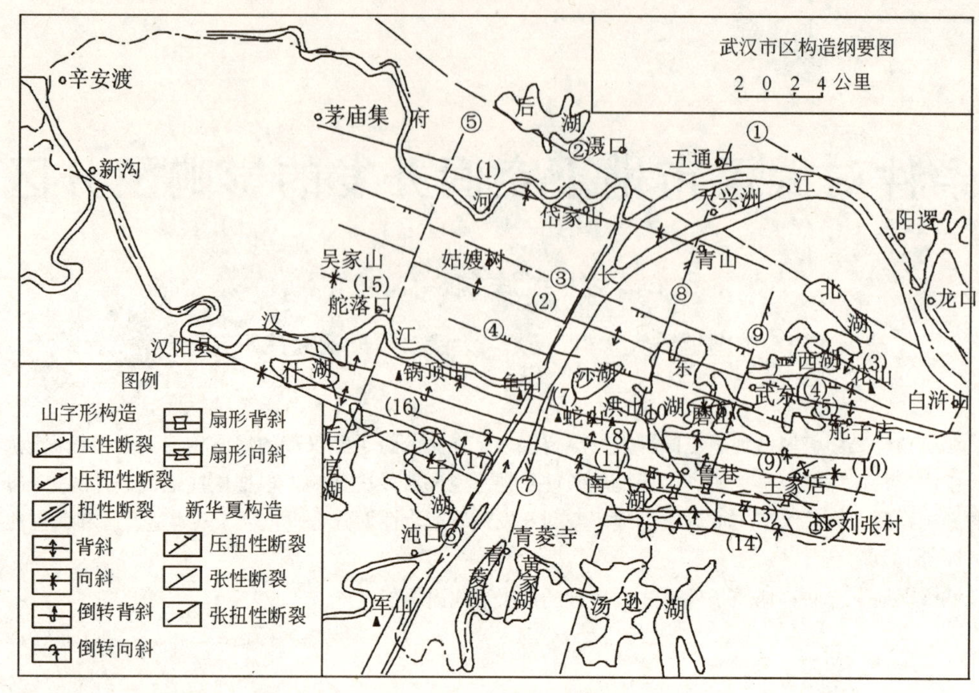

图1 武汉市区构造纲要图[5]

①模店—龙口压性断裂；②后湖—白浒山压性断裂；③武东压性断裂；④尤庙压性断裂；⑤舵落口压扭性断裂；⑥金口压扭性断裂；⑦青菱寺压扭性断裂；⑧五通口—汤逊湖压扭性断裂；⑨渝家湖压扭性断裂；⑩鲁巷张扭性断裂；⑪大屋李张性断裂；(1)茅庙集—青山复向斜；(2)汉口—葛店复向斜；(3)何董村背斜；(4)花山倒转向斜；(5)驼子店扇形背斜；(6)磨山向斜；(7)大桥倒转向斜；(8)王家店倒转背斜；(9)象鼻峰背斜；(10)蚂蚁峰向斜；(11)关山扇形向斜；(12)南湖—刘张村扇形背斜；(13)狮子山倒转向斜；(14)野芷湖倒转背斜；(15)吴家山向斜；(16)什湖—鹦鹉山背斜；(17)蔡甸—太子湖向斜

虽然武汉市区断层较发育，但均属第四系全新统以前构造运动形成的断层，且发育于下伏基岩，这些断层未发现有全新世活动迹象，不会对工程建设、地下空间开发造成较大影响。

2.2 第四系地层

第四系以来，武汉市地壳运动处于沉降时期，因此大面积沉积了第四系地层：下更新统冲洪积的砂砾石、黏性土；中更新统冲洪积的黏性土；上更新统冲洪积的砂砾石、粗砂、粉细砂、黏性土；全新统下部为冲积砂砾石、粗砂、粉细砂，上部为一套湖积—冲积形成的粉土、粉质黏土、黏土、淤泥质土、淤泥。武汉市主城区第四系地层主要分成三个区，即一般黏性土区、隐伏老黏性土区和老黏性土区，各区工程地质特征见表1。

第四系地层工程地质特征 **表1**

区	地貌及分布	主要地层岩性	地下水	工程地质特征
一般黏性土区	主要分布在一级阶地、河漫滩及二、三级阶地的坳沟区，以汉口地区及武昌、汉阳的沿江一线为主	地层具有明显的沉积相二元结构，表层为填土，上部为一般黏性土，厚度1～12m，其下粉土厚度为2～5m，局部大于5m；粉土、粉砂、粉质黏土互层顶板埋深6～12m，厚度3～5m。中部为厚度30～45m砂、砾卵石，由厚度为30～40m粉砂、细砂，逐渐过渡到中粗砂夹砾、卵石层（厚度为2～8m，局部缺失）；底部为基岩。局部地段人工填土、淤泥、淤泥质软土巨厚	填土中含上层滞水，砂土中含孔隙承压水，砂岩中含少量基岩裂隙水、灰岩中含裂隙岩溶水	上部填土、淤泥、淤泥质土及软黏性土强度低，淤泥、淤泥质土及软黏性土易触变；砂土承载力相对较高，但地下水丰富，易坍塌。底部基岩工程性质良好，灰岩中岩溶较发育
隐伏老黏性土区	分布在青山区、东西湖区，地形平坦，局部地形相对低洼，形成湖区	表层一般为厚度不大的松散填土，上部5～10m主要为软—可塑黏性土，中部以硬塑老黏性土为主，下部以砾质砂土为主。底部基岩主要为白垩—下第三系砂岩、砂砾岩、泥岩	填土中含上层滞水，砾质砂土中含孔隙承压水，砂岩、砂砾岩中含少量基岩裂隙水	上部填土强度低，软—可塑黏性土强度一般；老黏性土强度较高，但遇水易软化，易产生崩塌现象；砾质砂土承压水较丰富，易坍塌变形。底部基岩工程性质良好

续表

区	地貌及分布	主要地层岩性	地下水	工程地质特征
老黏性土区	分布在武昌、汉阳大部分地区，地形较平坦，部分地段波状起伏，相对高差5～15m，局部地势低洼，形成湖区	表层一般为厚度不大的松散填土和软—可塑黏性土，其下为硬塑老黏性土、局部夹碎石，下部基岩以志留系砂岩、泥岩为主，局部为三叠系灰岩和泥盆系石英砂岩。中南路一带老黏性土下部分布有碎石、卵石及砾质砂土	填土中含上部滞水，卵石及砾质砂土含承压水，砂岩及石英砂岩含少量基岩裂隙水，灰岩中含裂隙岩溶水	上部填土强度低，软—可塑黏性土强度一般，老黏性土强度较高，但遇水易软化，易产生崩塌现象；碎石、卵石及砾质砂土强度高，但卵石、砾质砂土承压水丰富，易坍塌。底部基岩工程性质良好；灰岩中岩溶发育

2.3 地下水

2.3.1 地下水类型

武汉市区被长江、汉江分割，形成三个大的相对独立的水文地质单元，各单元发育的地层岩性有所不同，相应形成不同的地下水赋存空间。根据地下水的赋存状况，将武汉市区地下水分为四种类型、八个含水岩组。如表2所示。

武汉市区地下水类型及含水岩组划分[3] **表2**

地下水类型	含水岩组	水文地质参数
松散岩类孔隙水	全新统孔隙上层滞水含水岩组	—
	全新统孔隙潜水含水岩组	渗透系数0.26～0.67m/d[6]
	全新统孔隙承压含水岩组	渗透系数10.10～32.48m/d
	上更新统孔隙承压含水岩组	渗透系数1～15m/d
碎屑岩类裂隙孔隙水	上第三系裂隙孔隙承压含水岩组	渗透系数2.06～15.64m/d
碎屑岩类裂隙水	白垩—下第三系裂隙承压含水岩组	单井涌水量10～100m^3/d
碳酸盐岩裂隙岩溶水	三叠系下统碳酸盐岩裂隙岩溶含水岩组	单井涌水量65.6～5182m^3/d[6]
	石炭系上统—二叠系下统碳酸盐岩裂隙岩溶含水岩组	渗透系数0.15～3.09m/d[6]

2.3.2 地下水对地下空间开发的影响

地下水对地下空间开发的影响主要有：

(1) 在地下工程施工过程中，浅部上层滞水、潜水因水动力条件发生改变，易发生入渗、流土、流沙，影响地下工程施工，甚至造成基坑边坡失稳、基坑周边地面沉降，严重者影响邻近建筑物安全。

(2) 第四系全新统、上更新统孔隙承压水具有承压性，当地下工程施工减小上覆不透水层厚度，或揭穿承压含水层时，易造成承压水突涌和管涌，影响地下工程基底、围护结构和周边环境的安全。

(3) 碳酸盐岩裂隙岩溶水受裂隙、构造、连通性控制，富水性差异较大。发育于向斜核部、背斜两翼的裂隙岩溶水一般具有承压性，易造成地下水突涌、管涌等突发性安全事故。

(4) 地下水对地下结构产生巨大的浮托作用，如防水措施或抗浮措施不当，可能造成地下工程结构破坏，影响其安全运营[2]。

2.4 不良地质作用与特殊性岩土

与地下空间开发密切相关的不良地质作用主要是岩溶，及其引发的岩溶地面塌陷地质灾害，特殊性岩土为软土和膨胀土。

2.4.1 岩溶及岩溶地面塌陷

武汉市主城区分布有近东西向条带状隐伏碳酸盐岩(石炭系上统黄龙组灰岩、二叠系下统栖霞组灰岩和三叠系下统大冶组灰岩)，且多呈紧闭型褶皱，厚度均不大[3]。岩溶较发育的地层以栖霞组中～厚层灰岩为主，其次为黄龙组和大冶组灰岩。岩溶发育的深度从基岩面直至－100m以内，最深者达－127.5m；其间可划分为3～5个溶洞层，每层溶洞高度0.5～10.0m不等；局部岩溶连通性较好，特别是碳酸盐岩和碎屑岩的不整合接触部位。当碳酸盐岩上覆第四系松散砂土，且碳酸盐岩与土层接触面附近地下水动力条件发生改变时，易造成岩溶地面塌陷。武汉市已发生 12 起岩溶地面塌陷地质灾害，且大部分集中在沿长江一带(图 2)。岩溶及岩溶地面塌陷对地下空间开发的影响[1]主要有：

(1) 溶洞顶板厚度不足，易发生顶板塌陷造成地下工程地基突然失稳，丧失承载力。

(2) 岩溶形态复杂，溶洞分布无规律，灰岩岩面交错起伏，地下工程施工困难，在施工现场及周围经常造成塌陷。

(3) 第四系孔隙承压水和岩溶水水力联系密切，地下工程施工开挖止水和疏干排水难度非常大。

(4) 地面塌陷对地下工程的结构安全将造成较大影响。

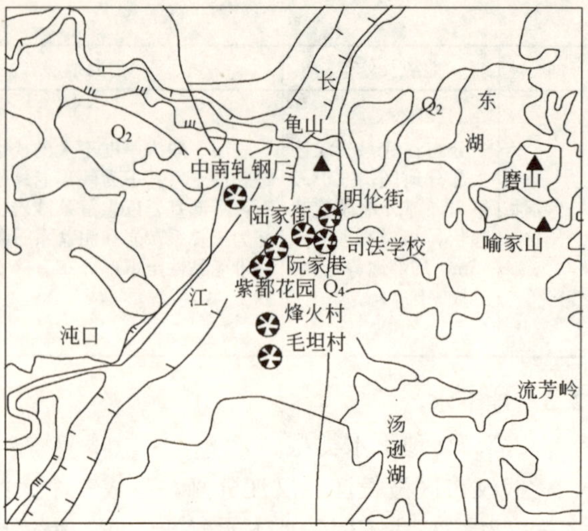

图 2 武汉市主要岩溶地面塌陷分布示意图[3]

2.4.2 软土

武汉市区一级阶地广泛分布淤泥质土、淤泥等软土，厚度 1.5～18.5m，局部厚达 35.0m 左右；二、三级阶地坳沟区分布有厚度 1.0～15.0m 的软土[3]。软土具有高含水量、低强度、高压缩性、流变性、触变性等特点，在地下工程建设过程中易引发基坑失稳、滑移或坑底剪切隆起；当大幅度降低地下水水位，或基坑止水不当、造成浅部水土流失，易引发局部地面沉降；易造成抗浮桩偏位过大、断桩、缩径等桩基质量事故；在强地震时，易产生软土振陷等。这将对地下空间开发造成较大不利影响。

2.4.3 膨胀土

武汉市区二、三级阶地广泛分布第四系上、中更新统，部分地区分布下更新统老黏性土，局部有弱膨胀性，具有遇水膨胀、失水收缩、遇水软化等特点，对地下工程建设的影响主要表现在：

(1) 如地下水处理不当，易造成基坑边坡失稳。

(2) 遇水膨胀、失水收缩的工程性质，对地下工程结构将产生不利影响。

3 地下空间开发地质适宜性分区评价

3.1 适宜性分区原则

地下工程深埋于地表之下，地下工程的建设将改变区域的地下水边界条件和岩土的应力分布。武汉市地质条件复杂，具有多样性、不确定性和变异性的特点，浅层地下空间主要在第四系松散沉积层或风化层中，地下工程建设主要涉及岩土体支护、加固和地下水处理、地质灾害预防和最大限度减少对周边环境的影响。武汉地区明挖法地下工程施工突发安全事故主要表现为支护结构失效、软土滑移、老黏性土遇水软化造成基坑支护结构失稳，地下水突涌、管涌造成不均匀沉降或承载力丧失等。发生这些突发安全事故的原因主要有勘测资料不准、基坑支护和地下水处理方案考虑不周、地下水引起的破坏、施工中存在的问题导致基坑失事等，且绝大多数与地下水有关。

武汉市地下空间主要分布于繁华的主城区，施工工艺目前普遍采用明挖或盾构的施工方法，部分采用逆作法或矿山法施工。因此，影响地下空间建造地质适宜性分区的主要因素是：地形地貌、第四系土层的工程性质(包括地基土的特性、土体结构和分布规律等)、不良地质作用与特殊性岩土、地下水等，即拟开发地下空间地块的地质条件和施工条件对工程建设的适宜性。

3.2 分区评价

根据上述主控因素的分布规律、对地下工程建设影响的方式和强度，以及武汉市区地下工程的施工工艺特点，将武汉市主城区地下空间开发地质适宜性分为三个大区：Ⅰ区为适宜区，Ⅱ区为基本适宜区，Ⅲ区为适宜性差区(表 3、图 3)。

地下空间开发地质适宜性分区及评价 **表3**

分区代号	岩土体工程性质		地下水	不良地质作用	适宜性评价	
					适宜性	施工方法及需注意的问题
适宜区（Ⅰ区）	基岩出露区、老黏性土、隐伏老黏性土区；岩土体承载力较高、压缩性低、抗剪强度较高，工程性质好		地下水贫乏，表层人工填土含季节性上层滞水，易于疏干	不良地质作用不发育	地质条件良好，适宜兴建各种形式的地下工程	可采用明挖、暗挖和盾构法等施工工艺。常用的明挖施工方法有放坡、喷锚、桩锚等。在采用浅埋暗挖施工手段时，应注意岩土体中软弱夹层的不良影响
基本适宜区（Ⅱ区）	以一般黏性土为主，软土（淤泥或淤泥土）厚度不超过15m。岩土体承载力一般、压缩性中等、抗剪强度较低，工程性质一般		砂层中孔隙水具有承压性，水量较大；表层填土含季节性上层滞水，易于疏干	不良地质作用不发育	地质条件一般，采取适当的处理方法加固或支护软土和采取适当的地下水处理措施后，可兴建各种形式的地下工程	对于明挖基坑，应做好软土的支护、加固及地下水处理工作，防止侧壁坍塌，出现流沙、管涌等。采用盾构法或矿山法，应采取可靠措施，防止上部软土坍塌或基底隆起，并做好地下水处理工作
适宜性差区（Ⅲ区）	深厚软土区（Ⅲ$_1$区）	以软土（淤泥或淤泥土）为主，厚度超过15m。岩土体承载力低、压缩性高、抗剪强度低，工程性质差	砂层中孔隙水具有承压性，与长江水力联系密切，富水性好；表层填土含季节性上层滞水，易于疏干	不良地质作用不发育	地质条件较差，地下工程建设应采取合理的施工工艺和防排水措施	明挖常用的支护方法有：桩锚、桩撑、SMW工法、地下连续墙等。对于浅埋暗挖工程，应严格控制软土塌陷问题，同时应做好降、排水工作
	潜在岩溶地面塌陷区（Ⅲ$_2$区）	上覆第四系松散～稍密砂土、粉土，隐伏型灰岩埋深一般小于30m	孔隙水与地表水有直接水力联系，止水、排水困难，裂隙岩溶水丰富	岩溶发育	地质条件差，地下工程建设存在安全隐患	局部已多次发生地面塌陷、施工机械陷落等安全事故。明挖基坑开挖深度较大时，地下水处理困难，基岩稳定性差，地下工程造价高昂，施工中易引发岩溶地面塌陷，应采取有效措施防治

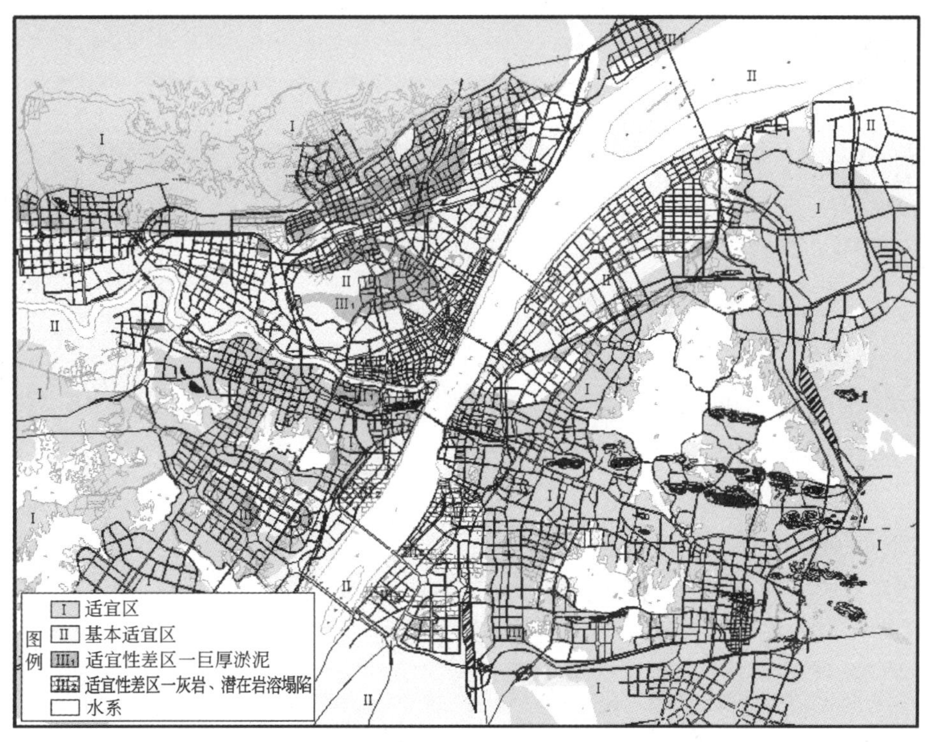

图3 武汉市主城区地下空间开发地质适宜性分区图

4 结语

武汉市地质构造较复杂、岩土性质变化大，主城区有隐伏碳酸盐岩分布，气候变化较大、降雨充沛、地下水较丰富。除考虑经济、文化、发展历史和现状外，还必须考虑这些地质条件对地下空间开发的影响，努力构建资源节约型、环境友好型城市，做到人类工程活动与自然地质环境和谐共存。

武汉市位于平原与丘陵的交界地段，岩溶与岩溶地面塌陷、软土、地下水是影响其主城区地下空间开发的主要地质因素。根据这些主控因素的分布、特征、对地下工程建设的影响程度，将武汉市主城区浅层地下空间开发地质适宜性划分为适宜区、基本适宜区和适宜性差 3 个大区，其中适宜性差区进一步分为深厚软土区、潜在岩溶地面塌陷区 2 个亚区。适宜区地质条件良好，适宜兴建各种形式的地下工程；基本适宜区地质条件一般，在地下工程建设过程中应采取有效措施进行软土和地下水处理；尽量避免在潜在岩溶地面塌陷区规划大型地下工程。

参考文献

[1] 傅炜. 地下空间开发中面临的环境岩土工程问题的研究及对策 [J]. 建筑施工，2004，269(2)：153～155.

[2] 廖建三，彭卫平，林本海. 影响广州市浅层地下空间开发利用的地质因素分析及分区评价 [J]. 岩石力学与工程学报，2006，Vol. 25 Supp. 2.

[3] 官善友，庞设典，龙治国. 论武汉市环境工程地质问题 [J]. 工程地质学报，2007，Vol. 15 SUPPL：186～190.

[4] 湖北省地质矿产勘查开发局．武汉市基岩地质图说明书(1：50000). 1990.

[5] 湖北省武汉市水文地质工程地质大队. 湖北省武汉市区水文地质工程地质综合勘察报告 [R]. 1989.

[6] 宁国民，陈国金，徐绍宇，肖音. 武汉城市地下空间工程地质研究 [J]. 水文地质工程地质，2006 年，第 6 期.

注：原文刊载于《工程勘测》2008 年第 9 期。

八、数字武汉与城乡规划信息化篇

武汉市三维数字地图系统公共平台建设规划

张文彤[1]　盛洪涛[1]　李宗华[2]

（1. 武汉市规划局；2. 武汉市规划土地管理信息中心）

提　要：建立三维“数字地图”是“数字城市”建设的深入和发展，是城市信息化建设的一个重要方向。本文介绍了基于三维数字城市技术的武汉市三维数字地图系统建设的一些设想、主要内容及初步成果。

关键词：武汉；三维数字地图；公共平台

1　概述

三维“数字城市”是当今世界“数字城市”建设的前沿课题，是国家重点关注和支持的高技术领域之一，是网络信息时代城市数字化管理的发展方向。随着武汉市社会经济和城市建设的快速发展，对城市空间信息化管理的要求越来越高，传统的二维数字地图已不能满足城市三维空间管理的需要。在“十五”期间，武汉市在全国率先建成了“数字武汉”二维空间数据基础设施，以此为基础，2005 年底，我局顺应时代发展要求，提出建立武汉市三维数字地图系统公共平台，为武汉市经济社会服务。

三维数字地图也称三维数字模型，是将自然地形、地貌、环境、道路、建筑以及重大基础设施等城乡自然和人文要素，通过划分模型单元和管理对象，进行平面、高程、结构、纹理等数字化处理，按照统一坐标无缝拼接而成的可视化三维数字模型。三维数字地图在真实表达城乡三维空间要素的基础上，通过增加时间维度和社会经济等信息，构成融空间、时间和社会经济信息为一体的网络化多维数字城市信息平台。

2　系统建设目标与主要内容

2.1　建设目标

武汉市三维数字地图系统建设的总体目标是用 3～5 年时间建立覆盖武汉市域的多尺度三维数字模型数据库并进行集成动态管理，建立服务于城市规划设计与审批、城市建设和运营管理的多维数字城市信息平台，提高城市信息化水平，进一步增强城市信息共享和服务能力，推进城市现代化进程。

具体来讲，系统建设需要达到以下 4 个方面的目标要求。

(1) 提供城市虚拟仿真数字化环境。三维数字地图系统要采用先进的三维地理信息系统技术(3DGIS)、虚拟现实技术(VR)、数据压缩技术、计算机技术和网络技术等多种高新技术，集成城市多源、多尺度、多时态三维空间信息，实现海量数据的动态交互式浏览、空间分析和模拟，提供真实城市物质空间环境的数字化模拟。

(2) 支持网络环境下的互操作。基于网络技术的三维数字地图系统，要提供对城市空间的无缝管理，可以同时支持多种网络环境下的并发操作。

(3) 成为城市管理的三维空间基础平台。三维数字地图系统要利用全市域的宏观地形地貌、河流水系等空间信息，利用城区和重点地区的空间骨架和城市形态等信息，利用街区、单体建筑、市政设施及景观设施等详细信息，建立一个开放式的空间协同信息系统，成为城市各种管理活动的三维数字空间基础平台，城市行政管理部门及应用单位仅需要在此平台上进行二次开发，即可满足其业务管理研究需要。

(4) 成为城市公共服务产品。三维数字地图具有多维信息处理、表达和分析的特点，在城市规划、网格化管理、智能交通、应急指挥、防灾减灾、数字旅游、电子商务与小区管理等方面有着十分广阔的应用，特别是在空间信息的社会化服务中，三维数字地图要发挥不可替代性的作用。

2.2 建设内容

三维数字地图项目的主要建设内容包括研究三维数字城市空间模型标准，建立全市域多尺度三维模型，开发用于城市规划、建设和运营管理的真三维空间信息平台，简称“四图一系统”建设。其共分为模型建库和系统开发两部分。

模型建库。“四图”建设包括在研究编制三维数字地图制作标准的基础上，制作四张数字图，具体如下。

第一张图，框架模型：DEM＋DOM＋建筑体块＋注记；

第二张图，基础模型：基本反映建筑外观，建筑分辨率在 2.0m 左右；

第三张图，标准模型：真实反映建筑外观，建筑分辨率在 1.0m 左右；

第四张图，精细模型：精确反映建筑外观，建筑分辨率在 0.3～0.5m。

系统开发。“一系统”建设是指研制开发三维数字地图集成管理与发布平台，开发城市规划决策支持系统。

3 实施技术路线

收集整理城市多源、多精度数字正射影像数据、数字高程模型数据和 2D 建筑数据等，采用地形地貌建模软件，建立城市框架模型；利用 1∶2000、1∶500 高精度 2 维地图数据，以及外业采集的高程数据、纹理数据等，采用通用建模软件，建立基础及以上级别的城市模型；采用和开发基于 WEBServices 技术的运行于网络环境下的 VRGIS 软件进行三维数据集成管理，提供三维数字地图的高效无缝拼接、任意裁剪、替换、更新、快速任意漫游、查询量算和智能分析功能，建立三维数字地图系统平台，提供行业在线调用接口，为城市各行业提供三维空间信息服务；开发城市规划决策支持系统，辅助城市规划空间管理，提高规划审批效率与水平。

4 主要应用领域

武汉市三维数字地图系统的主要应用至少包括以下几个方面。

(1) 城市规划。以城市现状三维虚拟环境为基础，通过对规划蓝图和建设项目的真实模拟与比较分析，领导及规划人员可实时互动地在三维空间审查规划方案和建设项目效果，优化设计方案，选择适宜方案，为城市规划设计、管理提供辅助决策服务。

(2) 交通管理。当前的城市交通管理趋向于立体化、系统化和智能化，三维数字地图系统提供了真实城市的仿真数字化模拟环境，利用该环境，可以对城市交通网络、交通换乘、交通组织方式、道口管理等方面工作进行模拟、优化和直观的监控，提高城市交通建设、引导和控制水平。

(3) 城市综合管理。以三维数字地图系统为基础，集成城市设施、部件、地上地下管线和城市动态监控等信息，可突破平面管理的局限，在三维空间管理城市对象，统筹空间资源建设，为城市网格化管理和运营管理提供真实的三维空间平台。

(4) 防灾减灾与应急指挥。通过对三维空间要素和人口、经济、社会等属性数据库的管理，利用空间智能分析工具，可为公安、消防、安全、防灾减灾与应急指挥提供预案，减少城市损失，提高城市抗风险能力。

(5) 城市推介。通过将城市时空信息数字化，建立城市的三维虚拟环境，对城市空间要素进行多维信息管理，可数字再现城市发展历史、展示城市发展形象和未来分阶段发展蓝图。

(6) 公众参与。三维数字地图系统可通过大屏幕或互联网对大型重要建设项目进行互动公示，征集公众意见，改进和完善政府工作，推进决策社会化。

(7) 商业服务。三维数字地图系统提供了城市级的各类空间要素信息，这些分类或复合信息可广泛应用在电信、电力、银行、邮政、商业、设计、广告等企业的管理和产品中，实现社会化服务。

5 初步成果

到目前为止，武汉市三维数字地图系统建设已取得一些初步成果，建立了城市基本三维框架(图 1、图 2)和一些地区的三维模型(图 3、图 4)。

图 1 武汉长江、汉江交汇处

图 2 武汉东湖一景

图 3 西北湖景观

图 4 城市花坛

6 未来展望

武汉市三维数字地图系统建设将广泛利用国际国内技术资源，高位嫁接，取众家所长，采取政府和社会共同投入，边建设边应用，并随着城市规划、建设和管理的不断深入，运用电子审批和信息交换机制，逐步建立起全市域多层次、多尺度、多时态、规划与现状相结合的多维数字城市公共平台。

注：原文刊载于《中国城市规划信息化 2006 年会论文集》。

数字武汉总体框架与发展策略研究

张林　李宗华

（武汉市规划土地管理局）

提　要：研究、开发和建设"数字武汉"是武汉市社会经济发展到信息时代的需要。本文在研究"数字城市"的内涵及其作用的基础上，提出了建设"数字武汉"的总体目标、基本框架、关键技术和标准化体系，概述了武汉市在公共网络基础建设、空间数据基础设施建设、人才、技术和系统开发等方面业已具备的"数字武汉"基础，最后分析了"数字武汉"建设的基本原则与实施策略。

关键词：数字城市；数字武汉；总体框架；发展策略

1　概述

"数字城市"(Digital City)是数字地球技术系统的重要组成部分。自从美国前副总统戈尔在1998年《数字地球——认识21世纪我们的这颗星球》报告中提出"数字地球"(Digital Earth)的概念后，"数字地球"的研究已经在全球展开。1999年，首届国际"数字地球"学术会议在我国北京举行，并决定每两年举行一次。作为"数字地球"技术系统重要组成部分的"数字城市"，广义上是指城市的信息化，它既是城市信息化总的概述，又是城市信息化的目标。"数字城市"的核心思想有两点：一是用数字化手段统一处理城市信息和管理等多种问题，二是最大限度地利用信息资源。它不仅为调控城市、预测城市和监管城市提供了革命性的技术手段，而且描述了城市发展方向的一种本质特征。所以，"数字城市"一经提出就引起了政府、经济界、理论界和科技界的高度关注。目前，"数字城市"的研究和建设正在全球兴起。各城市纷纷启动"数字城市"建设工程，以求推动整个城市的信息化建设，进而改善城市的环境、提升城市的综合功能和促进城市的可持续发展。

"数字城市"的应用十分广泛，涉及军事部门、政府部门(城市规划、交通管理、公众服务等)、企业单位(产品宣传与销售)、个人与家庭(学习、娱乐等)等。目前，"数字城市"的一个主要应用是在城市规划和设计以及市政管理中，如三维城市虚拟规划中的景观分析、城市与企业三维管线设计、三维物业与房产管理等。基于桌面的集VR显示、空间分析和互操作为一体的"数字城市"可以提供一个动态的环境用以在相应氛围的空间中逼真地显示、管理和创建复杂物体，并为进一步空间分析、决策和信息发布服务。例如，环境仿真、设施管理、房地产信息发布、市政建设、规划设计、洪水淹没等，从而提高决策质量，减少人为损失。

武汉市是华中地区的中心枢纽城市，素有"九省通衢"之称，使得"数字武汉"的研究、开发和建设更为重要和迫切。因此，武汉市委、市政府明确提出了"建立数字武汉，加速城市信息化进程，以信息化推动工业化，实现跨越式发展"的战略目标，并将"数字武汉"建设工程列入了武汉市国民经济和社会发展第10个五年计划。

2　"数字武汉"建设的总体目标与基本框架

"数字武汉"就是用数字化的手段来处理、分析和管理整个武汉市，促进城市的人流、物流、资金流、信息流和交通流的通畅与协调，使武汉全面实现信息化。它是一个由基础层、应用层和决策支持层组成的完整体系，将在武汉市的社会经济建设中发挥基础作用。“数字武汉”是“数字中国”的重要组成部分，也是武汉市面向21世纪的战略发展方向和建设目标。

2.1 “数字武汉”建设的总体目标

“数字武汉”建设的总体目标是：按照把武汉建设成为现代化国际性城市的总体目标，坚持体制创新、环境创新和技术创新，通过信息基础设施的不断完善和数字化工程的逐步应用，建立覆盖全市的信息高速公路和城市空间数据基础设施以及基于这些基础设施的信息资源开发和利用体系，实现政府及有关部门和重点领域的专业信息在空间数据基础设施上的整合，为政府及有关部门的管理、重点工程项目规划建设提供及时可靠的信息服务与技术支持，引导和带动全社会的信息化。由此可见，“数字武汉”的建设是一项庞大、繁杂、涉及面广、科技含量高和时间跨度长的系统工程，宜分步骤实施。在近10年内，可以分4个阶段研究、开发和建设“数字武汉”。

第一阶段为2001～2003年，重点研制和建设“数字武汉”的网络基础设施、空间数据基础设施和计算机应用系统，并辅以急需的软环境。

第二阶段为2004～2005年，充实完善信息基础设施，初步建立起“数字武汉”的基本框架，使武汉市跃入全国信息化建设的先进城市行列。

第三阶段为2006～2007年，形成良好的体制和机制，重点推进应用，促进武汉市的信息化发展，为“数字武汉”的实际运作创造条件。

第四阶段为2008～2010年，大力发展信息产业，使“数字武汉”应用在武汉市社会经济的各个领域，真正达到提升城市功能、改善城市环境和促进城市可持续发展的目的，使武汉市的信息化水平整体达到发达国家中心城市平均水平。

2.2 “数字武汉”建设的基本框架

“数字武汉”是一个由基础层、应用层和决策支持层组成的完整体系，其框架内容如下。

2.2.1 基础层

(1) 城市空间数据基础设施。武汉市城市空间数据基础设施将建立一个无缝的、集成的地理空间数据和服务体系，主要包括城市空间数据框架、空间数据协调管理、更新与分发体系和机构、空间数据交换标准、元数据等。

(2) 城市宽带网络工程。即武汉市城市信息高速公路，它由中心骨干网、区域骨干网和单位局域网三部分组成。

(3) 政策与技术保障。包括法律、法规、政策以及技术标准等。

2.2.2 应用层

(1) 面向政府的电子政务系统。包括市委、市政府及各委、办、局的自动化办公系统和政务信息的互通互联。其目的是实现电子政府的建设目标，推进市首脑机关的信息网络化、政务公开化、办公自动化和决策智能化。

(2) 面向各行业的行业应用。包括城市规划、管理、科教等各行业的信息化，以及为提高办事效率和服务质量，为加速信息化建设而研制的各种专业管理信息系统，如城市规划管理信息系统、人口资源与管理信息系统、资源与土地管理系统、房地产交易系统、生态环境监测工程以及公安、教育、医疗卫生、智能交通等系统。

(3) 面向企业的企业应用。包括企业数字化和有关专业信息系统的建立，内容涵盖企业管理和产销活动的数字化、信息化以及调整机制、市场分析、技术创新等决策的科学化和智能化。

(4) 面向社会的公众应用。即社会服务的数字化，如数字社区、数字科技、数字旅游。

(5) 面向流通领域的电子商务。

2.2.3 决策支持层

决策支持层是构筑在基础层和应用层之上的智能化系统，是“数字城市”向深层次扩展应用的综合体现。它主要是指政府或其他管理部门利用城市各类信息，对综合的或专题事项进行综合分析和辅助决策。

3 “数字武汉”建设的关键技术与标准体系

在确定了建设“数字武汉”的总体目标和基本框架后，就要运用空间科学、信息科学和地球科学等技术，遵循一定的标准或规范体系来具体实现。可以认为，技术是建设“数字武汉”的工具，标准是“数字武汉”共建共享和广泛应用的前提。

3.1 关键技术

用于建设“数字武汉”的技术很多，其中的关键技术主要有以下几方面。

3.1.1 适于地理信息的分布式计算技术

地理信息的本质特征是区域空间上的分布性，具有明显的地理参考系统。可以根据行政区划、自然地理区域、坐标系统、地名、地址或数码(邮编、电话、区位编号)予以识别。因为地理数据的分布特征，采集、管理、维护和处理这些区域上的数据并没有因果、从属关系，而是分布的、相对独立的和并行的。

在计算技术领域，计算模式经过了几次变迁。随着网络时代的到来，分布式计算正在成为新的计算模式。目前，分布式计算平台采用的体系结构或标准主要有：CORBA(共同对象请求代理体系结构)、DCOM(分布式部件对象模型)、DNA(分布式网络体系结构)、DCE(分布式计算环境)以及JAVA(体系结构)等。

由于地理信息的分布特性，地理信息的使用部门可能使用完全不同的系统。因此，为了实现地理信息的分布计算，必须采用标准的、开放的和广泛支持的分布式对象体系结构。目前CORBA标准得到广泛支持，因此可以把地理信息的分布式计算建立在CORBA的基础上。

3.1.2 地理信息系统的互操作和OpenGIS规范

互操作是指异构环境下两个或两个以上的实体，尽管它们实现的语言、执行的环境和基于的模型不同，但它们可以相互通信和协作，以完成某一特定任务。这些实体包括应用程序、对象、系统运行环境等。

地理信息系统要满足不同领域的应用，必须采用互操作技术，实现地理信息的自由交换以及协作运行地理信息处理软件。OpenGIS规范是由开放地理信息系统协会(OGC)制定的一系列开放标准和接口，它给出了有关地理信息处理互操作的完整定义，以获取地理信息处理市场最大的互操作。

3.1.3 GIS软件组件仓库的理论与技术

采用软件组件仓库技术的基本思想是把GIS软件的各大功能模块划分为若干组件，建立一个可嵌入的、集成方便的GIS软件组件仓库，每个组件完成不同的功能。各组件之间以及组件与其他非组件之间，可以方便地通过可视化的软件开发工具集成起来，形成最终的GIS软件系统。

3.1.4 空间数据仓库技术

分布在不同地点、不同部门的分布式数据库与信息系统，由高速计算机有线和无线相连接，并组成WebGIS、Object WebGIS和ComGIS，实现同构系统的远程互操作和互运算，通过OpenGIS的标准和规范，实现异构间的远程互操作和互运算。但对于城市海量地理信息数据和频繁交互过程来说，它还需要中间组织的帮助来实现，包括空间数据仓库、空间数据站和空间数据交换中心。

空间数据仓库是指支持管理、决策过程的，面向主题的、集成的、随时间变化的、持久的和具有空间坐标的数据集合。数据站场的结构与数据仓库相似，区别在于最终用户的侧重点。数据交换中心是指网上数据的集散地，是虚拟的数据仓库。

3.1.5 多种数据融合与空间数据挖掘和知识发现(SDMKD)技术

多种数据的融合包括多种分辨率数据、多维数据和不同类型数据的融合。多种数据经融合后，不再保留原来数据的单个特征，而产生一种新的综合数据。

空间数据挖掘和知识发现(Spatial Data Mining and Knowledge Discovery，SDMKD)是从空间数据库中提取隐含的但为人所感兴趣的空间模式、概要关系或摘要数据特征等；具体而言，是在空间数据库的基础上，综合利用统计学方法、模式识别技术、人工智能方法、神经网络技术、粗集、模糊数学、机器学习、专家系统和相关信息技术等，从大量空间的生产数据、管理数据和经营数据中提取人们感兴趣的、隐藏的、事先未知的、潜在有用的知识，从而揭示出蕴含在数据背后的客观世界的本质规律、内在联系和发展趋势，实现知识的自动获取，提供技术决策与经营决策的依据。可见，SDMKD 是利用数据发掘方法，按照一定的度量及临界值从数据库中抽取知识以及与之相关的预处理、抽样和数据变换的一个多步骤相互连接、反复进行的人机交互过程，可以归纳为数据准备(了解应用领域的先验知识和应用、生成目标数据集、数据清洗与预处理、数据简化与投影)、数据挖掘和知识发现(数据挖掘功能和算法的选取，在分类规则或树、回归、聚类、序列模式、依赖性以及线性分析等特定的表示形式中搜索感兴趣的模式)、数据挖掘后处理(知识的解释、评价和应用)三部分。

3.1.6 仿真—虚拟技术

仿真与虚拟现实技术是一种科学计算方法，是“数字地球”的关键技术之一，是指运用计算机技术生成一个逼真的、具有视觉、听觉、触觉等效果的可交互的、动态的世界，人们可以对该虚拟世界中的虚拟实体进行操纵和考察。它主要用于城市景观的仿真虚拟、城市发展历史演进过程的再现、城市景观的真三维描述、城市灾害事故和突发事件的动态模拟、城市基础设施信息和城市综合社会效应的可视化表达等。

三维城市在规划中可以模拟建筑物的拆迁、道路的扩建、城市或小区的远景规划、现有的景观分析以及城市污染现象的模拟，从而可以了解到某一景观的过去、现在和未来。在移动通信领域，利用三维城市模型可以对移动通信仍然存在许多盲点或盲区和无线电发射塔的最佳选址进行分析，从而减少和大大消除移动通信领域盲点或盲区的存在。在房地产部门，利用 3D 城市模型可以模拟该小区的 3D 景观，在数据量不是很大的情况下甚至可以对其进行虚拟现实显示，和通信相结合可以建立起智能化的小区，从而可以在计算机上对房屋的销售进行管理，把该小区的数据放在互联网上，用户如需要了解该小区的情况，无须像在传统方式下为获取某些信息东奔西跑费心劳神，信息获取已成为某种意义上的休闲活动；只需在工作之余，打开备有网络的计算机，便可轻松浏览该小区的近况。三维管线管理系统可以用于城市、工厂和各类园区的空中和地下的各种管线动态三维显示、管理和辅助规划。该系统的应用可从根本上改变城市建设施工中时常发生挖断或挖坏地下管线，造成漏气、通信中断、停水和停暖等严重事故，节约大量施工和维修费用及间接损失费用。其产生的潜在社会和经济效益可以达数亿元以上。

3.2 数据规范与标准化体系

“数字武汉”的建设与应用是一个复杂的系统工程，其数据来源非常广泛，数量巨大，又要求相互兼容与沟通，必须建设统一的标准化体系，以达到信息资源的共享。

3.2.1 标准编制的基本要求

(1) 科学性：“数字武汉”标准体系层次的划分和信息分类标准项目的拟订，必须以 GPS、RS 和城市地理信息系统(GIS)等空间信息技术及其所涉及的社会经济活动性质和城市综合体为主要思路和科学依据。在行业间或门类间项目存在交叉的情况下，应服从整体需要，科学地组织和划分。

(2) 系统性。“数字武汉”标准体系在内容、层次上要充分体现系统性，按“数字武汉”工程的总体要求，恰当地将标准项目安排在不同层次上，做到层次分明、合理，标准之间体现出衔接配套关系，反映出纵向顺序排列的层次结构。

(3) 全面性。“数字武汉”标准体系所涉及的各种技术、管理工作和各类型数据的标准对象，都应制定相应的标准，并列入标准体系中。这些标准之间应协调一致，互相配套，构成一个完整、全面的体系结构。

(4) 兼容性。在标准的制定过程中，要优先选用国家标准(GB)、行业标准，同时应充分体现等同和等效采用国际标准和国外先进标准的精神，保证“数字武汉”与国内其他体系和国际体系接轨，为实现行业、地域、全国乃至全球信息资源共享与系统兼容奠定基础。

(5) 扩充性。在确定“数字武汉”标准体系与标准项目时，既要考虑到目前的需要和技术水平，也要对未来的科学技术发展有所预见，所以标准体系应具有扩充性，以适应科学技术和系统建设的发展。

3.2.2 标准的内容

标准的内容包括：地理定位控制标准，图形数据的分类与编码，属性数据编码体系，数据分层方案，数据文件命名规则，统计单元的确定，技术流程和质量控制，元数据标准，网络技术标准，基础标准和功能标准等。

3.2.3 标准的实施保障

建立全市GIS等空间信息系统建设的立项、评审和验收规则，由专家和管理人员组织的全市GIS基础规划和标准制定组负责实施，没有按全市规范设计和建设的空间信息系统，不能进入立项、评审和验收的各个环节，并予以立法保障。

4 “数字武汉”建设的工作基础

武汉城市信息化一直在不断推进之中，近几年力度进一步加大，在网络基础设施、空间数据基础设施及其应用等方面都积累了一定经验，为“数字武汉”建设奠定了良好的前期基础。

4.1 公共网络基础设施建设已有一定基础

大容量、高速度宽带网络是建设“数字武汉”重要的基础设施。近年来，武汉市网络数据通信市场迅猛发展，除传统电信数据通信部门外，本地网络通信资源拥有者和国内其他网络通信发展商等纷纷登陆，形成竞相发展的格局。

“九五”以来，武汉电信网络的规模容量、技术层次和服务水平都发生了巨大变化，综合通信能力明显提高。国家通信网“八纵八横”光缆干线网中有京广、汉渝、汉宁等5条一级干线贯穿武汉；同时，武汉也是湖北省“三纵三横三环”光缆通信传输网络中心。本地传输网已建成数十个2M～2.5G的SDH光缆环网，形成了完善先进的SDH自愈光缆环状结构。现有覆盖全市的有数字数据网、分组网、帧中继网、N-ISDN网以及多媒体宽带网等网络。

武汉电信公司拥有武汉市最多的通信资源，能提供多种数据通信业务，包括ISDN、Frame Relay、DDN、ADSL、ATM等，多媒体用户数已达到25万。武汉有线电视网主干线为先进的双向750MHz系统，郊区大联网工程已经完成，城区宽带IP网络正在建设中，其端口带宽可达100MB，在全国处于领先地位。武汉三镇干线覆盖率已达95%以上，2000年末用户超过100万户。湖北电视台也铺设了自己的光纤网络，发展自己的收视用户，主要集中在武昌部分地区。此外，由于对进入国际互联网的带宽要求越来越高，国内有实力的公司已开始进行全国网络通信基础设施建设，如长城宽带网络公司，已在武汉一些小区开始以太网建设，网通、联通和吉通等公司也在武汉有所发展。这些都将为武汉“数字城市”建设提供重要的网络平台。

4.2 空间数据基础设施建设已具雏形

国民经济建设和社会发展的实践活动，以及人们在日常生活中所接触和利用的信息，大约有80%与地域空间有关。且不说城市规划、建设和交通等与城市地理空间息息相关，就是对于经济发展中的劳动力、资金、生产、市场的空间分布、动态变化及合理布局的分析、判断与决策，都离不开城市地理空间信息的有效支持。因此，地理空间信息框架是城市的一种重要基础设施，即“城市空间数据基础设施”。“数字武汉”是在城市空间数据基础设施建设充分发展的前提下实现的，武汉市空间数据基础设施是“数字武汉”的核心和基础，是发展“数字武汉”不可逾越的重要阶段。

武汉市规划土地局及其下属的相关事业单位，作为武汉市空间数据信息采集、处理、应用和管理的责任部门，在“数字武汉”空间数据基础设施建设以及以规划、土地管理办公自动化和信息化为主要内容的行业应用方面做了大量工作，已走在了全国的前列。经过长期的努力和工作积累，形成了较雄厚的人才、技术和设备优势，积累了大量的“数字武汉”空间数据基础资料，其中，主要包括覆盖城市规划区的1∶2000数字化地形图、城市规划道路网络数据库、工程地质信息数据库、用地现状信息数据库、总体规划信息数据库、控制性详细规划数据库、市政红线数据库、建筑红线与用地红线数据库、地籍数据库以及覆盖全市范围的土地利用及基本农田保护规划数据库。"数字武汉"空间数据基础设施已具雏形，为启动"数字武汉"建设奠定了良好的基础。

4.3 人才与技术具有一定优势

武汉市是教育大市，武汉地区具有雄厚的技术、科研和人才优势，合并后的新武汉大学、华中科技大学、武汉理工大学和邮科院、709所等全国知名的高等院校和科研院所，在计算机技术、信息技术、遥感技术、"数字地球"技术等方面居国内领先地位，拥有一大批著名的专家学者。武汉国家光纤通信、多媒体软件、GPS全球卫星定位系统、CAD支撑软件等工程(技术)中心已相继建成，国家测绘遥感信息工程、国家软件工程等重点实验室不断扩建完善，使武汉市创新能力明显增强，为"数字城市"建设提供了坚强后盾。

武汉拥有的人才和技术条件完全有能力支撑武汉"数字城市"建设。例如，武汉大学的中地公司、吉奥公司在建设"数字城市"的关键技术GIS、GPS和RS领域，具有很强的研发实力；华中科技大学的水利仿真中心在亚洲都是屈指可数的；华软、适普、安鼎公司在软件开发、系统集成和信息安全方面也具备较强的竞争实力；武汉邮科院的IP over SDH提案被认定为国际标准，这是我国在通信领域内第一项具有自主知识产权、被国际电联采用的标准等。

另外，湖北省、武汉市正在举全省、全市之力，抢抓机遇，采取有效措施，依托东湖新技术开发区建设"武汉·中国光谷"——国家光电子信息产业基地，这必将进一步加大武汉信息产业的发展力度，为建设"数字武汉"提供产业支持。

4.4 应用系统开发也有了一定基础

武汉市已有68个委、办、局及区建立了专门的信息机构或信息中心，已建成政府系列计算机信息网络27个，市政务网也完成了一期工程。"企业上网"活动仍在积极开展，已有200多家大中型企业、1000多家网站与因特网相连，上网用户超过10万。各类电子商务网已达40多家。基于网络的各种新兴服务业使信息服务领域不断拓展，一批面向企业、社会和家庭的"ISP"、"ICP"和"ASP"信息服务机构相继出现。例如，市规划土地管理局推出了以"政务公开、分段办理、计时限时、计算机支持"为主要特征的窗口服务制工作模式，实现了网络办公自动化，他们开发的"规划土地管理综合应用系统"在全国也处于先进水平；东湖开发区、沌口开发区区域性局域网建设已被提上重要日程，数码港建设已经部分开始，将逐步实现宽带到桌面。全市信息化水平的明显提高，使武汉"数字城市"建设具备了一定的硬件环境和应用基础。

综上所述，武汉已具备了建设"数字城市"的一定基础。但总体而言，尚处于起步阶段，与先进城市相比还存在差距，主要表现在：一是投入不足，建设速度慢；二是协调力度不够，存在部分重复建设、低水平运行现象；三是市场化不够，在投入不足的情况下，没有充分发挥市场调节的作用多渠道吸纳资金，形成信息化建设的良性循环。

5 "数字武汉"建设的基本原则与实施策略

"数字武汉"建设是一项纷繁复杂、涉及面广、科技含量高、时间跨度长的系统工程，应根据总体目标的阶段子目标，按轻、重、缓、急实施，具体应采取如下实施策略。

5.1 政府主导，统一规划，分步实施

"数字武汉"建设是城市经济建设的重要工作内容，必须由政府主导，在政府强有力的支持和协调下进行建设。政府组织制订总体规划和工作方案，然后分步落实，做到统一规划、统一数据标准、统一服务规范，分地区、分行业、分阶段建设和管理。

5.2 打好基础，重点突破，稳步推进

在实施"数字武汉"建设过程中，结合武汉实际，针对其涉及面广、技术新、变化快等特点，对关键技术和关键工程进行重点突破，科学安排，稳步推进。作为"数字武汉"建设起步的关键工程就是

“空间数据基础设施”和宽带网络平台的建立。

“空间数据基础设施”建设是“数字武汉”的基础和关键工程之一，必须由政府组织实施。武汉市规划土地管理局作为具体承办单位，应在现有工作的基础上，加快补充、更新和完善，为“数字武汉”建设打好基础。

5.3 以点带面，资源共享，促进应用

建立“数字武汉”的目的就是整合城市各类信息资源，实现有序的共享，促进应用，推动国民经济各部门和社会各行业的发展。因此，必须立足应用，以应用需求推进建设，建立科学有效的信息管理、更新与分发机制，制定信息共享政策，实施信息共享。

在空间数据基础设施和宽带网络建设取得初步成效的基础上，选择对城市建设、管理有较大影响的部门以及社会关注的热点开展“数字武汉”建设的应用示范。可在如下几个方面进行“数字武汉”建设应用示范，以点带面，促进应用：政府管理与决策支持信息系统、城市防洪与综合减灾决策支持系统、城市规划建设管理信息系统、土地资源管理与动态监测系统、生态环境保护监测信息系统、人口资源与管理信息系统工程、房地产交易信息系统工程、旅游资源管理系统、电子商务工程、物流信息平台工程、社区服务和社会保障信息化应用工程等。

5.4 广筹资金，加大投入，创造效益

“数字武汉”建设是一项系统工程，而且一定会随着社会的进步而不断发展，因此，需要较大的投入。一方面建议政府要对该工程作财政立项，给予必要的经费投入；另一方面要积极争取国家有关部委的支持，还要调动全市各方面的财力和积极性，并通过对外合作，引入国际、国内合作建设资金，保障“数字武汉”建设的顺利实施。“数字武汉”建设初期就要注重其产业化，注重建立信息产业化的良性循环机制。

5.5 立足自我，联合共建，保障先进

“数字武汉”建设要立足自我，使用和培养自身技术和管理人才，发挥各委、办、局及武汉各界、各战线的人才、技术和资源优势。同时，要积极寻求对外合作，充分发挥高校、科研院所和信息产业单位的技术优势，联合共建，以保障“数字武汉”建设的先进性、科学性和有效性。

6 结论

“数字城市”是“数字地球”技术系统的重要组成部分，它用数字化的手段统一处理城市信息和管理等多种问题，可以最大限度地利用信息资源为国民经济建设服务。因为“数字武汉”在武汉市的社会经济建设中具有重要基础作用，所以武汉市委、市政府明确将“数字武汉”建设工程列入了武汉市国民经济和社会发展第10个五年计划。武汉市在公共网络基础建设、空间数据基础设施建设、人才、技术和系统开发等方面已经具备了建设“数字武汉”的一定基础。本文研究认为，“数字武汉”的开发、建设和应用，工程浩大复杂，设计面广，科技含量高，时间跨度长，应该围绕建设“数字武汉”的总体目标和基本框架，根据国内和国际标准在全市制定统一的标准化体系，运用科学工程技术，按照一定的原则，分阶段研究实施。

参考文献

[1] Al Core. The Digital Earth: Understanding our planet in the 21st Century. http://159.226.117.45/Digitalearth/, 1998.

[2] 李德仁，李清泉. 地球空间信息学与数字地球. 地球学进展，1999，14(6).

[3] 李德仁，朱庆，李霞飞. 数码城市：概念、技术支持和典型应用 [J]. 武汉测绘科技大学学报，2000，25(4).

[4] 承继成，李琦，易善帧. 国家空间信息基础设施与数字地球. 北京：清华大学出版社，1999.

注：原文刊载于《数字城市的理论与实践：中国国际数字城市建设技术研讨会暨21世纪数字城市论坛论文集》，2001年。

武汉市三维数字地图系统建设及其策略

盛洪涛[1]　赵中元[2]

（1. 武汉市国土资源和规划局；2. 武汉市城市规划信息中心）

提　要：武汉市三维数字地图系统是一个特大城市级的高逼真度三维空间信息系统，项目历时3年多时间初步建成，创造性地解决了技术和投入产出上的一些难题。本文介绍了该系统建设的主要内容、实施策略和实施效果。

关键词：三维数字地图；三维数字城市；高逼真度三维空间信息系统；策略；武汉市

1　建设背景

建立城市一级的高逼真度三维数字地图是一项复杂、具有攻关性质的工程，在目前也是科学、工程技术和商业界共同关心和研究的热点。以google等为代表的基于互联网的三维影像投入商用，但依然看不见连续的城市街道；以欧洲一些城市为代表的建筑三维建筑模型开始为社会提供服务，也只是一个点的应用；中国一些经济较发达地区在政府的推动下开始在城市管理特别是城市规划管理的一些环节建立和使用城市三维模型，尚没有达到一个城市级别的数据范围；国内在互联网方面取得了积极进展，如武汉立得空间信息技术公司开发的“影像城市”地图提供了城市道路景观的三维可量测影像服务，e都市建立了基于三维模型图像的三维地图搜索信息服务，城市吧(city8)建立了基于全景摄影技术的三维空间信息服务等，这些应用均是基于图像，还不能实现对单个三维模型的管理。总体上讲，目前还没有看到一个具有高精度、高逼真度的面向空间对象的城市级三维模型的建立和应用，城市三维数字地图尚还没有形成一个完整的基于服务的技术生产体系和更新体系。

为进一步推动城市规划建设管理和服务的技术创新，高标准推进滨江滨湖特色的武汉大都市建设，提高城市规划建设研究、设计和管理水平，武汉市规划局启动了武汉市三维数字地图系统建设工程。

2　系统建设主要内容

武汉市三维数字地图系统建设的主要内容可归纳为“一套标准、两个平台、三项研究和四张图”。

2.1　“一套标准”即制定三维数字地图系统建设总体设计方案和相关标准

武汉市三维数字地图总体设计方案来自于国际招标成果，通过对入选方案进行综合，从系统建设目标与工作内容、总体架构、功能设计、管理单元划分与模型标准、三维建模实施、数据更新维护、投资与效益分析、工作计划、项目管理等方面对项目建设进行了全面规划。相关标准是在典型试点的基础上，建立完善了“地形地貌模型技术标准”、“三维数字地图建模技术标准”、“三维模型制作技术标准”、“三维模型数据检查验收办法”、“三维数字地图系统属性数据方案”等系列化的标准文件，这些文件为高标准地做好三维模型建设工作，实现模型制作的标准化三维模型的规模化生产和质量控制打下良好的基础。

2.2　“两个平台”指三维数字地图系统集成管理与发布平台和规划审批三维决策支持系统的两个平台

三维数字地图集成管理平台要实现全市多源三维海量多尺度空间数据的集成化浏览和管理，提供网络环境下多尺度多LOD模型的自动调度与显示、三维要素属性查询、三维量算、三维计算与三维统计、二维数据叠加与查询、模型数据转换、数据库管理等功能；规划审批三维决策支持系统是围绕城市规划审批需求，建立的三维辅助规划系统，要实现精细真实三维环境下，对规划方案的模拟，为方案比较、调整、优化提供实时的可视化和量测分析工具。

2.3 “三项研究”指关键技术研究、应用研究和运行机制研究

关键技术包括逼真模型制作、数据组织与管理、大场景多细节层次模型调度与管理、数据结构与网络传输等方面技术攻关；应用研究包括满足多种业务需求的架构设计和功能设计等工作；运行机制研究指软件系统和数据处理流程与业务管理的对接，以及软件与数据的更新机制设计等工作。

2.4 “四张图”即建立覆盖市域范围的地形地貌模型，城市建设区内基于不同精度要求的基础模型、标准模型及精细模型的四张图

“四张图”建设是三维数字地图系统建设花费最多、时间最长、要求较高的一项工作内容，要通过不断试验，建立和完善数据标准、视觉控制标准和图层标准等，建立规模化生产流程，实行高效的质量检查控制，建立反映城市真实三维形态和细节的数字化模型。

3 工程实施策略

武汉市三维数字地图系统建设是一个特大城市级的三维数字化工程，是一项具有挑战性的工作，系统建设目标高，资金投入高，技术难度高，国内外还没有类似先例可借鉴。系统建设从一开始就总体上确立了国际化、市场化和标准化建设理念，在项目推进过程中，坚持了以下几个方面的工作策略：

3.1 组合优势资源，成立工作专班，利用多种资金，策略化推进项目实施

武汉市三维数字地图系统建设起步早、任务重、技术上尚不成熟、投资较大，项目建设管理工作量大，涉及资金筹措与合作单位管理、基础数据采集、模型制作、数据集成、软件系统开发、系统及数据成果应用等多方面的工作，为此，我局成立了以局一把手为组长、分管局长为副组长的领导小组，成立了项目工作专班，由分管局长担任专班组长，专班成员由局属事处室建管处、事业单位信息中心、规划院、勘测院负责人和技术骨干参加，处室负责协调，按照事业单位特长，组合优势资源成立若干项目组，分工协作，实行例会制，全方位推进各项工作。

在项目推进过程中，依据不同阶段的工作重点，全力策略性推进重点工作的完成，我们用财政资金起步，完成了试点区的建设，利用事业单位自筹资金，推进系统开发工作，利用社会资金和自筹资金推进了成片模型建设，充分调动各单位的积极性，保证了项目建设的可持续发展。

3.2 充分利用国际、国内两个技术资源，高标准、高质量推进项目建设

在项目建设中，始终把握高质量、标准化、开放性、网络化等基本原则，在软件开发上，利用国际、国内两个技术市场，原型开发与引进吸收相结合，实用技术与技术攻关相结合，稳步分阶段推进项目建设。三维数字地图系统建设是一项复杂的系统工程，涉及众多的学科和领域，相关理论和技术还不成熟，一方面我们紧跟国际国内技术发展趋势，采用和发展主流成熟技术，另一方面对尚不成熟的技术难点组织人员进行攻关，成熟一个模块更新替换一个模块，努力克服技术瓶颈，稳步推进。

同时，坚持开放性，实施市场化运作。三维数字地图系统是一个开放性系统，数据格式、系统模块与接口等均要满足开放性要求，要与目前主流数据格式可转换，系统功能设计与实现要满足可扩展、可移植等，我们一直坚持软件系统和模型制作的开放性，特别是模型制作与处理转换要标准化、程序化，只有标准化才能通过市场化手段提高生产效率，降低成本，实现信息的最大复用。

3.3 以规划审批设计为突破口开展系统应用，用管理机制实现数据更新

城市规划是城市建设的龙头，城市物质环境的改变首先来源于项目建设规划。同时，规划审批要求精度高，其平面和高程精度小于1m，空间选址要求范围大，要求环境直观，对建构筑物的建设在体量、密度、风格、色彩等方面有一套严格管理要求，应该说城市规划设计审批对三维数字地图的要求是最高的。我们以辅助规划审批设计为突破口开展系统建设，一方面利用了自身的管理优势，另一方面确保了项目建设的高质量，可以达到任意角度照片级真实城市三维环境的目标要求，所建立的模型具有通用性，能够满足其他行业对城市三维环境数据的要求，满足项目成果数据多用途使用和公共产品的要求。

保持三维环境数据的现势性是三维数字地图系统建设的一个重要工作，我们充分利用城市管理运行机制，推进系统数据更新。三维数字地图系统的数据内容包含城市基础地理信息、规划编制信息、管理信息、三维模型等多种类型的数据，对系统数据的建设与更新是一项庞大的工作。我们充分利用城市管理运行机制，结合城市建设需要，要求规划设计成果必须按数据标准提供三维模型数据，减轻了系统一次性建设需要的经费和工作压力；同时，还初步建立了数据的更新机制，要求对城市基础地理信息每半年或一年进行一次更新；对三维现状模型采取以街坊为单位，建成一片，更新一片；对城市建设改造地区，按照规划建设进展，实时进行更新，通过技术和管理的结合，保证了系统建设和应用的良性循环。

4 工程实施效果

4.1 建立了市域框架模型和主城区 450 余平方公里精细模型

研究建立了武汉市全市域 8549km^2 的数字高程模型、卫星遥感影像和地名信息，集成了主城区航空遥感影像、房屋体块、黄鹤楼和长江大桥等重要基础设施模型，建立了真实逼真的全市域框架模型。按照区域模型制作标准，通过项目推进和成片推进相结合，完成了主城区 450 余平方公里的精细三维模型，开展地下三维模型建设工作，将重点区域、节点的地下空间进行了建模，实现了地上、地下空间三维模型的集成(图 1～图 3)。

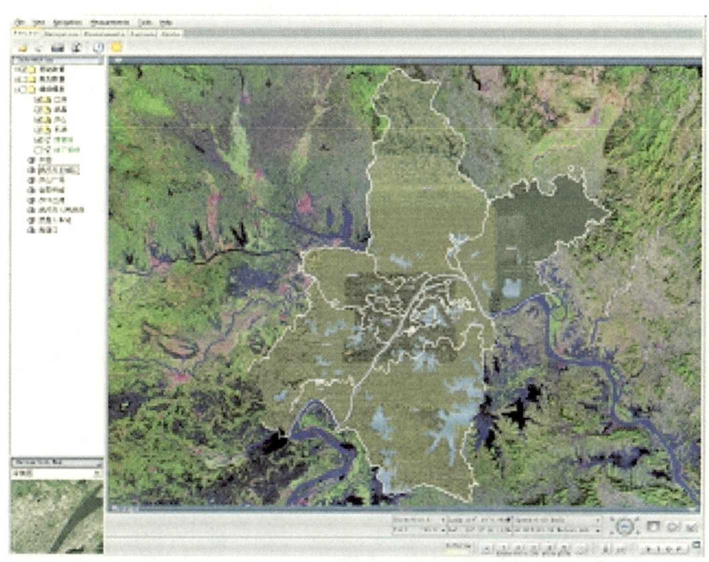

图 1 城市地形框架数据

图 2 城市建成区精细模型

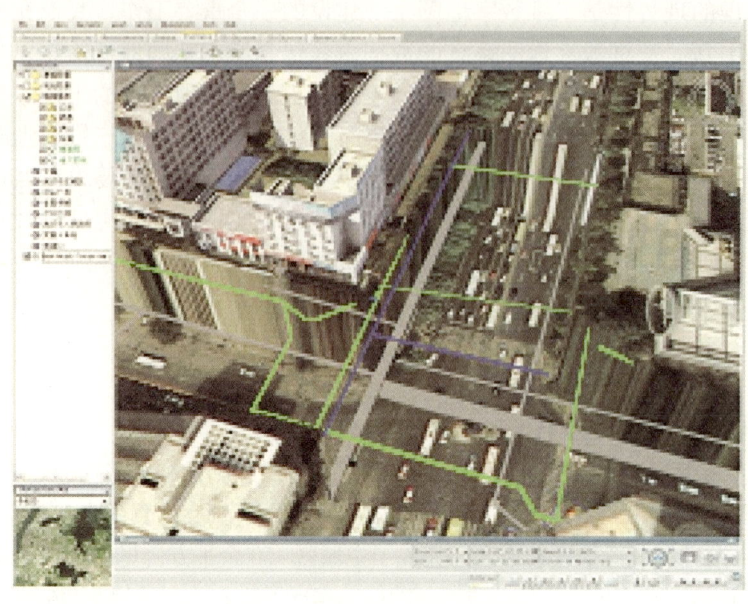

图 3 地下管线模型

4.2 建立了三维数字地图系统软件体系

研究建立了三维数字地图系统软件体系，该体系由模型制作与处理系统、集成管理平台、辅助规划设计审批系统、互联网发布系统、开发商版系统等组成。其中，三维数字地图集成管理平台以采用大型数据库系统为基础，采用多层结构体系进行设计，实现框架模型、精细模型、规划道路和市政控制线等规划信息的集成管理，通过对精细模型采取分区域、分项目的数据组织方法，实现了大范围三维模型的网络浏览、精细三维模型叠加、二维矢量数据叠加、地名查询等功能(图 4)。辅助规划设计审批系统采用全组件多层结构开发，实现了三维场景的交互式漫游、多方案比较、方案调整、日照分析、通视分析等规划审批功能，开发了一组三维模型转换和特效制作工具，实现了为规划审批工作提供了强有力的信息服务和决策支持。

图 4 三维数字地图集成管理平台

4.3 主编国家建设行业标准

2008 年，我局获批主编《国家城镇建设行业技术标准城市三维建模技术规范》该规范以武汉市三维数字地图模型制作标准为基础，从模型分类与规格、技术要求、数据组织与命名、数据采集与处理、三维模型制作、模型评价与验收、数据集成与管理、数据更新与维护等方面进行编写，结合有代表性城市建设经验，修改形成了规范征求意见稿。

4.4 项目成果得到全面应用

一是辅助规划项目审批。利用规划审批三维决策支持系统，城市规划人员可以在三维空间对报建方案进行实时浏览、多方案比较和参数调整，从而获得直观的认识，辅助规划决策(图 5)。对于每个报建项目，首先根据设计方案制作报建项目的三维模型，然后根据地形图和实地拍摄的照片制作报建项目边的现状三维模型，经过分层处理后导入系统，就可以在系统模拟项目建成后的效果，对每个方案进行审查和比较，从中选择较优方案，同时可以对方案进行调整，如调整建筑层数、朝向、体量等。该平台已应用于我局日常审批工作，先后在新华路、两江四岸等城市重要地区辅助了中国银行、银监会、融侨华府、武锅等 100 余个重点项目的审批，为项目审查提供了直观有效的技术手段。二是辅助城市设计。在城市现状模型的基础上，利用系统功能和模型库，直接生成城市设计概念方案和初步设计方案，利用系统方案比较功能确定初步方案，再对详细方案模型进行比较，逐步求精(图 6)。使用上述方法，我们对城市多个重点地区开展了基于三维空间的辅助设计。三是建立了武汉市汉口江滩虚拟仿真系统。汉口江滩是武汉市的一张名片，整个江滩全长 7km，建设规模达到 110 万 m^2。通过对整个汉口江滩建设区域数据的建模和集成，用三维模型真实再现了汉口江滩大气、精致的建设景观，为江滩宣传、管理等提供了形象直观服务。同时，项目其他应用成果也即将在景区管理、城市市政管理、城市交通管理等方面投入应用(图 7)。

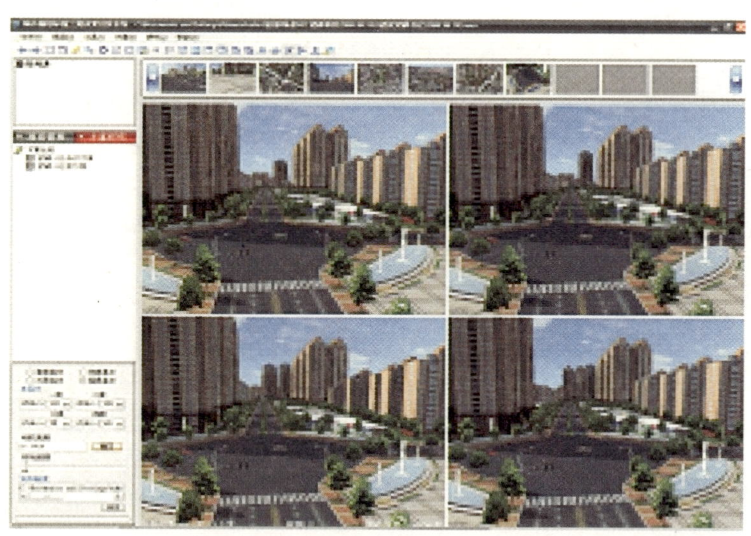

图 5 规划决策支持系统的多方案比较

图 6 辅助城市设计

图 7 东湖一角

5 总结与展望

武汉市三维数字地图系统建设紧紧围绕应用需求，高标准建设，建立了三维“数字武汉”虚拟环境，在城市规划、城市管理中投入日常应用，推动了设计行业的转变，取得了很好地社会影响，达到了设计的基本目标。下一步将通过进一步的数据整合和成果应用，系统将会不断完善，并运用电子审批和信息交换机制，为城市管理提供全市域多层次、多尺度、多时态、规划与现状相结合的多维数字城市公共平台服务。

参考文献

[1] 李德仁，胡庆武. 2007 基于可量测实景影像的空间信息服务. 武汉大学学报(信息科学版)，32(5).
[2] 朱庆，林晖. 2004. 数码城市地理信息系统——虚拟城市环境中的三维城市模型初探 [M]. 湖北：武汉大学出版社.
[3] http：//map. hb. vnet. cn/wh/index/index. html/
[4] http：//www. gissky. net/article/qy/200704/831. htm/
[5] http：//www. city8. com/
[6] 李清泉，杨必胜等. 三维空间数据的实时获取、建模与可视化. 湖北：武汉大学出版社，2003.
[7] 刘晓艳，林晖等. 虚拟城市建设原理与方法. 北京：科学出版社.

注：原文刊载于《城市发展研究》2009 年增刊。

基于电子政务目录体系的城市规划信息资源整合

马文涵[1]　李宗华[2]　姚春晖[2]　丁玲[2]

（1. 武汉市城市规划管理局；2. 武汉市规划土地管理信息中心）

提　要：电子政务目录体系是国家电子政务建设的重要内容，本文按照国家电子政务目录体系的建设要求，结合武汉市城市规划信息资源整合工作实践，提出了基于电子政务目录体系的城市规划信息资源整合的总体框架，讨论了城市规划业务审批信息、地理空间信息、公文事务信息等不同类别的信息资源整合问题，论述了信息资源整合规划的技术方法和工作机制。

关键词：电子政务；城市规划；信息整合

近年来，国家对电子政务目录体系建设越来越重视，国家信息化发展战略与国家电子政务总体框架中都强调了建设政务信息资源目录体系的重要性。2006 年 6 月，曾培炎副总理在全国电子政务工作座谈会上指出："政务信息资源目录体系与交换体系，是实现信息共享和业务协同的重要基础。"建设政务信息资源目录体系的核心是实现信息资源整合和共享利用。武汉市城市规划管理局在城市规划信息整合工作实践中对城市规划目录体系建设进行了有益的探索，并取得了一些成果和经验。

1　国家电子政务信息资源目录体系

国家信息资源目录体系建设起始于 2002 年，2002 年 8 月发布的《国家信息化领导小组关于我国电子政务建设指导意见》（中办发［2002］17 号）中首次提出："为了满足社会对政务信息资源的迫切需求，国家要组织编制政务信息资源建设专项规划，设计电子政务信息资源目录体系与交换体系。"2004 年 12 月，发布的《关于加强信息资源开发利用工作的若干意见》（中办发［2004］34 号）中又明确指出："依托统一的电子政务网络平台和信息安全基础设施，建设政务信息资源目录体系和交换体系，支持信息共享和业务协同。"此后，在国务院信息化办公室和国家标准管理委会员直接指导下，多家高校、研究院所和企业协作，开展了国家"政务信息资源目录体系与交换体系"的研究和编制工作。2005 年 12 月起，"政务信息资源目录体系与交换体系"等 23 项国家标准征求意见稿已在全国范围内征求意见。政务信息资源目录体系与交换体系标准目前已分别在北京、上海等 4 省（市）的 531 个部门进行试点。

政务信息资源目录体系是电子政务建设的重要基础设施，是面向需求实现信息共享和业务协同的重要支撑。建立信息资源目录体系不仅仅可满足部门间特定信息横向交换与共享的需求，支持各级政务部门的业务协同，也可满足跨部门、跨地区普遍信息共享的需求，支持各级政务部门决策、管理与服务。

国家政务信息资源目录体系建设主要包括三个方面内容：一是开展政务信息资源开发利用总体规划，主要是编制政务信息资源开发利用专项规划，研究制定信息资源开发、利用、交换、共享的政策规范等；二是制定信息资源管理制度，包括制定并建立规范的工作流程、建立各种信息资源安全管理制度、建立信息交换和信息资源网内共享管理制度等；三是制订政府信息资源标准体系方案，制定一系列的标准规范，包括信息资源的分类方法、元数据、编码规则、标识语言、数据格式、交换协议、资源组织、管理结构等。

2 城市规划信息资源整合分析

在城市规划信息化建设过程中也遇到一些问题，主要表现在城市规划信息资源分布与利用不平衡和信息共享与应用效率不高。一方面城市规划管理工作的复杂性和业务职责分工决定了信息资源分布的不平衡，各部门、各单位对信息资源的技术管理方式和水平不同又造成了信息资源的利用不均衡，信息资源的利用方式较为单一，往往是为了一类或少数几类信息资源单独建立应用系统，而建成的应用系统之间又往往不能互联互通，“信息孤岛”现象仍然存在，造成了信息资源的浪费；另一方面，城市规划信息资源的共享和应用还未实现按需自动配置，既不能整体地反映城市规划信息资源的总体情况，又无法根据社会和政府的信息公开与共享的要求按需进行信息资源交换和应用，达到信息资源使用效率的最大化。

通过在工作实践中逐步摸索，并按照国家“政务信息资源目录体系与交换体系”要求，结合城市规划管理职能和业务需要，结合面向社会和面向政府信息公开与共享的服务要求，将武汉市城市规划信息资源的信息类别分为业务审批信息、公文事务信息和空间地理信息三类，武汉市城市规划信息资源目录体系就是依托三类信息资源进行信息组织和序化的。

3 城市规划信息资源整合总体框架

围绕着武汉市城市规划目录体系建设和整合城市规划信息资源的要求，划分了“三个角色”和“六项活动”。“三个角色”是政务信息资源目录的提供者、管理者和使用者。“六项活动”包括规划、编目、注册、发布、维护、查询。

3.1 管理角色

目录体系建设由局机关各处室、各分局、局属二级单位和远城区局共同构建，武汉市规划土地管理信息中心是目录管理者，局机关、各分局、其他局属二级单位和远城区局既是目录的提供者，又是目录的使用者。目录提供者负责提供本部门信息资源；目录管理者负责审核和确认提供者提交的政务信息资源是否符合标准；目录使用者在一定的安全策略条件下，可通过一站式系统对目录信息资源进行查询和检索，获取需要的业务审批信息、基础地理信息和公文事务信息的服务。

3.2 管理分工

(1) 规划。各部门、各单位按照其管理范围和职责权限梳理、规划面向公共资源的内容和目录、面向交换服务的内容和目录，制定本部门信息资源建设计划。

(2) 编目。提供者按照规划对共享信息资源进行目录编辑，形成目录内容，并定义本部门的信息资源的信息安全级别和目录内容设置使用权限。

(3) 注册。提供者向管理者注册目录内容，管理者对注册的目录内容进行审核校验和管理，提供者提交注册的目录内容遵循信息资源标准化要求。

(4) 发布。管理者发布公共资源目录和交换服务目录。面向内部部门发布的信息资源目录应全面覆盖，面向社会公众发布的信息资源内容可从中选用服务。

(5) 查询。管理者提供城市规划信息资源目录内容的查询服务，满足使用者检索城市规划信息资源目录内容。

(6) 维护。管理者保存、备份、恢复与注销城市规划信息资源目录内容，目录内容的更新维护由提供者负责，目录系统的更新维护工作由管理者承担。

3.3 整合信息框架

目录体系使用业务审批办公自动化系统、空间数据基础设施和电子政务信息交换平台，实现对业务审批信息、地理空间信息、公文事务信息三类城市规划信息资源的收集、处理和集成，实现基于电子政务目录体系的城市规划信息资源整合，信息资源收集整理总体框架图如图 1 所示。

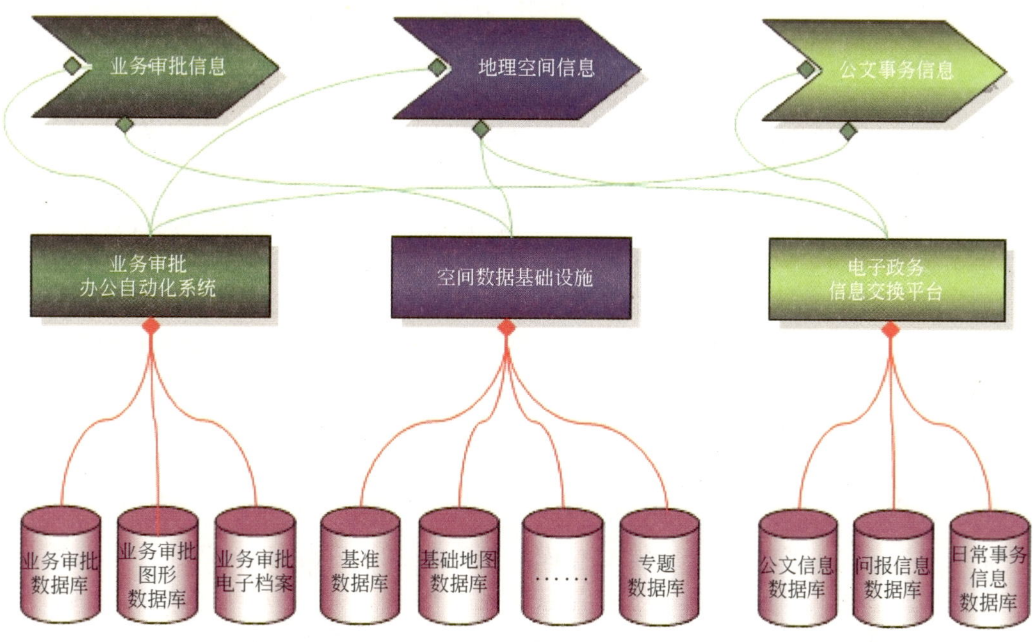

图1 武汉市城市规划信息资源整合总体框架图

4 基于信息资源目录体系的规划信息整合

4.1 基于业务办公自动化系统的业务审批信息整合

武汉市城市规划国土资源新版业务办公自动化系统从2005年2月开始建设，在系统需求设计中对市局、分局业务审批流程、审批信息、审批图形进行了标准化的要求，对业务审批信息资源的采集、分类组织、交换、维护、储存、利用和发布作了统一规范和设置。借助于全市域范围内的城市规划系统广域网建设，实现市局机关17个业务处室、8个城区分局、2个开发区分局，包括审批文本、图形和档案信息在内的业务审批信息资源的整合与共享。

通过业务办公自动化系统市局、分局业务审批一体化、图文信息管理一体化、业务办公和档案管理一体化的实现，一方面实现了对业务审批流程和信息资源的标准化，另一方面实现了业务审批信息资源的收集、处理和集成。

(1) 市局、分局业务审批一体化。市局、分局在统一的业务办公自动化系统中进行业务审批的各项操作，相同的业务类别使用相同的业务审批流程、表单进行业务审批，保证了业务审批文本信息的标准化要求，并且实现了市局、分局业务审批文本信息资源的统一收集和处理。

(2) 图文信息管理一体化。申报窗口和审批经办人均通过业务办公自动化系统进行报建和审批红线图、地形图的上传，实现对图形数据格式的标准化的要求。并且以申报建设项目为基本单元，将审批文本信息和图形信息进行组织和关联，实现了业务审批文本数据与图形数据的信息资源整合。

(3) 业务办公和档案管理一体化。在业务办公自动化系统中已办结项目的各种已标准化的报建信息、审批信息和图形信息资料可自动转换为电子档案，并可对照项目的纸质档案进行补充和完善，逐步实现纸质档案的电子化和业务审批电子档案与纸质档案信息资源的整合。

在业务办公自动化系统实施过程中，为了保障业务审批信息资源整体的实施和信息资源的标准化，相继实施了一系列有关业务审批的内部管理制度和标准规范，如《市局分局一体化电子报批技术要求》、《计时限时管理办法》、《关于统一全局业务审批项目编号的通知》等。

4.2 基于空间数据基础设施的地理空间信息整合

“数字武汉·空间数据基础设施”(以下简称DWHSDI)建设是一项庞大、繁杂、涉及面广、科技含量高、时间跨度长的系统工程，从2000年开始建设，在建设中以坚持科技创新、与时俱进、提升城市功能、改善城市环境、促进产业结构优化升级和城市可持续发展为目的，通过市政府的统一组织和实施，按照统一的数据标准和规范，在各专业部门的积极配合下，建立整个城市共享的城市空间数据信息平台，实现各部门、各层次之间信息的交流和共享以及在此基础上的综合管理和分析。

DWHSDI主要整合包括大地控制测量数据、系列比例尺地形图数据(包括1∶500、1∶2000、1∶5000、1∶10000等多种比例尺)、数字正射影像数据(包括航测和遥感数据)、行政单元数据、地籍地政数据、地名数据库、地下管线数据、交通、水文、城市地质信息、三维城市模型(包括数字高程和三维模型)、其他各类专题数据(包括自然资源数据、能源数据、生态环境数据、公用设施数据、人口数据和社会经济数据等)12类数据。DWHSDI的数据来源非常广泛，数量巨大，为保证信息资源的相互兼容与互通，建立并实施了包括地理定位控制标准、图形数据的分类与编码、属性数据编码体系、数据分层方案、数据文件命名规划、统计单元的确定、技术流程和质量控制、元数据标准、网络技术标准、基础标准和功能标准等一系列的标准方案。

DWHSDI在信息资源整合方面，采用的是集中建库管理、分工更新维护的管理模式。“集中建库管理、分工更新维护”管理模式的主要思路是数据库由一个统一机构集中统一管理，各数据生产部门通过网络对相应的数据进行更新维护，数据集成应用系统从一个系统中读取数据，采用高速网络进行数据传输。这种模式对数据集中管理，可以有效地集中人员和财力优势，数据建库由一个专门部门负责，其他部门只负责各自数据的维护，保障数据的及时更新，具体如图2所示。

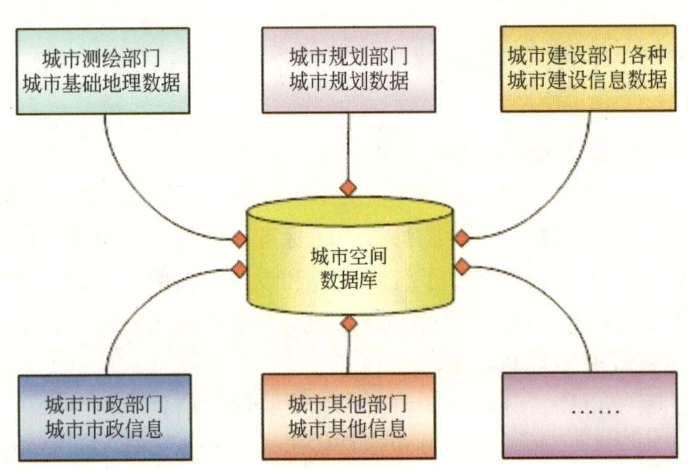

图2 城市空间数据集中建库、分工更新示意图

4.3 基于电子政务信息交换平台的公文事务信息整合

电子政务信息交换平台是进行内部信息交换与共享的内网网站，自2003年开始建设并投入运行，主要实现了市局机关、分局和二级单位、远城区局之间内部公文事务信息资源的整合、共享和集中存储。公文事务信息分为公文信息、简报信息、日常事务信息三类。其中，公文信息包含收文、行文和发文信息三种，简报信息包括新闻简报信息、会议纪要信息、图片新闻信息、视频信息四种，日常事务信息包括会议安排、信访等信息。

为实现电子政务信息交换平台对公文事务信息资源整合、共享和利用，信息资源的整合和维护采取分工负责制，信息资源的提供者就是信息资源的维护者，各个单位分工负责、共同参与综合管理平台信息采集和更新管理。

5 结束语

基于电子政务目录体系城市规划信息资源的整合，可以实现以下作用。

(1) 有效地促进了武汉市城市规划信息资源的管理平衡。通过城市规划信息资源整合和信息资源分工角色的划分，使各部门和单位职责分工更加清晰。信息资源提供者负责本部门城市规划信息资源的维护，信息资源管理者负责信息资源内容监督、发布以及系统维护，信息资源使用者负责对城市规划信息资源整合内容的查询和使用。各部门和单位将更加专注于本身职责范围内的工作，信息资源的提供者不必是信息资源应用系统的建设者，信息资源的管理者也不必是信息资源的生产者，信息资源的使用者也不必是信息资源的提供者，从而实现信息资源的管理和维护使信息化应用水平的均衡管理。

（2）有效地促进了内部信息资源的共享和业务协同。通过基于城市规划信息资源整合应用系统建设，建立了专门的信息收集、传递、加工和使用的渠道，使城市规划系统内部业务审批信息、公文事务信息和基础地理信息的收集与整理更加方便，同时也促成了信息资源信息反馈机制的形成，构建了城市规划信息资源管理中枢。各部门和单位可以通过对整合和共享的信息资源查询和访问服务，方便实现信息资源间交叉混合引用，促进了内部协同能力的提高。

（3）有效地促进了对社会政务信息公开目录的按需自动生成。通过城市规划信息整合，构成了武汉市城市规划管理局信息资源整合利用总体目录，信息资源提供者在本部门在信息资源发布时定义信息资源的安全等级和访问权限，信息资源管理者将根据信息资源的属性，从总体目录中按需生成信息公开目录，以互联网站或其他形式实现面向社会的政务信息公开和发布。

（4）有效地降低了人力成本，提高了信息资源的效率，实现了城市规划信息整体价值的提升。信息资源整合使每个部门和单位的成员集中精力管理分工和职责范围内的事务，从而减少了其他人员的投入，降低了人力成本。同时，信息资源整合实现了内部信息资源的总体利用，信息资源不再是单一信息产品，而是多方位、多属性、多尺度的信息产品，从而实现了信息资源价值的整体提升，使得信息资源目录建设的提供者、管理者和使用者实现共赢。

参考文献

[1] 张林，李宗华. “数字武汉”总体框架与发展策略研究. 数字城市的理论与实践(上)，2001.

[2] 李宗华. “数字武汉”空间数据基础设施建设方案研究. 湖北省测绘学会 2002 年新技术应用与经验交流会. 2002 年 11 月.

[3] 李宗华，肖道纲. 图文办公自动化系统的开发策略与实现. 测绘信息与工程，2002 年第 2 期.

[4] 胡小明. 电子政务信息共享价值反省. 信息化建设，2007 年 4 月.

[5] 何宇. 用业务流程管理拥抱变化. 程序员，2007 年 8 月.

注：原文刊载于《数字城市的理论与实践：第三届中国国际数字城市建设技术研讨会论文集》，2007 年。

信息技术在城市规划管理中的应用体系研究

于卓　吴志华

（武汉市城市规划设计研究院）

提　要：本文总结了信息技术在城市规划管理中的应用层次和城市规划信息系统类别，概述了信息技术在城市规划管理中的应用范围和应用深度。在此基础上，描述了数字城市规划系统构成体系，表明必须在数字城市规划系统整体上考虑数据的纵向联系和横向联系，并综合使用 GIS、CAD、网络等技术才能建立良好的数字城市规划体系。

关键词：信息技术；城市规划与管理；数字城市规划体系

随着信息技术的快速发展，城市规划管理也成为信息技术应用的一个重要领域，从城市规划部门规划图纸的绘制到城市用地管理部门的规划信息查询，从单纯的辅助规划制图到规划信息的综合管理与信息挖掘，信息技术在城市规划管理部门的应用越来越广泛、越来越深入。城市规划数字化工程，也可以理解为“数字城市规划”通过众多规划管理子系统构建成一个城市规划信息大系统，该系统利用计算机技术对城市规划信息进行获取、处理、存储、管理、分析及辅助决策。由于规划管理业务之间是相互联系的，所以要考虑根据规划管理业务的相应流程及各子系统之间的可能联系进行数字城市规划体系的构建，这样不仅会节约资源，而且有利于从整体上把握信息。因此，有必要对信息技术应用的各个环节及其相互之间的联系进行研究。

1　信息技术在城市规划管理中应用的几个层面

在城市规划管理过程中，信息技术已成为各种规划管理业务中必不可少的工具。总的来说，信息技术在城市规划管理中应用包括以下几个层面。

（1）基础资料收集阶段：主要为基础资料的输入与管理。

（2）规划方案分析阶段：通过相关技术和模型对基础资料进行分析，为规划方案的制订提供决策支持。

（3）规划制定阶段：利用 CAD 技术辅助城市规划成果的绘制，完成各种规划信息的输入。

（4）规划存档及规划管理指导阶段：对各种规划数据进行存档管理，并建立规划信息查询系统。

（5）规划管理审批阶段：利用数据库技术、CAD 技术和 GIS 技术完成修规及建设工程的设计和审批。

（6）建设工程竣工验收阶段：对验收结果进行数字式存档，该存档结果将成为新的城市基础信息。

2　城市规划管理信息系统分类

信息技术在城市规划管理中的应用非常广泛，我们可以从不同的角度、不同的侧面了解城市规划信息系统及信息技术在城市规划管理中的应用。在此，根据不同的分类方法对城市信息子系统进行以下分类：

（1）根据规划的内容和侧重点不同，可分为用地规划管理系统、专项规划管理系统。

（2）根据规划的层次与深度不同，可分为总体规则管理系统、分区规划管理系统、控规管理系统。

（3）根据工作目的和使用技术不同，可分为规划辅助设计系统、规划管理系统、办公自动化系统。

（4）根据信息的传播范围不同，可分为部门内部的信息查询系统、局域论坛、面对外部的信息发布系统。

3 数字城市规划体系概述

3.1 数字城市规划体系构建目的

数字城市规划体系的构建目的，在此主要是想通过综合利用计算机、CAD及GIS等信息技术处理好数字规划流程之间的相互衔接及各子系统之间的联系，以充分利用软、硬件资源及信息资源，减少信息技术应用过程中的重复建设，方便信息的使用，保证信息的前后一致，促进规划信息的快速更新，并有利于信息的综合分析，从而使数字规划过程成为一个有机运作系统。

3.2 数字城市规划体系的系统性特征

数字城市规划体系的系统性表现在以下方面。

(1) 信息的承接性。输入的信息能顺利被相关系统接收，不需要复杂的数据转换或处理。

(2) 信息的完整性。城市规划中的各种信息，从总体规划信息到控制性详规信息，从城市基础信息到各种专项信息都能完整、集中地反映出来。

(3) 系统功能完备性。应用于城市规划管理中的信息系统主要有三类：第一类是城市规划辅助设计系统，它能提供方便的数据输入和辅助规划设计及绘图功能；第二类是数据管理信息系统，它可提供方便的数据管理、查询、统计、显示等功能；第三类是辅助分析决策系统，它能提供一定的分析功能，为规划方案制订和管理提供决策支持。这三类系统之间在功能上既相互独立，又相互联系，不应有不必要的功能重叠，从整体上要保证系统功能完备，能为城市规划管理提供全面、完善的服务。

3.3 数字城市规划体系概貌

数字城市规划体系的建立要满足城市规划管理业务的需要，数字城市规划体系与城市规划管理业务系统本身相比较，它有自己明显的特征，即它有自己的组成要素、操作对象和组织方式。它是建立在信息技术基础之上的，主要操作对象为各种数据，主要任务是完成数字式信息的生产，方便各种信息在规划管理业务中的使用。总的来说，数字城市规划体系概貌如图1所示。在该体系中，由于城市规划自身

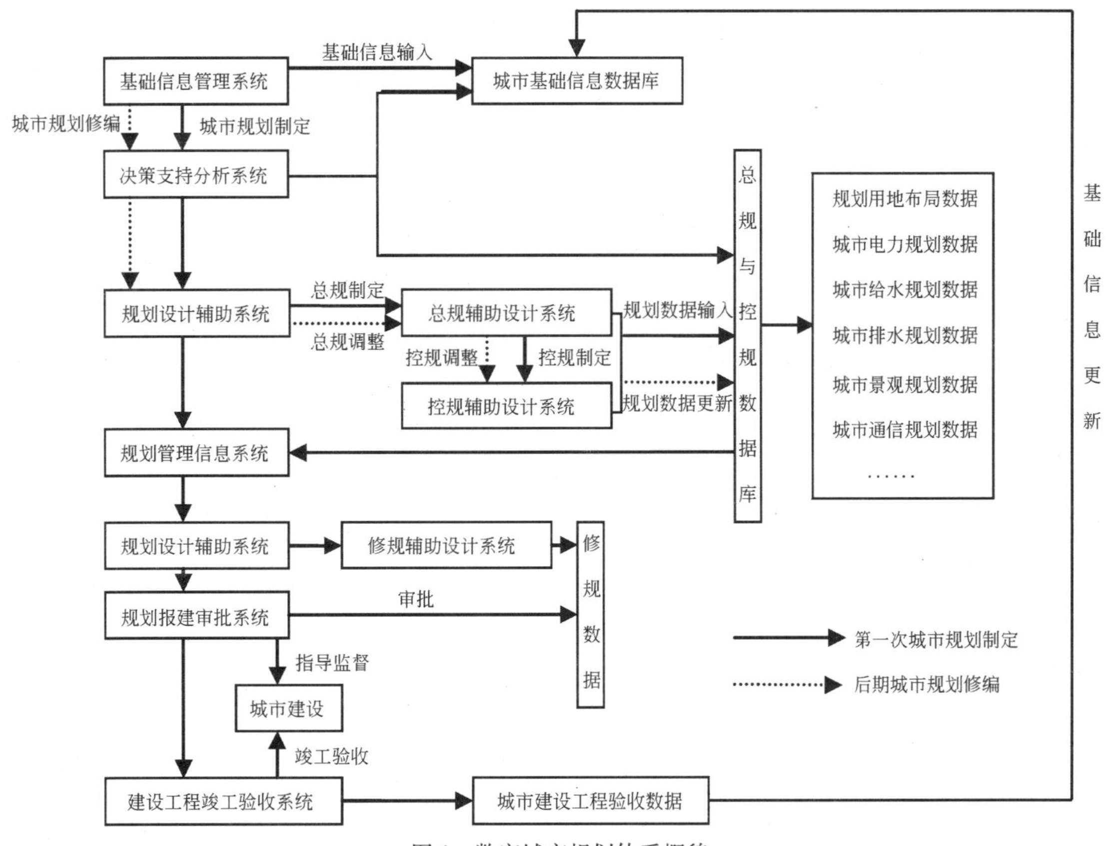

图1 数字城市规划体系概貌

体系的存在，从总体规划到控制性详细规划再到修建性详细规划，各种规划有不同的特点，它们在数字式输入及管理上也有所不同。其中，总体规划及控制性规划成果主要为管理提供服务或者为规划设计人员的修建性详细规划设计提供依据，数据输入和方便的信息查询与提取对这两个系统同样重要，所以在系统的建立过程中要考虑城市规划辅助设计系统与后面的数据管理系统的联系。而修建性详细规划往往作为城市规划的最后一个成果将用于指导城市建设的实施，所以它所起到的作用将在城市建设完成后终结，因此，在修规辅助设计系统中更注重指标的计算，实体间的相互定位关系和设计表现的方便性，是否把修建性详细规划数据也放入规划数据库中仍有待商榷[1]。

4 数字城市规划体系的构建方法

在城市规划管理信息系统中，数字式城市规划信息是系统的血液和运行基础，因此，对于一个良性运转的城市规划管理系统而言，城市规划信息的质量非常重要。在此，城市规划信息可分为两类：一是支持城市规划的信息(如基础地形、地质、社会经济统计信息等)，另一类是规划产生的信息(如规划法规、规章、规范、图则等)[2]。由于城市的不断发展和城市规划的动态性，这两类数据都不是一成不变的，因此，在体系的建立上要考虑能保证各系统内信息的一致性和整个系统内信息的及时更新，然后在此基础上加强各系统之间的信息联系。数字城市规划体系构建主要从以下两方面着手。

4.1 数据纵向衔接

主要通过数据在规划业务流程方向上的有机联系体现数字城市规划体系的系统性。主要利用以下两种技术手段。

(1) 规划数据的设计标准统一。系统中的数字式信息在使用上有两种可能：一种是本系统数据可能被下一流程系统直接使用，另一种可能是下一流程系统将在此数据基础上产生新的数据。无论怎样，上一层次的数据都将成为下一层次操作的基础，因此，保证数据在相关子系统之间的有效流动是数字规划体系构建的重要环节。因此，在进行相关子系统设计时，要考虑该系统的数据分类标准、编码方式、数据输入方式、数据格式等能在整个系统内连续统一。

(2) 信息技术综合。现有的多数城市规划设计都是利用 CAD 技术辅助完成的。一般情况下，设计人员只考虑规划成果的表现，而未考虑数据的后期使用，这也是数据资源的一种浪费，尤其是总规和控规，其成果完成后还必然要经常被设计或管理人员访问以指导城市建设，修规数据则还有可能用于审批管理中。由于总规与控规在前期设计与后期辅助管理上基本上只涉及同一部门人员，它们之间的联系更容易实现，而修规则由于其涉及不同群体的操作人员，所以要考虑的问题更复杂一些。在这里所使用的信息综合主要包括以下两方面。

① CAD 与 GIS 技术综合：也就是把 CAD 辅助规划制图技术和 GIS 图形与属性数据综合管理技术结合起来。把城市规划中的规划实体(主要为地块)，既看成是一个图形符号，又看成是一个具有惟一识别代码和相关空间属性的空间实体。这将有利于指标的计算，尤其在控规中，还将会有助于规划图则的制作，如图 2 所示。CAD 与 GIS 技术结合不仅方便了制图，又能使这一阶段的数据成果成为下一阶段规划管理系统的数据源[3]。

② GIS 与网络技术综合：通过网络与 GIS 技术综合构建城市规划信息网络系统，实现城市规划信息的分级管理和有序传递。

4.2 数据横向联系

主要通过系统之间的数据综合利用和信息的整体分析加强数字城市规划体系的建设，在此，涉及以下两个方面。

(1) 数据嵌套和叠加。数据的集中和综合将有助于规划方案分析及重要信息的捕捉与提取，如规划数据与现状数据集中在一起有利于分析规划布局的合理性；控规和总规放在一起可以明晰不同层次对用地的控制程度，有利于准确把握土地利用的适用范围等。由于所有的城市规划信息都是建立在同一城市

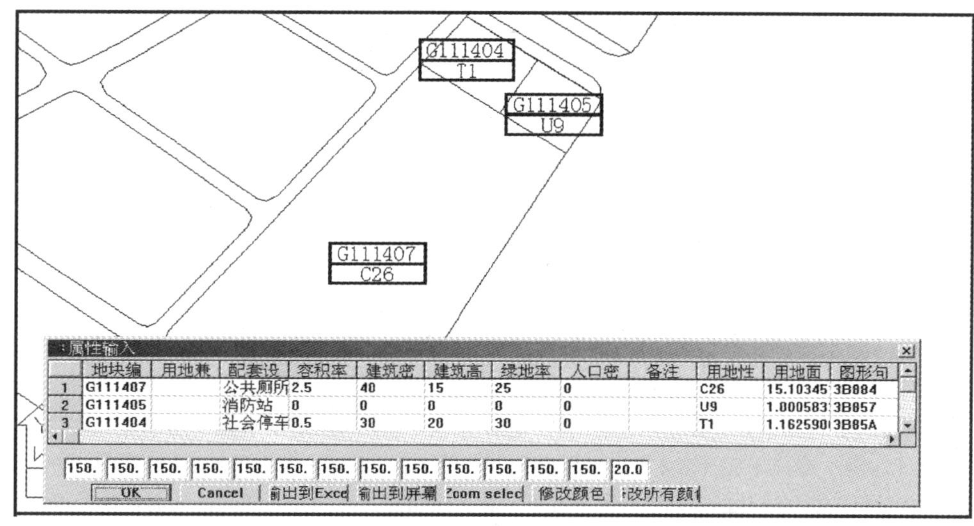

图 2 CAD 与 GIS 技术综合在控规辅助设计系统中的应用

空间内，通过相同的坐标就可以把各种数据组织起来，是一种相对来说比较简单有效的方法。在这里主要有三种城市规划信息集中形式：①不同层次城市规划数据的嵌套，进行层层深入，如总规的地块中嵌套控规中的更小地块，或在 1∶2000 的地形图中嵌套 1∶500 的地形图；②同一层次规划数据的叠加，如用地布局规划数据和给排水管线规划叠加；③规划与现状数据的叠加。

(2) 建立整体分析模型。城市规划中规划方案的制订和调整都是建立在大量数据分析基础之上的，在城市规划管理数据仓库上建立数学模型，把相关的空间数据和属性数据放在一起进行分析，发现城市问题的根源，探索城市的发展规律，也就是通常所说的“数据挖掘”，它是人们一直关注的研究方向。

5 结束语

在数字城市规划体系的构建中会遇到各种各样的问题，包括技术上的或者体制上的，如修建性详细规划辅助设计系统是否能与规划管理审批自动化很好地衔接起来，如何对控规中的实体信息和装饰信息进行更好的组织，如何建立城市规划数据仓库，建立合适的数据分析模型应该从哪些方面入手等，这些都需要我们不断地探索。正是过去几十年的积累才奠定了我们今天研究的基础，今天的探索也将给今后的研究提供良好的依据。

参考文献

[1] 于卓. 城市规划管理一体化决策支持系统研究 [J]. 武汉大学学报(工学版)，2001.

[2] 戴逢，陈顺清，丁建伟. 试论数字城市规划 [J]. 建筑网络世界，2001.

[3] 于卓，毛彬，许小兰. 控制性详细规划信息化研究 [J]. 武汉大学学报(信息科学版)，2002.

注：原文刊载于《武汉大学学报》(工学版)2002 年第 5 期。

武汉市地理空间信息共享服务平台的建设与应用

李宗华　彭明军

（武汉市城市规划信息中心）

提　要：武汉市地理空间信息共享服务平台建设是“数字武汉·空间数据基础设施”建设的核心内容。该平台按照“数字城市”的理念和框架，集成了武汉市多源、多尺度、多时态的空间数据，实现了跨部门、跨平台的空间信息共享共用，为政府部门和相关行业提供在线的地理信息网络服务，在武汉市经济社会发展和和谐社会建设中得到了广泛的应用。

关键词：数字城市；地理空间信息共享服务平台；城市空间数据基础设施；SDI

1　引言

武汉市地理空间信息共享服务平台建设是“数字武汉·空间数据基础设施”建设的核心内容。该项目按照“数字城市”理念和框架，采用统一的数据模型和数据标准，建立了全市多源、多尺度、多时态的城市空间数据管理平台，提出并实现了跨行业、跨部门、跨平台地理空间信息共享与服务模式，打破了城市不同行业、不同部门间的信息壁垒，在城市规划、国土资源管理、市政建设、交通监管、城市网格化管理等领域发挥了重要作用。该项目建设2001年被建设部列为全国城市数字化工程示范项目，在技术、管理、实施和应用等多个层面进行研究、探索和尝试。2006年3月，项目成果顺利通过建设部组织的专家验收，被评为全国地理信息系统优秀应用工程金奖、华夏建设科学技术一等奖、建设部节能减排推广项目，同时还是“十一五”国家科技支撑计划“城市数字化关键技术研究与示范”的示范工程。

2　地理空间信息平台的构建

武汉市地理空间信息共享服务平台的主要内容可概括为5个方面，即一个数据中心、一个网络体系、一套数据标准、一套更新维护机制、一种在线网络服务模式和一个共享服务软件平台。

2.1　数据中心

数据中心即全市建立一个地理空间数据管理中心，统一管理、更新、维护和分发全市核心地理空间信息。该数据中心采用若干台IBM小型机、DELL服务器和DELL/EMC光通道磁盘阵列构建了服务器集群，采用Oracle数据库和ArcSDE存储空间数据，建立了域安全管理和数据备份机制。该数据中心集成了武汉市全市域8549km^{2}范围内历年的9大类、30余种、数百层的城市空间基础和专题信息，具体包括基准数据、基础地图数据、扩展地图数据、地籍地政数据、自然资源数据、基础设施数据、政务地理数据、社会经济数据、其他数据等，建立了丰富翔实的城市空间信息数据库，总数据量超过500GB，实现了海量数据的集中统一管理。

2.2　网络体系

覆盖全市域的网络平台是地理空间信息共享与服务平台建设的基础。武汉市地理空间信息共享服务平台选择武汉有线宽带IP城域网为骨干网，连接数据生产、管理和使用的相关部门的局域网。为保障信息安全，武汉有线网络提供了MPLS-VPN的安全服务，即武汉有线在本网边缘路由器上为空间数据的传输定义了专门虚拟通道标记，使非授权的访问不可能截获和正确解开数据包，从而隔离了风险。同时，为了保障数据安全，避免内部配置错误导致的非法用户访问，对空间数据又进行了数据传输加密，如此两重安全机制确保了数据安全。由于采用了公共网络资源，使得武汉市地理空间信息平台服务面的拓展十分方便。

2.3 数据标准

城市地理空间信息平台的建设、管理和应用涉及城市建设和管理的方方面面，其工作的标准规范也来源于各个行业和部门。其中，最基础、最集中的标准规范来自城市建设、国家测绘、国土资源和信息产业等领域。我们贯彻这些部门的要求的同时，结合武汉市的实际情况，及时总结归纳，形成了建设地理空间信息共享平台的工作框架、实施细则、数据标准和技术要求及相关要求和标准。

2.4 更新维护机制

通过武汉市地理空间信息平台的建设工作，建立了一套完整的数据管理和更新维护机制。在组织管理上，采用了“集中建库管理、分工更新维护”的工作模式，空间数据集中存储在全市统一的数据中心，空间数据生产、加工和应用的相关部门按照分工负责数据的生产、更新和维护，做到“数源法定、部门联动、分工负责”，保证了数据的权威性、可靠性、现势性和有效性；在数据组织方法上，提出了“分层存储、分幅更新”的数据组织与更新策略，兼顾了数据生产、数据管理的需要，提高了数据组织的合理性和科学性。

2.5 在线网络服务模式

地理空间信息的服务模式有多种，我们通过城市宽带网络，向用户提供实时的城市空间数据的在线网络服务，实现了空间数据的共享共用。采用这种共享服务模式，全市集中维护一套城市空间数据，用户在直接调用各种空间数据的基础上，建立和维护各自行业的专业应用，避免了对庞大空间数据的重复建设和维护，降低了成本，提高了效率。

2.6 共享服务软件平台

地理空间信息共享服务软件平台是空间数据集成管理和应用平台，为各类专题应用建设提供了统一的基础框架。该平台以 Oracle 和 ArcGIS 系列软件为平台进行搭建，通过这个平台，不但提供数据服务，也提供功能服务。以这个平台为基础，可以为各种应用开发提供基础框架和信息接口，大大提高系统开发效率，节约投资，缩短子系统的开发周期。

3 地理空间信息平台的应用

武汉市地理空间信息共享服务平台为政府各部门、国民经济各行业提供了空间数据基础平台，是城市各部门、各行业建设各类地理空间信息系统的基础，目前已经得到了广泛应用。

3.1 在城市电子政务中的应用

数字武汉空间数据基础设施在城市电子政务建设中得到了比较广泛的应用。例如，在城市规划和国土资源管理部门，应用该技术对业务审批进行了模式再造和流程再造，实现了图文信息管理一体化。在日常审批过程中，经办人可以随时通过计算机系统查询空间信息共享平台集成的审批红线、规划道路等项目审批的图形和文本信息，审查电子报件资料；在全局业务例会、技委会等审批决策会议上，通过实时调用共享平台，将审批事项的图形、属性信息和要素指标计算结果等投影在屏幕上，使决策活动更加科学，大大提高了工作效率，促进了城市规划、国土资源管理的规范化，提高了依法行政能力和水平。

该平台还在武汉市建委、公安交管局、环保局、林业局等相关委、办、局的电子政务建设中开展了应用，效果显著。

3.2 在城市网格化管理中的应用

武汉市是建设部首批数字化城市管理试点城市之一，我们以武汉市地理空间信息共享服务平台为基础，构建了全市统一的城市网格化管理与服务系统的市、区两级平台，为全市城市网格化管理提供了有力的技术保障。

通过项目建设，完成了全市范围内的网格、部件的集成建库工作，并通过城市宽带网向全市提供在线地理空间信息服务，网格城管员通过智能手机巡查辖区，遇到路面破损、路灯损毁、油烟扰民等城市管理问题，则现场用手机拍摄后回传指挥中心，指挥中心就能通过空间信息共享服务平台准确定位，快速响应，极大地提高了工作效率，实现了精确、高效、全时段、全方位的城市监督和管理。

3.3 在大型项目建设和经济发展中的应用

项目建设过程中和建成后在武汉市城市建设中发挥了重大作用，为城市总体规划、城中村改造、大型乙烯选址、王家墩中央商务区规划建设提供了决策支持服务。开展了数据挖掘与信息分析研究，先后总结提出了《武汉市“城中村”土地资源调查研究报告》、《基于GIS的武汉市城市用地增长趋势研究报告》、《土地利用数据更新与应用示范研究报告》等系列报告，为上百个大型项目的选址和论证提供了技术支撑。

3.4 在公众服务领域的应用

武汉市地理空间信息共享服务平台是一个在全市政务内网上运行的公共服务平台，处于地理信息和国家安全的考虑，该平台目前还不能运行在公众服务网络即国际互联网上，但我们仍然以地理空间信息共享服务平台为基础，立足城乡规划与国土资源管理业务，在不违反相关保密规定的前提下，为在互联网上为社会公众提供地理空间信息服务。建立了网上“两室两厅一站”，将规划国土管理审批结果、城市控制性详细规划、“四线”控制信息、重点地区规划、基准地价及土地“招、拍、挂”等信息在网上以地理图形的形式进行发布，公开年度城市新区建设、旧城改造、土地储备、市政工程范围等。通过“在建项目查询”，公开了建设工程审批的核位红线和审批指标，方便、透明，便于社会监督。建立了武汉市电子地图查询系统，提供武汉市域范围内行政辖区、道路、河流、乡以上政府所在地和地名图形显示与信息查询，提供武汉市主城区内行政、企事业单位、街道路名、公交线路和其他公共设施基于空间位置的查询，并提供公交、出租车、自驾车行车路线查询服务等。

4 社会和经济效益分析

武汉市地理空间信息共享服务平台通过城市宽带网实现了跨部门、跨平台的数据信息共享共用，打破了部门间的信息壁垒，消除了信息孤岛，实现了多领域间的信息交换与共享，为城市其他部门进行系统建设带来了极大的便利，降低了成本，促进了信息成果的社会化应用，社会和经济效益显著。

4.1 促进了信息集成与信息共享

地理信息平台建设集成了大量的空间数据，包括基准数据、系列比例尺地形图、遥感影像、数字高程模型、地下管线、地名数据等，这些信息以前只为数据生产部门和少数部门所使用，通过集成建库，连接在政务专网上的用户就可以通过地理信息平台查询各种空间信息，有效促进了信息共享。

4.2 提高了应用单位的信息化水平

利用地理空间信息平台集成的空间信息，为武汉市各区政府，以及建委、交管局、环保局、林业局等相关委、办、局的地理信息系统建设提供了在线网络服务和技术支撑，使得这些部门的地理信息系统建设有了一个飞速的发展，由起步阶段或一般应用很快跨入高水平的应用，不但节约了经费，而且节约了时间，提高了工作效率，促进了应用单位整体信息化水平的提高。

4.3 减少了投入，节约了经费

以前各个单位的应用系统的开发都是各自为政、独立开发。地理空间信息平台为应用系统的开发提供了基础框架。在此基础上进行开发，可极大地降低系统开发周期，节约人力物力，减少投入。例如，武汉市城市网格化管理系统在此基础上进行开发，仅用了4个月就完成了系统开发并投入运行，并实现了全市统一的网格化管理系统，为全市的城市管理提供了低成本的统一联动平台。现在，该平台的应用节点已达38个，按每个节点500万元投入计算，比单独建系统可节约初期投入1亿多元。

4.4 为数字城市的全面健康协调发展奠定了基础

通过平台建设，完成了武汉市“数字城市”建设的探索，提出了地理空间信息在线服务模式，积累了大量的地理空间数据，建立了统一的数据标准，培养了信息化人才，为武汉市的各行业、各领域的数字化工程建设奠定了良好基础，同时可作为全国其他城市数字城市建设的重要参考。

5 发展与展望

武汉市地理空间信息共享服务平台的建设和应用是促进“两型社会”建设，促进城市信息资源集约利用、节能减排和政务信息公开的一项关键工程。随着技术的不断创新和应用的不断深入，其社会和经济效益越来越明显。下一步，一是以“十一五”国家科技支撑计划“城市数字化关键技术研究与示范”和国家863项目“城市空间信息系统网格化集成和智能化服务技术”等项目研究为契机，不断加强技术和政策的攻关力度，为武汉市地理空间信息共享平台的扩展和深化提供技术支撑；二是以推进武汉市政务信息图层建设、深化网格化管理和开展社会经济普查等项目为契机，进一步扩大应用，加强全市信息资源的整合和共建共享力度，避免重复建设，最大限度地利用好空间信息资源，将“数字武汉”建设提升到一个新水平。

参考文献

[1] 李德仁，彭明军，邵振峰. 基于空间数据库的城市网格化管理与服务系统的设计与实现. 武汉大学学报(信息科学版)，2006，31(6)：471～475.
[2] 李成名，安真臻，等，城市基础地理空间信息共享原理与方法. 北京：科学出版社，2005.
[3] 李宗华. 数字城市空间数据基础设施建设与应用. 北京：科学出版社，2008.
[4] 李宗华. 城市规划信息化总体框架与地理空间信息在线网络服务. 规划师，2007(9)：65～68.
[5] 李宗华，彭明军，姚春辉 . 数字武汉·空间数据基础设施建设与应用.
[6] 宋玲，赖明，等. 数字城市技术应用与发展. 北京：知识产权出版社，2006.29～36.

注：原文刊载于《测绘与空间地理信息》2009年第3期。

后 记

《规划武汉——文集》编辑工作从2009年开始，在各参编单位共同努力下，最终完成出版。本书记载了改革开放以来武汉规划的发展历程和辉煌成就，内容涉及武汉市规划界的理论研究、管理应用、设计实践等方面，既是一本记录武汉城乡规划事业理论研究、实践探索和技术创新的专集，也是对不同时期武汉城乡规划领域历史变迁的记录和传承。

这次编辑工作由武汉市规划局组织，编辑部由局办公室、编制处、规划院、勘测院、交通院、咨询中心、信息中心组成，参加编校的人员有黄宇、张晓达、匡细运、熊欣、刘思桥、梅风雷、叶擎、沈志武、徐中、王丽芬、欧阳汉峰。

在编辑过程中，武汉市规划局张文彤局长、何艳书记亲自审查文稿，刘奇志副局长部署指导具体编辑工作，机关处室、局属各单位以及各开发区、远城区规划(分)局都给予了大力支持，在此一并致谢。

由于参加编辑的同志受业务水平和编辑能力所限，经验不足，加之时间仓促，特别是书中收录文章较多，正误甄别难，校对工作浩繁，书中仍难免有不少不妥之处，敬请读者批评指正。

《规划武汉——文集》编辑部

2010年9月